Herwig Schopper · Materie und Antimaterie

Herwig Schopper

Materie und Antimaterie

Teilchenbeschleuniger und der Vorstoß zum unendlich Kleinen

Mit 13 farbigen Abbildungen auf Tafeln
und 83 Abbildungen im Text

Piper
München Zürich

ISBN 3-492-03168-4

Gesetzt aus der Baskerville Antiqua
Gesamtherstellung: Clausen & Bosse, Leck
Printed in Germany

Für Inge

Inhaltsverzeichnis

Vorwort

Unser Jahrhundert wird in die Kulturgeschichte der Menschheit vermutlich als diejenige Periode eingehen, in der der Mensch sich von der Erde gelöst hat und weit in den Weltraum vorgedrungen ist, in der es aber auch gelang, tiefer als je zuvor in den Mikrokosmos vorzustoßen. Diese Erweiterung unseres »Weltbildes« wird durch zwei Wissenschaften, nämlich die Kern- bzw. Elementarteilchenphysik und die Astrophysik, vorangetrieben. Dabei ist erstaunlich, daß die Erforschung des unendlich Großen und des unendlich Kleinen immer mehr Gemeinsamkeiten aufweist. Dies liegt daran, daß sowohl bei der Entstehung des Universums als auch im Mikrokosmos die Materie in besonderen, aber ähnlichen Zuständen auftritt. Seit Kopernikus hat vermutlich kaum eine andere Aktivität des menschlichen Geistes unser Bewußtsein und Verständnis von der Einordnung des Menschen in den Kosmos so sehr geprägt wie die moderne Physik, und diese Rolle dürfte sie gemeinsam mit der Mikrobiologie auch weiterhin spielen.

Als Friedrich Dürrenmatt im Juni 1988 CERN besuchte, meinte er, die Physik hätte in diesem Jahrhundert mehr zum Fortschritt der Philosophie beigetragen als diese selbst. Den großen Beschleuniger LEP bezeichnete er als eine »philosophische Maschine«. Gleichzeitig haben die fundamentalen Erkenntnisse der Physik auch die Grundlagen für eine ungeahnte Entwicklung der Technik geschaffen, die trotz aller Schwierigkeiten die materielle Voraussetzung für unser soziales Wohlergehen bildet, obwohl Kritiker der verschiedensten Richtungen dies nicht wahrhaben wollen.

Die Ergebnisse der Elementarteilchenphysik und der Astrophysik sind in jüngster Zeit mehrfach in hervorragender Weise allgemeinverständlich dargestellt worden. Das ist sehr zu begrüßen, weil die Ergebnisse dieser Wissenschaften nicht »Eigentum« eines bevorzugten Kreises von Wissenschaftlern bleiben dürfen. Sie sind nicht ein abstraktes »Glasperlenspiel«, das mit der Realität des Lebens nichts zu tun hat. Im Gegenteil, sie gehören zu unserer Kultur, sie formen weithin unsere Denkweise, und sie werden auch in Zukunft zum gesellschaftlichen Fortschritt beitragen. Der große Erfolg der westlichen Naturwissenschaften beruht auf dem Umstand, daß wir es seit Galilei und Newton mit einer Erfahrungswissenschaft zu tun haben. Die Fragen an die Natur mit Hilfe des Experiments und nicht theoretische Spekulationen führen uns weiter. Die letzte Autorität ist die Natur und nicht persönliches Ansehen.

Die bisherigen Darstellungen legten das Schwergewicht auf die Erläuterung des aus den Experimenten abgeleiteten theoretischen Gedankengebäudes, das in seiner abstrakten Schönheit und Geschlossenheit eine große Faszination ausübt. Was dabei meist zu kurz kommt, ist die Schilderung, *wie* man überhaupt Kenntnisse über das »unendlich Kleine« erlangen kann. Wie »mißt« man den Radius eines unvorstellbar kleinen Teilchens, etwa des Protons? Wie stellt man experimentell fest, daß es im Proton und Neutron noch kleinere Teilchen gibt, die Quarks? Wie kann man untersuchen, ob sich die Materie in immer kleinere Bausteine zerlegen läßt oder ob man an eine prinzipielle Grenze stößt? Ein Schwerpunkt dieses Buches soll auf der Beschreibung liegen, wie man *experimentell* in den Mikrokosmos vorstoßen kann, ein Unterfangen des menschlichen Geistes, das ebenso faszinierend ist wie die theoretische Verarbeitung der experimentellen Resultate.

Um diese und viele weitere fundamentale Fragen zu untersuchen, müssen wir unsere Sinneswahrnehmungen erweitern, indem wir neue experimentelle Methoden entwickeln, die z. T. originelle oder sogar geniale apparative und technische Entwicklungen benötigen. Erst durch sie werden die Werkzeuge geschaffen, mit deren Hilfe wir das unendlich Kleine wie auch das unendlich Ferne »sehen« können. Das hierfür wichtigste Werkzeug sind *Teilchenbeschleuniger*. Der Bau dieser Maschinen stellt eine der intellektuellen und technischen Großtaten unseres Jahrhunderts dar, und manchmal werden, halb im Scherz, die großen Beschleuniger mit den Kathedralen des Mittelalters verglichen. Der breiten Öffentlichkeit sind jedoch die prinzipiellen Ideen und die technische Realisierung der modernen Beschleuniger weitgehend unbekannt. Eine allgemeinverständliche Erläuterung der Funktionsweise und der Entwicklung der Teilchenbeschleuniger wird in diesem Buch einen wichtigen Platz einnehmen.

Eine zu einseitige Betonung der Theorie birgt die Gefahr einer irreführenden Vorstellung über die Art und Weise, wie Wissenschaft fortschreitet. Man kann leicht dem Irrtum verfallen, daß ein einzelner Forscher in seinem Gelehrtenstübchen alle Rätsel der Natur allein durch Nachdenken lösen könnte. Hin und wieder wird auch der Eindruck erweckt, daß es gelungen sei, Theorien zu entwickeln, die im Prinzip alle Probleme gelöst hätten. Als der junge Max Planck seinen Lehrer am Anfang des Jahrhunderts um Rat bat, welchem Studienfach er sich zuwenden solle, riet dieser ihm dringend ab, Physik zu studieren: Durch die Maxwellsche Elektrizitätstheorie und die statistische Mechanik seien alle Phänomene im Prinzip erklärt, und die Physik sei im großen und ganzen abgeschlossen. Zum Glück folgte Planck diesem Rat nicht, und so konnte er später die Tür zur Welt der Quanten aufstoßen. Auch heute sehen wir uns vielen offenen Fragen gegenüber, die ich aufzeigen werde.

Naturwissenschaft ist eine Erfahrungswissenschaft, die eine enge Zusammenarbeit zwischen *Experiment und Theorie* erfordert. Kümmert man sich nicht um die experimentellen Methoden, dann ist es etwa so, als wenn man sich mit dem Lesen einer Orchesterpartitur begnügte, ohne jemals den Klängen eines Orchesters zu lauschen – ohne sich darum zu kümmern, welche Instrumente sie erzeugen, wie man sie spielt und wie sie zusammenwirken.

Andererseits sind wir gezwungen, bei der Erforschung der Natur unsere *Denkstruktur* ständig zu erweitern. Wir wissen heute, daß *a priori*-Denkschemata nicht zu akzeptieren sind, sondern daß wir unser Begriffssystem manchmal gegen »den gesunden Menschenverstand« abändern und ergänzen müssen. Dieser Vorgang wirkt weit über die Physik hinaus und trägt dazu bei, daß die Naturerforschung zu einem wichtigen Teil der menschlichen Kultur geworden ist.

Ein Denkschema, das besonders kraß gegen unsere Alltagserfahrungen zu verstoßen scheint, ist die *Einsteinsche Relativitätstheorie*. Da sie andererseits eines der wichtigsten, jeden Tag im Laboratorium aufs neue bestätigten »Werkzeuge« der Elementarteilchenphysiker ist, habe ich ihr ein eigenes Kapitel gewidmet.

Die Instrumente, auf denen die moderne Physik »gespielt« wird, sind in der Elementarteilchenphysik riesige Beschleuniger und komplexe Nachweisgeräte, in der Astrophysik große Teleskope und von

Satelliten getragene Instrumente. Der personelle und materielle Aufwand, der nötig ist, um solche Anlagen zu entwickeln, zu bauen und zu betreiben, erfordert Anstrengungen, die die Möglichkeiten eines einzelnen Landes übersteigen und die zur Gründung von *großen Forschungszentren* geführt haben. Dadurch ergeben sich neue Aspekte: *internationale Zusammenarbeit*, manchmal verbunden mit politischen Problemen; menschliche Konflikte, wie sie bei der Zusammenarbeit in großen Gruppen meist sehr ehrgeiziger Wissenschaftler unvermeidlich sind; und schließlich spielt auch das Management eine wichtige Rolle.

Ich möchte vor allem am Beispiel von CERN, dem europäischen Zentrum für Elementarteilchenphysik, viele der erwähnten Fragen schildern. CERN wird nicht nur wegen meiner persönlichen Erfahrung und Verbindung mit dieser Organisation eine besondere Rolle spielen, sondern weil es sich um das größte und in seiner Art einzigartige internationale Forschungszentrum handelt. CERN ist die erste nach dem II. Weltkrieg gegründete europäische Einrichtung, und hier gelang es zum erstenmal zu zeigen, daß eine Zusammenfassung der Kräfte unseres Kontinents zu Leistungen führt, die einen weltweiten Vergleich nicht zu scheuen brauchen.

Während der letzten 16 Jahre hatte ich das Glück, zunächst als Direktor von DESY und dann als Generaldirektor von CERN die faszinierende Entwicklung der Hochenergiephysik im Zentrum mitzuerleben und sie auch mitgestalten zu können. Die Erfahrung mit vielen Besuchern bei CERN und früher bei DESY hat mir gezeigt, wo Verständnisschwierigkeiten liegen, aber gleichzeitig auch, welch großes Interesse für die grundlegenden Fragen unserer Wissenschaft besteht. Dies fand ich bei Staatsoberhäuptern, Politikern, Kirchenfürsten wie auch beim »Mann auf der Straße« und vor allen Dingen bei der jungen Generation.

Ich hoffe, daß dieses Buch den Lesern Anregungen und Bereicherung, aber auch Vergnügen bieten wird. Es ist nicht notwendig, das Buch systematisch von Anfang bis zu Ende durchzulesen. Die meisten Kapitel sind für sich verständlich, und wo Erklärungen von anderer Stelle benötigt werden, sind entsprechende Hinweise gegeben. Jeder fange also dort an, wo ihn sein Interesse zuerst hinzieht. Um die Lektüre abwechslungsreicher zu gestalten und die enge Verflechtung zwischen Experiment und Theorie aufzuzeigen, wechseln sich Kapitel mit grundlegenden theoretischen Fragen und solche Kapitel ab, die sich mit der Beschleuniger- oder Detektortechnik befassen. Dazwischen sind Schilderungen historischer Entwicklungen oder allgemeiner Fragen eingeschoben.

Da bei vielen Lesern nach wie vor eine Abneigung gegen mathematische Formeln besteht, habe ich sie aus dem Text völlig verbannt. Wer Interesse für formel- oder zahlenmäßige Zusammenhänge besitzt, für den habe ich einige Erläuterungen in Anmerkungen zusammengestellt. Zum Verständnis des Haupttextes sind sie aber nicht erforderlich.

1. Dampfhämmer zur Zertrümmerung von Atomkernen?

Für viele Besucher von CERN ist es ein Anlaß zu großer Verwunderung, daß die Untersuchung des Allerkleinsten riesige Anlagen – Beschleuniger –, internationale Zusammenarbeit und die Errichtung von Großforschungszentren erfordert. Ist es die Sucht nach immer Größerem, eine Art Gigantomanie, die die Forscher antreibt? Ganz und gar nicht! Die Physiker und Ingenieure wären sehr froh, wenn der Vorstoß in den Mikrokosmos mit kleinerem Aufwand erreicht werden könnte. Es sind jedoch die Naturgesetze selbst und bestimmte technische Gegebenheiten, die es unumgänglich machen, die Ausmaße der Beschleuniger zu vergrößern.

Größere Beschleuniger, d. h. höhere Energien, machen uns neue Bereiche der Natur zugänglich, indem sie uns folgende Möglichkeiten eröffnen:

- die Ausmessung der Struktur von immer kleineren Objekten;
- die Überprüfung von Materiebausteinen auf ihre Fundamentalität, d. h. Zerlegbarkeit;
- die Erzeugung von neuen materiellen Objekten mit größerer Masse;
- das Studium der Kräfte in verschiedenen Energiebereichen;
- die Untersuchung von Materiezuständen, die kurze Zeit nach der Entstehung des Kosmos existierten.

Die Stufenleiter der Materie

Vom gewöhnlichen Lichtmikroskop her weiß man, daß man Objekte nicht sehen kann, wenn sie kleiner als die benutzte Lichtwellenlänge sind. Diese reicht gerade aus, um Bakterien im Mikroskop zu beobachten, während z. B. Viren nicht mehr untersucht werden können. Um weiterzukommen, entwickelte man das Elektronenmikroskop, in dem anstelle von Lichtwellen Teilchen benutzt werden.

Aber auch hier gilt, daß das Auflösungsvermögen durch die effektive Wellenlänge der Teilchenstrahlen begrenzt ist: Die Wellenlänge ist um so kürzer, je höher die Energie der verwendeten Elektronen ist[1]. Beschleuniger sind nun in gewissem Sinne nichts anderes als Übermikroskope, bei denen man versucht, immer kürzere Wellenlängen zu verwenden, um immer kleinere Strukturen beobachten zu können. Viren sind von menschlichen Dimensionen aus gesehen schon äußerst kleine Objekte mit Ausdehnungen von etwa einem hunderttausendstel Zentimeter. Atome sind etwa noch tausendmal kleiner. Neue Welten tun sich auf, wenn man zu den Atomkernen vorstößt, die nochmals etwa hunderttausendmal kleiner als die Atome selbst sind. Die Kerne ihrerseits bestehen aus Protonen und Neutronen. Heute gelingt es mit den größten Beschleunigern, Abstände von weniger als einem Tausendstel des Protonenradius zu messen (Abb. 1.1).

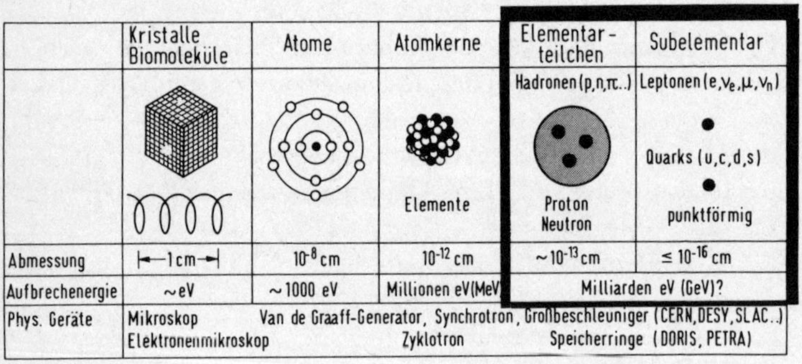

Abb. 1.1 *Die Hierarchie der Bausteine der Materie. Beim Eindringen in den Mikrokosmos mit Hilfe immer leistungsfähigerer Beschleuniger fand man mehrere Stufen kleinerer Bausteine der Materie. Läßt sich Materie beliebig weiter unterteilen?*

Es ist atemberaubend, wenn man sich vorstellt, welche Dimensionen hier im Laufe der letzten Jahrzehnte durchmessen wurden – oder besser gesagt, es ist eigentlich nicht mehr vorstellbar. Würden wir ein magisches Vergrößerungsglas benutzen, das die kleinste Länge, die man heute noch untersuchen kann, etwa auf die Abmessung eines Bakteriums vergrößern würde, dann könnten wir ein Proton als ein Kieselsteinchen von 1 mm Durchmesser sehen, während ein mittlerer Atomkern einige Zentimeter groß erscheinen würde. Ein Atom hätte dann aber schon einen Durchmesser von mehr als 100 m. Eine Erbse schließlich würde in unserem Vergrößerungsglas so aufgeblasen erscheinen, daß die Sonne in ihr Platz hätte. Mit Erstaunen stellen wir fest, daß die Natur enorme Sprünge macht, wenn man von einer Ebene der Materiebausteine zur nächstkleineren oder nächstgrößeren übergeht. Es ist also nicht so wie etwa bei der Zerkleinerung eines Holzbalkens, bei der wir Holzstückchen von beliebiger Größe erzeugen können bis hinunter zu Sägemehl. Statt einer kontinuierlichen Zerlegung zwingt uns die Natur, Sprünge zu machen.

Ähnlich verhält es sich, wenn wir nachts in das Universum blikken, wo es Planeten, die Sonne, andere Fixsterne und Galaxien gibt. Wir wissen heute, daß die Galaxien in mehr oder weniger großen Haufen von 1000 und mehr Milchstraßensystemen konzentriert sind. Diese Haufen besitzen Durchmesser von bis zu einigen zehn Millionen Lichtjahren. Unsere Milchstraße und die Andromedagalaxie gehören mit einigen weiteren kleineren Galaxien zur sogenannten Lokalen Gruppe. Die größten heute bekannten Strukturen nennt man Superhaufen, die aus Haufen von Galaxien aufgebaut sind. Sie besitzen häufig die Form einer flachen Scheibe und erreichen Ausdehnungen von etwa 100 Millionen Lichtjahren. Der bekannteste Superhaufen enthält unsere Lokale Gruppe und den Virgohaufen: eine Ansammlung von etwa 3000 Galaxien in einer Entfernung von etwa 60 Millionen Lichtjahren. In jüngster Zeit glauben Wissenschaftler der Universität von Hawaii eine noch größere Struktur entdeckt zu haben, den sogenannten Pisces-Cetus-Komplex mit einer Ausdehnung von einer Milliarde Lichtjahren – eine Beobachtung, die noch bestätigt werden muß.

Auch im Kosmos gibt es also eine Sprungleiter, wenn wir von einer Art von Strukturen zur nächstgrößeren gehen, also etwa die Reihe Erde, Sonne, Planetensystem, Milchstraße, Haufen von Galaxien usw. verfolgen.

In Abbildung 1.2 sind die Sprünge vom Mikro- bis zum Makrokosmos dargestellt. Sie sind manchmal groß, manchmal klein, und wir wissen bisher nur sehr wenig darüber, warum es diese Sprünge gibt und welche Gesetze sie bestimmen. Das Sprungverhältnis ist meist riesig, was nichts anderes bedeutet, als daß der Raum im gro-

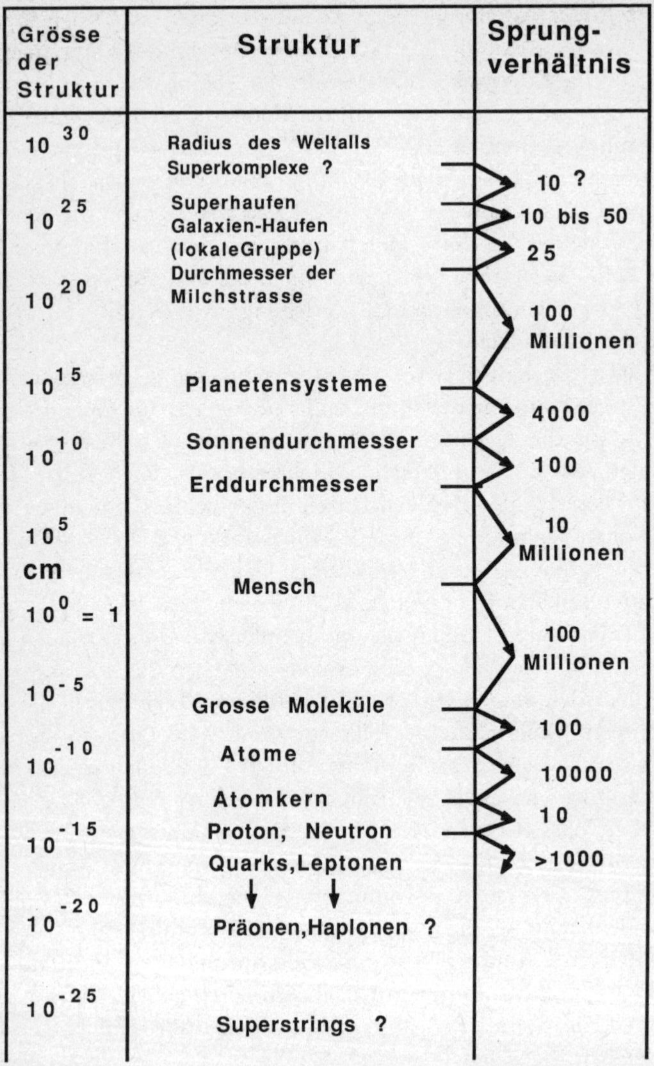

Abb. 1.2 *Die Stufenleiter der Materie. Der Raum ist nicht gleichmäßig mit Strukturen aller Größen erfüllt. Beim Übergang von den größten Strukturen im Weltall zu den kleinsten Elementarteilchen macht die Natur Sprünge unterschiedlicher Größe. Der Mensch steht ungefähr in der Mitte zwischen den größten und den kleinsten bekannten Strukturen.*

ßen wie im kleinen leer ist. Zwischen den Fixsternen eines Milchstraßensystems gähnt eine unendliche Leere, ähnlich wie zwischen den Elektronen in der Hülle eines Atoms. Als Wissenschaftler lernt man »in Größenordnungen zu denken«, aber trotzdem sind diese Sprünge für unser kleines menschliches Gehirn kaum vorstellbar. Abbildung 1.2 zeigt auch, daß überraschenderweise der Mensch mit seiner Größe etwa in der Mitte zwischen den größten und kleinsten Objekten steht, die wir bisher in der Natur kennen. Auch diese Tatsache verstehen wir noch nicht.

Die großen Sprünge, die wir beim Eindringen in die verschiedenen Schichten der Materie feststellen, haben eine unangenehme praktische Konsequenz: Um von einer Schicht in die nächsttiefere vorzudringen, benötigt man Beschleuniger, deren Energien etwa um einen Faktor 10 größer sein müssen. Wie wir später hören werden, lassen sich aber bei den Kosten der Beschleuniger dank neuer Ideen und technischer Entwicklungen die Sprünge sehr viel kleiner halten.

Gibt es letzte, unzerstörbare Materieklötzchen?

Man kann die Beziehung zwischen der Größe der zu untersuchenden Struktur und den dafür benötigten Energien noch von einer anderen Seite her beleuchten. Eine der Grundfragen lautet: Gibt es letzte unteilbare und unzerstörbare Bausteine der Materie, und wenn ja, welches sind ihre Eigenschaften? Um dies festzustellen, muß man versuchen, diejenigen Elemente, die man zur Zeit gerade als die »letzten« ansieht, weiter in ihre Bestandteile zu zerlegen.

Die Chemiker arbeiteten seit etwa zweihundert Jahren mit dem Begriff des Atoms, des mit chemischen Methoden »Unteilbaren«. Aber diese Atome waren für viele Forscher nicht mehr als eine nützliche Arbeitshypothese. Der große Physiker und Philosoph Ernst Mach glaubte selbst am Ende des vergangenen Jahrhunderts noch nicht an die Realität der Atome. Die Unveränderlichkeit der Elemente und ihrer Atome gehörte indessen zu den festen Grundsätzen der Chemie.

Die experimentellen Arbeiten von Heinrich Hertz und Philipp Lenard führten 1897 zur Entdeckung des Elektrons durch Joseph J.

Thomson. Sie zeigten außerdem, daß die Atome zum größten Teil aus leerem Raum bestehen. Ernest Rutherford wies 1911 zum erstenmal die Existenz des gegenüber der Größe des Atoms winzigen Atomkerns nach. Damit war der Mythos von der Unteilbarkeit der Atome tot. Lehrt uns diese Geschichte, daß es überhaupt keine letzten, unzerteilbaren Materieklötzchen gibt?

In den 30er Jahren unseres Jahrhunderts stellten die Kernphysiker fest, daß auch der Atomkern zusammengesetzt ist. In ihm findet man Protonen und Neutronen, und heute wissen wir, daß Protonen und Neutronen sich wiederum aus Quarks zusammensetzen, die mindestens tausendmal kleiner sind als ein Proton (Abb. 1.1).

Nun verhält es sich so, daß die Objekte um so härter werden, je kleiner sie sind. Die Energien, die man benötigt, um einen Atomkern zu zerlegen, sind etwa eine millionmal größer als diejenigen, die ein Elektron aus einem Atom ablösen können. Wir können auch sagen: Je kleiner die Objekte, um so stärker sind die Kräfte, die sie zusammenhalten, bzw. um so größere Energien werden bei Umwandlungen frei. Dies ist letzten Endes der Grund, warum Kernreaktoren oder Atombomben soviel mehr Energie freisetzen als etwa chemische Prozesse zwischen Atomen (z. B. Kohleverbrennung oder chemische Explosionen). Die fundamentale Frage, warum dies so ist und ob sich die Zerlegung in immer kleinere und kleinere Bestandteile grenzenlos fortsetzen läßt, wenn man nur genügend hohe Energien aufbringt, läßt sich nicht einfach mit ja oder nein beantworten. Ich bin der Meinung, daß wir heute einer völlig neuen Situation gegenüberstehen (Kap. 13 und 14).

Zunächst ergibt sich aber das technische Problem, wie man die benötigten Energien so konzentrieren kann, daß man seinen Zweck (z. B. einen Atomkern zu zertrümmern) erreicht. Mit einer Dampfwalze kann man nicht einmal ein Staubkorn zermalmen, da ihr großes Gewicht über eine zu große Fläche verteilt ist. Genaugenommen geht es in der Elementarteilchenphysik daher gar nicht um große Energien, sondern das Hauptanliegen ist, Energien auf winzige Volumina zu konzentrieren. Die einzige Möglichkeit, hohe Energiekonzentrationen zu erhalten, besteht darin, Teilchen, die selbst sehr klein sind, auf hohe Energien zu beschleunigen. Die Teilchen müssen natürlich lange genug leben oder, am besten, stabil sein, um den Beschleunigungsprozeß überdauern zu können. Die einzigen Teilchen, die bis jetzt dafür benutzt wurden, sind die stabilen Elektronen und Protonen (bzw. ihre jeweiligen Antiteilchen). Man beschleunigt auch schwere Atomkerne, was uns hier aber nur am Rande interessiert.

Da es in der Elementarteilchenphysik auf die Konzentration der Energie ankommt, benutzt man eine spezielle Energieeinheit, das eV (ElektronVolt) bzw. MeV = eine Million eV oder GeV = 1000 MeV. Ein Elektron erhält eine Energie von 220 eV, wenn es durch eine elektrische Spannung von 220 Volt beschleunigt wird. Die im Alltag gebräuchlichsten Energieeinheiten sind die Kilowattstunde (kWh) und die Kalorie (cal). Eine 100-Watt-Glühlampe verbraucht in einer Stunde 0,1 kWh = $2 \cdot 10^{15}$ GeV (eine 2 mit 15 Nullen)[2]. 1 GeV ist also eine äußerst kleine Energie. Ein Elektron, das auf 100 GeV beschleunigt wurde, besitzt eine Energie von $0{,}4 \cdot 10^{-14}$ kWh, die gerade ausreichen würde, um eine Ameise etwa 1 mm hochzuheben. Aber wie gesagt, es kommt auf die Konzentration der Energie an.

Die höchsten Protonenenergien, die man heute erreichen kann, liegen etwa bei 1000 GeV (oder abgekürzt 1 TeV). Die Bewegungsenergie eines Protons entspricht dabei derjenigen einer Fliege. Andererseits kann man mit einem einzelnen Proton nicht viel anfangen. In einem Beschleuniger werden pro Beschleunigungszyklus etwa 10 000 Milliarden (= 10^{13}) Protonen gleichzeitig auf Energie gebracht. 10 000 Milliarden Fliegen könnten schon unangenehm werden. Ein solcher Protonenstrahl besitzt die Bewegungsenergie eines Mittelklasseautos mit einer Geschwindigkeit von etwa 60 km/h. Aber diese Energie ist auf wenige Quadratmillimeter konzentriert. Trifft dieser Protonenstrahl auf die Wand des Beschleunigers, dann bohrt er ein richtiges Loch hinein. Das ist schon häufiger geschehen, trägt aber nicht zur guten Laune der Ingenieure bei, da es meist eine Betriebsunterbrechung von mehreren Tagen bedeutet. Welche Kunstgriffe man anwenden muß, um die Teilchen von der Wand fernzuhalten, werden wir später hören (Kap. 4).

Materieerzeugung statt Atomzertrümmerung

Hohe Energiekonzentrationen sind notwendig, um zu prüfen, ob Teilchen wirklich elementar sind oder ob sie in noch kleinere Materiebausteine zerlegt werden können. Dies ist aber nicht der einzige Grund, warum Elementarteilchenphysiker einen unersättlichen Hunger nach immer höheren Energien haben.

In den letzten Jahren hat sich das Interesse verlagert: von der Zerlegung von Materiebausteinen auf die Erzeugung von Materie in neuen Formen. Nach der berühmten Einsteinschen Formel $E = mc^2$ kann Materie in Energie und Energie in Materie wechselseitig umgewandelt werden. Quantitativ sagt die Formel, daß man zur Erzeugung eines Teilchens mit der Masse m eine Energie E/c^2 benötigt, wobei c die Lichtgeschwindigkeit bedeutet. Diese Umwandlung von Energie in Masse und umgekehrt ist eine für den Alltag höchst befremdliche und verdächtige Verhaltensweise (Kap. 5). Hier möge es aber genügen, festzuhalten, daß man zur Erzeugung schwerer Objekte hohe Energien benötigt.

Mit Hilfe von größeren Beschleunigern erschließen sich daher unter Umständen ganz neue Materiebereiche der Erforschung. So tat sich Mitte der 70er Jahre die Welt der sogenannten Charm-Teilchen auf, denen Ende des vergangenen Jahrzehntes die etwa dreimal so schweren Beauty-Teilchen (die »Schönen«) folgten. Anfang dieses Jahrzehnts wurden bei CERN die bisher schwersten bekannten Teilchen, die sogenannten W- und Z-Teilchen, zum erstenmal erzeugt und nachgewiesen. Sie sind wiederum etwa 20mal schwerer als Beauty-Teilchen.

Hohe Energien erlauben uns also, Materie in neuer, ungewöhnlicher Form zu erzeugen – in Formen, die irgendwo und irgendwann im Weltall existieren oder existierten und die wir in unserer unmittelbaren Umgebung nicht finden. Große Beschleuniger ermöglichen es uns, in gewissem Maße die Schöpfung der Materie, den Urknall, im Laboratorium nachzuvollziehen.

Um Mißverständnisse zu vermeiden, sollte ich besser von »Erzeugung der Materie« statt von »Schöpfung der Materie« sprechen. Es stimmt zwar, daß Materie sozusagen aus dem Nichts, aus »reiner« Energie, entsteht. Aber als ich dies einem Besucher bei CERN, Papst Johannes Paul II., zu erklären versuchte, gab es ein Mißverständnis: Er interpretierte »Schöpfung der Materie« im theologischen Sinn als Akt der Schöpfung. Dies ist natürlich bei unseren Experimenten im Labor nicht gemeint. Den Urknall des Universums könnte man allerdings als einen Schöpfungsakt interpretieren (Kap. 14).

Die Kräfte auf dem Prüfstand

Es gibt aber einen weiteren Grund für das Vordringen zu immer höheren Energien. Für das Verständnis der Natur ist es unerläßlich, nicht nur die Frage nach den letzten Bausteinen der Materie zu stellen, sondern auch nach den Kräften, die zwischen ihnen wirken. Die elementaren Teilchen der Materie stellen das Ewige, das Unvergängliche dar. Wir erleben einen dauernden Wandel in der Natur: Sterne werden geboren und erlöschen, Gebirge entstehen und werden abgetragen, Lebewesen erblicken das Licht der Welt und vergehen. Dieser Wandel wird bewirkt durch Kräfte, die die elementaren Bausteine in immer anderen Konstellationen zusammenfügen und so aus der Einfachheit von wenigen Grundbausteinen die ganze Vielfalt der Welt erzeugen.

Beim Studium der Kräfte zeigt sich, daß ihre Eigenschaften sehr stark davon abhängen, bei welchen Energien der Kräfteaustausch stattfindet. Dies scheint erstaunlich, da es bei der Kraft, die wir am besten aus dem Alltag kennen – der Schwerkraft –, nicht der Fall zu sein scheint. Ob wir einen kleinen Stein zur Erde fallen lassen oder ob die Erde den Mond anzieht, stets gelten die von Newton vor dreihundert Jahren aufgestellten Gesetze. Betrachten wir dagegen die in unserem Leben immer wichtiger werdende elektromagnetische Kraft, so stellen wir fest, daß ihr Verhalten sehr viel komplizierter ist. Die Anziehung von Papierschnitzeln durch einen geriebenen Kamm oder einen Bernsteinstab stellt die extreme Verhaltensweise bei sehr niedrigen Energien dar (Elektrostatik). Die durchdringenden Röntgen- und Gammastrahlen charakterisieren das Verhalten dieser Kraft bei hohen Energien, und dazwischen liegt die Welt der Elektrotechnik mit Elektromotoren und Fernsehen. Aber auch das Licht ist ein Abkömmling dieser Kraft mit all seinen Anwendungen in der Optik. Noch bevor Heinrich Hertz 1886 in Karlsruhe die Radiowellen entdeckte, formulierte der Engländer James Clerk Maxwell 1862 die nach ihm benannten Gleichungen für die elektromagnetische Wechselwirkung, mit deren Hilfe sich die vielfältigen elektrischen, magnetischen und optischen Erscheinungen erklären lassen. Ludwig Boltzmann fragte in bezug auf die Maxwellschen Gleichungen: »War es ein Gott, der diese Zeichen schuf?« Um sie zu verifizieren, war es notwendig, die elektromagnetische Kraft bei verschiedenen Energien (oder wie die Physiker sagen: »bei verschiedenen Frequenzen«) experimentell zu studieren.

Ähnliches gilt für zwei andere Kräfte, die erst in diesem Jahrhundert entdeckt wurden: die Kernkraft und die schwache Kraft (Kap. 13). Diese beiden Kräfte zu verstehen ist etwas, was die Physiker gegenwärtig am meisten interessiert. Es zeigt sich, daß dabei das Verhalten bei verschiedenen Energien eine entscheidende Rolle spielt, und man muß zu extrem hohen Energien vorstoßen, um ein volles Verständnis zu erlangen. Wenn man den gegenwärtigen Stand der Kenntnis dieser beiden Kräfte mit der Kenntnis der elektromagnetischen Kraft vergleicht, so könnte man sagen, daß wir die Elektrostatik und die Induktion, ja vielleicht sogar die Radio- und Fernsehwellen begreifen. Wir fangen gerade an, das »Licht« zu verstehen, während die »Röntgenstrahlen« noch völlig im dunkeln liegen.

2. Gibt es einen Urstoff der Materie?

Mit den Griechen fing es an

Die moderne Naturwissenschaft, so wie sie sich in den letzten zwei Jahrhunderten in Europa entwickelte, wird heute in der ganzen Welt anerkannt, gleichgültig, um welche politischen, sozialen oder philosophischen Systeme es sich handelt – anerkannt nicht zuletzt deswegen, weil sie die Basis für die moderne Technik ist. Dieser Triumph, auf den Europa stolz sein kann, geht zurück auf zwei Quellen: auf die alten griechischen Denker, beginnend mit dem 6. Jahrhundert vor Christus, und auf die Renaissance im 17. Jahrhundert. Dazwischen lagen in Europa fast 2000 finstere Jahre, während deren der Schwerpunkt der naturwissenschaftlichen Entwickung in anderen Teilen der Welt, etwa in China oder bei den Arabern, lag.

Die grandiose Idee, die vielfältigen Erscheinungen der Welt auf einige wenige Grundelemente zurückzuführen, geht auf die griechischen Philosophen zurück. Thales von Milet hat meines Wissens zum erstenmal die Frage nach dem Urstoff gestellt. Er war allerdings der Meinung, daß das Wasser der materielle Ursprung aller Dinge sei. Heraklit betrachtete Feuer und Luft als die Grundelemente der Naturerscheinungen. Demgegenüber hielt Parmenides, der im 5. Jahrhundert vor Christus lebte, nichts von solchen diskreten Elementen, sondern er glaubte an das Kontinuum. Insbesondere bezweifelte er die Existenz des Vakuums, denn man könne »ja nicht erkennen, was nicht ist«. Empedokles, der auf Sizilien lebte, sprach zum erstenmal von vier Elementen, wobei er Liebe und Haß als die bewegenden Kräfte zu erkennen glaubte.

Am wichtigsten für die spätere Entwicklung waren aber wohl die von Demokrit eingeführten Atome, d. h. letzte unteilbare Teilchen der Materie. Demokrit ging davon aus, daß diese Atome alle aus der gleichen Substanz bestehen, sich aber durch verschiedene Formen unterscheiden. Manche seien glatt und rund, während andere Spitzen und Ecken besäßen. Sie sollten weder einen Geruch, noch eine Farbe, noch einen Geschmack besitzen. Im Hinblick auf unsere heutigen Anschauungen ist es wichtig hervorzuheben, daß der Unterschied der verschiedenen Atome nur in ihrer Geometrie bestehen sollte. Hier finden wir schon den interessanten Aspekt, daß auf der einen Seite die Atome die Grundlage eines materialistischen Weltbildes sind, daß sie sich aber andererseits durch geometrische Formen, d. h. durch abstrakte Begriffe, unterscheiden.

Auf der anderen Seite stand Platon, der nicht materielle Körper als Grundbausteine der Natur ansah, sondern davon ausging, daß die regelmäßigen Körper (Tetraeder, Würfel, Oktaeder, Isokaeder und der von den Pythagoräern entdeckte Dodekaeder) die eigentlichen »Elemente« seien. Hier finden wir einen Gedanken, der uns noch ausgiebig beschäftigen wird: daß nämlich die Symmetrie die Grundlage für die Naturerklärung sein kann. Symmetrien als abstrakte Vorstellungen haben nichts Materielles an sich. Wie Platon in seinem berühmten Höhlengleichnis ausführte, war er der Meinung, daß »Ideen« die Wirklichkeit darstellen.

Diese grandiose gedankliche Entwicklung des Altertums fand zunächst ihren Abschluß in Aristoteles. Er entwickelte das erste logisch in sich abgeschlossene, komplette Weltsystem, das auf fünf Elementen beruht, von denen vier sich wandeln, während das fünfte Element unveränderlich ist. Dieses können wir als Äther oder Vakuum bezeichnen, und es macht die Bewegung möglich. Aristoteles wies auf eine Schwierigkeit hin, die heute noch genauso aktuell ist wie damals: Er hielt es nicht für möglich, die Natur durch diskrete Elemente zu erklären, denn warum und wann sollte eine weitere Teilungsmöglichkeit zu einem Ende kommen? Bei diesem Gedankengang wurde er wohl beeinflußt durch die Entdeckung der irrationalen Zahlen, die die Bedeutung des Kontinuums unterstrichen.

Viele folgende Jahrhunderte beschäftigten sich nur mit der Auslegung des Aristotelischen Systems, während weder neue grundsätzliche Ideen zutage gefördert noch die Naturbeobachtung weiterentwickelt wurden. Dies änderte sich erst mit Galilei und Newton, die Wege von einer rein spekulativen Naturbetrachtung zur Beobachtung mit Hilfe des Experiments aufzeigten.

Neue Vorstellungen über die Struktur der Materie wurden erst wieder von der im 18. und 19. Jahrhundert aufblühenden Chemie geliefert. So führte Antoine-Laurent Lavoisier erstmalig 23 Elemente ein (er wurde übrigens 1794 während der Französischen Revolution hingerichtet). Der englische Physiker John Dalton (1766–1844) griff auf die alte Demokritsche Bezeichnung *Atom* zurück und zeigte, daß man mit 24 solchen Atomen einen großen Erfahrungsbereich der Chemie erklären konnte (»multiple Proportionen«). Der Atombegriff führte in der Chemie aber auch zu einigen Schwierigkeiten. So war es wohl offensichtlich, daß es elektrische Kräfte waren, die die Atome in den Molekülen zusammenbanden. Wie aber war zu erklären, daß es Moleküle gleichartiger Atome gab, wie z. B. das aus zwei Wasserstoffatomen bestehende Wasserstoffmolekül? Trotz dieser Schwierigkeiten wurden 1868 die Atome auf einem Kongreß in Karlsruhe von den Chemikern endgültig akzeptiert. Große Triumphe konnte das von Dmitry Mendeljev aufgestellte System der Elemente feiern, insbesondere dadurch, daß aufgrund der systematischen Anordnung die Existenz einiger noch unbekannter Elemente vorausgesagt werden konnte, die dann tatsächlich gefunden wurden. (Eines dieser zunächst sehr exotischen Elemente, nämlich das »Ekasilizium«, wird heute Germanium genannt und spielt in der Technik eine große Rolle.)

Von den Physikern wurde aber die »Atomhypothese« noch lange nicht akzeptiert. In der zweiten Hälfte des vergangenen Jahrhunderts konnte der *Feldbegriff*, der für die elektromagnetischen Erscheinungen entwickelt wurde und in den Maxwellschen Gleichungen einen Höhepunkt fand, Triumphe feiern. Es war auch die Zeit des Positivismus, der nicht direkt nachprüfbare Hypothesen als Scheinprobleme zurückwies. So sprach sich der berühmte englische Physiker William Thomson Kelvin noch 1870 dafür aus, daß ein vernünftiger Naturwissenschaftler das Atom in das Reich der Metaphysik verweisen sollte.

Allmählich setzte sich aber auch bei den Physikern die Vorstellung von einer körnigen Struktur der Materie durch. Dazu trugen entscheidend die Entdeckung des Elektrons und viele weitere Experimente der Atomphysik bei. Die Situation wurde sogar in ihr Gegenteil verkehrt, als man fand, daß selbst das Licht, das Musterbeispiel für eine kontinuierliche Feldstruktur, eine körnige Struktur besitzt. Lichtquanten waren von Albert Einstein schon 1905 vorgeschlagen worden, doch fiel es den Physikern zunächst schwer, ihre

Existenz zu akzeptieren. Aber Experimente Anfang der 20er Jahre (»Compton-Effekt«) erzwangen die gedankliche Revolution. Es ist daher nicht erstaunlich, daß Einstein 1922 den Nobelpreis für das Lichtquant (und nicht für die Relativitätstheorie) erhielt.

Das Ergebnis der physikalischen Untersuchungen um die Jahrhundertwende zeigte, daß das von den Chemikern zunächst für unteilbar gehaltene Atom in Wirklichkeit eine komplizierte Struktur in Form einer Elektronenhülle besitzt. In den verschiedenen Atommodellen, die zu Beginn dieses Jahrhunderts diskutiert wurden, war offensichtlich, daß die negativen Ladungen der Elektronen über einen gewissen Bereich (etwa 10^{-8} cm) verteilt sind. Die Frage war allerdings, wo die für die elektrische Neutralität der Atome notwendigen positiven Ladungen sitzen. Man glaubte zunächst an eine mehr oder weniger homogene Verteilung.

Der große Durchbruch kam, als Rutherford Atome mit Alpha-Teilchen, die von radioaktiven Zerfällen stammten, beschoß. Zu seiner größten Überraschung stellte er fest, daß die meisten dieser schweren Alpha-Teilchen, die er auf eine dünne Metallfolie schoß, etwas abgelenkt wurden, daß aber einige in die Richtung, aus der sie kamen, zurückgeworfen wurden. Rutherford beschrieb das Ergebnis dieser Experimente so: »Es war bestimmt das unglaublichste Ereignis, das mir je in meinem Leben widerfuhr. Es war fast so unglaublich, als wenn jemand eine Granate auf ein Stück Seidenpapier abgefeuert hätte und diese zurückgekommen wäre und ihn getroffen hätte.« Die Erklärung für dieses Ergebnis, die quantitativ durch viele Versuche bestätigt werden konnte, bestand darin, daß die positive Ladung im Atom in einem sehr kleinen Raumbereich konzentriert ist und daß sich dort auch praktisch die gesamte Masse des Atoms befindet. Diese Massen- und Ladungskonzentration bekam den Namen *Atomkern*. Die Atomkernphysik war damit geboren. Wie genauere Messungen später zeigten, beträgt die Ausdehnung des Atomkerns etwa nur ein Hunderttausendstel des Atomdurchmessers (10^{-13} cm beim Wasserstoffatom, bis zu einigen 10^{-12} cm bei schwereren Atomen). Man kann also sagen, daß das Atom zum größten Teil leerer Raum ist, angefüllt von den Elektronen mit sehr geringen Massen, während die Materie in einem winzigen Kern zusammengepreßt ist.

Einige Jahrzehnte Kernphysik lieferten uns genaue Kenntnisse über die Struktur der Atomkerne. Man lernte die Kerne zu zerlegen; man konnte neue, nicht in der Natur vorhandene Atomkerne erzeugen; radioaktive Kerne fanden viele Anwendungen in Medizin und Technik; die Kernspaltung und Kernfusion eröffneten neue Möglichkeiten für die friedliche Nutzung der Kernenergie, aber sie lieferten auch die Grundlage für die Atombombe (die eigentlich richtig »Atomkernbombe« heißen müßte).

Eines der wichtigsten Ergebnisse der Kernphysik bestand darin, daß man feststellte, daß alle Atomkerne aus zwei Grundbausteinen, den *Protonen* und den *Neutronen*, bestehen. Bei den Protonen handelt es sich um den Atomkern des leichtesten, des Wasserstoffatoms, während die Neutronen etwa dieselbe Masse wie das Proton besitzen, aber elektrisch neutral sind. Das Neutron ist etwas schwerer als das Proton und kann sich im freien Zustand durch einen Beta-Zerfall, nämlich die Aussendung eines Elektrons und eines Neutrinos, in ein Proton verwandeln. Im Innern des Atomkerns sind die Neutronen gebunden und können nicht zerfallen. Protonen und Neutronen bezeichnet man gemeinsam als Hadronen.

In den 30er Jahren schien es, als ob man sich die Welt aufgebaut denken könnte aus Protonen und Neutronen, die die Bestandteile des Atomkerns sind, und aus Elektronen, die diesen Kern als Hülle umgeben. Dieses einfache Bild mit drei Elementarteilchen wurde etwas gestört durch die Entdeckung des radioaktiven Beta-Zerfalls, bei dem man die experimentellen Ergebnisse nur dadurch erklären konnte, daß gemeinsam mit dem Elektron ein weiteres hypothetisches Teilchen, das Neutrino, ausgesandt werden sollte. Der große Theoretiker Wolfgang Pauli, der die Neutrino-Hypothese 1930 vorgeschlagen hatte, glaubte anfangs selbst nicht recht daran. Als er einmal gefragt wurde, was er wirklich davon halte, antwortete er: »Am besten, man macht es wie mit der Steuer, nicht daran denken.«

Heute, 60 Jahre später, haben wir eine neue Etappe zurückgelegt. Wir wissen, daß es im Proton und im Neutron noch kleinere Teilchen gibt, die *Quarks*. Außerdem haben das Elektron und das Neutrino inzwischen sozusagen Geschwister bekommen, die man unter dem Namen *Leptonen* (»leichte Teilchen«) zusammenfaßt (Abb. 2.1).

Wenn wir auf die mehr als 2000 Jahre lange Entwicklungsgeschichte zurückblicken, müssen wir uns fragen: »Haben wir wirklich Fortschritte gemacht?« Man könnte ja argumentieren, daß die Atome Demokrits nun die Quarks sind, daß sich aber im prinzipiellen Verständnis der Struktur der Materie nicht viel geändert hat.

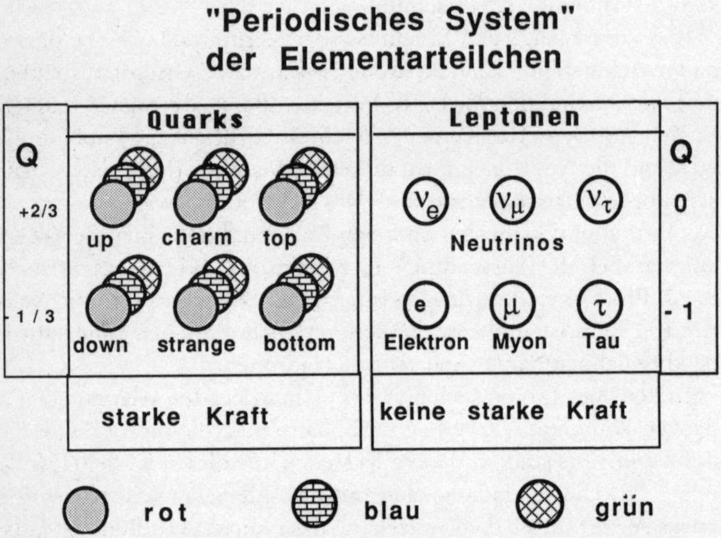

Abb. 2.1 *Das »Periodische System« der Elementarteilchen. Die Grundbausteine der Materie sind die Quarks und Leptonen, die beide zur Familie der Fermionen (Spin ½) gehören. Sie lassen sich in ein Schema einordnen, das weitgehend durch ihre Ladungen (Q = elektrische Kraft, Farbe = Kernkraftladung) bestimmt ist. Wir verstehen nicht, warum es je drei Paare von Quarks und Leptonen gibt. Das Top-Quark wurde noch nicht gefunden.*

Ich möchte im folgenden zeigen, daß dies nicht so ist. Wir werden zwar sehen, daß die alte Frage, ob das Naturgeschehen letzten Endes mit Hilfe von undurchdringlichen harten kleinen Kügelchen verstanden werden kann oder ob mehr abstrakte Begriffe, etwa die regelmäßigen Körper Platons, ihm zugrunde gelegt werden müssen, sich immer noch stellt. Für entscheidend halte ich es jedoch nicht, daß wir diese oder jene Teilchen entdeckt haben (sosehr dies auch die Fachleute begeistert), sondern daß wir bei der Erforschung des

Mikrokosmos gezwungen werden, neue Begriffe einzuführen und unsere Denkstruktur zu ändern. Ich will daher nicht die Entdeckungen der Elementarteilchenphysik in den letzten zwanzig Jahren im einzelnen nachzeichnen (dafür gibt es bereits ausgezeichnete Darstellungen), sondern möchte mich darauf beschränken, die allgemeinen Linien nachzuziehen, die zum Teil auch über die Physik hinaus von Bedeutung sind.

Quarks – und was dann?

Fast dreißig Jahre harter experimenteller Detailarbeit, verbunden mit theoretischen Gedanken, haben uns zu einer neuen Vorstellung über das, was wir die Urbausteine der Materie nennen könnten, geführt. Wir sind heute in der Lage, alle bekannten Phänomene sowohl im Mikrokosmos als auch im Makrokosmos mit Hilfe der in Abbildung 2.1 gezeigten Teilchen zu erklären. Dieses »Periodische System der Elementarteilchen« ersetzt im gewissen Sinne das Periodische System der Elemente der Chemiker aus dem vergangenen Jahrhundert, und es erscheint uns systematischer und einfacher als jenes.

Sehen wir es uns einmal näher an. Zunächst stellen wir fest, daß es zwei Familien von Teilchen gibt, die Quarks und die Leptonen. Sie unterscheiden sich dadurch, daß die Quarks die starke Kernkraft fühlen, die Leptonen dagegen nicht. Die Quark-Hypothese wurde von den amerikanischen Theoretikern Murray Gell-Mann und George Zweig 1963 eingeführt. Damals gab es eine Flut von Entdekkungen neuer »Elementarteilchen«, die zunächst so verwirrend waren, daß man von einem »Elementarteilchenzoo« sprach. Zur Überraschung der Kollegen zeigten Gell-Mann und Zweig, daß man in dieses Chaos eine sehr schöne Ordnung bringen konnte, unter der Annahme, daß alle diese Teilchen aus drei Grundeinheiten aufgebaut sind. Gell-Mann wählte als Bezeichnung das Wort »Quark«.

Es gibt viele hübsche Geschichten darüber, wie Gell-Mann zu diesem Namen kam. Er stammt aus dem Roman »Finnegans Wake« von James Joyce, wo auf Seite 383 von »Three quarks for Muster Mark!« die Rede ist. Da Gell-Mann zunächst davon ausging, daß es nur drei Quarks gebe, sollte der Zahl Drei eine tiefere Bedeutung zukommen. Vielleicht wollte Gell-Mann auch nur zeigen, daß er diesen schwierigen Roman bis zu Ende gelesen hatte. Im Deutschen hat das Wort Quark von dem Ausdruck »Das ist ja alles Quark« eine leicht abwertende Bedeutung, und einmal fragte ich Gell-Mann (der recht gut Deutsch versteht), ob er dieses Wort nur deshalb gewählt habe, weil er an seine Hypothese zunächst selbst nicht glaubte. Das hat er zwar abgestritten, aber ich bin dennoch nicht ganz überzeugt, daß die Doppelbedeutung von Quark bei der Wahl der Bezeichnung keine Rolle spielte.

Zur Erklärung der experimentellen Tatsachen brauchte man zunächst drei Quarks, die die englischen Bezeichnungen *up, down* und *strange* (abgekürzt u, d, s) erhielten. Das Proton (2 u, 1 d Quark) und das Neutron (1 u, 2 d Quarks) und damit der größte Teil der Materie bestehen aus up- und down-Quarks. 1946 entdeckte man in der kosmischen Höhenstrahlung eine neue Sorte von Teilchen, die in das Bild zunächst nicht hineinpaßten. Man nannte sie daher »fremde Teilchen« (*strange particles*). Im Quark-Bild sind sie dadurch gekennzeichnet, daß sie ein Strange-Quark enthalten.

Diese Dreieinigkeit wurde gestört, als 1974 unabhängig voneinander von Samuel Ting und Burton Richter in den Vereinigten Staaten ein viertes Quark entdeckt wurde, das den Namen Charm-Quark erhielt.

Samuel Chao Chung Ting wurde 1936 bei einem Besuch seiner chinesischen Eltern in den USA geboren, lebte bis zu seinem 16. Lebensjahr in China, studierte dann in den USA und ist heute Professor am Massachusetts Institute of Technology (MIT) in Boston. Lange Jahre arbeitete er bei DESY (Hamburg) und ist jetzt Leiter eines der LEP-Experimente bei CERN. Als er zur Untersuchung einer bei DESY begonnenen Fragestellung höhere Energien benötigte, ging er für einige Zeit an das Brookhaven National Laboratory auf Long Island (New York). Dort fand er mit seiner Gruppe im Sommer 1974 Hinweise auf ein neues Teilchen, das in das bisherige Quark-Schema überhaupt nicht hineinpaßte. Er benutzte dabei eine Methode, bei der in Stößen von Protonen mit Berylliumkernen neue Teilchen erzeugt werden. Die Einzelheiten des Erzeugungsmechanismus sind hier nebensächlich; der Vorteil besteht darin, daß Teilchen mit verschiedener Masse gleichzeitig produziert werden können – ein großer Vorteil, wenn man nach Teilchen mit unbekannter Masse sucht.

Allerdings muß die Nachweisapparatur besonderen Anforderungen genügen, um die neuen Teilchen aus dem riesigen Chaos anderer Teilchen herauszufischen. Ting hatte die dazu nötige Experimentiertechnik über viele Jahre bei DESY entwickelt. Dieses neue Quark wurde auf den Namen »Charm« getauft, was wohl die Freude der Physiker über diese Entdeckung ausdrücken soll.

Anfang November 1974 kam Ting zu einer Sitzung zum SLAC-Laboratorium in Kalifornien und fand zu seiner Überraschung das Labor in heller Aufregung. Man hatte dort am Tag zuvor mit dem neuen Elektron-Positron-Speicherring SPEAR dasselbe Teilchen entdeckt. Burt Richter, der führende Kopf sowohl beim Bau von SPEAR als auch bei der Konzeption des Experiments, hatte mit seiner Gruppe bei einer bestimmten Stoßenergie eine ungewöhnliche Zunahme von bestimmten Ereignissen festgestellt. In e^+e^--Stößen wird das Teilchen fast völlig »rein« erzeugt, es gibt kaum Untergrund, und es ist leicht zu finden. Allerdings muß die Stoßenergie ganz genau der Masse des Teilchens entsprechen. Liegt man nur ein wenig daneben, so merkt man nichts von seiner Existenz. Um ein Teilchen unbekannter Masse zu finden, muß man daher die Stoßenergie in ganz kleinen Schritten ändern, was Wochen, ja Monate in Anspruch nehmen kann, da sonst die Maschen des Netzes zu grob sind und der dicke Fisch entwischen kann. Genau dies war zunächst geschehen, aber dann wurde Richter fündig.

Es wird nie endgültig zu klären sein, ob bei SLAC etwas über die von Ting früher erhaltenen Ergebnisse durchgesickert war und damit die dortige Entdeckung erleichterte oder nicht. Man einigte sich, die beiden Arbeiten gleichzeitig bei der Zeitschrift »Physical Review Letters« einzureichen, wo sie am 13.11.1974 angenommen und schon in der Ausgabe vom 2.12.1974 veröffentlicht wurden. Ting und Richter konnten sich allerdings nicht auf den Namen des neuen Teilchens, das aus einem Charm (c) und einem Anti-c-Quark besteht, einigen. Ting nannte es J-Teilchen (J ähnelt dem chinesischen Zeichen für Ting), während Richter den griechischen Buchstaben ψ wählte (manche Zerfallsereignisse dieses Teilchens sehen diesem Zeichen ähnlich, so daß das Teilchen sozusagen seinen eigenen Namen schreibt), und so wird es heute als J/ψ-Teilchen bezeichnet. Ein geteilter Nobelpreis für Ting und Richter war 1976 die Belohnung.

Die Entdeckung des J / ψ-Teilchens kam für die meisten Physiker sehr überraschend, und da sie ein neues Kapitel der Elementarteilchenphysik einläutete, spricht man in diesem Zusammenhang von der »Novemberrevolution«. Natürlich verbreitete sich die Nachricht davon noch am selben Tag in der ganzen Welt. So gelangte sie auch nach Frascati bei Rom, wo seit 1969 der Elektron-Positron-Speicherring ADONE in Betrieb war. Die normale Maximalenergie dieser Maschine lag bei 1,5 GeV, während zur Erzeugung des J / ψ 1,55 GeV notwendig sind. Nach Eintreffen der Neuigkeit wurde ADONE sofort etwas nach oben gequält, und siehe da, das J / ψ-Teilchen wurde auch hier beobachtet. Eine Publikation wurde sofort an »Physical Review Letters« geschickt, wo sie am 18.11.1974 eintraf und im selben Heft erschien wie die beiden amerikanischen Arbeiten. Wie schade für die italienischen Kollegen – sie hätten dieses Teilchen schon vier Jahre früher finden können. Es ist eben auch in der Wissenschaft oft entscheidend zu wissen, wo man suchen muß.

DORIS bei DESY kam im Dezember 1974 in Betrieb, und auch da wurde die Existenz des Teilchens sofort bestätigt. DORIS kam zwar zu spät für die Entdeckung des J / ψ-Teilchens, aber sie lag voll im Rennen beim Auffinden weiterer neuer Teilchen, die c-Quarks enthalten.

Die Entdeckung des J / ψ bereitete einer Reihe von Theoretikern, z. B. Sheldon Glashow, große Freude. Sie hatten durch theoretische Überlegungen ein solches viertes Quark gefordert, wenn sie auch nicht wußten, welche Masse dieses Teilchen besitzen sollte. Aufgrund der Gesetzmäßigkeiten der schwachen Kernkraft sollten Quarks und Leptonen in zueinander gehörenden Paaren auftreten, und zwei Quark-Paare waren nun komplett.

Von der Leptonen-Familie ist das Elektron als Träger des elektrischen Stroms am längsten bekannt. Wie ich schon erwähnte, bekam es durch Beobachtungen beim radioaktiven Beta-Zerfall einen elektrisch neutralen Partner, das Neutrino.

1974 entdeckte man in Fotoplatten, die auf dem Pic du Midi in den Pyrenäen der kosmischen Höhenstrahlung ausgesetzt wurden, jedoch ein neues elektrisch geladenes Teilchen, mit dem man zunächst nichts anzufangen wußte. Der Physiker Isidor Rabi meinte, es sei unverständlich, warum der liebe Gott ein solches vollkommen unnützes Teilchen erfunden hätte. Man stellte nämlich fest, daß dieses Teilchen, das den Namen Myon erhielt, sich genauso verhält wie ein Elektron, nur daß seine Masse 206,77mal schwerer ist.

1961 fanden Mel Schwartz, Leon Lederman und Jack Steinberger in Brookhaven in den USA, daß auch dieses Myon einen elektrisch neutralen Partner besitzt, ein neuartiges Neutrino, das von dem Elektron-Neutrino verschieden ist. (Den Nobelpreis dafür erhielten die drei Wissenschaftler erst sehr viel später, 1988.)

Damit gab es zwei Paare von Leptonen: Elektron, Elektron-Neutrino und Myon, Myon-Neutrino. Aufgrund sehr allgemeiner theoretischer Vorstellungen forderte man eine Symmetrie zwischen Quarks und Leptonen insofern, als es eine gleichgroße Anzahl von Paaren geben sollte. Durch die Entdeckung des c-Quarks war diese Symmetrie hergestellt, denn zwei Quark-Paaren (u, d) und (c, s) standen nun zwei Leptonen-Paare gegenüber.

Dann geschah etwas Unerwartetes. Häufig besteht die Meinung, daß es die Aufgabe der Experimente sei, Theorien zu widerlegen oder zu verifizieren. Manchmal kommt es aber vor, daß experimentell Phänomene entdeckt werden, die von den Theoretikern nicht vorhergesagt wurden. Martin Perl experimentierte mit einer Gruppe am Speicherring SPEAR bei SLAC in Kalifornien. Das Hauptinteresse galt damals der genaueren Untersuchung des Charm-Quarks. Perl war jedoch seit längerer Zeit davon überzeugt, daß es außer dem Elektron und seinem schwereren Bruder, dem Myon, noch weitere, superschwere Elektronen geben müsse. Trotz großer Skepsis vieler Kollegen suchte er systematisch weiter nach einem solchen Teilchen, und zur großen Überraschung fand er 1975 erste Anzeichen dafür.

Der endgültige Beweis, daß es sich hier um ein neues Lepton handelt, war allerdings schwierig, denn die Natur spielte den Physikern einen Streich. Es zeigte sich, daß die Masse dieses neuen Teilchens ($m = 1784{,}2\ \mathrm{MeV}/c^2$) sehr nahe bei der Masse des Charm-Quarks ($m \sim 1500\ \mathrm{MeV}/c^2$) lag. Die bestehende Skepsis wurde erst dann beseitigt, als es mit dem PLUTO-Detektor am Speicherring DORIS bei DESY gelang, die Ergebnisse von Perl zu verifizieren.

Inzwischen sind die Eigenschaften dieses Teilchens, das den Namen Tau bekam, sehr gut bekannt, und man stellte fest, daß es sich gleichfalls wie ein Elektron benimmt, nur daß seine Masse 3491mal größer ist. Die Bezeichnung Leptonen für diese Teilchen stimmt nun eigentlich nicht mehr, denn das Tau ist ja keineswegs sehr leicht gegenüber Proton und Neutron, ja es ist sogar etwa zweimal so schwer. Alle experimentellen Ergebnisse stimmen damit überein, daß es auch zu diesem Tau-Teilchen ein besonderes Neutrino gibt, dessen Masse wie bei den anderen Neutrinos vermutlich Null ist. Experimentell lassen sich bisher nur obere Grenzen für die Neutrinomassen angeben (Abb. 2.2).

Massenspektrum der Fermionen

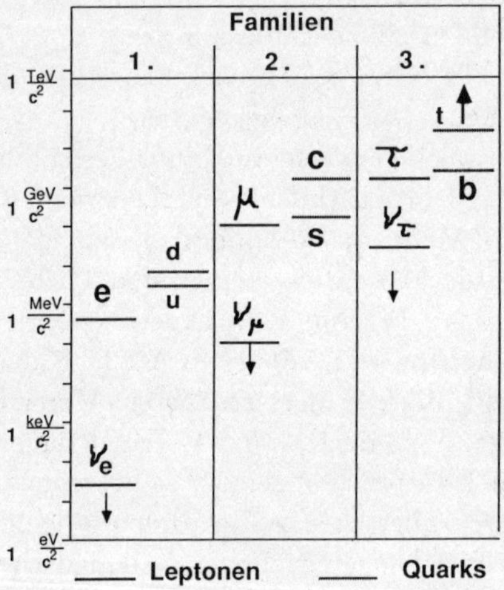

Abb. 2.2 *Das Massenspektrum der Materieteilchen. Für die Massen der Neutrinos gibt es nur obere, für das Top-Quark eine untere experimentelle Grenze.*

Man sagt, die Geschichte wiederholt sich nicht, aber das Spiel zwischen Quarks und Leptonen setzte sich fort. Die Symmetrie zwischen den vier Quarks und den nun bekannten sechs Leptonen schien wieder gestört. Es tauchte daher bald die Vermutung auf, daß es ein weiteres Quark-Paar geben müsse. Die Verwunderung war daher nicht allzu groß, als Leon Lederman und seine Gruppe im Frühjahr 1977 am Fermi-Laboratorium in den USA ein neues Teilchen fanden, das etwa zehnmal schwerer als ein Proton ist. Ihm gab er den Namen Y, und in der Tat zeigte dieses Teilchen die Existenz eines fünften Quarks auf. In Analogie zum J/ψ, das aus $c\bar{c}$ besteht*, sollte das Y ein $b\bar{b}$-System sein, wobei b für Bottom-Quark steht. Dies waren aber zunächst Vermutungen.

Da das b-Quark etwa fünfmal so schwer ist wie ein Proton, benötigte man hohe Energien, um es zu erzeugen. Der Speicherring DORIS in Hamburg war eigentlich nicht dafür ausgelegt, dieses Teilchen herzustellen. Wir beschlossen aber das Risiko einzugehen, DORIS bis zur äußersten Grenze seiner Leistungsfähigkeit hochzutreiben, und in der Tat gelang es damit, eindeutig nachzuweisen, daß das beim Fermilab gesehene Y-Teilchen ein fünftes Quark enthält.

Weil dieses Quark aufgrund seiner gemessenen elektrischen Ladung (-⅓) in dem Periodischen System der Quarks in der unteren Zeile stehen muß, erhielt es den Namen b (bottom). Die Symmetrie zwischen Quarks und Leptonen verlangt nun auch die Existenz eines sechsten Quarks, das über dem b-Quark stehen muß und daher mit Top-Quark bezeichnet wird (Abb. 2.1). (Die Bezeichnungen Beauty- and Truth-Quark, die ich schöner finde, haben sich leider nicht durchgesetzt.)

Nach diesem Top-Quark wird seit einigen Jahren fieberhaft gesucht, denn mit seiner Existenz steht und fällt unser schönes System der Elementarteilchen. Es gibt jedoch eine große experimentelle Schwierigkeit. Man versteht bis heute noch nicht das Zustandekommen der Teilchenmassen. Die Theoretiker sind daher nicht in der Lage, uns Hinweise zu geben, in welchem Massenbereich wir nach dem Top-Quark suchen sollen. Wenn Vorhersagen für seine Masse aufgrund von Spekulationen gemacht wurden, erwiesen sie sich bisher als falsch. Die Experimentatoren tappen also im dunkeln.

Der einfachste Prozeß, das Top-Quark zu erzeugen und nachzuweisen, ist die Elektron-Positron-Vernichtung mit anschließender Erzeugung eines Top-Anti-Top-Paares. Danach hat man bei PETRA gesucht und konnte die Existenz des Tops mit Massen von weniger als etwa 24 Protonenmassen ausschließen. Auch an dem

* Antiteilchen werden durch einen Querstrich über dem Symbol des Teilchens gekennzeichnet.

neuen Speicherring TRISTAN in Japan ist man bis zu etwa 30 Protonenmassen nicht fündig geworden. Ergebnisse aus komplizierten Prozessen, die bei der Proton-Antiproton-Vernichtung vom UA1-Experiment bei CERN gewonnen wurden, sprechen dafür, daß das Top-Quark, wenn es existiert, schwerer als etwa 44 Protonen sein müßte. Die nächste große Hoffnung sind LEP und die $p\bar{p}$-Collider bei CERN und Fermilab, mit dessen Hilfe die Top-Suche bis auf etwa 80 bzw. 100 Protonenmassen ausgedehnt werden kann. Niemand zweifelt daran, daß das Top-Quark existiert, aber die Natur hat das letzte Wort.

Wenn man das Schema des Periodischen Systems der Elementarteilchen betrachtet (Abb. 2.1), dann stellen sich sofort einige *fundamentale Fragen*. Sind Quarks und Leptonen wirklich die letzten, unteilbaren Bausteine der Materie? Wir wissen keine endgültige Antwort darauf, aber die Tatsache, daß es zwei Teilchenfamilien mit je sechs Elementen gibt, von denen die Quarks ihrerseits in jeweils drei Farben auftreten, hat den unschönen Aspekt, daß wir doch recht viele »elementare« Bausteine benötigen, um die Natur zu beschreiben. Experimentell haben wir keinen Hinweis dafür, daß es noch kleinere Einheiten als Quarks und Leptonen gibt. Theoretische Spekulationen versuchen jedoch, die beiden Teilchenfamilien aus gemeinsamen kleineren Subeinheiten aufzubauen, die je nach Theorie als Haplonen, Rishonen oder nach dem Hebräischen als Tohu und Bohu bezeichnet werden (nicht Tohuvabohu, denn *va* heißt einfach »und«, während *tohu* bzw. *bohu* »wüst« oder »leer« bedeuten).

Hier treffen wir wieder auf die alte Frage, ob Materie unendlich weiter unterteilbar ist. Wie ich später erläutern möchte, bin ich der Meinung, daß die Frage falsch gestellt ist. Blicken wir zurück in der Geschichte der Naturforschung, so traf man immer dann, wenn sich Revolutionen in der Begriffsbildung anbahnten, auf Paradoxa, auf anscheinend unlösbare Probleme. Sie wurden meistens dadurch beseitigt, daß die Fragestellung als ein Scheinproblem erkannt wurde und eine neue Begriffsbildung das Problem auf eine andere Ebene hob. Davon jedoch später.

Ein anderes Problem betrifft die Zahl der Quarks und Leptonen. Es gibt starke theoretische Argumente dafür, daß die Zahl der Teilchen in den beiden Familien dieselbe sein sollte. Die Existenz des noch nicht gefundenen Top-Quarks wird daher kaum in Zweifel gezogen, jedoch würde seine Entdeckung eine wichtige Bestätigung dieses Systems darstellen. Warum es aber jeweils sechs Quarks und sechs Leptonen gibt, warum also sozusagen die Sechs eine »heilige Zahl« ist, liegt bisher völlig im dunkeln. Experimentell gibt es sehr starke Hinweise dafür, daß es höchstens noch ein oder zwei weitere Quark- und Lepton-Paare geben kann. Dies wird auch bestätigt durch astrophysikalische Überlegungen, in denen die Zahl der Grundbausteine im Kosmos eine wichtige Rolle spielt.

Wir verstehen heute auch noch nicht, warum die elektrischen Ladungen der Quarks drittelzahlige Teile der elektrischen Elementarladungen sind ($+\frac{1}{3}$, $-\frac{2}{3}$), während die Leptonen ganzzahlige Ladungen tragen (0, -1; die Antiteilchen, nämlich die Antiquarks und die Antileptonen, tragen Ladungen mit umgekehrtem Vorzeichen). Warum ist überhaupt die elektrische Ladung gequantelt, d. h. warum kann sie nicht beliebige Werte annehmen? Hierauf gibt es vielleicht eine Antwort, auf die wir später zurückkommen wollen.

Eine der brennendsten Fragen betrifft die Massen der Elementarteilchen. Ordnet man die experimentell bestimmten Massen für die verschiedenen Teilchenfamilien in einer Art von Stufenleiter an, dann erhält man das Ergebnis von Abbildung 2.2. Die Massen der drei Neutrino-Arten sind vermutlich Null oder sehr klein, aber bisher kennt man nur experimentelle obere Grenzwerte. Die einzige Gesetzmäßigkeit besteht darin, daß jedes Paar von Quarks und Leptonen, die weiter rechts stehen, schwerer sind als die zunächst gefundenen. Für die Verhältniszahlen der Teilchenmassen, also z. B. warum das Myon etwa 200mal und das Tau-Teilchen 3500mal schwerer als das Elektron ist, gibt es noch keinerlei Verständnis.

Am Anfang war die Kraft

Als Goethe seinen Faust bei der Übersetzung des Neuen Testaments nach mehreren Versuchen sagen läßt: »Es sollte stehn: im Anfang war die *Kraft*«, da legte er dem Wort Kraft sicher nicht dieselbe Bedeutung zu, die wir ihm seit Newton in der Physik geben. Trotzdem charakterisiert dieser Satz ganz gut unser heutiges »Weltbild« der Physik.

Welche Rolle spielt die Kraft nun in der Physik? Wenn wir nach dem Ewigen, Unvergänglichen, Unzerstörbaren in der Physik fragen, dann hätte vor nicht allzu langer Zeit die Antwort gelautet: Es sind die letzten, undurchdringlichen Bausteine der Materie. Die Kräfte gestatten es, diese Bausteine in vielfältiger Weise zusammenzufügen und dadurch die stetigen Veränderungen in der Natur hervorzurufen. Dieses Bild hat im Prinzip mehrere Jahrhunderte überdauert, wobei sich allerdings das, was man für die letzten Bausteine hielt, änderte und auch unsere Kenntnisse von den Kräften einem starken Wandel unterworfen waren. Dennoch beruht – trotz aller Fortschritte, die selbst durch Relativitätstheorie und Quantentheorie verursacht wurden – die Naturbeschreibung auf dem letzten Endes materialistischen Bild von harten, glatten, winzigen Kügelchen, zwischen denen eine Art von Spiralfedern wirkt.

Tabelle 2.1
Zusammengesetzte Systeme

Verbund	Bestandteile	$\frac{\text{Bindungsenergie}/c^2}{\text{Masse der Bestandteile}}$
Moleküle	Atome	$\sim 10^{-10}$
Atome	Kern, Elektronen	$\sim 10^{-4}$
Kerne	Protonen, Neutronen	$\sim 10^{-3}$
Hadronen	Quarks	~ 1 bis 10^{-2}
Quarks, Leptonen	Rishon, Haplon?	> 1

Ich halte es für eine der wichtigsten Erkenntnisse der Elementarteilchenphysik, daß wir gezwungen sind, dieses naive Bild aufzugeben und auf eine Trennung von Grundbausteinen und Kräften zu verzichten. Beim Übergang zu immer kleineren Bausteinen der Materie (Moleküle, Atome, Atomkerne, Protonen und Neutronen, Quarks und Leptonen) stellen wir fest, daß die Kräfte, die notwendig sind, um einzelne Bestandteile zu einem Verband zusammenzubinden, immer stärker werden (Tabelle 2.1). Bei den Molekülen, Atomen und auch noch den Atomkernen ist die Bindung so schwach, daß es gerechtfertigt ist, die einzelnen Bausteine als unabhängige Identitäten zu betrachten. Bei den Quarks dagegen ist die Bindung so stark geworden, daß es eigentlich keinen Sinn mehr macht, die Quarks als unabhängige Teilchen zu betrachten (im Fachjargon bedeutet dies, daß die Bindungsenergie vergleichbar mit der Ruheenergie der Teilchen wird). Auch die Tatsache, daß es nicht mehr gelingt, freie Quarks zu erzeugen, ist damit verbunden.

Wenn wir von Quarks im Innern der Protonen und Neutronen sprechen, dann ist das im Grunde genommen nur ein Kürzel für einen sehr komplizierten Materiezustand. Durch Messungen konstatieren wir zwar indirekt die Existenz von punktförmigen Quarks in ihrem Innern (experimentell läßt sich eine obere Grenze für die Ausdehnung von etwa 10^{-16} cm, d. h. 1000mal kleiner als das Proton, angeben), aber man kann sie weder herausholen noch sonst mit ihnen im Sinne von freien Teilchen operieren. Vielleicht findet man eines Tages im Proton und Neutron Zustände, die sich so beschreiben lassen, als ob die Quarks aus noch kleineren Teilchen bestünden. Sie müßten aber noch viel stärker gebunden sein als die Quarks, d. h. es verschmilzt alles zu einer Art Brei, dessen Konsistenz durch die Kräfte bestimmt wird. Quarks und noch kleinere Grundbausteine sind eine Art »Quasiteilchen«. Sie erlauben es, komplexe Gegebenheiten einfach zu formulieren. Sie isolieren oder einen Quark-Teilchenstrahl erzeugen kann man jedoch nicht.

Alle theoretischen Ansätze, die versuchen, das umfangreiche experimentelle Material zu erklären, gehen daher von den *Kräften* aus (oder den Wechselwirkungen, wie die Physiker lieber sagen), aus deren Gesetzmäßigkeiten dann automatisch auch die Teilcheneigenschaften folgen. Hier bahnt sich eine große Wende im Naturverstehen an.

Was wissen wir über die Kräfte? Wenn wir als Kind stolperten, hinfielen und uns eine blutige Nase holten, dann war dies die erste Bekanntschaft mit der Schwerkraft. Dies ist die einzige Kraft, die während vieler Jahrhunderte bekannt war. Eine der großen Genieleistungen von Isaac Newton bestand darin, daß er erkannte, daß es dieselbe Schwerkraft ist, die den Apfel zu Boden fallen, die Erde um die Sonne und den Mond um die Erde kreisen läßt. Es dauerte lange Zeit, bis im 18. Jahrhundert die elektrische und die magnetische Kraft entdeckt wurden. Es gilt als eine weitere große Leistung der Physik, daß die Wissenschaftler im 19. Jahrhundert herausfanden, daß die elektrische und die magnetische Kraft zwei verschiedene Aspekte einer gemeinsamen Kraft, der elektromagnetischen Kraft, sind, die in den berühmten Maxwellschen Gleichungen ihre vollendete Formulierung gefunden hat. Die Wirkungen dieser Kraft sind uns heute im elektrischen Strom, aber auch in den Radio- und Fernsehwellen geläufig.

In unserem Jahrhundert wurden gleich zwei neue Kräfte entdeckt: erstens die Kernkraft, die die Protonen und Neutronen im Atomkern zusammenbindet und die auch die Quarks zu Protonen und Neutronen zusammenfügt, und zweitens eine weniger bekannte Kraft, die sogenannte schwache Kernkraft. Sie wurde beim radioaktiven Beta-Zerfall der Atomkerne entdeckt, spielt aber, wie wir inzwischen wissen, auch eine wichtige Rolle bei der Energieerzeugung in der Sonne. Ohne die schwache Kernkraft gäbe es kein Sonnenlicht (Abb. 2.3).

Die Kräfte in der Natur

Art	relative Stärke	Bindeteilchen Feldquant	Ladungen	Vorkommen
Starke Kernkraft	1	Gluonen (masselos)	"Farbe" grün,blau,rot (antigrün,etc)	Atomkern
Elektro-magnetische Kraft	$\sim \frac{1}{1000}$	Photon (masselos)	elektrische positiv (negativ)	Atomhülle Elektrotechnik
Schwache Kernkraft	$\sim \frac{1}{100000}$	W^+, W^-, Z^0 (schwer)	schwache Ladung "Flavour"	radioakt. Zerfall Sonnenenergie
Gravitation	$\sim 10^{-38}$	Graviton ?	Masse	Himmelskörper

Abb. 2.3 *Die derzeit bekannten Kräfte in der Natur. Sie unterscheiden sich vor allem durch die Ladungen, durch die sie erzeugt werden, und durch ihre verschiedenen Feldquanten. Das Graviton ist noch nicht entdeckt worden.*

Man fragt sich natürlich sofort: Warum gibt es vier Kräfte in der Natur? Wenn wir bedenken, wie lange es gedauert hat, bis diese vier Kräfte entdeckt wurden, dann liegt die Vermutung nahe, daß es weitere Kräfte geben könnte, die wir noch nicht kennen. Gegenwärtig gibt es in manchen Medien viel Aufregung darüber, daß angeblich eine fünfte, ja vielleicht sogar eine sechste Kraft entdeckt worden seien. Bei verschiedenen Experimenten, die mit großer

Genauigkeit die Eigenschaften der Schwerkraft überprüfen, wurde festgestellt, daß es vielleicht eine oder zwei noch viel schwächere Kräfte als die Schwerkraft gibt. Die fünfte Kraft stellt einen geringen (1 bis 2%) abstoßenden Zusatz zur Schwerkraft dar, während die sechste Kraft eine anziehende Korrektur liefert. Für beide Kräfte gilt, daß sie nicht weit in den Raum hinausreichen, sondern daß man in Abständen von etwa einem Kilometer von ihnen nichts mehr merkt. Wiederholungen und Überprüfungen der Experimente ergeben aber bisher ein sehr widersprüchliches Bild, so daß von einer gesicherten Beobachtung keineswegs gesprochen werden kann. Im Gegensatz zu den Medien, die sich mit großer Begeisterung auf wahre oder angebliche Sensationen stürzen, werden in den Fachkreisen diese Nachrichten mit einer gewissen Skepsis aufgenommen. Eine Klärung erhofft man sich von Experimenten, die mit Hilfe des LEAR-Antiproton-Speicherrings bei CERN geplant sind und bei denen man nach Unterschieden in der Massenanziehung für Materie und Antimaterie mit einer Genauigkeit von etwa 1 % suchen will.

Es entspricht dem Bedürfnis des Menschen, eine gewisse Ordnung in die verwirrende Vielfalt der Erscheinungen zu bringen und diese auf wenige *fundamentale Prinzipien* zurückzuführen. Statt nach neuen Kräften zu suchen, kann man daher die Frage stellen, ob es nicht enge Beziehungen zwischen den bekannten Kräften gibt und ob es nicht gelingt, sie zu einer einzigen Urkraft, die alles Geschehen erklären würde, zu vereinigen.

Die Vereinigung von elektrischer und magnetischer Kraft war ein ermutigender Schritt in diese Richtung, und es ist daher nicht verwunderlich, daß Einstein in seinen letzten Lebensjahren versuchte, die zwei damals bekannten Kräfte, nämlich die elektromagnetische Kraft und die Gravitation, zu vereinigen. Dies gelang ihm nicht. Ein noch kühnerer Versuch wurde von Werner Heisenberg unternommen, der in seiner viel Publizität findenden Weltformel 1957 versuchte, alle vier bekannten Kräfte mit einem Schlag in einer einheitlichen Theorie zusammenzufassen. Auch dies mißlang zunächst. Wir sind heute bescheidener geworden und verzichten darauf, in einem einzigen großen Durchbruch die Urkraft zu finden, obwohl einige Theoretiker dies immer wieder versuchen. In einem gemeinsamen Herantasten durch neue experimentelle Ergebnisse und theoretische Fortschritte will man zunächst wenigstens zwei Kräfte vereinigen, um dann weitere Kräfte hinzuzunehmen. Bevor ich darauf näher eingehe, möchte ich jedoch noch auf eine geheimnisvolle Eigenschaft hinweisen, die allen Kräften zugrunde liegt und die vielleicht gerade ein Ausgangspunkt für die große Vereinigung sein könnte.

Wenn wir die Bahnen der Planeten um die Sonne beschreiben, dann sagen wir: »Sie werden durch die Schwerkraft der Sonne angezogen.« Was bedeutet aber »Anziehung«? Es wird eine Wirkung durch den absolut leeren Raum zwischen zwei Objekten übermittelt. Wie kommt diese Wechselwirkung zustande? Wie weiß ein Planet etwas von der Existenz der Sonne und ihrer Schwerkraft? Darüber haben Physiker in der Vergangenheit lange spekuliert, ohne eine endgültige Lösung zu finden. Viele haben eine geheimnisvolle Fernwirkung postuliert, die man zwar mathematisch beschreiben kann, von der man aber nicht versteht, wie sie zustande kommt. Bei der elektromagnetischen Wechselwirkung andererseits betrachtete man im vergangenen Jahrhundert den Lichtäther als den Träger der Kraft, wobei sich die Wirkung von Raumpunkt zu Raumpunkt übertragen sollte (»Nahewirkung«). Diese Vorstellung des Lichtäthers geriet aber in große Schwierigkeiten mit der Relativitätstheorie (Kap. 5). Man beruhigte sich schließlich, als man zeigen konnte, daß die Beschreibung einer Fernwirkung und einer Nahewirkung mathematisch äquivalent sind.

Heute glauben wir, die Übertragung der Kräfte durch den leeren Raum besser zu verstehen. Mit der elektromagnetischen Wechselwirkung als Modell beschreibt man die Kraftübertragung durch Felder, wobei allerdings die Quantenmechanik einen wesentlichen neuen Aspekt gebracht hat. Wir wissen, daß diese Felder eine körnige Struktur besitzen (Abb. 2.3). Sie enthalten sogenannte Feldquanten. Bei der elektromagnetischen Welle sind dies die Lichtquanten oder Photonen. Die einzelnen Wechselwirkungen unterscheiden sich nun ganz wesentlich dadurch, daß die Feldquanten verschiedene Natur besitzen. Das Feldquant der Kernkraft wird als Gluon bezeichnet (englisch *glue* = Leim), da es die Quarks im Proton zusammenhält. Diese Gluonen wurden 1978 zum erstenmal mit Hilfe von PETRA beobachtet. Die schwache Kernkraft besitzt sogar drei verschiedene Feldquanten: je ein elektrisch positiv und negativ geladenes Teilchen, W^+, W^-, und ein elektrisch neutrales, Z^0.

Diese drei Teilchen wurden 1983 bei CERN von Carlo Rubbia und seinen Mitarbeitern entdeckt. Man nimmt an, daß es auch für die Schwerkraft ein Feldquant geben müsse, das den Namen Graviton erhielt, dessen Nachweis bisher aber nicht gelang.

Die Kraftübertragung zwischen zwei Körpern soll nun dadurch zustande kommen, daß sie solche *Feldquanten* »austauschen«, d. h. sie spielen gewissermaßen Ball (Abb. 2.4). Ein etwas weiter entfernter Beobachter sieht die Bälle nicht und wird nur feststellen, daß zwischen den beiden Booten eine abstoßende Kraft wirkt. Eine elektrische Ladung z. B. würde Photonen aussenden, die kurz danach von einer anderen Ladung eingefangen werden, die ihrerseits wieder Photonen zur ersten Ladung zurückschickt usw. Durch dieses Hin- und Herfliegen der Photonen soll die elektrische Anziehung und Abstoßung zustande kommen.

Abb. 2.4 *Die Kräfte zwischen den Materiebausteinen (Fermionen) kommen durch den »Austausch« von Feldquanten (Bosonen) zustande. Der Vorgang ist vergleichbar mit dem Hin- und Herwerfen eines Balles, das zu einem Auseinanderdriften der Boote führt (abstoßende Kraft).*

In ähnlicher Weise »spielen« zwei Quarks mit Gluonen, wodurch die starke Kernkraft übertragen wird, und die schwache Kraft pflanzt sich schließlich durch den Austausch von W- und Z-Teilchen fort. Bei allen Kräften erfolgt dieser Austausch so schnell, daß er nicht direkt beobachtbar ist. Man spricht daher auch von der Existenz von »virtuellen« Feldquanten.

Die Eigenschaften der Kräfte und ihre Unterschiede werden nun weitgehend von diesen Kräfteträgern bestimmt. Sie besitzen eine gemeinsame Eigenschaft, die sie gegenüber Quarks und Leptonen auszeichnet. Man hat festgestellt, daß sich die meisten Elementarteilchen wie kleine Kreisel benehmen, d. h. sie besitzen einen Drall.

Allerdings besagt die Quantenmechanik, daß die Kreisel nicht mit irgendeiner Geschwindigkeit rotieren können, sondern für den Drall sind nur ganz- und halbzahlige Vielfache einer Grundeinheit zulässig. Diese beträgt $\hbar = h/2\pi$, wobei h die berühmte Plancksche Konstante bedeutet. Die Existenz dieses Dralls (die Physiker nennen ihn »Spin«) zieht überraschende und weitreichende Konsequenzen nach sich. Es zeigt sich nämlich, daß Teilchen, die den Drall ½ besitzen (wie die Quarks und die Leptonen), nicht als Einzelteilchen erzeugt oder vernichtet werden können. Solche Teilchen lassen sich nur in Form von Teilchen-Antiteilchen-Paaren erzeugen und zum Verschwinden bringen (Kap. 5). Diese Tatsache ist eine der wesentlichen Bedingungen für die Stabilität der »Materieteilchen«, der Quarks und Leptonen.

Besitzen Teilchen dagegen einen Drall, der ein *ganzzahliges* Vielfaches von $\hbar$ beträgt, dann gilt diese Einschränkung nicht. Solche Teilchen können in beliebiger Anzahl hergestellt oder zum Verschwinden gebracht werden. Nun zeigt sich, daß alle Feldquanten, also alle Kraftträger, einen ganzzahligen Spin besitzen. Dies ist letzten Endes der Grund dafür, warum wir uns in der Sonnenstrahlung wärmen können. Die von der Sonne erzeugten Lichtquanten können von unserer Haut in beliebiger Zahl absorbiert werden. Diese uneingeschränkte Erzeugung und Absorption ermöglicht das Ballspiel zwischen Körpern, d. h. eine gegenseitige Wechselwirkung.

Während man Teilchen mit halbzahligem Spin auch als Fermionen bezeichnet, nennt man Teilchen mit ganzzahligem Spin Bosonen. (Diese Bezeichnungen rühren von den Namen berühmter Physiker her, nämlich Enrico Fermi und Satiendranath Bose, die zum erstenmal zeigten, daß die verschiedenen Teilchen »einer verschiedenen Statistik gehorchen«.) Durch direkte experimentelle Messungen konnte nachgewiesen werden, daß die Lichtquanten, die Gluonen und auch die W- und Z-Teilchen alle den Spin 1 besitzen. Mit dieser Tatsache hängt zusammen, daß diese Wechselwirkungen sowohl anziehend als auch abstoßend sein können. Die Tatsache, daß es für die Schwerkraft nur Massenanziehung, aber keine Abstoßung gibt, erfordert, daß das Graviton den Spin 2 haben müßte. In dieses Schema passen zunächst Bosonen mit dem Spin 0 nicht hinein. Warum vermeidet die Natur den Spin 0? Wir kommen darauf in Kapitel 13 zurück.

Eine andere wichtige Eigenschaft der Kräfte ist ihre *Reichweite,* d. h. die Distanz, über die sie im leeren Raum wirken können. Es stellt sich heraus, daß diese Reichweite im wesentlichen durch die Masse der Kräfteträger bestimmt wird. Dies leuchtet ein, denn aus unserem Vergleich mit dem Ballspiel, der in mancher Weise natürlich hinkt, geht hervor, daß die Bälle weniger weit geworfen werden können, je schwerer sie sind. Eine große Masse des Kraftträgers bedeutet daher eine kleine Reichweite und umgekehrt. In der Tat stellt man fest, daß die Reichweite sowohl der elektromagnetischen als auch der Kernkraft bis ins Unendliche reicht (wenn sie mit wachsender Entfernung auch abnimmt), was damit zusammenhängt, daß sowohl das Photon als auch das Gluon keine Masse besitzen und daher sozusagen unendlich weit geschleudert werden können. Die W- und Z-Teilchen sind dagegen 80- bis 90mal so schwer wie ein Wasserstoffatom, was zur Folge hat, daß die Reichweite dieser Kraft etwa nur ein Zehntausendstel des Protonendurchmessers beträgt. Es ist daher nicht erstaunlich, daß man diese Kraft nur im subnuklearen Bereich, nicht dagegen im Alltag bemerkt und daß sie uns also für lange Zeit verborgen blieb.

Die Quelle für die Kräfte und damit auch für die Kräfteträger sind *Ladungen.* Jede Kraft besitzt ihre eigene Ladung. Die Quelle für die Schwerkraft und damit auch ihre Ladung ist die Masse. Es gibt nur eine Sorte von Masse, und alle Massen ziehen sich an. Dies gilt, soweit wir heute wissen, auch für die Antimaterie, d. h. sowohl Antiteilchen untereinander als auch Teilchen und Antiteilchen ziehen sich gegenseitig an. Daher gibt es bis heute keine Möglichkeit, die Schwerkraft zu »neutralisieren«. Manche Science-fiction-Autoren träumen von einer Farbe, die man auf die Schuhsohlen streicht und durch die man schwerelos wird. Die Antigravitation und ihre Anwendungen werden aber wohl für immer ein Traum bleiben.

Anders ist es bei der elektrischen Ladung. Hier gibt es eine positive und eine negative Ladung. Gleichnamige Ladungen stoßen sich bekanntlich ab, während ungleichnamige sich anziehen. Gleichgroße elektropositive und -negative Ladungen können sich gegenseitig neutralisieren. Die elektrischen Ladungen lassen sich nicht in beliebig kleine Teile unterteilen, sondern es gibt eine kleinste sogenannte Elementarladung. Ursprünglich dachte man, dies sei die Ladung des Elektrons. Inzwischen wissen wir jedoch, daß Quarks auch

⅓ dieser Elementarladung besitzen können. Die Quark-Ladung muß daher als die kleinste Ladungseinheit angesehen werden. Warum es eine kleinste Elementarladung gibt und welche Gesetze ihre Größe bestimmen, können wir gegenwärtig nur ahnen.

	Elektrische Kraft	starke Kraft
Ladung Anti-Lad.	positiv negativ	blau grün rot antiblau antigrün antirot
neutrale Materie	Atom e - Kern	Meson: blau, antiblau Baryon: blau, grün, rot weiss
Feld-quant	Photon (ungeladen)	8 Gluonen (Farbladungen)

Abb. 2.5 *Vergleich der elektrischen Kraft und der Kernkraft. Die Kernkraft wird durch drei Ladungen hervorgerufen, die mit Farben bezeichnet werden. Zu jeder Ladung gibt es eine Antiladung (vgl. positiv – negativ im elektrischen Fall). In der Natur werden nur »weiße« Objekte angetroffen: Quark + Antiquark oder drei Quarks mit verschiedenen Farben. Das Photon besitzt keine elektrische Ladung, während die Gluonen verschiedene Farbladungen tragen (acht verschiedene Kombinationen).*

Bei der Kernkraft gibt es sogar drei verschiedene Ladungen, wobei es zu jeder dieser Ladungen eine Antiladung gibt (Abb. 2.5). Man bezeichnet in diesem Fall die verschiedenen Ladungen mit Farben, z. B. Rot, Grün, Blau, wobei zu jeder dieser Farben die Antiladung, also Antirot, Antigrün, Antiblau, existiert. Diese Ladungen der Kernkraft zeigen nun ein merkwürdiges Verhalten. Im elektrischen Fall haben wir gesehen, daß sich eine positive und eine negative Ladung gegenseitig neutralisieren. Dies gilt auch für die Farbladungen, so daß sich z. B. Rot und Antirot zu einem neutralen Zustand, den man hier einen »weißen Zustand« nennt, kombinieren. Nun stellt man aber fest, daß man einen solchen weißen Zustand auch durch die Kombination der drei Ladungen Rot, Grün und Blau erhalten kann. Dies ist auch der Grund, weshalb man für die Ladungen Farbbezeichnungen gewählt hat, denn nach der Farbenlehre wissen wir, daß eine Mischung aus den drei Grundfarben Weiß ergibt. In der Natur findet man nur weiße Teilchen. Da einzelne Quarks eine Farbladung tragen, treten sie nicht als freie Teilchen auf. Man beobachtet sie nur in Form von Quark-Tripletts (Baryonen) oder Quark-Antiquark-Paaren (Mesonen) (Abb. 2.5).

Auch die schwache Wechselwirkung hat ihre eigenen Ladungen, die dazu dienen, die verschiedenen Quark- bzw. Lepton-Paare untereinander zu unterscheiden. Man bleibt auch hier bei den Sinneseindrücken und bezeichnet diese verschiedenen Ladungen als verschiedene Geschmäcker (englisch *flavours*).

Selbstverständlich ist Vorsicht geboten: Alle diese Bezeichnungen für Ladungen, die aus unserem Alltagsleben entliehen sind, bedeuten nicht, daß etwa Quarks eine Farbe oder einen bestimmten Geschmack besitzen. Quarks und Leptonen riechen nicht, schmckken nicht, und Farben haben sie auch nicht. Die Bezeichnungen erlauben es den Physikern nur, im Labor Informationen in einfacher Weise auszutauschen, ohne jedesmal abstrakte Kürzel benutzen zu müssen.

Eine Unzahl von Experimenten hat uns einen wichtigen Sachverhalt gelehrt. Für jede dieser Ladungen gilt ein sogenannter *Erhaltungssatz*, d. h. was immer wir anstellen – ob wir Teilchen zertrümmern, ob wir Materie erzeugen, ob wir die vielfältigsten Umwandlungen durchführen –, die Summe der beteiligten Ladungen bleibt stets dieselbe. In dieser Summe muß dabei die Ladung positiv, die entsprechende Antiladung negativ gezählt werden. Soweit wir heute wissen, ist dies eines der fundamentalsten und am schärfsten geltenden Naturgesetze.

Die brennende Frage, die sich hier stellt, lautet: Warum gibt es in der Natur diese verschiedenen Ladungen, d. h. letzten Endes: die verschiedenen Kräfte? Wenn es gelänge, alle Kräfte zu einer einzigen Urkraft zu vereinigen, dann würden auch die verschiedenen Ladungen überflüssig, denn es müßte möglich sein, sie durch eine einzige Urladung auszudrücken. Ein Schritt in dieser Richtung ereignete sich, als man im vergangenen Jahrhundert die elektrische und die magnetische Kraft zusammenfügte, mit der Konsequenz, daß die Einheit des Magnetismus verschwand und auch die magnetischen Phänomene mit Hilfe der elektrischen Elementarladung beschrieben werden konnten.

Der heutige Versuch, die elektromagnetische Kraft mit der schwachen Kernkraft zu vereinigen, ist trotz aller Fortschritte noch nicht vollständig geglückt, was man am besten daran erkennen kann, daß in der betreffenden Theorie, dem sogenannten Standardmodell, neben der elektrischen immer noch eine Ladung für die schwache Kraft erscheint (Kap. 13). Bis zur Urladung ist es anscheinend noch ein weiter Weg.

Um bei der Beantwortung der hier angesprochenen Fragen weiterzukommen, brauchen wir experimentelle Hilfsmittel, die es uns gestatten, tiefer in den Mikrokosmos zu blicken. Als Übermikroskope dienen Beschleuniger, mit deren Funktionsweise und Entwicklung wir uns nun befassen wollen.

3. Wie funktioniert ein Teilchenbeschleuniger?

Bei einem Bummel durch die weihnachtlich geschmückten Straßen Genfs sah ich im Schaufenster eines Kaufhauses fußballgroße Glaskugeln, in denen lautlose Lichtblitze in den schönsten Farben hin- und herzuckten. Man hat hier elektrische Gasentladungen als Blickfang benutzt – ein Phänomen, das im vergangenen Jahrhundert entdeckt wurde und schon damals in den »physikalischen Kabinetten« zur Ergötzung des Publikums diente. Vielleicht erinnert sich mancher Leser auch noch an Schulversuche, in denen mit Hilfe von Elektrisiermaschinen Leuchterscheinungen in verdünnten Gasen vorgeführt wurden. Diese Gasentladungen unter Einwirkung hoher elektrischer Felder stellen in gewissem Sinn die Vorläufer der modernen Teilchenbeschleuniger dar.

Wo nimmt man Teilchen für die Beschleunigung her?

Für die Beschleunigung kommen nur elektrisch geladene Teilchen in Betracht, vor allem Elektronen und Protonen. Freie Elektronen lassen sich verhältnismäßig leicht erzeugen, denn sie sind in jedem Metall freibeweglich vorhanden. Erhitzt man ein Metall auf Weißglut (z. B. Wolfram, das eine Schmelztemperatur von 3380 °C hat), dann treten viele Elektronen aus seiner Oberfläche aus und können durch ein elektrisches Feld abgesaugt werden. Eine solche erste Stufe eines Elektronenbeschleunigers findet man in jedem Fernsehapparat, wobei die beschleunigten Elektronen auf den Bildschirm treffen und dort Lichtpunkte erzeugen.

Protonen sind die Kerne des Wasserstoffatoms, in dem sie von einem Elektron umgeben sind. Dieses muß entfernt werden – man spricht von Ionisation –, um freie Protonen zu erzeugen. Dies geschieht (wie schon vor 100 Jahren) mit Hilfe der Gasentladung in einem Gefäß, das mit Wasserstoffgas gefüllt ist.

Während des Beschleunigungsvorganges kann man die Elektronen und Protonen nicht einfach durch die Luft fliegen lassen. Durch Zusammenstöße mit den Luftmolekülen würden sie dauernd gebremst werden und könnten niemals die gewünschte Energie erreichen. Die Beschleunigung muß daher in einem luftleeren Gefäß stattfinden. Schon auf dieser Anfangsstufe erkennt man den engen Zusammenhang zwischen dem Bau von Beschleunigern und technischen Entwicklungen. Man braucht sehr leistungsfähige Quellen für Elektronen und Protonen (d. h. Quellen, die große Mengen von Teilchen liefern, was nicht so einfach ist, wie es hier im Prinzip beschrieben wurde), man muß hohe elektrische Spannungen erzeugen, und man muß lernen, lange Röhren auf extrem niedrige Luftdrücke zu evakuieren.

Die höchsten elektrischen Spannungen hat man mit Anlagen erzeugt, die nach ihren Erfindern entweder Grainacher-, Cocroft-Walten- oder Van-de-Graaff-Generatoren genannt werden. Sie werden auch heute noch in Medizin und Technik benutzt, wenn es darum geht, entweder besonders *viele* Teilchen oder Teilchen auf sehr *einheitliche Energie* zu beschleunigen. Ihr Nachteil liegt darin, daß man nur Spannungen von einigen Millionen Volt erreichen kann. Dann isoliert die Atmosphäre nicht mehr genügend, es setzen elektrische Entladungen und schließlich sogar Überschläge ein. Das erleben wir bei einem Gewitter, wenn wir in den Blitzen die höchsten in der freien Natur auftretenden Spannungen (etwa 100 Millionen Volt) beobachten. Um zu höheren Spannungen bzw. Teilchenenergien zu kommen, kann man einen Trick benützen: Man läßt die Teilchen in einem Magnetfeld umlaufen und beschleunigt sie mehrfach nacheinander im selben elektrischen Feld (Abb. 3.4). Vom Prinzip zum ersten Hochenergiebeschleuniger war es aber ein langer Weg.

Oberhalb von Berkeley in Kalifornien liegt das *Lawrence Radiation Laboratory*. An einer Stelle trifft man auf ein architektonisch eindrucksvolles Gebäude. Dieser »Tempel« ist dem Andenken von Ernest Orlando Lawrence gewidmet, den man als den Vater der Beschleunigerentwicklung bezeichnen kann. Man findet darin unter anderem eine runde Metalldose, nicht größer als eine Käseschachtel: das Modell eines sogenannten Zyklotrons, mit dem Lawrence 1928 zum erstenmal zeigte, daß das Prinzip der Mehrfachbeschleunigung funktioniert.

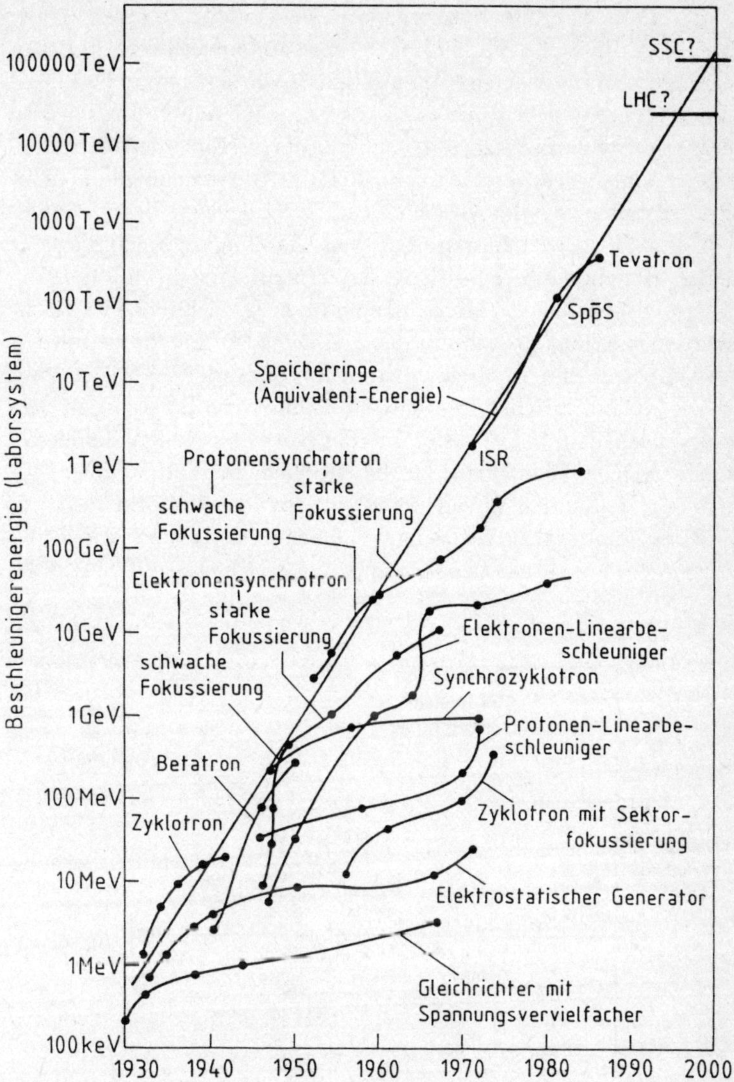

Abb. 3.1 *Höchstenergien, die mit verschiedenen Beschleunigertypen im Laufe der Zeit erreicht wurden (gemessen im Laborsystem, logarithmischer Maßstab). Etwa alle sieben Jahre gelang es, eine Erhöhung um den Faktor 10 zu erzielen, wobei neue Beschleunigertypen ältere ablösten. Bei den Proton-Speicherringen sind die Äquivalent-Energien angegeben. (In bezug auf die noch nicht existierenden Proton-Speicherringe LHC und SSC vgl. Kap. 12.)*

Bis 1945 war das Zyklotron die Maschine, mit der man die höchsten Energien für Protonen und andere schwere Teilchen erzeugen konnte. Gleichzeitig und später wurden andere Beschleunigertypen entwickelt, die es gestatteten, noch höhere Energien zu erzielen (Synchro-Zyklotron), und mit deren Hilfe man auch Elektronen (im Linearbeschleuniger, Betatron) beschleunigen konnte. Eine Schilderung der Geschichte dieser frühesten Beschleuniger würde hier zu weit führen. Auf *einen* Maschinentyp will ich aber näher eingehen, da er bis heute das Prinzip darstellt, mit dem die höchsten bislang von Menschenhand erzeugten Energien erreicht wurden. Es handelt sich um das *Synchrotron*. Wie so oft in solchen Fällen wurde eine Entdeckung an mehreren Orten zu fast gleicher Zeit gemacht. Edwin McMillan, ein Schüler von Lawrence in Berkeley, der Russe V. I. Veksler und der Norweger Rolf Wideröe, der lange in Deutschland arbeitete, beschrieben innerhalb weniger Monate völlig unabhängig voneinander das Synchrotronprinzip.

Bevor ich darauf näher eingehe, möchte ich anhand Abbildung 3.1 zeigen, wie rasant der Fortschritt im Beschleunigerbau war. In

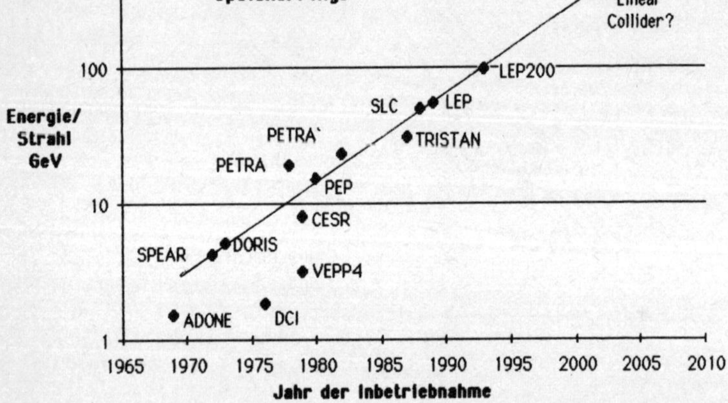

Abb. 3.2 *Höchstenergien von Elektron-Positron-Speicherringen. Ihr Verhalten wird durch die Synchrotronstrahlungsverluste bestimmt. Nach LEP 200 muß man daher auf Linear-Collider übergehen (Kap. 12).*

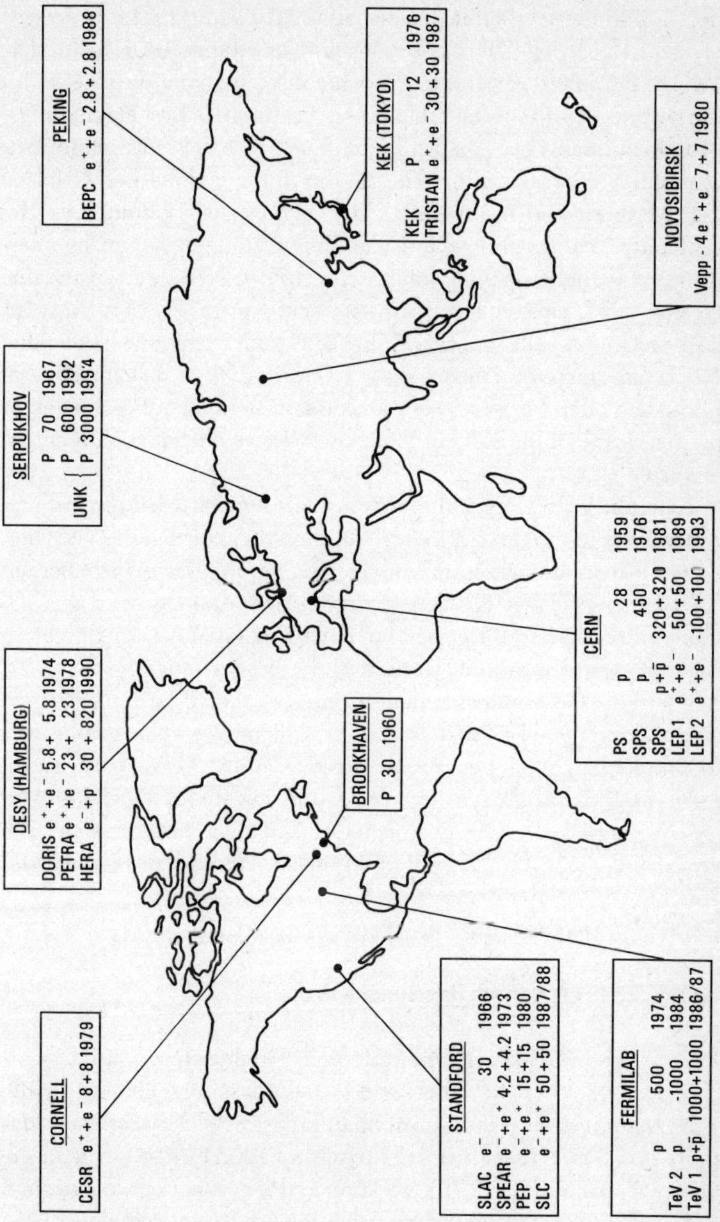

Abb. 3.3 *Weltkarte mit den Beschleunigerzentren.*

der Abbildung ist die für den Zusammenstoß von Protonen jeweils erreichte höchste Energie im Verlauf der Jahre dargestellt. Die Punkte für einen bestimmten Beschleunigertyp sind durch eine Linie verbunden. Man sieht, daß für ein bestimmtes Beschleunigungsprinzip zunächst ein Anstieg in der Energie erzielt wird, dann tritt allmählich eine Sättigung ein, die durch die technischen Grenzen der Methode bestimmt wird. Der Erfindungsreichtum der Beschleunigerbauer und technische Entwicklungen haben es allerdings ermöglicht, daß jedesmal, wenn ein Beschleunigertyp an seine Grenze stieß, ein neues Prinzip entdeckt wurde. Das Ergebnis ist, daß sich etwa alle 6 bis 7 Jahre die zur Verfügung stehenden Höchstenergien um einen Faktor 10 erhöht haben. Die im Bau befindlichen oder zur Zeit in der Diskussion stehenden Beschleuniger deuten darauf hin, daß ein Abflachen dieser Kurve noch nicht zu erwarten ist.

Eine ähnliche Entwicklung stellt man bei den Elektronen-Speicherringen fest (Abb. 3.2). In Abbildung 3.3 werden die verschiedenen Beschleunigerzentren in der Welt gezeigt. Den Hochenergiephysikern wird von Kritikern vorgeworfen, daß sie beim Streben nach immer höheren Energien in einen Gigantismus der Beschleuniger geraten. Es stimmt wohl, daß die Beschleuniger größer werden und die Gesamtkosten in den vergangenen 30 Jahren gestiegen sind. Durch neue Ideen, d. h. neue Beschleunigertypen und bessere Technologien, gelang es jedoch, die Kosten pro GeV enorm zu reduzieren. Für Protonsynchrotrons wurde ein Reduktionsfaktor von etwa 20 erzielt, und bei Protonenspeicherringen hofft man bei den vorgeschlagenen Projekten Reduktionsfaktoren bis zu 100 zu erreichen.

Im Takt im Kreis herum: das Synchrotron

Für die Mehrfachbeschleunigung von Teilchen hat sich das Synchrotron besonders bewährt. Sein Prinzip ist sehr einfach: Mit Hilfe von zwei mit einer elektrischen Spannungsquelle verbundenen Metallplatten erzeugt man ein elektrisches Feld. Durchbohrt man die beiden Platten in der Mitte, so können durch das Loch Elektronen oder Protonen hindurchtreten und durch das Feld beschleunigt werden. Wie kann man diese Beschleunigung wiederholen? Eine Möglichkeit besteht darin, viele solcher Plattenpaare hintereinander aufzustellen, was zu einem sogenannten Linearbeschleuniger führt. Um hohe Energien zu erreichen, müssen aber sehr viele Platten verwendet werden, und der Beschleuniger wird sehr lang (Abb. 4.4).

Eine elegantere Lösung besteht darin, die Teilchenbahnen mit Hilfe eines Magnetfeldes zu krümmen und die Teilchen auf einem Kreis zur gleichen Beschleunigungsstrecke zurückzuführen (Abb. 3.4). Die Teilchen können dann sehr oft auf dieser Kreisbahn umlaufen, und bei jedem Durchlaufen der Beschleunigungsstrecke nehmen sie zusätzliche Energie auf. Nach vielen Millionen Umläufen könnte man auf diese Weise sehr hohe Energien erreichen. Im Prinzip klingt das sehr schön – aber ein solcher Beschleuniger funktioniert nicht. Etwas Merkwürdiges passiert. Das elektrische Feld zwischen den beiden Beschleunigungsplatten läßt sich nämlich

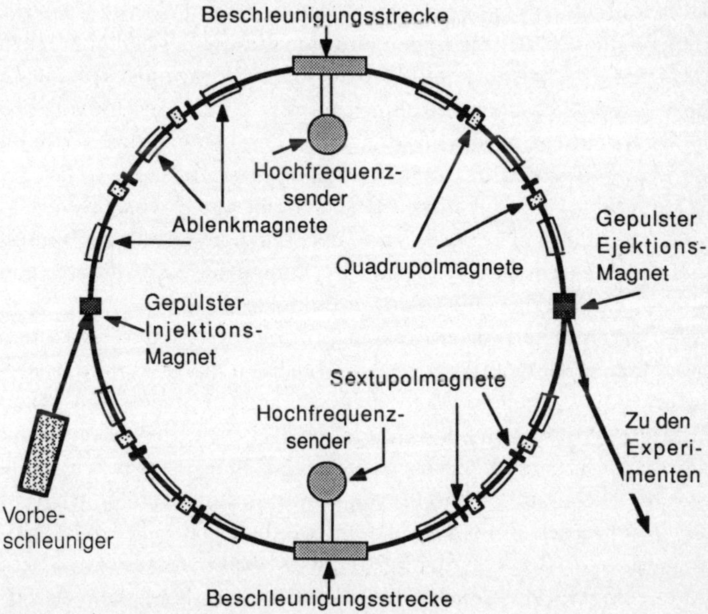

Abb. 3.4 *Der prinzipielle Aufbau eines Synchrotrons.*

nicht auf den Raum zwischen diesen Platten begrenzen, sondern tritt am Rand der Platten etwas aus. Eigentlich findet man das elektrische Feld auch noch in sehr großen Abständen, wenn es dort auch sehr schwach geworden ist. Auch mit den größten Raffinessen können wir diesen Sachverhalt grundsätzlich nicht verhindern. Wie groß wir auch immer die Teilchenbahn machen, die Teilchen werden durch das austretende Streufeld abgebremst (wir haben es hier mit einem Problem der sogenannten Potentialtheorie zu tun, bei der man Felder noch in unendlich großen Abständen betrachten muß).

Mit einem Trick kann man aber dennoch eine vielfache Beschleunigung erreichen. Man muß dazu an die Platten ein elektrisches Wechselfeld anlegen, das in dem Augenblick, in dem die Teilchen durch die Platten hindurchfliegen, eine solche Richtung hat, daß die Teilchen beschleunigt werden. Wenn die Teilchen durch die Beschleunigungsstrecke hindurchgetreten sind, ändert man die Feldrichtung. Kommen die Teilchen nach einem vollen Umlauf wieder bei der Beschleunigungsstrecke an, so muß das Feld wieder in die ursprüngliche Richtung zeigen, um eine weitere Beschleunigung zu erzielen. Der Rhythmus, mit dem die Feldrichtung umgekehrt wird, muß also zeitlich übereinstimmen mit der Umlaufgeschwindigkeit der Teilchen: Die Wechselfrequenz des Beschleunigungsfeldes und die Umlauffrequenz der Teilchen müssen *synchron* sein – daher der Name Synchrotron für diesen Beschleunigertyp. Wenn im Verlauf von vielen Umläufen die Energie der Teilchen ansteigt, so nimmt auch ihre Geschwindigkeit zu. Ihre Umlaufzeit wird kürzer, und man muß daher das Feld schneller umpolen[3].

Ein wesentlicher Vorteil des Synchrotrons besteht darin, daß man die Teilchen auf einer konstanten Kreisbahn halten kann. Dies erreicht man mit einem Magnetfeld, das gleichzeitig und in genau passender Weise mit der Energie der Teilchen anwachsen muß. Hierfür ist ein kompliziertes Steuerungssystem erforderlich, da ja auch die Frequenz der Beschleunigungsspannung im richtigen Takt geändert werden muß. Wenn Geschwindigkeit der Teilchen, Magnetfeld und Beschleunigungsfrequenz exakt zusammenpassen, dann gelingt es, die Teilchen stets auf derselben Kreisbahn zu halten. Man kann dann den ganzen Beschleunigungsprozeß in einer Vakuumröhre mit relativ kleinem Querschnitt ablaufen lassen, und dies bedeutet auch kleine Magnete. Ein Synchrotron läßt sich in einem ringförmigen Tunnel aufstellen, der nur einen verhältnismäßig kleinen Querschnitt zu besitzen braucht. Beim größten heute existierenden Synchrotron, dem LEP bei CERN, beträgt der Umfang des Ringtunnels etwa 27 km, bei einem Tunnelquerschnitt von nur 3,8 m.

Die wichtigste Entdeckung, die den praktischen Betrieb eines Synchrotrons überhaupt erst ermöglicht, betrifft aber die sogenannte *Phasenfokussierung*.

Man muß wissen, daß die im Beschleuniger umlaufenden Teilchen nicht alle genau dieselbe Geschwindigkeit besitzen. Teilchen benehmen sich nicht viel anders als Läufer, die alle zur selben Zeit

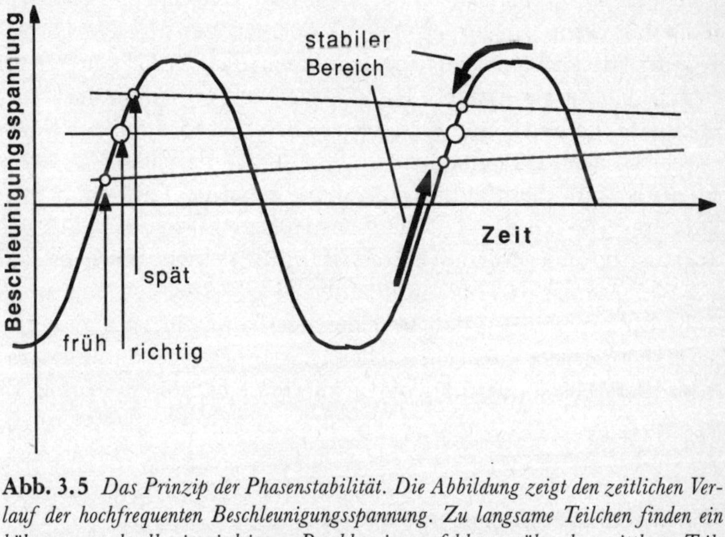

Abb. 3.5 *Das Prinzip der Phasenstabilität. Die Abbildung zeigt den zeitlichen Verlauf der hochfrequenten Beschleunigungsspannung. Zu langsame Teilchen finden ein höheres, zu schnelle ein niedrigeres Beschleunigungsfeld gegenüber dem mittleren Teilchen. Im steigenden Ast der Beschleunigungsspannung werden die Abweichungen daher automatisch verringert (»phasenstabiler Bereich«), während auf dem abfallenden Ast die Teilchen verlorengehen. (Bei Teilchen mit Geschwindigkeiten nahe der Lichtgeschwindigkeit kehren sich die Verhältnisse um, weil dann nicht die Änderung der Geschwindigkeit, sondern der Teilchenmasse ausschlaggebend ist; Kap. 5.)*

starten, sich dann aber sehr bald aufgrund ihrer unterschiedlichen Laufgeschwindigkeiten auseinanderziehen. Ein Teilchenpaket, das in ein Synchrotron eingeschossen wird, läuft so nach einigen Umläufen auseinander – mit katastrophalen Folgen. Die zu schnellen oder zu langsamen Teilchen erreichen die Beschleunigungsstrecken im falschen Zeitpunkt, »in der falschen Phase«. Statt beschleunigt zu werden, verlieren sie an Energie und gehen schließlich verloren. Am Ende des Beschleunigungsvorgangs bleiben praktisch keine Teilchen mehr übrig.

Die Entdecker des Synchrotronprinzips haben nun einen Weg gefunden, wie man einen Beschleuniger betreiben kann, ohne daß viele Teilchen verlorengehen. Man kann erreichen, daß das sich zeitlich ändernde Beschleunigungsfeld die zu schnellen Teilchen etwas weniger, die zu langsamen etwas mehr beschleunigt, so daß alle eine gemeinsame mittlere Geschwindigkeit anstreben und im richtigen Takt umlaufen (Abb. 3.5). Es ist etwa so, als wenn bei einer Gruppe von Hürdenläufern, die auf der Aschenbahn kreisen, jedesmal, wenn ein zu schneller Läufer an der Tribüne vorbeikommt, rasch eine zusätzliche Hürde eingeschoben, während bei den zu langsamen Läufern eine Hürde entfernt würde; durch geeignete Steuerung könnte man so erreichen, daß alle Läufer in einem geschlossenen Pulk umlaufen (der Spaß am Wettstreit um die Goldmedaille wäre dann allerdings dahin). Derselbe Trick beim Synchrotron erhöht die Freude der Konstrukteure, Wissenschaftler wie Ingenieure, außerordentlich, wenn sie einen »fetten« Teilchenstrahl mit der gewünschten Energie erhalten.

Dies Beispiel zeigt, daß Beschleunigerbau mehr ist als »Präzisionsklempnerei«. Es ist ein intellektuelles Abenteuer, das hervorragende Wissenschaftler und Ingenieure braucht, um zum Erfolg zu führen.

Immer schneller? Immer größer?

Als die holländische Königin Beatrix und ihr Mann Prinz Claus im Herbst 1985 CERN besuchten und ich ihnen das Synchrotronprinzip erklärte, stellte die Königin folgende Frage: »Laufen die Teilchen immer schneller und schneller, gibt es denn keine Grenze?«

Doch! Einstein hat als erster klar erkannt, daß es eine *Grenzgeschwindigkeit* gibt, die gleich der Lichtgeschwindigkeit im leeren Raum ist und die kein Teilchen je überschreiten kann. Die Geschwindigkeitszunahme ist bei der weiteren Beschleunigung daher nur noch minimal. Bei Energiezufuhr werden die Teilchen schwerer, aber kaum noch schneller (Kap. 5). Bei hohen Energien ist daher der Ausdruck »Beschleuniger« eigentlich unzutreffend, besser wäre »Energievermehrer«.

Für die Energie, die man in einem Beschleuniger den Teilchen zuführen kann, gibt es keine prinzipiellen, wohl aber praktische Grenzen, die leider dazu führen, daß höhere Energien größere Beschleuniger erfordern. Dabei sind die Bedingungen für Protonen- und Elektronenbeschleuniger ganz verschieden.

Geladene Teilchen, die durch ein Magnetfeld fliegen, werden von ihrer Flugrichtung seitlich abgelenkt. Diese Ablenkung ist um so größer, je stärker das Magnetfeld ist. Andererseits lassen sich schnelle, energiereiche Teilchen schlechter ablenken, sie sind »steifer«. Wenn das Magnetfeld ringförmige Gestalt hat (oder aus vielen Einzelmagneten besteht, die auf einem Kreisumfang aufgestellt sind), dann läßt sich die Teilchenablenkung zu einer Kreisbahn schließen. Der Radius dieser Kreisbahn wird um so kleiner, je stärker das dazu senkrecht gerichtete Magnetfeld ist, und er wird um so größer, je energiereicher die umlaufenden Teilchen sind[4].

Bei *Protonenbeschleunigern* ist es das Produkt aus Radius mal Magnetfeld, das die höchste Energie bestimmt. Ist es zu klein, dann fliegen die Teilchen nach außen weg und gehen verloren. Viele Jahrzehnte war man auf die Verwendung von Eisenmagneten angewiesen, und daher mußte der Radius der Maschinen mit der Energie zunehmen.

Eine neue technologische Entwicklung führte zur Anwendung von supraleitenden Magneten. Wenn man gewisse Metalle oder Legierungen (z. B. Niobium, Blei, NiobTitan) auf einige Grad über dem absoluten Nullpunkt abkühlt, dann verschwindet der elektrische Widerstand. Dies bedeutet, daß starke Ströme in solchen Supraleitern ohne Wärmeverlust fließen. Man kann daher mit eisenlosen supraleitenden Spulen hohe Magnetfelder relativ kostengünstig erzeugen. Eisen wird nur noch dazu benutzt, um die starken Magnetfelder nach außen abzuschirmen. Allerdings muß man die Spulen mit Hilfe von verflüssigtem Heliumgas auf die sehr tiefen Temperaturen abkühlen. Trotz dieses zusätzlichen Aufwandes für das Kühlsystem und die Kryostaten (eine Art Thermosflasche) sind supraleitende Magnete für das Erreichen hoher Energien kostengünstiger, und alle Protonenbeschleuniger der letzten Generation benutzen daher diese Technologie.

Bei *Elektronenbeschleunigern* wird die Höchstenergie durch ganz andere physikalische Gesetze begrenzt. Elektronen, die auf einer Kreisbahn umlaufen, senden Lichtstrahlung aus, die etwa wie die Funken eines Schleifsteines tangential weggeschleudert wird (Abb. 7.3). Da sie zum erstenmal in Elektronensynchrotrons beobachtet wurde, nennt man sie Synchrotronstrahlung. Die »Farbe« dieses Lichtes hängt von der Energie der Elektronen und dem Krümmungsradius ihrer Bahn ab. In der Synchrotronstrahlung ist stets auch sichtbares Licht enthalten, so daß man den Strahl in einem Synchrotron durch ein Fenster in der Vakuumkammer direkt sehen kann. Diese Strahlung ist so intensiv, daß es gelingt, selbst ein einzelnes umlaufendes Elektron zu sehen.

Da sich sehr viele Elektronen gleichzeitig auf eine Umlaufbahn bringen lassen, kann man eine sehr intensive und in der Umlaufebene sehr gut gebündelte Strahlung erzielen. Bei Krümmungsradien von einigen Metern und Elektronenenergien von 0,5 bis 5 GeV erstreckt sich das Spektrum bis in den ultravioletten Bereich bzw. den Röntgenbereich, und mit Hilfe von Elektronenspeicherringen lassen sich heute die stärksten Quellen von UV- und Röntgenstrahlen verwirklichen, die nicht nur für die Forschung, sondern auch für praktische Anwendungen nützlich sind (Kap. 7).

Die Synchrotronstrahlung spielt aber auch im Weltraum eine gewisse Rolle. Man beobachtet mit Hilfe von Satelliten in der kosmischen Strahlung sehr harte Röntgenquanten. Sie stammen von Elektronen, die durch kosmische Magnetfelder auf krumme Bahnen gezwungen werden und daher strahlen.

So interessant die Synchrotronstrahlung auch für verschiedene Anwendungen sein mag, so hat sie doch für die Hochenergiephysiker einen großen Nachteil: Die Strahlungsverluste nehmen überproportional mit der Energie zu[5]. Eine Verdopplung der Energie führt auf einem vorgegebenen Bahnradius zu 16mal höheren Verlusten. Diese müssen durch ein immer leistungsfähigeres Beschleunigungssystem (Hochfrequenzkavitäten mit der entsprechend teuren Leistungsversorgung) ersetzt werden. Man kann die Strahlungsverluste natürlich durch einen größeren Bahnradius verringern, was zu höheren Investitionskosten für Gebäude und Magnetringe führt. Eine Wirtschaftlichkeitsoptimierung zeigt, daß bei Berücksichtigung von Investitions- und Betriebskosten der Durchmesser der Maschine etwa mit dem Quadrat der Energie anwachsen muß, d. h. vierfacher Durchmesser für doppelte Energie.

Elektronen und Protonen

Wie wir sahen, sind die Ursachen, die zu einer Begrenzung der Maximalenergie führen, bei Beschleunigern für Protonen gänzlich verschieden von denjenigen für Elektronen. Dies hat dazu geführt, daß manche Laboratorien sich für viele Jahrzehnte auf den einen oder anderen Beschleunigertyp festgelegt haben. Da nicht nur die Beschleunigertechnik, sondern auch die Experimentierkunst für die beiden Teilchensorten sehr verschieden ist, wurde die Aufgabenteilung noch verstärkt. Elektronen fühlen im Gegensatz zu Protonen die Kernkraft nicht. Benutzt man die beiden Teilchensorten als Sonden zum Studium des Mikrokosmos, dann ist dies etwa so, als ob man bunte Bilder mit verschiedenfarbigem Licht betrachtet: Rot strahlt nur bei Beleuchtung mit rotem Licht, während es bei blauer Beleuchtung schwarz erscheint. Verschiedene Lichtfarben geben uns komplementäre Informationen. So ergänzen die Erkenntnisse, die man an Elektronenbeschleunigern gewinnt, diejenigen von Protonenbeschleunigern.

Elektronen und Protonen unterscheiden sich aber noch in anderer Hinsicht. Auch die genauesten Messungen, die bisher ausgeführt wurden, geben keinen Hinweis darauf, daß das Elektron eine Ausdehnung oder Struktur besitzt. Alles, was man kennt, ist eine obere Grenze für seinen Durchmesser; diese Grenze ($\leq 10^{-16}$ cm) liegt bei ungefähr 1/1000 des Protonendurchmessers. Selbst bei den höchsten Energien verhält sich das Elektron wie ein idealer mathematischer Punkt, wobei es für uns zunächst ein Rätsel bleibt, wie ein Punkt Masse, elektrische Ladung und weitere physikalische Eigenschaften besitzen kann.

Die Punktförmigkeit des Elektrons hat die angenehme Konsequenz, daß bei einem Zusammenstoß von Teilchen das Verhalten des Elektrons einfach und übersichtlich ist. Insbesondere die Ereignisse bei der Vernichtung von Elektronen mit ihren Antiteilchen, den Positronen, sind relativ leicht zu interpretieren (Abb. 3.6).

Ganz anders sind die Verhältnisse, wenn man Protonen als Stoßpartner benutzt. Das Proton ist ein relativ großes und kompliziertes Gebilde (wobei die Betonung auf relativ liegt, denn es ist etwa 100000mal kleiner als die Atome). In seinem Innern enthält das Proton drei Quarks und Gluonen, die als Träger der Kernkraft die Quarks zusammenbinden. Wie bei den Elektronen ist es bisher nicht gelungen, experimentell eine endliche Ausdehnung der Quarks nachzuweisen.

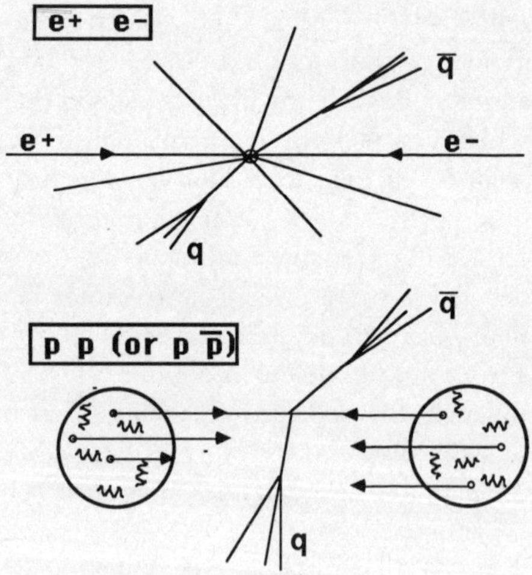

Abb. 3.6 *Unterschied zwischen Elektron-Elektron- und Proton-Proton-Stößen. Elektronen sind punktförmig und die Stoßprozesse daher einfach und gut definiert. Protonen bestehen aus je drei Quarks und vielen Gluonen, so daß die Ereignisse kompliziert und schwer zu interpretieren sind. Andererseits lassen sich Protonen leicht, Elektronen hingegen nur schwer (Synchrotronstrahlungsverluste!) auf hohe Energien bringen.*

Der elementare Stoßprozeß, der die Wissenschaftler bei dem Zusammentreffen von zwei Protonen interessiert, ist die Kollision zwischen zwei Quarks. Die übrigen Quarks und die Gluonen sind dabei gewissermaßen Zuschauer, die allerdings die Beobachtung des Quark-Quark-Zusammenstoßes sehr komplizieren (Abb. 3.6). Hinzu kommt, daß sich die Energie des Protons auf die Quarks und Gluonen in seinem Inneren verteilt, so daß ein Quark im Mittel nur etwa ⅙ der Protonenenergie besitzt, was beim Vergleich der Energien von Elektronen- bzw. Protonenbeschleunigern berücksichtigt werden muß. Eine weitere Erkenntnis besteht darin, daß die Quarks im Innern des Protons eine unregelmäßige Eigenbewegung ausführen, die sich zur Bewegungsenergie des Protons hinzuaddiert. Im Augenblick des Zusammenstoßes ist die genaue Quark-Energie daher nicht bekannt, was eine quantitative Interpretation der beobachteten Ereignisse zusätzlich erschwert.

Zusammenfassend läßt sich sagen, daß Protonen den Vorteil besitzen, sich leichter auf hohe Energien beschleunigen zu lassen (wobei aber nur etwa ⅙ der Energie für Quark-Stöße zur Verfügung steht), daß aber andererseits die beobachteten Ereignisse kompliziert und schwierig zu interpretieren sind. Elektronen können wegen der Synchrotron-Strahlungsverluste nur mit viel größerem Aufwand auf eine hohe Energie beschleunigt werden, die dann allerdings voll nutzbar ist, und die Meßergebnisse sind »sauberer« und eindeutiger zu interpretieren. Aus diesen und weiteren Gründen kann man Protonen- und Elektronenbeschleuniger als komplementär bezeichnen; beide sind für weitere Fortschritte bei der Erforschung des Mikrokosmos notwendig.

Lange Zeit existierten zwei verhältnismäßig scharf getrennte »Welten« nebeneinander: die der Protonen-Wissenschaftler auf der einen Seite, die der Elektronen-Wissenschaftler auf der anderen. Nicht nur die Laboratorien waren spezialisiert, sondern auch die an den Beschleunigern arbeitenden Universitätsgruppen. Man hielt jeweils eigene Tagungen ab und sah auf die andere Seite etwas von oben herab. Diese Lage änderte sich fast schlagartig, als zu Beginn der 70er Jahre klar wurde, daß die untersuchten Phänomene sehr eng zusammenhängen. Seither trifft man sich auf den gleichen Konferenzen, wechselt häufiger von einer Protonenmaschine zu einem Elektronenbeschleuniger und umgekehrt, und bei der Interpretation der experimentellen Resultate verwendet man den gleichen Fachjargon, der für Außenstehende allerdings immer noch wie Chinesisch klingt.

Im folgenden Kapitel wollen wir uns mit einigen Beschleunigerprojekten befassen, die Meilensteine in der Entwicklung dieser Technologie darstellen. Um diese Großanlagen zu bauen und zu betreiben, mußten neue Forschungszentren gegründet werden.

4. Neue Laboratorien für große Beschleuniger

CERN: Geschichte einer Abkürzung

Tritt man in Genf aus dem Bahnhof und besteigt auf der Place Cornavin den Autobus Nr. 15, so gelangt man in etwa einer halben Stunde, vorbei am Flugplatz, zur Endstation: CERN. Beim Aussteigen findet man sich unmittelbar vor dem Zollposten der schweizerisch-französischen Grenze und erfährt, daß CERN das einzige Labor in der Welt ist, das von einer Staatsgrenze durchschnitten wird. Dies verursacht keine großen Probleme und kann auch als Erfolg internationaler Zusammenarbeit gebucht werden. Man nimmt zunächst ein großes Areal mit fabrikähnlichen Gebäuden wahr. Diese etwas willkürliche und nicht besonders schöne Architektur ist eingebettet in Wiesen, Weinfelder und kleine Wäldchen. Ich bin inzwischen nicht mehr überrascht, wenn mich ahnungslose Besucher fragen: »Was wird hier eigentlich produziert?«, worauf die Antwort »Nichts als Wissen und technisches Know-how« beim Besucher zunächst Erstaunen hervorruft.

Das Mißverständnis, daß CERN etwas mit angewandter Forschung oder sogar industrieller Tätigkeit zu tun haben könnte, wird aber nicht nur durch das äußere Erscheinungsbild gefördert, sondern auch durch die Abkürzung: N steht für *Nucléaire* (nuklear), und daher findet man nicht selten die Meinung, daß CERN etwas mit der Erzeugung von Kernenergie zu tun hätte. Eines Tages wollte mich unbedingt der Botschafter eines Entwicklungslandes sprechen, und bei der Begegnung stellte sich heraus, daß er einen Rat für den Kauf von Kernreaktoren haben wollte.

Die Abkürzung CERN hat heute fast nur noch historische Bedeutung; sie steht für französisch *Conseil Européen pour la Recherche Nucléaire.* Dabei war der »Rat« (Conseil) der Vorläufer der heutigen Organisation, und das »Nucléaire« tauchte deshalb auf, weil bei der Gründung von CERN vor mehr als 30 Jahren die Erforschung des

Atomkerns im Vordergrund stand. Inzwischen ist die Entwicklung aber weitergegangen, und die Forschung bei CERN befaßt sich heute mit einer tieferen Schicht des Mikrokosmos, als sie der Atomkern darstellt. Den Atomkern haben wir von unserem Standpunkt aus gesehen weitgehend den Ingenieuren für die vielfältigen Anwendungen überlassen, sei es für die Energieerzeugung aus der Kernspaltung oder Kernfusion oder die Isotopentechnik für verschiedene Anwendungen in Medizin und Industrie.

Selbst das E bedarf der Erläuterung. Obwohl CERN in erster Linie immer noch eine europäische Einrichtung ist, die von nunmehr 14 Mitgliedstaaten* getragen wird, beteiligen sich am Forschungsprogramm inzwischen Wissenschaftler aus aller Welt. Von seiner wissenschaftlichen Tätigkeit her gesehen entwickelte sich CERN zu einem Weltlaboratorium, was zum größten Teil darauf zurückzuführen ist, daß viele seiner Forschungsanlagen einmalig sind. Etwa 4000 auswärtige Wissenschaftler, vorwiegend von europäischen Universitäten (etwa ein Viertel aus anderen Kontinenten), nutzen die Forschungsanlagen von CERN, die von etwa 3500 Betriebsangehörigen entworfen, gebaut, betrieben und gewartet werden.

Obwohl also eigentlich nur noch das R für *Recherche* (Forschung) seine volle Gültigkeit hat, denkt niemand so recht daran, die Abkürzung CERN zu ändern. Das liegt wohl daran, daß sie ein Gütesiegel geworden ist. Der zutreffendste Name wäre heute wohl »Europäisches Labor für Elementarteilchenphysik«, eine Bezeichnung, die wir ohne großes Aufheben auf die Briefköpfe geschmuggelt haben und die man auch auf dem Schild am Haupteingang findet. Vorbei an den Flaggen der Mitgliedstaaten und der Fahne Genfs als Sitzstadt passiert man den Wachtposten ohne Formalitäten – ein bemerkenswerter Unterschied zu anderen großen Anlagen. Schon hier kommt zum Ausdruck, daß bei CERN alle Türen offen sind, es gibt keine Geheimhaltung. Fotografieren ist nicht verboten, sondern so-

* CERN ist älter als die Europäische Gemeinschaft, und deshalb stimmen die Mitgliedsländer nicht überein. CERN-Mitgliedstaaten sind: Belgien, Bundesrepublik Deutschland, Dänemark, Frankreich, Griechenland, Großbritannien, Italien, Niederlande, Norwegen, Österreich, Portugal, Schweden, Schweiz und Spanien.

gar erwünscht. Auf sich allein angewiesen, wäre es aber für einen Besucher doch schwierig, CERN kennenzulernen. Daher ist es ratsam, in dem neuen Empfangsgebäude, vor dem eine Skulptur die Urmaterie symbolisiert, sich einen generellen Überblick geben zu lassen und dann mit einem Führer oder Bekannten herumzugehen. Jeden Samstag sieht man auch Gruppen durch das Gelände ziehen, die entweder an den regelmäßigen Führungen teilnehmen oder die mit Autobussen angereist sind, um neben dem Genfer See und der UNO auch CERN kennenzulernen.

Das CERN-Proton-Synchrotron

Anfang der 50er Jahre schlugen europäische Kernphysiker vor, daß Europa sich in der Elementarteilchenforschung an vorderster Front beteiligen sollte. Es wurde bald offenkundig, daß den europäischen Forschern dafür eine Maschine mit einer Energie von mindestens 10 GeV zur Verfügung stehen müßte, ein Projekt, das auch in den USA diskutiert wurde.

Bei einem Protonensynchrotron ist die Energiegrenze gegeben durch das Magnetfeld, das die Teilchen gerade noch auf einer Kreisbahn halten kann. Will man mit Eisenmagneten eine Protonenenergie von etwa 25 GeV erreichen, dann läßt sich leicht ausrechnen, daß ein Beschleuniger einen Durchmesser von etwa 200 m haben muß, wobei etwa 100 Ablenkmagnete mit einer Länge von je 4,26 m aufgestellt werden müssen.

Bei geschätzten Baukosten von 200 Millionen Schweizer Franken erschien es jedoch unmöglich, daß ein einzelnes europäisches Land eine solche Anlage finanzieren würde. Auch war zweifelhaft, ob die geeigneten Fachleute auf nationaler Basis gefunden werden könnten. Dies führte 1953 zur Gründung des europäischen Kernforschungszentrums CERN in Genf und zur Genehmigung des Baus vom CERN-PS (Proton-Synchrotron).

Zunächst war eine Höchstenergie von 10 GeV vorgesehen. Eine neue Erfindung, die in die Vorbereitungsphasen des PS fiel und auf die ich gleich zu sprechen komme, machte es jedoch möglich, die maximale Energie auf 25 GeV bei unveränderten Kosten zu erhöhen. Im Oktober 1953 wurden auf einer internationalen Konferenz in Genf die endgültigen Parameter des PS vorgestellt. Der Bau »der großen Maschine«, wie Robert Jungk sie später in seinem Buch nannte, konnte beginnen. Projektleiter war zunächst der Norweger Odd Dahl, der aber 1954 nach Norwegen zurückkehrte; ihm folgte der Engländer John Adams.

Nach einigen Vorversuchen war es am 24. November 1959 soweit: Zum erstenmal wurde versucht, Protonen auf Höchstenergie zu beschleunigen, und um 19.40 Uhr wurden praktisch auf Anhieb 24 GeV erreicht. Dieser Erfolg wurde am nächsten Tag von John Adams der Öffentlichkeit mitgeteilt (Abb. 4.1).

Die erfolgreiche Inbetriebnahme des CERN-PS stellte einen

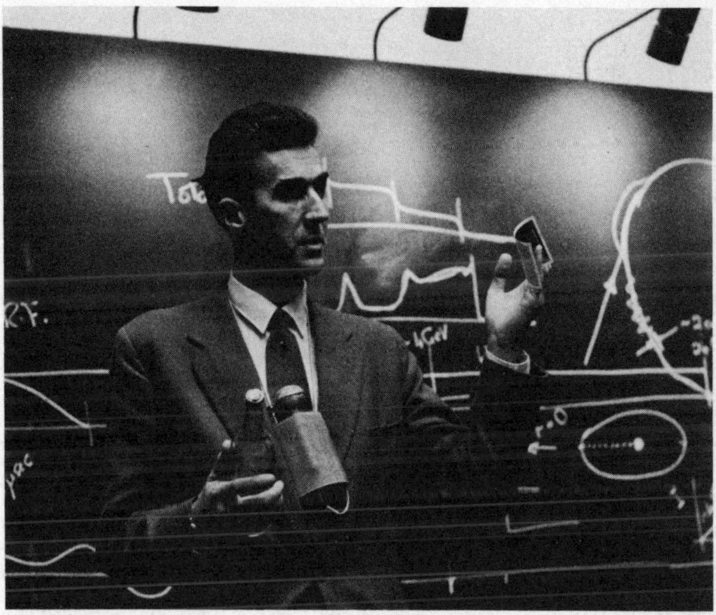

Abb. 4.1 *John Adams verkündet das Erreichen der Höchstenergie von 24 GeV im CERN-PS (24. 11. 1959). Nikitin, Direktor des »Vereinigten Instituts für Kernforschung« in Dubna bei Moskau, hatte eine Flasche Wodka geschickt, mit der Aufforderung, sie dann zu leeren, wenn der Weltrekord des Dubnaer »Synchrophasotrons« von 10 GeV übertroffen sei. Adams sandte als Beweis dafür einen Registrierstreifen in der geleerten Flasche nach Dubna.*

Meilenstein im Beschleunigerbau dar, weil damit die höchste Protonenenergie in Europa erreicht worden war. Zur Freude der europäischen Physiker geschah dies etwa sechs Monate, bevor am Brookhaven National Laboratory in den USA mit einer ähnlichen Maschine eine Energie von 30 GeV erzielt wurde. Die europäischen Physiker wurden von dem raschen CERN-Erfolg überrascht. Sie hatten wohl nicht geglaubt, daß das PS so schnell für Experimente einsatzbereit sein würde. Daher mußten die ersten Experimente zum Teil improvisiert werden, eine Tatsache, die die amerikanischen Kollegen ausnutzten, um im wissenschaftlichen Programm vorzupreschen. Es gelang ihnen, eine zweite Neutrinoart zu entdecken. Mit Hilfe des PS wurde Anfang der 70er Jahre ein neues Phänomen entdeckt: die »neutralen Ströme« (Kap. 13).

Wie man seine »Schäfchen« zusammenhält: die Strahlfokussierung

Der Grund, weshalb die europäischen Physiker nicht mit einer so schnellen Verfügbarkeit des PS gerechnet hatten, war nicht nur die fehlende Erfahrung beim Bau solcher Beschleuniger in Europa, sondern auch, daß das PS ein besonderes technisches Abenteuer darstellte. Von einer besonderen Schwierigkeit bei der Beschleunigung von Teilchen haben wir nämlich noch nicht gesprochen. Um 28 GeV (die höchste im PS erzielte Energie) zu erreichen, müssen die Protonen mindestens 500000mal die 600 m des Umfangs durchlaufen, da der Energiegewinn pro Umlauf nur 50 keV beträgt. Die vielen hunderttausend Umläufe werden in etwa drei Sekunden absolviert, wobei die Protonen fast die ganze Zeit praktisch mit Lichtgeschwindigkeit umlaufen (Tab. 5.1). Dann werden die Teilchen durch spezielle gepulste Magnete aus der Vakuumkammer herausgeholt, das Magnetfeld des Ringes wird wieder auf den Ausgangswert gefahren, und das Ganze wiederholt sich etwa 20mal in der Minute, normalerweise 24 Stunden am Tag und sieben Tage in der Woche.

Dies klingt alles sehr einleuchtend und einfach, aber bei näherer Überlegung kommt man doch ins Staunen. Im Lauf der vielen hunderttausend Umläufe legen die Protonen etwa eine halbe Million km (das ist zehnmal der Weg um die Erde) zurück, und zwar in einer

Vakuumröhre mit einem Querschnitt von 7 × 15 cm. Wie erreicht man es, daß die Protonen auf diesem langen Weg nicht durch kleine Störungen abgelenkt werden, auf die Kammerwand treffen und damit verlorengehen? Natürlich ist die Kammer hochevakuiert, um Zusammenstöße mit Luftmolekülen zu vermeiden. Es gibt aber elektrische Störeinflüsse, die leicht zu einem Verlust der Teilchen

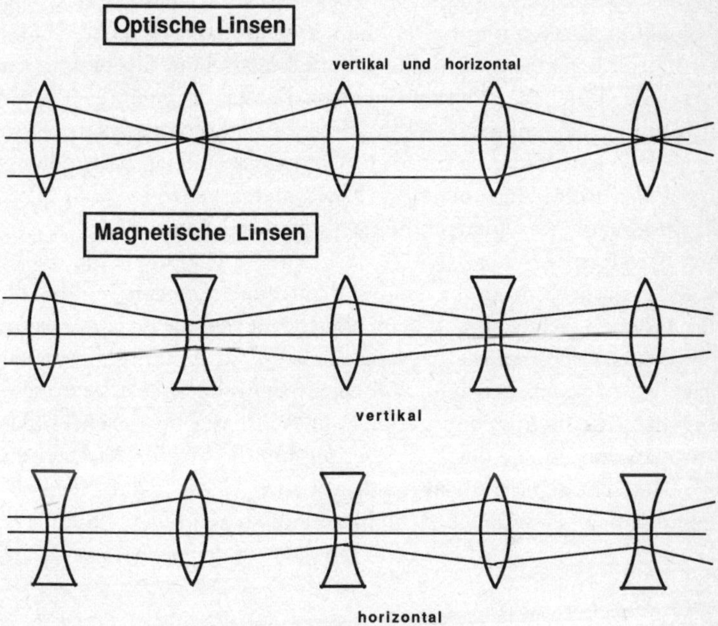

Abb. 4.2 *Strahlfokussierung mit Hilfe von optischen Linsen (Periskop) und Magneten (Strahltransport). Linsen fokussieren gleichzeitig horizontal und vertikal, während Magnete in einer Richtung fokussieren, in der anderen dagegen defokussieren. Dennoch kann insgesamt eine Strahlfokussierung erzielt werden, wenn bestimmte Bedingungen eingehalten werden.*

führen können. Selbst ein winziger Fehler des Magnetfeldes an einer bestimmten Stelle des Ringes kann katastrophale Folgen haben, da er sich bei jedem Umlauf bemerkbar macht und die Störungen sich deswegen unter Umständen hunderttausendmal addieren.

In der Optik hat man es mit einer ähnlichen Schwierigkeit zu tun, wenn es darum geht, Licht über längere Strecken durch ein enges Rohr zu leiten, etwa beim Periskop eines Unterseebootes. Dort läßt sich das Problem durch das Hintereinandersetzen einer Reihe von Sammellinsen lösen (Abb. 4.2). Beim Beschleuniger ist die Sache nicht so einfach. Zur Fokussierung von Strahlen geladener Teilchen verwendet man sogenannte Quadrupollinsen, die so bezeichnet werden, weil sie vier Magnetpole besitzen, im Gegensatz zu einem Ablenkmagneten mit nur zwei Magnetpolen (Abb. 4.3). Diese Quadrupole haben aber eine unangenehme Eigenschaft: Sie fokussieren zwar die Teilchen in einer Ebene (z. B. der horizontalen), aber gleichzeitig defokussieren sie in der dazu senkrechten Ebene (also der vertikalen). Für eine Linse muß man daher zwei Quadrupolmagnete benutzen, die um 90° gegeneinander verdreht sind. Aber ergibt ein solches Quadrupolpaar in beiden Ebenen wirklich eine Fokussierung?

Die genaue theoretische Analyse zeigte, daß man eine Bündelung der Teilchen gleichzeitig in beiden Richtungen erzielen kann, wenn die Fokussierungsstärke der einzelnen Quadrupollinsen nicht zu stark ist. Man spricht dann von einer »schwachen Fokussierung«. Teilchen, die nicht genau parallel zur Achse des Strahlrohres fliegen, pendeln infolge der Fokussierung um die Strahlachse herum. Der Beschleuniger muß also so entworfen werden, daß die Pendelausschläge der Teilchen kleiner sind als der Querschnitt der

Abb. 4.3 *Verschiedene Magnettypen. Dipol-Magnete dienen zur Ablenkung auf eine Kreisbahn, Quadrupol-Magnete halten den Teilchenstrahl zusammen, Sextupol-Magnete dienen zur Korrektur von chromatischen Abweichungen.*

Vakuumkammer, da andernfalls die Teilchen auf die Wand treffen und verlorengehen.

Mit dieser schwachen Fokussierung sind bis Anfang der 50er Jahre mehrere Beschleuniger gebaut worden: das Cosmotron (3 GeV) im Brookhaven National Laboratory auf Long Island, New York (Fertigstellung 1952) und das Bevatron (6,2 GeV) in Berkeley, Kalifornien (Fertigstellung 1954), mit dessen Hilfe zum erstenmal das Antiproton nachgewiesen wurde.

Die schwache Fokussierung hat den Nachteil, daß die Schwingungsausschläge der Teilchen mit größer werdendem Beschleuniger immer mehr zunehmen, so daß die Teilchen immer mehr Platz brauchen. Beim Synchrophasotron in Dubna bei Moskau, der größten Maschine, die mit dieser Fokussierung gebaut wurde (mit einer Maximalenergie von 10 GeV), betragen die Abmessungen der Vakuumkammer etwa 40 × 200 cm. Durch die Vakuumkammer kann man, wenn nötig, hindurchkriechen. Die doppelt mannshohen Magnete wiegen insgesamt 36 000 Tonnen.

Um zu noch höheren Energien vorzudringen, schien es unumgänglich, Beschleuniger mit noch größeren Vakuumkammern, d. h. noch größeren Magneten, zu bauen, was jeden vernünftigen finanziellen Rahmen gesprengt hätte. Auch hier zeigte sich aber wieder, daß ein »Gigantismus« durch brillante Ideen verhindert werden kann. Eine solche Idee kam 1952 von den drei amerikanischen Wissenschaftlern E. D. Courant, M S. Livingston und H. S. Snyder am Brookhaven National Laboratory[6].

Wie so oft entstand das Neue dadurch, daß sich die Entdecker über die alten Regeln, hier die schwache Fokussierung, einfach hinwegsetzten. Statt schwacher Magnetlinsen, deren Fokussierungs- und Defokussierungseigenschaften sorgfältig ausbalanciert werden mußten, schlugen sie eine radikale Lösung vor: sehr stark fokussierende Linsen. Entgegen allen anschaulichen und intuitiven Betrachtungen konnten sie zeigen, daß eine Reihe von Quadrupolen mit *starker* Fokussierungskraft (abwechselnd vertikal bzw. horizontal fokussierend) nicht zum völligen Strahlverlust führen, sondern stabile Umlaufbahnen der Teilchen erzeugen. Dieses Prinzip der alternierenden starken Fokussierung ist weltweit unter der Abkürzung AGF (nach der englischen Bezeichnung *alternating gradient focussing*) bekanntgeworden.

Der Vorteil der alternierenden starken Fokussierung besteht darin, daß wegen der stärkeren Quadrupollinsen die Schwingungsamplituden relativ klein bleiben. Insbesondere nimmt die Abweichung der Teilchen von der Strahlachse nicht mehr mit der Größe des Beschleunigers zu, sondern durch eine genügend große Anzahl von Quadrupollinsen kann sie stets auf akzeptable Werte gebracht werden. Als Folge davon sind die Abmessungen der Vakuumkammer des größten existierenden Beschleunigers mit AGF, des LEP bei CERN (27 km Umfang), mit $150 \times 60\,mm^2$ vergleichbar mit denjenigen des CERN-PS (Umfang 600 m) mit $146 \times 70\,mm^2$.

Die starke Fokussierung wurde gerade rechtzeitig erfunden, um beim CERN-PS verwendet zu werden. Zunächst war ein Protonsynchrotron mit einer maximalen Energie von 10 GeV und schwacher Fokussierung vorgesehen. Es zeigte sich, daß dank der starken Fokussierung das Magnetgewicht von einigen zigtausend Tonnen auf nur 3000 Tonnen reduziert werden konnte. Daher wurde 1952 entschieden, unter Verwendung des AGF-Prinzips die Energie des Synchrotrons auf 25 GeV zu erhöhen, was mit den ursprünglichen Kosten verträglich war. Dieser Entschluß enthielt ein erhebliches Risiko, da das neue Prinzip sogleich bei einem Großprojekt zur Anwendung kommen sollte. In der Tat schlug der englische Beschleunigertheoretiker I. Lawson im Winter 1952/53 Alarm, da er in seinen Berechnungen feststellte, daß unvermeidliche Fehler bei der Fabrikation und Aufstellung der Magnete zu einem totalen Strahlverlust führen würden. Theoretische Arbeiten der CERN-PS-Gruppe zeigten jedoch, daß diese Schwierigkeiten durch Einhaltung strenger Toleranzen gemeistert werden könnten. Der Beschleunigerbau entwickelte sich immer mehr zu einer Präzisionstechnologie.

Niemand konnte allerdings dafür garantieren, daß die theoretischen Überlegungen für den ersten Protonenbeschleuniger mit starker Fokussierung auch zutreffen würden. Deshalb war der 24. November 1959 für alle Beteiligten ein aufregender Tag, als zum erstenmal versucht wurde, die Protonen auf 24 GeV zu beschleunigen. Etwas Zuversicht konnten John Adams und sein Team nur darum hegen, weil etwa ein Jahr zuvor an der Universität Bonn unter Leitung von Wolfgang Paul ein kleines Elektronensynchrotron (0,5 GeV) mit starker Fokussierung zum erstenmal erfolgreich in Betrieb gegangen war. Ob das neue Fokussierungsprinzip aber auch für den viel größeren Protonenbeschleuniger funktionieren würde? Kein Wunder, daß daher im Februar 1960 bei CERN der Erfolg im Beisein der Vertreter der Mitgliedstaaten und zahlreicher Pressekorrespondenten groß gefeiert wurde.

Wir haben aber immer noch nicht alle Aspekte des Strahlverhaltens in einem Synchrotron berücksichtigt. Die Fokussierung der Teilchen mit Quadrupollinsen sorgt zwar dafür, daß Teilchen, die nicht genau parallel zur Strahlachse laufen, um diese Achse Schwingungen ausführen und bei genügend großen Vakuumkammern nicht verlorengehen. In der Praxis besitzen die Teilchen aber nicht nur etwas verschiedene Flugrichtungen, sondern sie laufen auch mit kleinen Geschwindigkeitsabweichungen um. Das hierin liegende Problem illustriere wieder ein Vergleich: Ein Fotoapparat, dessen Objektiv nur aus einer einzigen Linse besteht, liefert schlechte Bilder. Es treten eine Reihe von Abbildungsfehlern auf, die dadurch korrigiert werden, daß man mehrere Linsen aus verschiedenem Glas und mit verschiedenem Schliff kombiniert. Auf diese Weise kann man Farbfehler ausschalten, die dadurch zustande kommen, daß Licht mit verschiedenen Farben von einer einzelnen Linse unterschiedlich fokussiert wird. Ähnliches tritt auch beim Beschleuniger auf. Die umlaufenden Teilchen besitzen etwas verschiedene Energien (was beim Licht den verschiedenen Farben entspricht). Auch Quadrupollinsen besitzen einen »chromatischen Fehler«; man muß dagegen etwas unternehmen, weil andernfalls Teilchen mit Abweichungen von der »Soll-Energie« nicht richtig fokussiert und daher an der Wand der Vakuumkammer verlorengehen würden.

Dem verschiedenen Glas bei optischen Linsen entsprechen im magnetischen Fall Linsen mit einer unterschiedlichen Anzahl von Magnetpolen. Zur Korrektur der *chromatischen Fehler* werden Linsen mit sechs Magnetpolen verwendet, sogenannte Sextupole (Abb. 4.3). Diese müssen an geeigneten Stellen zwischen den Ablenkmagneten und den Quadrupolen eingebaut werden. Da noch einige weitere Korrekturelemente hinzukommen, auf die hier aber nicht weiter eingegangen werden soll, ist die richtige Anordnung der verschiedenen Magnete eines Beschleunigers eine recht komplizierte Angelegenheit. Ähnlich wie beim Entwurf eines hochwertigen Fotoobjektivs werden zur Berechnung des »Magnetgitters« eines

Beschleunigers Computer eingesetzt, wobei für die Berechnung der Strahldynamik spezielle Programme entwickelt worden sind. Darin wird nicht nur die Bewegung eines einzelnen Teilchens beim Durchlaufen der zahlreichen Magnete berechnet, sondern es wird auch berücksichtigt, daß die Teilchen wegen ihrer elektrischen Ladung sich gegenseitig beeinflussen. Dies hat besondere Bedeutung, wenn viele Teilchen gleichzeitig beschleunigt werden, da nun die sogenannten Raumladungseffekte zu Teilchenverlusten führen können. Das Verhalten der Teilchenstrahlen ist dann unter Umständen gekennzeichnet von nichtlinearen Effekten und stochastischen, d. h. zufallsbestimmten Verhaltensweisen.

Die Theorie über das Verhalten von Teilchenstrahlen in magnetischen und elektrischen Feldern ist inzwischen ein eigenes, sehr interessantes Spezialgebiet geworden. Es verbindet nicht nur verschiedene Teile der Physik, sondern bietet auch mannigfache Beziehungen zu Anwendungen in ganz anderen Bereichen. Die weitere Entwicklung dürfte viel Einfallsreichtum erfordern. Teilchenstrahlen in Beschleunigern dienten inzwischen schon als Modelle für das Verhalten von komplexen physikalischen oder sogar soziologischen Systemen, die ein sogenanntes »chaotisches« Verhalten zeigen.

Die Sowjetunion betritt die Bühne

Das PS in CERN und das AGS-Synchrotron im Brookhaven National Laboratory lieferten Protonen-Energien bis zu etwa 30 GeV. Damit erschloß sich in den 60er Jahren der Physik eine neue, reiche Welt, aber es wurde auch bald klar, daß höhere Energien notwendig waren, um weiter in den Mikrokosmos einzudringen.

Es war diesmal die Sowjetunion, die die Initiative für den nächsten Schritt ergriff. Schon bald nach 1945 hatte man auch in der UdSSR erkannt, daß es für ein Land, das wissenschaftlich und technisch an der Weltspitze stehen will, unabdingbar war, sich an der Untersuchung des Mikrokosmos zu beteiligen. Nach der Gründung von CERN wurde daher beschlossen, im Osten ein Gegenstück zu gründen. Anders als bei der schwierigen Entscheidung über den Standort von CERN war dort die Lage natürlich klar: Das übernationale Institut hatte in der Sowjetunion zu liegen, und seit seiner

Gründung waren sowjetische Wissenschaftler seine Direktoren (D. I. Blochinzev von 1956 bis 1965 und N. N. Bogolubov anschließend bis 1989). Im Zeichen von Glasnost hat sich dies aber geändert, und ein ungarischer Physiker (D. Kiss) wurde Direktor. Dieses »Vereinigte Institut für Kernforschung« *, wie es offiziell heißt, liegt in einem Waldgebiet etwa 150 km nordwestlich von Moskau direkt an der Wolga. Anschließend an das Forschungszentrum entwickelte sich ein ehemaliges Dorf mit Namen Dubna zu einer kleinen Stadt, und heute spricht man meist vom Dubna-Laboratorium.

Ein wesentlicher Unterschied zwischen Dubna und CERN war von Anfang an, daß in Dubna nicht nur Elementarteilchenphysik betrieben wurde, sondern daß dort ein stärker diversifiziertes Programm ins Leben gerufen wurde. Der Bau eines großen Protonsynchrotrons gehörte aber zu den wichtigsten Aufgaben. Bei der Entscheidung über den Typ des Beschleunigers hatten die sowjetischen Physiker allerdings großes Pech: Sie hatten noch die schwache Strahlfokussierung gewählt. Als 1952 die starke Fokussierung erfunden worden war, konnten sie den Entwurf des »Synchrophasotrons«, wie die Maschine genannt wurde, nicht mehr ändern. Sie war daher bereits bei ihrer Inbetriebnahme 1957 ein Monument für eine veraltete Technologie. Mit einer maximalen Strahlenergie von 10 GeV und beschränkten Strahlintensitäten gelang es in Dubna nicht, den Durchbruch zur Führung in der Beschleunigertechnologie zu erzielen. Obwohl interessante Fragestellungen mit dem Synchrophasotron untersucht werden konnten und obwohl diese Maschine bis heute für die Beschleunigung schwerer Kerne in Betrieb ist, erwarb Dubna seinen Ruf auf anderen Gebieten, beispielsweise durch die Entdeckung neuer superschwerer Elemente jenseits des Uran.

Etwas später als in Dubna war am Institut für theoretische und experimentelle Physik in Moskau eine Protonenmaschine für 10 GeV gebaut worden, die 1961 in Betrieb genommen wurde und an der in der Sowjetunion das neue Prinzip der starken Fokussierung erfolgreich erprobt wurde.

* Mitgliedstaaten sind: Bulgarien, Deutsche Demokratische Republik, Volksrepublik Korea, Kuba, Mongolei, Polen, Rumänien, Tschechoslowakei, UdSSR, Ungarn und Demokratische Republik Vietnam.

Die Zeit schien inzwischen den russischen Physikern und Ingenieuren reif, um den Sprung an die Spitze zu wagen. Etwa 120 km südlich von Moskau in der Nähe der Stadt Serpuchov wurde Anfang der 60er Jahre ein neues Forschungszentrum, das »Institut für Hochenergiephysik«, gegründet, das sich in wenigen Jahren zu einem eigenen Städtchen mit dem Namen Protvino entwickelte. Dort wurde der Bau eines Protonensynchrotrons mit einer Höchstenergie von 70 GeV in Angriff genommen, d. h. eines Beschleunigers, der fast dreimal höhere Energien lieferte als das PS bei CERN oder das AGS in den USA. Die Maschine nahm den Betrieb 1967 auf, und für einige Jahre war dieser Beschleuniger der größte in der Welt, und daher waren Physiker aus anderen Ländern daran interessiert, dort Experimente auszuführen. Es wurden Verträge zwischen der sowjetischen Atomenergiekommission und CERN, aber auch mit dem französischen Forschungszentrum Saclay (und später mit den USA) abgeschlossen, des Inhalts, daß die westeuropäischen Laboratorien zur experimentellen Grundausstattung wesentliche Beiträge leisten und dafür das Recht erhalten sollten, an dem 70-GeV-Protonensynchrotron zu experimentieren.

1971, als ich Direktor am Kernforschungszentrum Karlsruhe war, habe ich mit einer Gruppe von Mitarbeitern und Studenten gemeinsam mit russischen Kollegen ein Experiment an diesem Beschleuniger durchführen können. Die Maschine erfüllte sowohl in bezug auf die Energie als auch die Intensität und die sonstigen Eigenschaften der Teilchenstrahlen alle Erwartungen. Natürlich gab es während unseres Aufenthalts in Protvino auch zahlreiche administrative und andere Schwierigkeiten, aber mit gutem Willen auf beiden Seiten konnten sie zufriedenstellend gelöst werden. Dies gelang besonders deshalb, weil sich in kurzer Zeit ein gegenseitiges Vertrauensverhältnis herausgebildet hatte.

Größere Ringe für Protonen (SPS/CERN und Fermilab/USA)

Die Maschine in Protvino lieferte zwar Strahlenenergien, die dreimal höher waren als diejenigen älterer Beschleuniger, aber wie wir später sehen werden, bringt dies für die nutzbare Energie nur eine Erhöhung von einem Faktor 1,7 (Kap. 6). Deshalb wurde bei den

Physikern in den USA und in Europa ab etwa 1964 der Wunsch laut, einen zehnmal größeren Beschleuniger als das PS oder das AGS zu bauen.

Natürlich bewarben sich die bestehenden Laboratorien darum, ein solches Projekt zu verwirklichen. Da die technischen Gegebenheiten, aber auch die finanziellen Bedingungen auf beiden Seiten des Atlantik etwa die gleichen waren, wurden auch ganz ähnliche Projekte vorgeschlagen. Es erschien möglich, Energien von 200 bis 400 GeV mit einem vertretbaren finanziellen Aufwand zu erreichen. Unter Benutzung von Eisenmagneten bedeutete dies einen Durchmesser von etwa 2 km für den Magnetring.

Zunächst entbrannte sowohl in den USA wie in Europa ein Kampf um den Standort der neuen Maschine. Da es sich um ein Projekt von mehr als einer Milliarde DM Investitionskosten handelte, waren für die Region, in der das Projekt gebaut wird, erhebliche wirtschaftliche Vorteile zu erwarten. Der Streit um den Standort der neuen Maschine konnte in den USA schneller entschieden werden als in Europa und fiel zugunsten eines neuen Laboratoriums in der Nähe eines Dorfes mit dem Namen Batavia aus. Es liegt etwa 50 km westlich von Chicago inmitten von Feldern und kleinen Wäldern. Die Gegend ist flach wie ein Tisch – ein ideales Gelände für den Bau eines Ringes mit 2 km Durchmesser, denn der Tunnel, in dem der Beschleuniger aus Strahlungsschutzgründen untergebracht werden muß, kann einfach von der Oberfläche her in einen Graben gelegt werden, was die Baukosten niedrighält.

Direktor des neuen Laboratoriums, das später zur Erinnerung an Fermi* den Namen *Fermi National Accelerator Laboratory* erhielt (FNAL, kurz Fermilab), wurde Professor Robert R. Wilson. Wilson ist ein hervorragender Experimentalphysiker und ein genialer Beschleunigerbauer. Er sah es als seine Aufgabe an, nicht nur ein wissenschaftlich exzellentes Institut aufzubauen, sondern versuchte auch, die etwas eintönige Landschaft zu beleben und ihr neue Akzente zu geben (Wilson hat u. a. lebhaftes Interesse für Architektur). Das Hauptgebäude des Labors erhebt sich mit seinen zwei gegeneinander geneigten Teilen bis zu 15 Stockwerke hoch und ist schon

* Enrico Fermi (1901–1954), bedeutender amerikanischer Physiker italienischer Abstammung.

von weitem zu sehen. Auch die anderen Gebäude in der Nähe dieses »High rise building«, wie es genannt wird, weisen die künstlerische Handschrift Wilsons auf, selbst die Hochspannungsmasten der Stromleitung zum Labor hat er entworfen. Vor allem: In den 70er Jahren hat er eine neue Verfahrensweise in der Kunst des Beschleunigerbaues eingeführt. Das geschah in zwei Etappen. Zunächst schlug er für das neuzugründende Fermilab einen Proton-Beschleuniger mit Eisenmagneten, aber einer neueren, sparsamen Konstruktion vor. Im selben Tunnel sollte dann später ein Ring mit supraleitenden Magneten (auf den wir noch zurückkommen) installiert werden.

Bei dem Protonensynchrotron, dessen Bau 1968 begann, wurde zunächst eine maximale Energie von 200 GeV angestrebt. Das neue Konzept von Wilson bestand darin, daß er bereit war, technische Risiken einzugehen, um die Kosten des Beschleunigers drastisch zu senken. Dies verdeutlichen am besten die Abmessungen der Ablenkmagnete: Der rechteckige Eisenquerschnitt dieser Magnete hat die Maße 36 × 64 cm, und das Gewicht der 774 Dipolmagnete auf dem 6 km langen Umfang beträgt 9800 t. Den Unterschied erkennt man, wenn man diese Werte mit dem mehr als zehn Jahre älteren AGS in Brookhaven vergleicht, wo der Eisenquerschnitt 84 × 99 cm und das Gesamtgewicht der Magnete auf einem fast 10mal kleineren Umfang 4000 t betrug. Der Querschnitt der Vakuumkammer, in der die Teilchen umlaufen, beträgt bei der Fermilab-Maschine nur noch $5 \times 10\ cm^2$, was besonders hohe Anforderungen an die Strahlsteuerung stellte.

Mit solchen und weiteren Maßnahmen gelang es, die endgültigen Kosten für die Maschine auf etwa 240 Millionen US-Dollar zu beschränken. In der Konstruktionsphase wurde die Soll-Energie von 200 auf 400 GeV gesteigert, ohne die Kosten wesentlich zu erhöhen, und später konnten in der Praxis kurzzeitig sogar Energien von 500 GeV erzielt werden.

Wilsons wagemutiges Vorgehen blieb natürlich nicht ohne Rückschläge. Die Anlage konnte zwar in der erstaunlich kurzen Zeit von nur dreieinhalb Jahren gebaut werden, aber als sie im Sommer 1971 in Betrieb ging, gab es viele Anlaufschwierigkeiten. Viele Magnete entwickelten Fehler und mußten ausgetauscht werden; in der ersten Zeit war also ein regulärer Experimentierbetrieb kaum möglich.

Nach und nach gelang es jedoch, die »Kinderkrankheiten« zu beheben, und an diesem Beschleuniger, der für einige Jahre die höchsten Energien in der Welt zur Verfügung stellte, kam ein erstklassiges Physikprogramm in Gang.

Die europäischen Elementarteilchenphysiker wollten ihren amerikanischen Kollegen nicht nachstehen, und Anfang der 60er Jahre begannen Diskussionen über ein neues Projekt, das in den 70er Jahren das PS ablösen sollte. Dies ist typisch für die Arbeitsweise der Hochenergiephysiker. Man plant etwa 10 Jahre voraus und bereitet die Projekte sehr sorgfältig vor. Dies ist einer der Gründe, warum Hochenergiebeschleuniger meist im vorgesehenen Zeit- und Kostenrahmen realisiert werden. Dabei kommt die Initiative für die Wahl neuer Projekte von den Wissenschaftlern und nicht von Politikern oder dem Management der Laboratorien. Um dies auch in diesem Falle zu erreichen, schlug der damalige Generaldirektor von CERN, Viktor F. Weisskopf, vor, die europäischen Physiker sollten sich in einem Komitee zusammenschließen. So kam es zur Gründung von ECFA: *European Committee for Future Accelerators*. Zum ersten Vorsitzenden wurde der italienische Kernphysiker Edoardo Amaldi gewählt, der schon bei der Gründung von CERN eine wichtige Rolle gespielt hatte. Die Aufgabe von ECFA bestand darin, die Wünsche der Physiker zu diskutieren, zu koordinieren und zu artikulieren, um zu Projektvorschlägen zu kommen, die in erster Linie den wissenschaftlichen Bedürfnissen der von den Universitäten kommenden Physiker entsprechen und die nicht allein durch die Politik der Laboratorien beeinflußt sind.

Mehrere Projekte, insbesondere solche, die komplementär zum Beschleuniger im Fermilab waren, wurden in Erwägung gezogen, darunter auch die ISR-Speicherringe (auf die ich in Kapitel 9 zurückkommen werde). Es bildete sich jedoch die Meinung heraus, daß Protonen im Energiebereich von einigen hundert GeV physikalisch am interessantesten seien; theoretische Überlegungen deuteten darauf hin, daß man in diesem vorher unzugänglichen Bereich grundsätzlich neue Phänomene, insbesondere in bezug auf die in der Natur wirkenden Kräfte, erwarten könne. In der Tat stellte sich fast zwanzig Jahre später heraus, daß die damaligen Überlegungen richtig waren, obwohl die Existenz der W- und Z-Teilchen (Kap. 13) noch in keiner Weise vorhergesehen werden konnte.

Im Rahmen der finanziellen Gegebenheiten schien es vertretbar, in Westeuropa einen ähnlichen Beschleuniger zu bauen wie in den USA, um im Wettbewerb der internationalen Forschung an vorderster Linie mithalten zu können. Um eine zu starke Konzentration zu vermeiden, war ursprünglich vorgesehen, daß im Rahmen der Konvention von CERN neben dem Laboratorium in Genf ein zweites Labor in einem anderen Mitgliedstaat gegründet werden sollte.

Ein erster Vorschlag für einen Protonenbeschleuniger mit einer Maximalenergie von 300 GeV wurde 1963 dem CERN-Rat vorgelegt. Unter Berücksichtigung aller Anforderungen an den Standort (ebenes Gelände, geologische Bedingungen des Untergrundes, günstige Infrastruktur u. ä.) machten die CERN-Mitgliedsländer mehr als 20 Standortvorschläge, deren Zahl im Sommer 1967 auf neun in neun verschiedenen Ländern reduziert wurde. In der Bundesrepublik blieb eine Gegend in der Nähe von Drennsteinfurt/Westfalen im Rennen. Vom CERN-Rat wurde ein Komitee von drei Weisen eingesetzt, die aus Mitgliedsländern kamen, welche keine Standorte mehr zu verteidigen hatten: der Holländer J.H. Bannier, der Schweizer A. Chavanne und der Däne J.K. Bøggild. Dieses Komitee reduzierte im Dezember 1967 die möglichen Standorte auf fünf.

Um den Projektvorschlag in ein konkretes Projekt umzuwandeln, hielt es der CERN-Rat für angebracht, einen Generaldirektor für das neue Laboratorium zu ernennen. John Adams, der eine wesentliche Rolle beim Bau des CERN-PS gespielt hatte, aber inzwischen nach England zurückgekehrt war, wurde eingeladen, zu CERN zurückzukehren und die Leitung des Projektes und des neuen Laboratoriums zu übernehmen. Ende 1969 wurde Adams zum Direktor des 300-GeV-Programms ernannt. Er schlug (da im Streit um den neuen Standort wertvolle Zeit verlorenging) schließlich vor, das neue Laboratorium neben dem alten bei Genf zu bauen.

Damit war nicht nur der politische Streit über die Standortwahl gelöst, sondern es ergaben sich auch finanzielle Vorteile, die jedoch durch eine Reihe von Nachteilen erkauft werden mußten: Das Gelände erlaubte es nicht, den Ringtunnel von der Oberfläche her auszuheben, sondern der Beschleuniger mußte in einem Tunnel aufgestellt werden, der in etwa 40 m Tiefe in den stabilen Felsen gebohrt wurde. Das andere Problem bestand darin, daß der neue Beschleuniger die schweizerisch-französische Grenze mehrmals unterqueren würde und daß ein neues Laboratorium auf französischem Boden errichtet werden müßte. Dem Einfallsreichtum und Geschick von Adams ist es zu verdanken, daß für diese und andere Schwierigkeiten pragmatische Lösungen gefunden wurden. Ersparnisse konnten andererseits dadurch erzielt werden, daß man die im alten Laboratorium vorhandenen Protonenbeschleuniger als Vorbeschleuniger für die neue Maschine benutzte. Wie wir noch sehen werden, ist dies inzwischen ein allgemein akzeptiertes Verfahren in vielen Laboratorien geworden. Einmal investierte finanzielle Mittel werden also sehr gut ausgenutzt, da selbst wissenschaftlich veraltete Maschinen immer noch als Vorbeschleuniger sehr nützlich sind.

Neben der Standortwahl galt es aber auch noch eine andere Hürde zu nehmen. Die CERN-Konvention mußte geändert werden, um die Gründung eines zweiten Laboratoriums zu ermöglichen. Die neue Konvention trat am 17. 1. 1971 in Kraft. Nun endlich wurde im CERN-Rat am 19. 2. 1971 das neu formulierte Programm von 10 der 12 Mitgliedstaaten genehmigt, genug für die notwendige ⅔-Mehrheit. (England, das zunächst ablehnend votiert hatte, stimmte einige Monate später doch noch zu.) Die 300-GeV-Protonen-Maschine erhielt den Namen Super-Proton-Synchrotron (SPS). Um John Adams die Möglichkeit zu geben, das SPS in eigener Verantwortung zu bauen, wurde beschlossen, zwei Laboratorien (CERN I und CERN II) nebeneinander mit jeweils einem eigenen Generaldirektor und eigener Verwaltung einzurichten (statt das neue Projekt in das schon bestehende Labor zu integrieren).

Nun konnte der Bau des SPS beginnen. Verschiedene Varianten seiner Auslegung, die es ermöglichen sollten, nicht nur die geplante Energie, sondern später auch höhere zu erreichen, sollen hier übergangen werden, da keine von ihnen schließlich realisiert worden ist. Der Stil, in dem Adams das SPS verwirklichte, war eine Mischung aus amerikanischer Risikofreudigkeit und europäischer Sorgfalt bzw. Gründlichkeit.

Wie bei jedem neuen Beschleuniger wurden auch hier neue Technologien angewandt. Am bemerkenswertesten dürfte sein, daß das SPS der erste Beschleuniger ist, zu dessen Kontrolle ein verteiltes Rechnersystem angewandt wird. Einzelne Komponenten des Beschleunigers sind örtlich an Mini-Computer angeschlossen, die durch ein Netzwerk mit dem Hauptkontrollraum verbunden sind. Dieses Verfahren wird heute bei jedem Beschleuniger und bei vielen Großanlagen eingesetzt. Auch im Detail enthält das Kontrollsystem einige Neuerungen. Die vielen Hunderte von Schaltern und Knöpfen älterer Beschleuniger wurden durch sogenannte »touch panels« ersetzt, d. h. Schaltfunktionen können durch Berühren eines Bildschirms ausgelöst werden. Eine andere Neueinführung war eine etwa tennisballgroße Kugel, die auf Rädchen gelagert ist und mit den Fingern in jede beliebige Richtung gedreht werden kann, um den Blinkzeiger auf dem Bildschirm zu bewegen – der Vorläufer der »Maus«, wie sie heute in vielen Kleinrechnern anzutreffen ist.

Natürlich bleiben beim Bau einer so komplizierten und neuartigen Anlage Pannen nicht aus. Trotz aller Vorsichtsmaßnahmen traten bei den Tests der Erregerspulen für die Dipolmagnete plötzliche Erdschlüsse auf. Die Ursache konnte nicht sofort gefunden werden, und für einige bange Wochen wurde bei CERN die Frage erörtert, ob das SPS in ähnliche Schwierigkeiten geraten könnte wie die Fermilab-Maschine. Es lag jedoch kein Konstruktionsfehler vor, sondern bei der Reinigung der Spulenenden war irrtümlich eine Säure verwendet worden. Immerhin mußten 300 Magnete überholt werden. Durch eine sorgfältige Neuorganisation der Arbeiten konnten die Verzögerungen jedoch aufgefangen und der ursprüngliche Zeitplan eingehalten werden. Das Ergebnis war ein Beschleuniger, der innerhalb der vorgesehenen Zeit und mit dem vorgesehenen Budget gebaut wurde und ohne Anlaufschwierigkeiten die Erwartungen erfüllte.

Aber nicht nur die Maschine selbst, auch die von ihr gespeisten primären und sekundären Teilchenstrahlen erwiesen sich denen am Fermi National Laboratory lange Zeit als überlegen. Ein breites Experimentierprogramm konnte 1977 beginnen, in dem die westeuropäischen Physiker in enger Zusammenarbeit mit amerikanischen, russischen und außereuropäischen Kollegen verschiedene Experimente durchführten, namentlich mit Hilfe der »fixed target«-Physik. (»Fixed target«-Physik heißt, daß im Beschleuniger auf hohe Energie gebrachte Teilchen oder von ihnen sekundär erzeugte andere Teilchen auf ruhende Atomkerne geschossen werden.) Es blieb CERN und den am SPS arbeitenden Wissenschaftlern in dieser Periode zwar versagt, spektakuläre Entdeckungen zu machen, aber gänzlich neue Einsichten konnten durch manchmal mühevolle Kleinarbeit zusammengetragen werden.

In der Öffentlichkeit und den Medien sind einzelne unvorhergesehene Entdeckungen gewiß viel publikumswirksamer. Neue Erkenntnisse können aber auch in vielen kleinen Einzelschritten gesammelt werden. Jeder Einzelschritt mag unbedeutend erscheinen, aber fügt man wie in einem Puzzle die wissenschaftlichen Erkenntnisse zusammen, so ergibt sich ein überraschendes Bild. Es ist so, wie wenn man an einem schönen Sommertag im Gras liegt und die Wolken am Himmel beobachtet. Blickt man kurz hin, so scheint alles bewegungslos. Schließt man die Augen für einige Minuten, dann findet man beim Wiederöffnen ein völlig neues Wolkenbild. Das Puzzle-Spiel in der Wissenschaft beansprucht allerdings meist mehrere Jahre. In den 70er Jahren konnte bei CERN, insbesondere durch die Streuung von Neutrinos und Myonen an Atomkernen, weitgehend die Struktur des Protons und Neutrons aufgeklärt werden. Die Experimentatoren am Fermilab hatten damals mehr Glück und konnten 1978 die Entdeckung des Bottom-Quarks bekanntgeben (vgl. Kap 2 und 13).

Elektronen in der Schleuder

Die Entwicklung der Elektronenbeschleuniger nahm einen etwas anderen Verlauf als die Entwicklung der Protonenbeschleuniger. Dies liegt vor allem daran, daß Elektronen etwa 2000mal leichter als Protonen sind. Wegen ihrer sehr viel kleineren »trägen Masse« setzen sie der Beschleunigung weniger Widerstand entgegen und erreichen sehr schnell Geschwindigkeiten, die ganz nahe an der Lichtgeschwindigkeit liegen. Schon bei der niedrigen Energie von 1 MeV laufen Elektronen mit 94% der Lichtgeschwindigkeit um. Elektronenbeschleuniger sind daher einfacher zu bauen, da bei höheren Energien die Elektronen praktisch mit konstanter Geschwindigkeit umlaufen, während ihre Masse zunimmt (Kap. 5). Andererseits senden Elektronen, die auf einer Kreisbahn umlaufen, in tangentialer Richtung eine Lichtstrahlung aus, die zu Energieverlusten der Elektronen führt. Diese »Synchrotronstrahlung« wurde zum erstenmal 1944 von den russischen Physikern D. Ivanenko und

I. Pomeranchuk vorhergesagt. Die Synchrotronstrahlung stellt, wie wir noch sehen werden, eine gegenwärtig praktisch unüberwindbare Barriere dar, um Elektronen in einem Kreisbeschleuniger auf Energien von mehr als etwa 100 GeV zu beschleunigen.

Die ersten Entwürfe für einen kreisförmigen Elektronenbeschleuniger gehen auf das Jahr 1922 zurück, als Joseph Slepian ein US-Patent anmeldete. Der norwegische Ingenieur Rolf Wideröe veröffentlichte ein ähnliches Konzept unabhängig davon 1928. Das Prinzip dieses Beschleunigungsverfahrens klingt in dem Namen an, den Wideröe vorgeschlagen hatte, nämlich »Strahlungstransformator«. Ähnlich wie in einem gewöhnlichen Transformator, bei dem eine Primär- und eine Sekundärspule um einen gemeinsamen Magnetkern gewickelt werden, besitzt der Strahlungstransformator einen Magnetkern mit Primärwicklung, während die Sekundärwicklung durch den zu beschleunigenden Elektronenstrahl gebildet wird.

Die von Wideröe vorgeschlagene Bezeichnung hat sich allerdings nicht durchgesetzt. Diese Art Beschleuniger wurde in Deutschland längere Zeit sehr anschaulich »Elektronenschleuder« genannt, trägt heute aber den international anerkannten Namen Betatron, der von Donald W. Kerst eingeführt wurde. Er war der erste, dem es gelang, ein Betatron erfolgreich in Betrieb zu nehmen, wobei er in den USA 1940 die bescheidene Energie von 2,3 MeV erreichte. Aber schon zwei Jahre später konnten Elektronen bis auf 20 MeV beschleunigt werden.

Das Betatron stellt einen Seitenast in der Beschleunigerentwicklung dar. Die höchsten Energien wurden 1952 in den USA mit 340 MeV erreicht. Bei solchen Energien wachsen die Verluste durch Synchrotronstrahlung so rapide an, daß das Betatronprinzip nicht mehr funktioniert; die Idee war ausgereizt, zumindest was den Vorstoß zu höheren Energien angeht.

Das Betatron erwies sich jedoch als idealer Beschleuniger für technische und medizinische Anwendungen, zu denen in Europa R. Wideröe und K. Gund wesentliche Beiträge geleistet haben. Elektronen mit Energien im Bereich von 20 MeV erzeugen beim Auftreffen auf eine Wolfram-Anode eine durchdringende Röntgenstrahlung, die sowohl für die zerstörungsfreie Werkstoffprüfung als auch für die Krebsbehandlung sehr geeignet ist. Es wurden

Betatrons für Elektronenenergien in diesem Bereich entwickelt, deren Abmessungen weniger als 1 Meter betragen und die beweglich installiert werden können. Fast jedes größere Krankenhaus besitzt heute ein derartiges Gerät für die Krebstherapie. Sie werden aber auch benutzt, um Schweißnähte in dicken Stahlblechen zu überprüfen. Wir haben hier ein schlagendes Beispiel dafür, wie eine Entwicklung, die zunächst nur durch Forschungsinteressen motiviert war, zu praktischen Anwendungen geführt hat.

Um Elektronen auf Energien von 1 GeV (= 1000 MeV) und mehr zu »schleudern«, muß man einen anderen Weg einschlagen. Auch hier hilft, wie bei den Protonen, das Prinzip des Synchrotrons, das oben (Kap. 3) beschrieben wurde. Historisch gesehen verlief die Entwicklung der Elektronen- und Protonensynchrotrons etwa parallel. Ein Synchrotron kann Elektronen deshalb auf höhere Energien bringen als ein Betatron, weil man hier durch genügend starke hochfrequente Wechselfelder die Synchrotronstrahlungsverluste kompensieren kann. Dazu müssen allerdings die Beschleunigungsstrukturen und ihre Versorgung mit Hochfrequenzleistung wesentlich leistungsfähiger sein als bei einem Protonensynchrotron. Während bei letzterem die Kosten für die Beschleunigungsstruktur fast vernachlässigbar sind, fallen sie bei einem Elektronensynchrotron nachhaltig ins Gewicht.

Andererseits ist die Natur manchmal auch hilfreich. Schießt man Elektronen mit Energien von einigen zig MeV, die leicht zu erreichen sind, in das Synchrotron ein, dann laufen sie dort von Anfang an praktisch mit Lichtgeschwindigkeit um, und die Zeit für einen Umlauf ändert sich während des Beschleunigungsvorgangs so gut wie nicht. Daraus ergibt sich, daß die Frequenz des Beschleunigungsfeldes konstant bleiben kann, ohne daß die Synchrotronbedingung verlorengeht[7]. Dies vereinfacht das Hochfrequenzbeschleunigungssystem erheblich, da die Hochfrequenzsender (meist sogenannte Klystrons) bei konstanter Frequenz arbeiten können. Die durch diese Vereinfachung eingesparten Kosten reichen aber nicht aus, um den höheren Aufwand, der für die Kompensierung der Verluste durch die Synchrotronstrahlung nötig ist, auszugleichen.

F. K. Goward und D. E. Barnes bei der General Electric Company in den USA waren die ersten, denen es gelang, ein Synchrotron in Betrieb zu setzen. Als das Synchrotronprinzip bekannt wurde, fügten sie einem Betatron in Bastlermanier eine Beschleunigungskavität hinzu und konnten so Elektronen im Synchrotronbetrieb auf 8 MeV beschleunigen. Dieses Ereignis fand 1946 statt, nur etwa ein Jahr, nachdem das Synchrotronprinzip erfunden worden war. Damals schlug die Geburtsstunde der modernen Hochenergiephysik, denn das Synchrotron (mit seiner Abwandlung als Speicherring) ist immer noch der wichtigste, ja fast der einzige Beschleunigertyp, der den Vorstoß zu höchsten Energien ermöglicht. Bis zur Inbetriebnahme des ersten Protonensynchrotrons im Jahre 1956 sollten allerdings noch weitere sechs Jahre vergehen (Kap. 4).

Das erste richtige Elektronensynchrotron wurde bei General Electric in den USA gebaut und erreichte eine Energie von 70 MeV. Nach heutigen Maßstäben war dies ein kleiner Beschleuniger, der noch in ein größeres Zimmer paßte und dessen Magnet nur 8 Tonnen wog. Die Entwicklung des Elektronensynchrotrons erreichte einen vorläufigen Abschluß mit einem 322-MeV-Synchrotron, das in Berkeley / Kalifornien gebaut wurde. Sein Magnet wog immerhin schon 135 Tonnen. Diese Maschine stellte einen gewissen Standard dar, nach dem mehrere weitere Elektronensynchrotrons im Bereich bis zu etwa 350 MeV verwirklicht wurden.

Schon die erste Generation von Elektronensynchrotrons zeigt eine typische Eigenschaft, die sie von Protonensynchrotrons unterscheidet. Da die Beschleunigung von Elektronen, wie gesagt, relativ einfach ist (konstante Geschwindigkeit) und keine Abstimmung zwischen Hochfrequenz und Magnetfeld benötigt wird, kann man das Magnetfeld schnell hochfahren, die Elektronen aus der Maschine herausholen, mit dem Magnetfeld wieder auf Null gehen und den Beschleunigungszyklus schnell wiederholen. Man kann dazu sogar die Netzfrequenz von 50 Hz (in den USA 60 Hz) benutzen, und eine besondere Steuerung des Magnetfeldes ist nicht nötig. Elektronensynchrotrons sind daher »temperamentvolle« Maschinen mit schneller Wiederholfrequenz (*rapid cycling*), was zu einer großen Zahl von beschleunigten Teilchen pro Sekunde führt. Bei Protonensynchrotrons muß dagegen zur Einhaltung der Synchrotronbedingung das Magnetfeld – und darauf abgestimmt die Frequenz der Beschleunigungsspannung – sehr sorgfältig geführt werden. Daraus resultiert ein recht gemächliches Temperament der Protonenbeschleuniger, wo der Beschleunigungszyklus 10 Sekunden und mehr betragen kann. Hier können die Experimentatoren zwischen zwei Strahlimpulsen eben mal einen Espresso trinken, während das 50-Hz-Brummen der Elektronensynchrotrons nicht nur die Physiker, sondern auch die Apparaturen zur Eile anspornt.

Der nächste Entwicklungsschritt für Elektronensynchrotrons war durch zwei Neuerungen gekennzeichnet: Erstens wurden die Elektronen mit Hilfe eines kleinen Linearbeschleunigers auf Energien von einigen MeV gebracht und anschließend praktisch mit Lichtgeschwindigkeit in das Synchrotron eingeschossen. Statt eines einzelnen massiven, schweren Magneten wurde es nun möglich, die Elektronen durch viele Einzelmagnete, die einen Magnetring bilden, auf einer Kreisbahn zu halten. So wurde das Magnetgewicht wesentlich reduziert, und die einzelnen Magnete waren leichter zu handhaben. Das Magnetgewicht, und damit die Kosten, konnten durch die starke Fokussierung (siehe S. 72ff.) weiter verringert werden. Die ersten beiden Maschinen dieser Art waren ein 500-MeV-Elektronensynchrotron an der Cornell University in den USA und eine Maschine mit der gleichen Energie an der Universität Bonn. Sie gingen 1956 bzw. 1958 in Betrieb und ermöglichten ein reichhaltiges Forschungsprogramm.

Da Elektronensynchrotrons einfacher und billiger zu bauen sind als Protonensynchrotrons und die Elektronenphysik sehr attraktiv ist, wagte man sich an mehreren Stellen in den 50er und frühen 60er Jahren an den Bau solcher Maschinen mit Energien von mehr als 1 GeV. In den USA, in Europa, in der UdSSR und Japan wurden insgesamt über ein Dutzend solcher Beschleuniger gebaut. Einige waren sehr erfolgreich, andere kamen zu spät, und wiederum andere funktionierten nie richtig. Beschleunigerbau ist eben doch eine Kunst, aber da man immer nur von den Erfolgen hört, erscheint sie sehr einfach.

Zwei dieser Beschleuniger stellten für viele Jahre gewissermaßen den Höhepunkt einer Entwicklung dar: CEA in Cambridge (USA) und DESY in Hamburg.

1957 wurde von Physikern und Ingenieuren der Harvard-Universität und des MIT in Cambridge/Massachusetts der Bau eines Elektronensynchrotrons begonnen, dessen Endenergie (6 GeV) zunächst das mutigste Projekt darstellte. Bei der Konstruktion dieser unter dem Kürzel CEA (für *Cambridge Electron Accelerator*) bekannt gewordenen Maschine wurde eine Reihe von neuen Ideen verwirklicht, die später bei anderen Beschleunigern nützlich waren, besonders beim Bau von DESY in Hamburg und eines Synchrotrons in Eriwan (UdSSR). CEA wurde im März 1962 in Betrieb genommen.

Die Geschichte dieses Beschleunigers zeigt, daß Tüchtigkeit allein zum Erfolg nicht ausreicht, sondern daß auch ein Quentchen Glück hinzukommen muß. Von Anfang an gab es eine Reihe kleinerer Pannen, die zwar keine ernsten Schwierigkeiten bereiteten, aber doch den normalen Betrieb des Beschleunigers störten. Auch bei den physikalischen Resultaten stand ein unglücklicher Stern über CEA. Es gab in der ganzen Welt große Aufregung, als Ergebnisse für die Erzeugung von Elektron-Positron-Paaren durch harte Photonen bekanntgegeben wurden, die der Theorie widersprachen. Die entsprechenden Experimente wurden sofort bei DESY wiederholt und konnten nicht bestätigt werden.

Zu allem Überfluß ereignete sich 1965 eine Explosion in einer Experimentierhalle. All dies führte dazu, daß CEA 1974 außer Betrieb gesetzt und abgerissen wurde. Noch kurz zuvor hatte ein Umbau den Betrieb als Speicherring ermöglicht und unerwartete physikalische Resultate geliefert. Aber auch diese Pioniertat konnte das Schicksal dieses Beschleunigers nicht mehr wenden.

Die Gründung von DESY in Hamburg

1953 hatte der Experimentalphysiker Rudolf Fleischmann, dessen Schüler ich war, Hamburg verlassen; sein Nachfolger wurde Willibald Jentschke, der nach dem Krieg in die USA gegangen war und sich immer noch dort aufhielt. Jentschke erzählte im kleinen Kreise gern die Geschichte seiner Berufungsverhandlungen. Mit den Forschungsgeräten, die er in dem im Krieg arg mitgenommenen und mühsam wiederaufgebauten Hamburger Physikalischen Staatsinstitut vorfand, war er keineswegs zufrieden. Um Elementarteilchenphysik betreiben zu können, verlangte er Mittel für den Bau eines kleineren Beschleunigers. Die Hansestadt Hamburg reagierte positiv auf diese Forderungen. Jentschke verspürte aber anscheinend keine große Lust, nach Europa zurückzukehren, und schraubte seine Forderungen immer höher. Schließlich war man bei 6 Millionen DM für die Baukosten des Beschleunigers angelangt, eine für damalige Verhältnisse enorme Summe. Was für ein Beschleuniger sollte es aber sein? Ein Protonenbeschleuniger, wie er bei CERN im Bau war, natürlich nicht, und Wolfgang Paul hatte bereits 1954 in Bonn mit der Errichtung eines 500-MeV-Elektronensynchrotrons begonnen.

Eine Klärung der verschiedenen Konzeptionen wurde auf der internationalen Beschleunigerkonferenz (Kap. 6) in Genf 1956 erzielt. An ihr nahmen auch die deutschen Professoren Gentner, Jentschke, Paul, Riezler, Schmelzer, Schoch und Walcher teil. Sie erkannten, daß es der deutschen Elementarteilchenphysik nur durch die Vereinigung aller Kräfte gelingen würde, den Anschluß an die internationale Spitze zu finden. Dazu müßte eine größere Anlage gebaut werden, die allerdings die Möglichkeiten einer einzelnen Universität überschreiten würde: ein 7,5-GeV-Elektronensynchrotron. Damit das Projekt möglichst schnell bewilligt würde, sollte die Berufungszusage von Jentschke mit eingebracht werden, dieser selbst wurde zum Projektleiter bestimmt. Gefördert durch die Hansestadt Hamburg und die Bundesregierung, begannen 1957 die Vorbereitungen auf einem ehemaligen Militärflugplatz in Hamburg-Altona in der Nähe des Volksparks. Am 18. Dezember 1959 wurde der Staatsvertrag zur Errichtung der Stiftung *Deutsches Elektronen-Synchrotron* (DESY) unterzeichnet. Die Mittel für die erste Aufbauphase der neuen Forschungsanstalt (mehr als 100 Millionen DM) wurden im Verhältnis 90:10 von der Bundesregierung und der Hansestadt Hamburg aufgebracht.

Das Synchrotron DESY war in vieler Hinsicht eine Kopie des amerikanischen CEA-Beschleunigers. Die amerikanischen Physiker aus Cambridge/Massachusetts unterstützten ihre damals noch unerfahrenen Kollegen in Hamburg. Man nutzte weitere Entwicklungen aus und trieb die Maximalenergie auf 7,5 GeV (gegenüber 6,3 GeV bei CEA) hoch. Am 25. Februar 1964 erfolgte der erste erfolgreiche Probelauf, und für einige Jahre besaß DESY damit das Elektronensynchrotron mit der höchsten Energie. DESY erlaubte es in den folgenden Jahren vor allem den Physikern von deutschen Universitäten, ein erfolgreiches Experimentierprogramm durchzuführen. Als der Glanz etwas verblaßte, wurde DESY der Vorbeschleuniger für DORIS und PETRA, über die ich später berichten werde. Nach einem gründlichen Umbau dient das Synchrotron heute als Vorbeschleuniger für das neue Projekt HERA (Kap. 9).

Ich habe die Gründungsgeschichte von DESY auch deshalb beschrieben, weil DESY im Lauf der letzten 15 Jahre neben CERN zum zweiten international genutzten Hochenergiephysik-Laboratorium in Europa aufgestiegen ist. Darüber wird im Zusammenhang mit DORIS und PETRA noch Näheres zu berichten sein (Kap. 7).

Es geht auch geradeaus: Linearbeschleuniger

Bei allen bisher beschriebenen Beschleunigern liefen die Teilchen in einem magnetischen Ring auf Kreisbahnen um. Der Vorteil bestand darin, daß man nur eine oder wenige Beschleunigungsstrecken am Umfang aufzustellen braucht, mit deren Hilfe die Teilchen bei jedem Umlauf auf höhere Energien gebracht werden. Bei Hunderttausenden oder Millionen von Umläufen können dabei die Teilchen in einer einzigen Beschleunigungsstrecke auf sehr hohe Energien gesteigert werden. Solche ringförmigen Synchrotronbeschleuniger sind relativ preiswert.

Der Nachteil von Synchrotrons besteht darin, daß während eines Beschleunigungszyklus das Magnetfeld hochgefahren werden muß, um die Teilchen auch bei anwachsender Energie auf der vorgeschriebenen Kreisbahn zu halten. Dann muß das Magnetfeld wieder auf kleine Werte zurückgefahren werden, bevor der nächste Zyklus beginnen kann. Magnetfelder sind aber recht träge, so daß die Wiederholfrequenz des Beschleunigungszyklus relativ langsam ist (Sekunden bis Minuten bei Protonenbeschleunigern und bestenfalls 1/50 oder 1/60 sec bei Elektronensynchrotrons). Als Folge davon ist die Zahl der Teilchen, die pro Sekunde beschleunigt werden können, relativ beschränkt. Einen weiteren Nachteil bei Elektronensynchrotrons stellt die oben erläuterte Synchrotronstrahlung dar, die zu großen Verlusten führt.

Um größere Strahlintensitäten zu erreichen und Synchrotronstrahlungsverluste bei Elektronen zu vermeiden, wurden daher in den vergangenen Jahrzehnten neben Kreisbeschleunigern auch

Linearbeschleuniger entwickelt, die mit den ersteren in Konkurrenz liegen. Häufig werden aber Linearbeschleuniger als Vorbeschleuniger oder Injektoren für Synchrotrons verwendet. Ihre Energien liegen dabei zwischen etwa 10 und 200 MeV. Elektronenlinearbeschleuniger mit Energien von 10 bis etwa 20 MeV werden in Konkurrenz zu Betatrons auch in der medizinischen Therapie und zur Werkstoffprüfung eingesetzt. Allgemein kann man sagen, daß Linearbeschleuniger bei niederen und mittleren Energien (bis etwa 1–2 GeV) eine Alternative zu Kreisbeschleunigern darstellen und insbesondere dann von Vorteil sind, wenn es auf hohe Strahlintensitäten ankommt. Für Elektronen werden sie auch bei höchsten Energien (oberhalb von 500 GeV) interessant, da dann die Synchrotronstrahlungsverluste in einem Kreisbeschleuniger zu hoch werden.

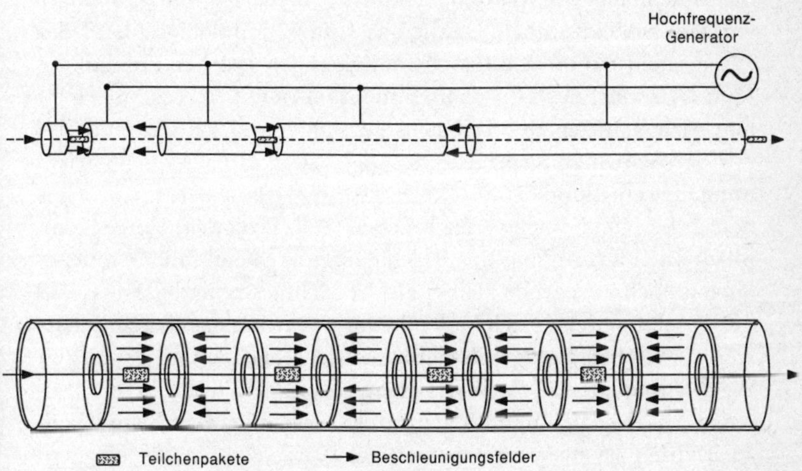

Abb. 4.4 *Das Prinzip des Linearbeschleunigers. Bei Protonbeschleunigern nimmt der Abstand der einzelnen Beschleunigungsstrecken (bei konstanter Frequenz der Beschleunigungsspannung) wegen der zunehmenden Geschwindigkeit zu (Driftrohre werden länger). Elektronen fliegen bei hohen Geschwindigkeiten praktisch mit Lichtgeschwindigkeit, so daß Beschleunigungsplatten in konstantem Abstand angeordnet werden können (»Runzelröhre«).*

Wie funktioniert ein Linearbeschleuniger? Das Prinzip ist einfach: Man läßt die zu beschleunigenden elektrisch geladenen Teilchen ein elektrisches Feld durchlaufen, das man zwischen zwei Metallplatten mit einem zentralen Loch aufgebaut hat. Da die höchsten Felder, die man so erzeugen kann, Teilchenenergien von bestenfalls einigen MeV liefern, muß man die Teilchen mehrfach durch ein solches Feld hindurchschicken. Bei einem Linearbeschleuniger stellt man einfach mehrere Beschleunigungsstrecken hintereinander auf (Abb. 4.4). Man könnte zunächst daran denken, eine Gleichspannung an die mit einem zentralen Loch versehenen Beschleunigungsplatten anzulegen. Das funktioniert natürlich nicht, da ein Teilchen etwa zwischen der Minus- und der Plusplatte eine gewisse Energie gewinnen, sie auf dem Weg von der Plus- zur Minusplatte aber wieder verlieren würde. Dies kann man verhindern, indem man in dem Augenblick, in dem das Teilchen durch eine Platte hindurchtritt, die Feldrichtung umdreht, also an die Beschleunigungsplatten nicht eine Gleichspannung, sondern ein Wechselfeld anlegt. Damit das Ganze funktioniert, muß das Wechselfeld auf die Laufgeschwindigkeit der Teilchen abgestimmt sein, weil sonst das Umschalten nicht im richtigen Augenblick erfolgt. Die Laufzeit des Teilchens zwischen zwei Platten muß also mit der Schwingungsperiode der angelegten Hochfrequenz-Spannung übereinstimmen[8].

Dies bereitet bei schweren Teilchen (z. B. Protonen) einige Komplikationen am Anfang der Beschleunigung, wenn ihre Geschwindigkeit noch wesentlich kleiner als die Lichtgeschwindigkeit ist und die Geschwindigkeit sich laufend ändert. Die nötige »Synchronisierung« zwischen Laufgeschwindigkeit der Teilchen und angelegter Wechselfrequenz läßt sich erreichen, indem man den Abstand zwischen den Beschleunigungselementen (bei kleinen Geschwindigkeiten werden sie zweckmäßigerweise als kurze Röhren ausgelegt) so wählt, daß für ihre Durchquerung die Teilchen gerade eine halbe Periode der vorgegebenen Wechselspannung brauchen. Dies bedeutet, daß der Abstand zwischen den Beschleunigungselementen zu höheren Energien hin immer größer werden muß (Abb. 4.4).

Ein solches Vorgehen ist in der Tat bei Protonenbeschleunigern oder bei Beschleunigern für noch schwerere Atomkerne nötig. Will man dagegen Elektronen beschleunigen, so erreichen diese sehr bald Geschwindigkeiten, die nahe bei der Lichtgeschwindigkeit liegen und sich daher kaum noch ändern. In Elektronenbeschleunigern braucht man daher den Abstand der Platten bei Energien oberhalb von etwa 1 MeV nicht mehr zu verringern. Der Bau von Elektronenlinearbeschleunigern ist daher wesentlich einfacher als derjenige für schwere Teilchen.

Auf die vielen technischen Detailprobleme, die sich ergeben, wenn man solche Linearbeschleuniger möglichst kostengünstig verwirklichen will, werde ich hier nicht eingehen. Man möchte pro Meter Beschleunigungslänge natürlich einen möglichst hohen Energiegewinn erreichen, weshalb es nötig ist, möglichst hohe elektrische Felder zu erzeugen. Dazu braucht man sehr starke Quellen für Hochfrequenzwellen, um die nötigen Felder im Innern der Beschleunigungsstrukturen zu erzeugen. Je nach Teilchensorte liegen die benötigten Frequenzen im Bereich von einigen -zig MHz bis zu einigen tausend MHz. Je nach Frequenzbereich werden verschiedene Quellen zur Erzeugung der Hochfrequenzleistung benutzt. Sie entsprechen weitgehend den Senderöhren, wie man sie z. B. im Kurzwellenbereich von Radio oder Fernsehen verwendet. Im unteren Frequenzbereich werden dazu etwa Tetroden als Senderöhren benutzt, im oberen Frequenzbereich sogenannte Klystrons.

Je leistungsfähiger die Hochfrequenzsender sind, um so höhere Beschleunigungsfelder können erzielt werden, was nichts anderes bedeutet, als daß die Teilchen pro Meter Beschleunigungsstruktur einen höheren Energiegewinn erzielen und damit der Beschleuniger kürzer wird. Hochfrequenzsenderöhren können in kurzen Impulsen etwa 20- bis 50mal höhere Leistungen (mit Energiegewinnen von 7 bis 14 MeV / m) liefern, als wenn sie im Dauerbetrieb gefahren werden. Im Einzelfall muß man daher entscheiden, ob es zweckmäßiger ist, die Beschleunigungslänge kürzer zu halten, indem man einen gepulsten Betrieb mit entsprechend kleineren Strahlintensitäten in Kauf nimmt, oder ob man zu höchsten Strahlintensitäten vorstoßen will, was Dauerbetrieb bedingt und zu einer größeren Gesamtlänge führt. Ein neues Element stellt die Entwicklung von supraleitenden Beschleunigungskavitäten dar, die es gestatten, hohe Hochfrequenzleistungen auch im Dauerbetrieb zu erzielen.

Es würde den Rahmen dieses Buches sprengen, wenn ich im einzelnen auf die verschiedenen Typen von Linearbeschleunigern eingehen würde*. Ich möchte hier nur zwei Maschinen erwähnen, die bisher den Höhepunkt der Linearbeschleuniger-Entwicklung darstellen. Für Protonen ist es der LAMPF-Beschleuniger in Los Alamos, für Elektronen der zwei Meilen lange Beschleuniger an der Stanford-Universität, beide in den USA.

Als ich 1961 das erste Mal Los Alamos in Neu-Mexiko besuchte, genoß ich zunächst den Flug in einem Privatflugzeug von Albuquerque nach Los Alamos, zwischen sehr eindrucksvollen Bergen über eine wüstenartige Landschaft hinweg, über der sich mit großer Regelmäßigkeit jeden Nachmittag ungeheure Gewitterwolken auftürmen. Los Alamos, etwa 2000 m hoch gelegen, wurde während des Zweiten Weltkrieges in der Wildnis Neu-Mexikos angelegt und diente zur Entwicklung der ersten Atombombe. Nach dem Krieg wurde neben dem Laboratorium, das der Verteidigungsforschung gewidmet ist, ein Labor für Grundlagenforschung eingerichtet. Sein langjähriger Direktor, Louis Rosen, führte mich eines Mittags auf einen schmalen Bergrücken, wo er mir erklärte, daß man an dieser Stelle Überreste alter Indianerkulturen gefunden habe, daß aber jetzt dort der leistungsfähigste Protonen-Linearbeschleuniger gebaut werden solle. Das Ziel war, Protonenenergien von 800 MeV zu erreichen, was einem mittleren Energiebereich entspricht; aber die Strahlstärke sollte bis zu 0,6 Milliampère gesteigert werden, was etwa 100mal mehr ist, als man in Synchrotrons erzielen konnte. Einen derartigen Beschleuniger bezeichnet man auch als Mesonen-Fabrik (bei den Mesonen handelt es sich um sogenannte Pi-Mesonen). Mit anderen Worten: Hier geht es nicht darum, zu höchsten Energien vorzustoßen, sondern mit Hilfe von sehr intensiven Strahlströmen sollen kurzlebige Teilchen in großer Zahl erzeugt werden, um deren seltene Zerfälle und Umwandlungen beobachten zu können.

Von 1961 bis zum Bau des Beschleunigers sollten noch sieben Jahre vergehen. Diese Zeit wurde von dem Laboratorium dazu genutzt, die Technik der Protonen-Linearbeschleuniger mit Hilfe neuer Ideen voranzutreiben, und viele Jahre lang war Los Alamos das führende Laboratorium für die Entwickung solcher Beschleuni-

* Hierzu gehört auch der sehr komplexe Linearbeschleuniger für schwere Atomkerne bei der Gesellschaft für Schwerionenforschung in Darmstadt.

ger. Die Genehmigung zum Bau erfolgte 1967, und als 1972 der Beschleuniger in Betrieb ging, wurden die geplanten Werte für die Energie- und die Strahlströme in kurzer Zeit erreicht. Dieser fast 1 km lange Beschleuniger ist unter der Abkürzung LAMPF (kurz für *Los Alamos Meson Physics Facility*) bekannt geworden. Er ist bis heute im mittleren Energiebereich der leistungsfähigste Protonenbeschleuniger und wird außer für die physikalische Grundlagenforschung namentlich für biomedizinische Anwendungen eingesetzt.

Außer LAMPF gibt es inzwischen zwei weitere Mesonen-Fabriken, bei denen es sich allerdings um spezielle, ringförmige Beschleuniger handelt: sogenannte Cyclotrons, die auf hohe Strahlströme getrimmt wurden. Eine dieser Maschinen steht am Schweizerischen Institut für Nuklearforschung in Villingen (heute Paul-Scherrer-Institut); die Maximalenergie beträgt 590 MeV, und die höchsten Protonenströme liegen bei 0,1 mA. Eine ähnliche Maschine findet man an der Universität von Vancouver in Kanada, die den Namen TRIUMF-Cyclotron trägt; sie hat eine Maximalenergie von 520 MeV mit Protonenströmen von etwa 0,15 mA. Beide Maschinen nahmen 1974 den Betrieb auf und haben seither ein umfangreiches Programm, sowohl in der Physik als auch in Anwendungen (vor allem für medizinische Zwecke), absolviert.

Für alle drei Hochstrombeschleuniger haben Diskussionen, ihre langfristige Zukunft betreffend, begonnen, doch sind noch keine Entscheidungen gefällt worden.

Das SLAC-Monstrum

Südlich von San Francisco, auf dem schmalen Landstreifen zwischen dem Pazifischen Ozean und der Bucht von San Francisco, liegt in Palo Alto die Stanford-Universität, die dank einer Stiftung der Familie Stanford gegründet werden konnte. Diese Universität ist auf vielen Gebieten berühmt geworden, aber von ganz besonderer Bedeutung sind ihre Erfolge in der Entwicklung und Nutzung von Elektronen-Linearbeschleunigern. Gleich nach dem Zweiten Weltkrieg begann man am dortigen Institut für Hochenergiephysik unter der Leitung von Robert Hofstadter mit Plänen zum Bau eines Elektronen-Linearbeschleunigers, welcher eine Maximalenergie von 1,2 GeV und eine Länge von ca. 100 Metern haben sollte. Der Bau begann 1949, und schon 1950 konnten die ersten Experimente durchgeführt werden. An diesem Beschleuniger gelang es Hofstadter und Mitarbeitern 1953 zum erstenmal, die Durchmesser von Atomkernen – und insbesondere des Protons – mit Hilfe der Streuung von Elektronen an diesen Objekten zu bestimmen. Neben den physikalischen Untersuchungen wurde in Stanford aber auch die Beschleunigerentwicklung fortgesetzt, und dort wurden die ersten wichtigen Schritte zum Bau von *supraleitenden* Linearbeschleunigern gemacht.

Ab 1957 hat man dann an dieser Universität ein eigenes Forschungszentrum mit einem großen Linearbeschleuniger eingerichtet. Die Gründung und die Entwicklung von SLAC (kurz für *Stanford Linear Accelerator Center*) ist eng verknüpft mit der Person von Wolfgang Panofsky. Der gebürtige Hamburger (er wuchs in der Alten Rabenstraße auf) hat nicht nur bedeutende Beiträge zur Entwicklung der Elementarteilchenphysik geleistet, sondern als Direktor von SLAC (1962–84) dieses Laboratorium zu Weltruhm geführt. Daneben hatte er eine bedeutende Rolle als wissenschaftlicher Berater amerikanischer Regierungen inne, und er ist ein steter Förderer der weltweiten internationalen Zusammenarbeit. 1957 schlug Panofsky ein Projekt vor, das für die damalige Zeit von ungeheurer Kühnheit und Weitsicht zeugte. Sein Ziel war, der physikalischen Forschung Elektronen mit Energien von etwa 20 GeV zur Verfügung zu stellen. Die anscheinend unüberwindliche Schwelle, die die Synchrotron-Strahlungsverluste bei Kreisbeschleunigern darstellen, sollte dadurch überwunden werden, daß die Elektronen in einem Linearbeschleuniger auf diese Energien gebracht werden. Dazu mußte ein Linearbeschleuniger mit einer Länge von 2 Meilen (etwa 3,3 km) gebaut werden: ein wahres Monstrum, nicht nur wegen seiner Länge, sondern auch wegen der Kosten von etwa 120 Millionen US Dollar. Mit viel politischem Geschick gelang es Panofsky, die amerikanische Regierung und den Kongreß zur Bewilligung der Geldmittel zu veranlassen, und 1962 konnten die Bauarbeiten beginnen. Im Herbst 1966 wurde zum erstenmal ein Strahl bei voller Energie an die Experimente geliefert. Über 30 Jahre sind seit der ersten Idee für diesen Beschleuniger vergangen, aber er ist bis heute einzigartig.

SLAC wurde auf einem eigenen Gelände, etwa 10 Autominuten

vom eigentlichen Campus der Stanford University entfernt, errichtet. Er befindet sich in unmittelbarer Nähe der St.-Andreas-Verwerfung, die die Ursache für viele Erdbeben ist (u.a. Zerstörung von San Francisco 1906). Die häufigen leichteren Beben lassen sich mit dem Beschleuniger gut beobachten, da der absolut geradlinige Elektronenstrahl ein exzellentes Bezugssystem gibt, um das herum der Beschleuniger wackelt.

Nimmt man die Autobahn Nr. 280, die von San Francisco nach Süden führt, dann kann man SLAC in voller Größe bewundern, weil dieser Highway über den Beschleuniger hinwegführt (Abb. 4.5). Der Beschleuniger besteht aus annähernd 1000 einzelnen Beschleunigungssektionen, die jeweils eine Länge von drei Metern haben. Die Beschleunigungsfelder in diesen Sektionen werden durch insgesamt 240 gepulste Klystrons erzeugt, die über die ganze Länge des

Abb. 4.5 *Luftbild des Stanford-Linearbeschleunigers SLAC. Der ungefähr 3,3km lange Beschleuniger wird von einer Autobahn überquert. Gestrichelt ist die Lage des SLC (Stanford Linear Collider) angedeutet. (Photo: SLAC) (Vgl. auch Abb. 12.4.)*

Beschleunigers verteilt sind. Die Impulslänge beträgt maximal etwa zwei Mikrosekunden, und es können bis zu 360 Teilchenimpulse pro Sekunde beschleunigt werden. Später gelang es mit Hilfe eines Tricks, noch höhere Beschleunigungsfelder zu erreichen, indem die Impulslänge verkürzt und gleichzeitig die Leistung im Hochfrequenzimpuls erhöht wurde. Auf diese Weise konnten 1988 Elektronenenergien von etwa 50 GeV erzielt werden.

Der SLAC-Beschleuniger stellt nicht nur eine besondere Errungenschaft in bezug auf die Technologie dar, sondern er gab den Wissenschaftlern auch die Möglichkeit, wichtige Durchbrüche bei der Erforschung des Aufbaus der Materie zu erzielen. So gelang bei SLAC zum erstenmal der eindeutige Nachweis, daß es im Innern des Protons und des Neutrons noch kleinere, annähernd punktförmige Bausteine gibt. Diese zunächst als »Partonen« bezeichneten Teilchen erwiesen sich später als identisch mit den Quarks.

Auf die besondere Rolle der Linearbeschleuniger für die künftige Beschleunigungstechnologie komme ich später noch zurück (Kap. 12).

5. Exkurs: Einsteins merkwürdige Welt im Laboralltag

Bevor wir fortfahren, uns mit den experimentellen und technischen Methoden der Elementarteilchenphysik zu befassen, wollen wir ein kleines, nicht ganz absichtsloses Versäumnis nachholen. Jedesmal, wenn bisher von der Lichtgeschwindigkeit geredet wurde, war Einsteins Relativitätstheorie mit angesprochen. Wir benötigen sie nicht nur, um die physikalischen Phänomene im Mikrokosmos zu deuten, sondern sie ist auch unentbehrlich, um die Werkzeuge (Beschleuniger, Nachweisgeräte) zu verstehen und richtig zu handhaben. Sie ist daher alles andere als eine »graue Theorie«, sondern wir begegnen ihr im Alltag der Hochenergiephysik-Laboratorien auf Schritt und Tritt.

Die Elementarteilchenphysik befaßt sich mit Phänomenen, die sich in sehr kleinen Dimensionen abspielen und bei sehr großen Geschwindigkeiten untersucht werden. Daher muß sowohl die Relativitätstheorie wie auch die Quantentheorie als Rahmen für die Beschreibung herangezogen werden. Dies eröffnet den Zugang zu neuen Phänomenen und erfordert die Entwicklung neuartiger Gedankengebäude, die dem menschlichen Denken neue Horizonte eröffnen. Eine solche Entwicklung geht über die Physik selbst hinaus. Unvermeidbar ist damit aber auch die Tatsache verbunden, daß die neuen Ideen und Erscheinungen so ungewöhnlich erscheinen, daß sie von einem breiten Publikum nicht leicht verstanden und oft sogar abgelehnt werden.

Meine Sekretärin verwaltet einen dicken Aktenordner, in dem Briefe mit allen möglichen Vorschlägen und Kritiken von Nicht-Fachleuten gesammelt werden. Ein großer Teil betrifft die Relativitätstheorie, genauer gesagt: die spezielle Relativitätstheorie, die Einstein 1905 erstmals veröffentlichte. In ihrer 80jährigen Geschichte war diese Theorie vielen Anfeindungen ausgesetzt, anfangs auch von Physikern (die Argumentation für und wider füllt ganze Bibliotheken, weshalb es nicht Sinn dieses Kapitels sein kann, das alles zu wiederholen). Für uns heutige Physiker ist es erstaunlich, daß in der breiten Öffentlichkeit die Kritik an dieser Theorie immer noch nicht beendet ist. In jedem Laboratorium für Elementarteilchenphysik haben wir gelernt, in den Begriffen der Relativitätstheorie zu denken. Der ganze Betrieb großer Labors würde zusammenbrechen, wenn die Relativitätstheorie nicht in allen Details richtig wäre.

Warum gibt es unter Nicht-Fachleuten immer noch soviel Zurückhaltung gegenüber dieser faszinierenden Theorie? Es sind hauptsächlich zwei Argumente, die ich in Zuschriften immer wieder zu lesen bekomme: 1. Die Aussagen der Relativitätstheorie erscheinen vom Standpunkt des gesunden Menschenverstandes so absurd, daß es Geld- und Zeitverschwendung sei, sich mit ihnen auseinanderzusetzen. 2. Die Relativitätstheorie sei ein zerstörerisches Gedankengebäude, denn sie relativiere alles, und es würden keine allgemeingültigen Werte mehr anerkannt. – Dieser zweite Punkt zuerst: Der Einwand beruht auf einem Mißverständnis. Hauptziel der Relativitätstheorie ist es ganz und gar nicht, alles zu »relativieren«, im Gegenteil. Diese Theorie versucht, diejenigen Begriffe, Größen und Beziehungen herauszufinden, die allgemeingültig sind. Insbesondere sollen sie nicht von äußeren Zuständen, z. B. dem Bewegungszustand eines Beobachters, abhängen. Die wichtigste Rolle spielen die sogenannten relativistischen Invarianten und relativistisch invarianten Gesetze, d. h. Größen und Gesetze, die unabhängig davon sind, ob man sie auf der festen Erde, von einem fahrenden Zug oder gar einem schnellfliegenden Raumschiff aus mißt bzw. aufstellt. Vielleicht wäre das Mißverständnis vermieden worden, wenn Einsteins Theorie (die Bezeichnung *Relativitätstheorie* stammt bekanntlich nicht von ihm selbst) den Namen »Invariantentheorie« erhalten hätte.

Der erste Einwand scheint mir interessanter und fundamentaler, da die grundsätzlichen Beziehungen zwischen naturwissenschaftlicher Grundlagenforschung und menschlichem Denken angesprochen werden. Immanuel Kant glaubte, daß zur Erforschung der Natur gewisse *a priori*-Denkkategorien vorausgesetzt werden müßten, wie die Struktur von Raum und Zeit und die Kausalität. Dies kann man heute nicht mehr akzeptieren. Die empirische Forschung hat uns gelehrt, daß Raum und Zeit andere Eigenschaften haben, als

Kant sie für denknotwendig hielt (Kap. 14), und die Quantenmechanik hat die strenge Kausalität durch statistische Gesetze ersetzt. Ich bin der Meinung, daß wir heute gerade umgekehrt argumentieren müssen: Ein wichtiger Sinn der Erforschung der Natur liegt darin, daß wir dabei von der Natur gezwungen werden, unsere Denkstruktur wesentlich zu modifizieren und zu erweitern. Irgendein großer Mann soll einmal gesagt haben, wenn wir nur unserem gesunden Menschenverstand trauen würden, dann wäre die Erde immer noch flach – und Galilei verteidigte nachdrücklich das »Denken gegen den Augenschein«.

Ich möchte noch ein anderes Mißverständnis aufzeigen. Die Relativitätstheorie und auch die Quantentheorie sind eigentlich keine Theorien in dem Sinn, daß sie uns erklären, wie die Naturprozesse ablaufen. Sie stellen vielmehr einen *Rahmen* dar, in dem die eigentlichen Naturgesetze formuliert werden können. Beide Theorien stehen nicht im Widerspruch zu unserer Alltagserfahrung (d. h. der klassischen Physik), sondern lehren uns, wie wir unsere Alltagsbegriffe ändern müssen, wenn wir uns von der gewohnten Umgebung entfernen. Die Relativitätstheorie müssen wir anwenden, wenn wir es mit Geschwindigkeiten zu tun haben, die nicht sehr viel kleiner als die *Lichtgeschwindigkeit* sind; für geringere Geschwindigkeiten geht die Relativitätstheorie ganz allmählich in die klassische Physik über[9]. Die Quantentheorie müssen wir anwenden, wenn wir es mit Phänomenen in *atomaren Dimensionen* zu tun haben, d. h. wenn wir so tief in die Materie eindringen, daß die Entfernungen etwa eine milliardemal kleiner sind, als es menschlichen Dimensionen entspricht. Auch hier findet ein allmählicher Übergang zur klassischen Physik statt, wenn wir uns in die Dimensionen von Zentimetern begeben. (Man nennt dies das Korrespondenzprinzip.) Beide Theorien haben daher nicht zu einem »Umsturz im Weltbild der Physik« geführt in dem Sinne, daß sie die klassische Physik als falsch erwiesen hätten – sie haben nur deren Gültigkeitsbereich eingeschränkt.

Nichts bewegt sich schneller als das Licht

Die fundamentale Aussage der Relativitätstheorie lautet, daß es eine höchste Geschwindigkeit gibt, mit der Signale übertragen oder mit der materielle Körper bewegt werden können, und daß diese *Grenzgeschwindigkeit* dieselbe ist für alle Beobachter, unabhängig davon, mit welcher Geschwindigkeit sich die Beobachter jeweils selbst bewegen. Diese Grenzgeschwindigkeit ist identisch mit der Lichtgeschwindigkeit im leeren Raum. Über ihre Größe kann die Relativitätstheorie nichts aussagen, sie muß experimentell bestimmt werden. Die genauesten Messungen ergaben für die Lichtgeschwindigkeit den Wert c = 299 792,458 km / Sekunde. Selbst die höchsten Geschwindigkeiten, denen wir im Alltag begegnen, sind dagegen winzig klein *.

Es muß als ein Glücksfall der Wissenschaftsgeschichte bezeichnet werden, daß etwa zu der Zeit, da Einstein seine Theorie entwickelte, subatomare Teilchen (wie das Elektron) entdeckt wurden und daß diese Teilchen mit Hilfe von elektrischen Feldern auf hohe Geschwindigkeiten beschleunigt werden konnten. Dies eröffnete die Möglichkeit, Einsteins Vorhersage quantitativ zu verifizieren. Andernfalls wäre seine Theorie wohl noch lange eine intellektuelle Spekulation geblieben.

Die Geschwindigkeit von schnellen Flugzeugen gibt man häufig in Mach an; die Mach-Zahl ist die Geschwindigkeit in Bruchteilen bzw. Vielfachen der Schallgeschwindigkeit (ein Jumbo fliegt etwa mit Mach 0,5, die Concorde mit Mach 2). In ähnlicher Weise verfährt man auch in der Relativitätstheorie, d. h. man gibt die Geschwindigkeit in Bruchteilen der Lichtgeschwindigkeit an, und dieser Wert wird üblicherweise β (Beta) genannt: Es ist $\beta = v/c$ (wobei v die betreffende Geschwindigkeit und c die Lichtgeschwindigkeit im Vakuum bedeuten). Die Grundaussage der Relativitätstheorie können wir also einfach so formulieren: β ist stets kleiner oder höchstens gleich 1. Werte von β größer als 1 sind für die Bewegung von Körpern oder die Signalübertragung unmöglich.

* Die Fluggeschwindigkeit einer Düsenverkehrsmaschine beträgt etwas über 900 km/h. Ein Geschoß legt rd. 1000 m/sec zurück. Die Schallgeschwindigkeit in Luft am Boden beträgt etwa ⅓ des letztgenannten Wertes.

Im Alltagsleben merken wir von dieser Begrenzung nicht viel, da die Grenzgeschwindigkeit, wie gesagt, weit über allen uns geläufigen Geschwindigkeiten liegt. In einem Laboratorium wie CERN erfährt man diese Grenze jedoch täglich. In den Beschleunigern versuchen die Physiker ja, die Teilchen auf hohe Geschwindigkeiten zu bringen. Dies geschieht, indem sie sie immer wieder anstoßen, d. h. ihnen Energie zuführen. Zunächst nimmt in der Tat die Geschwindigkeit mit der Energie zu, so wie es die Gesetze der klassischen Physik verlangen. Aber wie lange geht dies so weiter? Werden die Teilchen immer schneller und schneller? Die Antwort lautet: Nein. Führt man den Teilchen immer mehr und mehr Energie zu, dann wächst ihre Geschwindigkeit immer langsamer an und nähert sich dem Grenzwert der Lichtgeschwindigkeit[9].

Wie bemerken wir die Grenzgeschwindigkeit der Teilchen in der Praxis? In Kapitel 3 habe ich erläutert, daß die Energiezufuhr in Beschleunigern – das »Anschubsen« der umlaufenden Teilchen durch elektrische Felder – im richtigen Takt mit dem Umlauf der Teilchen erfolgen muß (daher der Name *Synchrotron*). Die Umlaufzeit ist aber unmittelbar durch die Geschwindigkeit der Teilchen festgelegt. Normalerweise müßte im Lauf der Beschleunigung das Anschubsen in immer schnellerem Takt erfolgen, was am Anfang des Beschleunigungsvorgangs tatsächlich der Fall ist. Erreichen die Teilchen aber Geschwindigkeiten, die in die Nähe der Lichtgeschwindigkeit kommen, dann braucht der Takt der Beschleunigung nur mehr langsamer zuzunehmen und ändert sich schließlich kaum noch.

In Tabelle 5.1 sei dieser Sachverhalt am Beispiel der CERN-Beschleuniger erläutert. Die aufgeführten Protonenbeschleuniger sind »hintereinandergeschaltet«, d. h. die Endenergie eines Beschleunigers ist gleichzeitig die Injektionsenergie für den nächsten Beschleuniger.

Damit ein Beschleuniger gut funktioniert, muß der Wert der Beschleunigungsfrequenz mit einer Genauigkeit von besser als $\frac{1}{10}$ Promille eingestellt werden, d. h. die relativistische Beziehung zwischen Geschwindigkeit und Energie muß mit großer Genauigkeit erfüllt sein. Kann man sich einen überzeugenderen Beweis, der jeden Tag in den Beschleunigerlaboratorien von neuem geprüft wird, vorstellen?

Drückt man die Energie eines Teilchens als Vielfaches seiner »Ruhemasse« (multipliziert mit c^2)[10] aus, dann ist die Kurve, nach der sich die Geschwindigkeit des Teilchens der Lichtgeschwindigkeit nähert, für alle Teilchen gleich (Abb. 5.1). In der Praxis bedeutet dies aber, daß leichte Teilchen sehr viel schneller auf hohe Geschwindigkeiten gebracht werden können als schwere. So erreichen Elektronen eine nur um 1 % unter der Lichtgeschwindigkeit liegende Geschwindigkeit bei einer Energie von etwa 2 MeV, während den etwa 2000mal schwereren Protonen die viel größere Energie von 3,8 GeV zugeführt werden muß, um sie auf die gleiche Geschwindigkeit zu bringen. Dies hat die Folge, daß bei Elektronenbeschleuni-

Tabelle 5.1
Geschwindigkeitszunahme der Protonen in der Beschleunigerkette von CERN

Beschleuniger	Endenergie	v/c	Δ v/v	v/c	Δ v/v
		relativistisch		klassisch	
Ionenquelle	50 keV	0,01	–	0,01	–
RF Quadrupol	0,53 MeV	0,034	70 %	0,034	70 %
Linearbeschl.	50 MeV	0,314	89 %	0,326	89 %
Booster	800 MeV	0,84	63 %	1,31	75 %
PS	26 GeV	0,9994	16 %	7,44	82 %
SPS	450 GeV	$1-2{,}2\times 10^{-6}$	$0{,}6\times 10^{-3}$	30,9	76 %

Für die jeweiligen Energien sind die dazugehörigen Geschwindigkeiten (als Bruchteile der Lichtgeschwindigkeit) angegeben, und zwar einmal berechnet nach der Relativitätstheorie, zum anderen nach der klassischen Physik, die keine Grenzgeschwindigkeit kennt. In jedem Beschleuniger muß die Frequenz der Beschleunigungsspannung der Geschwindigkeit der Protonen angepaßt werden. Die Frequenzänderung muß zur Zunahme der Geschwindigkeit Δ v / v proportional sein. Man erkennt, daß beim PS noch eine Geschwindigkeitszunahme von 16 % erfolgt, während bei der Beschleunigung im SPS von 26 GeV auf 450 GeV die Geschwindigkeit sich nur noch um etwa 1 Promille ändert. Nach den klassischen Gesetzen müßten Geschwindigkeitszunahmen um Faktoren 4 bis 6 auftreten.

gern oberhalb von einigen GeV der Beschleunigungstakt nicht mehr geändert zu werden braucht, da die Geschwindigkeit praktisch konstant und gleich der Lichtgeschwindigkeit geworden ist. Nach der klassischen Physik müßte aber auch bei Elektronensynchrotrons der Beschleunigungstakt laufend schneller werden.

Aus den relativistischen Gesetzen folgt aber auch, daß nur Elementarteilchen den Vorzug haben, sich mit nahezu Lichtgeschwindigkeit fortbewegen zu können. Das läßt sich anhand eines Beispiels veranschaulichen[11]: Wollten wir ein Stahlkügelchen von 1 g Gewicht auf die gleiche Geschwindigkeit bringen, die die im SPS beschleunigten Protonen erreichen, dann müßte ein großes Kraftwerk mehr als ein Jahr ausschließlich dafür arbeiten, die notwendige Energie zur Verfügung zu stellen – in der Praxis vollkommen utopisch. Ob es mit besonderen Antrieben einmal möglich sein wird, Raumschiffe auf, sagen wir, wenigstens halbe Lichtgeschwindigkeit

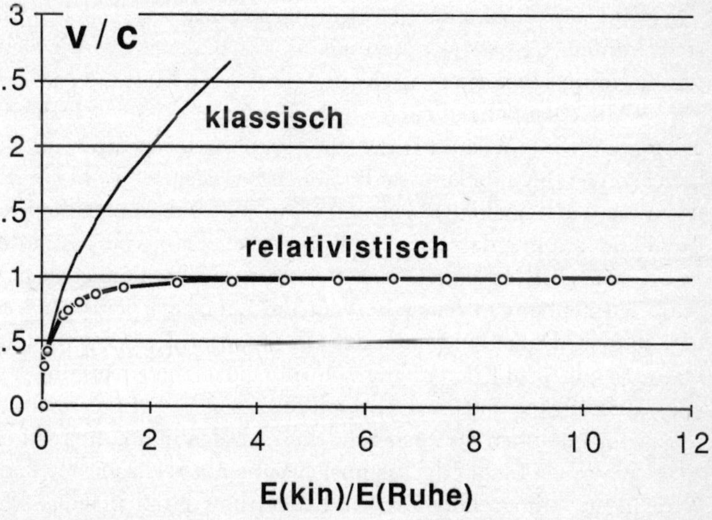

Abb. 5.1 *Zunahme der Geschwindigkeit v eines Objekts mit ansteigender kinetischer Energie (gemessen in Einheiten der Ruheenergie des Teilchens). Nach der klassischen Physik steigt die Geschwindigkeit unbegrenzt an, während nach der Relativitätstheorie v/c dem Grenzwert 1 zustrebt (c = Lichtgeschwindigkeit).*

zu beschleunigen, ist völlig offen und muß der Spekulation überlassen werden (Kap. 8).

Die Frage erhebt sich, ob die als höchste Geschwindigkeit konstatierte Lichtgeschwindigkeit wirklich die Grenzgeschwindigkeit ist oder ob es nicht doch noch höhere Signalgeschwindigkeiten gibt. Für alle Teilchen, die eine Masse besitzen, stellt man fest, daß ihre Geschwindigkeiten sich der Lichtgeschwindigkeit nähern, diese aber nie überschreiten.

Was passiert aber, wenn ein *Teilchen keine Masse besitzt*? Es gibt solche Teilchen, die sogar eine sehr wichtige Rolle spielen. Ein Beispiel ist das Photon, das Quantenteilchen des Lichts und gleichzeitig der Vermittler der elektromagnetischen Kraft.

Die Relativitätstheorie verlangt[12], daß ein masseloses Teilchen sich stets mit der Grenzgeschwindigkeit bewegen muß. Es kann also weder in Ruhe sein, noch kann es beschleunigt oder verlangsamt werden. Das Photon bewegt sich definitionsgemäß mit Lichtgeschwindigkeit, und da keine größere Signalgeschwindigkeit gefunden wurde, wird sie mit der Grenzgeschwindigkeit identifiziert.

Es gibt aber noch eine merkwürdigere Sorte von Teilchen, die sogenannten *Neutrinos* (Kap. 2 und 13). Nach allem, was wir heute wissen, besitzen sie eine verschwindend geringe Masse, ja, sie sind aller Wahrscheinlichkeit nach wie die Photonen masselos. Daher ist es besonders interessant herauszufinden, ob sich Neutrinos mit der gleichen Geschwindigkeit wie Photonen bewegen. Obwohl Neutrinos nicht leicht nachzuweisen sind (Kap. 10) – sie können die Erde durchlaufen, ohne daß dabei viele verlorengehen –, gibt es in den Labors wie CERN Neutrinostrahlen von etwa 1 km Länge, die man gut beherrscht und in denen die Neutrino-Laufzeiten gemessen werden können. Dabei fand man, daß die Neutrino-Laufgeschwindigkeit tatsächlich mit der Lichtgeschwindigkeit übereinstimmt (mit einer Genauigkeit von etwa 3 Promille).

Sowohl Photonen als auch Neutrinos werden in den Sternen erzeugt, sei es als Licht oder als unsichtbare, aber sehr gut meßbare Neutrinostrahlung. Photonen und Neutrinos erfüllen daher den Weltraum, und ein beträchtlicher Teil der gesamten Energie des Kosmos findet sich in diesen Teilchen konzentriert. Ihr Verhalten zu verstehen ist unabdingbar für kosmologische Theorien.

Eine genaue Aussage über die Neutrinogeschwindigkeit erhielt man kürzlich durch ein bemerkenswertes kosmisches Ereignis. Im Februar 1987 beobachtete man eine Sternexplosion, eine sogenannte *Supernova*. Glücklicherweise erfolgte diese Explosion in verhältnismäßig geringer Entfernung von der Erde, so daß es zum ersten Male gelang, nicht nur den Lichtblitz, sondern auch das Eintreffen eines Neutrinoschauers zu beobachten. Man fand, daß die Laufzeiten des Lichtes und der Neutrinos um weniger als 10 Stunden differierten. Bei einer Entfernung der Supernova von etwa 150000 Lichtjahren bedeutet dies, daß der prozentuale Unterschied der Laufzeiten von Licht und Neutrinos weniger als ein millionstel Prozent ausmacht – ein zusätzlicher beeindruckender Beweis, daß es nur *eine* Grenzgeschwindigkeit gibt.

Hier möchte ich ein Kuriosum erwähnen, das manchmal auch durch die Presse geistert. Die mathematische Struktur der Relativitätstheorie erlaubt es, daß es eine Sorte von Teilchen gibt, die sich stets mit Überlichtgeschwindigkeit bewegen. Für sie wäre die Lichtgeschwindigkeit nicht die obere, sondern die *untere* Grenzgeschwindigkeit. Diese Teilchen wären sehr merkwürdige Wesen: Wenn man ihnen Energie zuführte, würden sie sich langsamer bewegen, wenn man Energie wegnähme, würden sie schneller. Sie erhielten die Bezeichnung »Tachyonen« (von griechisch *tachys* = schnell), und die Frage nach ihrer Existenz hat einigen Wirbel verursacht. Es schien sogar möglich, daß man mit Hilfe der »Tachyonen« ein Ereignis feststellen könnte, bevor es überhaupt stattgefunden hat (Verletzung der Kausalität). Wie stets in der Physik haben auch hier die Experimente das letzte Wort. In mehreren Labors wurde nach den »Tachyonen« gesucht – bisher ohne positives Ergebnis.

Fassen wir zusammen: So viel Energie wir einem Körper auch zuführen, alles Schubsen und Stoßen nützt nichts. Die Geschwindigkeit nimmt bei Annäherung an die universell gültige Grenzgeschwindigkeit (= Lichtgeschwindigkeit) immer weniger zu und überschreitet diese Grenzgeschwindigkeit nie. Wo bleibt aber die zugeführte Energie, wenn sie nicht in Bewegungsenergie umgewandelt wird?

Mit Einsteins überraschender Antwort auf diese Frage wollen wir uns nun befassen.

1 kg Zucker ist nicht immer 1 kg Zucker

Wenn jemand im Supermarkt 1 kg Zucker kauft, dann ist er sicher, daß dieses Kilogramm unverändert vorhanden ist, wenn er zu Hause ankommt (vorausgesetzt, die Tüte hatte kein Loch). Dagegen hat auch Einstein nichts einzuwenden, aber auf dem Nachhauseweg soll mit dem Zucker etwas Erstaunliches geschehen sein: Die Relativitätstheorie behauptet nämlich, daß ein Körper, der sich bewegt, mehr Masse besitzt, also mehr wiegt, als wenn er ruht. In dem Augenblick, da der Käufer sein Auto in Bewegung setzt, soll aus dem Kilogramm Zucker etwas mehr als 1 kg geworden sein. Allerdings nicht nur der Zucker, sondern auch das Auto und der Käufer selbst sollen schwerer geworden sein. Doch diese Gewichtszunahme habe sich sofort wieder verflüchtigt, als das Auto in der Garage zum Stillstand kam.

Seit Menschengedenken war man davon überzeugt, daß Materie unvergänglich sei und nicht vermehrt oder vermindert werden könne. Die Chemie der letzten zwei Jahrhunderte hat gezeigt, daß man Stoffe zwar umwandeln kann, daß dabei die Summe ihrer Massen aber unverändert bleibt. Und nun behauptet Einstein, daß diese menschheitsalte Erfahrung nicht gilt und daß man das Gewicht eines Stoffes einfach dadurch erhöhen kann, daß man ihn bewegt!

Zunächst könnte man fragen, warum in unserem Beispiel der Käufer von all dem nichts merkt. Antwort: Massenänderungen werden erst dann meßbar, wenn die Geschwindigkeiten vergleichbar mit der Lichtgeschwindigkeit werden (Abb. 5.2)[13]. Darüber wird sich also niemand lange den Kopf zerbrechen. Aber wenn Einstein recht hat, ist doch etwas Merkwürdiges passiert: Die Gewichtszunahme des Zuckers bedeutet nicht, daß sich in der bewegten Tüte mehr Zuckermoleküle befinden als vorher, sondern jedes einzelne Zuckermolekül hat eine entsprechende Massenzunahme erfahren. Dies erfordert eine Neudefinition des Massenbegriffs. Masse ist nichts Statisches mehr, nicht mehr einfach Stoff, der sich nicht ändert, sondern Masse ist ein »dynamischer« Begriff geworden: Sie hängt vom Bewegungszustand eines Körpers ab. Je mehr Energie wir einem Körper zuführen, um so größer wird seine Masse, d. h. sein Widerstand gegen Beschleunigung wächst. Die immer weiter, schließlich sehr rasch ansteigende Masse (Abb. 5.2) verhindert demnach, daß der betreffende Körper die Lichtgeschwindigkeit überschreiten kann.

Woher wissen wir, daß dies alles nicht nur Hirngespinste sind, sondern daß sich die Natur so verhält? In einem Labor wie CERN ist auch das wieder Alltagserfahrung: Protonen, die im SPS beschleunigt wurden, besitzen eine etwa 400mal größere Masse als in Ruhe. Elektronen, die aus dem SLAC-2-Meilen-Beschleuniger in Stanford austreten, sind etwa 100000mal schwerer geworden. Die Massen dieser schnell fliegenden Teilchen lassen sich sehr genau bestimmen – entweder durch Ablenkung in magnetischen und elektrischen Feldern oder indem ihr Verhalten beim Stoß auf ruhende Teilchen beobachtet wird. (Die Geschwindigkeit, die eine Kugel erhält, wenn sie von einer anrollenden Kugel angestoßen wird, hängt von den Massen der beiden Kugeln ab.) In allen Fällen, und selbst bei der höchsten heute erreichbaren Energie, wurde die Gültigkeit der relativistischen Gesetze bestätigt.

Wir haben hier eine neuerliche Bestätigung dafür, daß wir bei

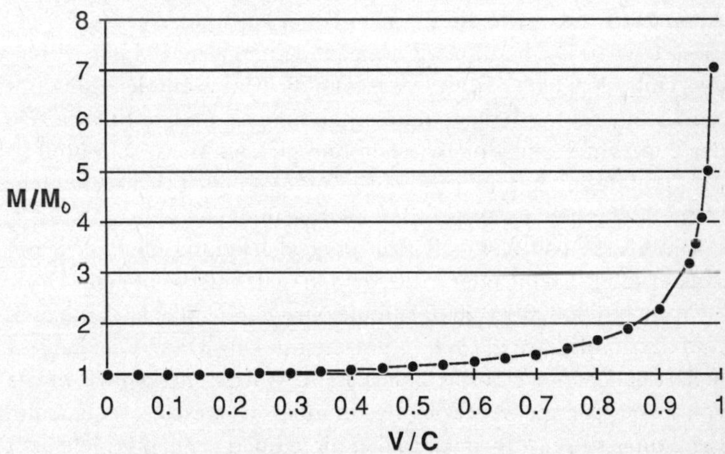

Abb. 5.2 *Abhängigkeit der Masse eines Objekts von seiner Geschwindigkeit. Nach der Relativitätstheorie steigt die Masse bei Annäherung an die Lichtgeschwindigkeit c steil an. Nach der klassischen Physik ändert sie sich nicht (M_o = Ruhemasse).*

großen Geschwindigkeiten unserem »gesunden Menschenverstand« nicht trauen dürfen. Unser Gehirn und unsere Denkgewohnheiten haben sich im Lauf der Evolution an den Erfahrungen des Alltags orientiert und entwickelt, wobei die Pfeil- oder Pferdegeschwindigkeit für Jahrtausende die schnellsten praktisch vorkommenden Geschwindigkeiten waren. Man denke nur an die psychologischen Probleme, die die ersten Fahrten mit der Eisenbahn schufen. Ist es daher verwunderlich, wenn unsere Intuition bei Geschwindigkeiten, die so unvorstellbar viel größer sind, versagt? Wir müssen uns dann auf die Ergebnisse der Experimente und ihre Deutung in mathematisch formulierten Theorien verlassen, so schwer uns dies auch fallen mag.

Einsteins Formel $E = mc^2$

Die Erkenntnis, daß Energiezufuhr zu einer Erhöhung der Masse eines Körpers führt, veranlaßte Einstein zu einem noch kühneren Schritt. Er verschmolz gewissermaßen Masse und Energie, indem er postulierte, daß jeder Energie eine Masse und jeder Masse eine Energie entspricht. Wie ist dies möglich, da Masse in kg und Energie in kWh (oder, wie die Physiker bevorzugen, in Ws = Joule) gemessen wird? Die berühmte Formel, die Energie und Masse verbindet, lautet $E = mc^2$: Multipliziert man die Masse mit dem Quadrat der Lichtgeschwindigkeit, dann erhält man als Einheit Energie. Da der Umrechnungsfaktor zwischen Energie und Masse sehr groß ist ($c \approx 300\,000\,\mathrm{km/s}$ und $c^2 = 9 \cdot 10^{16}\,\mathrm{m^2/s^2}$), entspricht eine sehr kleine Masse schon einer großen Energie und umgekehrt.

Die Masse von einem Kilogramm, gleichgültig ob es sich um Wasser, Ziegelsteine oder Protonen handelt, entspricht einer Energie von 90 000 000 000 000 000 Joule; in gebräuchlichen Einheiten sind das 25 Milliarden kWh (Kilowattstunden). Dies ist der Jahresbedarf an Energie einer Millionenstadt. Warum merken wir nichts von dieser Energie? Antwort: Bestimmte Naturgesetze, sogenannte Erhaltungssätze, sorgen dafür, daß diese Energie im allgemeinen in der Materie hermetisch eingeschlossen bleibt und nicht heraus kann.

Hier stellt sich nun die Frage, deren Beantwortung unser Jahrhundert so tief beeinflussen sollte: Läßt sich Materie in reine Energie verwandeln? Bisher haben wir nur die Umkehrung kennengelernt: Energiezufuhr erhöht die Masse eines Körpers, und beim Abbremsen kann man die zugeführte Energie zurückgewinnen. Energiegewinnung aus Materie ist dies jedoch noch nicht. Die Gleichung $E = mc^2$ besagt aber, daß es im Prinzip auch möglich ist, »Ruhemasse« eines Körpers, d. h. einen Teil seiner Masse, selbst wenn er sich ständig in Ruhe befindet, in Energie umzuwandeln. Wenn dies stimmt, dann hätten wir eine neue, unerschöpfliche Energiequelle gefunden.

Die prinzipielle Möglichkeit einer derartigen Energiegewinnung wurde Einstein bald nach der Entdeckung der Relativitätstheorie klar. Er glaubte aber nicht an ihre praktische Durchführbarkeit; 1920 soll er bemerkt haben: »Es existiert vorläufig nicht der leiseste Anhaltspunkt dafür, ob und wann jemals Energiegewinnung erzielt werden könnte.« Diese Unsicherheit wurde am 17. Dezember 1938 durch Otto Hahn und Fritz Strassmann beseitigt, als sie die Kernspaltung entdeckten. Zunächst waren sie sich aber über die Bedeutung ihrer Entdeckung nicht klar. Der experimentelle Befund wurde dann von Otto Robert Frisch, dem Neffen Lise Meitners (sie hatte, kurz zuvor nach Kopenhagen ins Exil geflüchtet, als erste von Hahn die Nachricht gehört und diese ihrem Neffen berichtet), erstmals richtig gedeutet.

Bei der Uranspaltung fängt ein Urankern ein Neutron ein und zerlegt sich dabei in zwei kleinere Atomkerne. Die Massen von Uran und Neutron sind etwas größer als die Summenmasse der beiden Bruchstücke; der Massenverlust beträgt etwa 0,08 %. Nach der Einsteinschen Formel führt aber selbst eine so geringe Massendifferenz zu einem hohen Energiegewinn von etwa 200 MeV pro Spaltung, der in Form von Bewegungsenergie der Spaltbruchstücke frei wird. Beim Betrieb eines Kernreaktors werden die Spaltbruchstücke abgebremst und ihre Bewegungsenergie in Wärme umgewandelt, die ihrerseits zur Stromgewinnung genutzt wird. Die Spaltung von 1 kg Uran erzeugt 20 Millionen kWh (ein Reaktor von 1000 Megawatt hat einen Abbrand von nur etwa 1,2 g Uran pro Tag).

Inzwischen kennt man eine andere Massen-Energiequelle: Wenn man zwei Protonen und zwei Neutronen zu einem Heliumkern zusammenschmilzt, dann geht gleichfalls etwas Masse verloren und wird als Energie frei. In aufwendigen Forschungsprogrammen in Europa (JET-Anlage in England), den USA und der Sowjetunion versucht man, diese »Fusionsenergie« für die Energieerzeugung verwendbar zu machen. Leider ist dies bis heute nur in der Wasserstoffbombe gelungen. Die Kernverschmelzung, die zu einem Verbrennen von Wasserstoff zu Heliumasche führt, ist die Energiequelle unserer Sonne und der meisten anderen Sterne.

Bei der Kernspaltung und der Kernfusion ist es möglich, einen kleinen Teil der Masse in Energie umzuwandeln, ohne daß dabei andere Gesetze der Physik (z. B. die Erhaltung der elektrischen Ladung) verletzt werden. Allerdings werden bei diesen Prozessen nur winzige Bruchteile der Materie in Energie verwandelt. In der Elementarteilchenphysik kann man aber den extremen Vorgang beobachten, bei dem die gesamte Masse eines Teilchens in »reine« Energie umgesetzt wird. Dies geschieht bei der Vernichtung von Materie mit Antimaterie. Aber auch der umgekehrte Vorgang spielt eine große Rolle: Beim Zusammenstoß von hochenergetischen Teilchen kann aus Energie Masse, d. h. neue Teilchen, geboren werden. Darauf soll in Kapitel 8 näher eingegangen werden.

Das Ende von Lichtäther und absolutem Raum

Was ist Raum, was ist Zeit? Diese Fragen, die eng verknüpft sind mit anderen – wie: Ist der Raum endlich oder unendlich? Gibt es einen festen Punkt? Wann hat die Zeit begonnen? –, gehören zu den Problemen, die die Menschen seit vielen Jahrhunderten bewegen. Wie bei allen grundlegenden Fragen gibt es vielleicht auch hier keine endgültige Antwort. Der heilige Augustinus schrieb: »Was ist Zeit? Wenn mich niemand fragt, weiß ich es. Will ich es einem Fragenden erklären, weiß ich es nicht mehr.« Damals ging es darum, die Beziehungen zwischen Gott und der Welt zu erklären. Augustinus stellte auch die Frage, was Gott eigentlich machte, bevor er die Welt erschuf, und er gab die Antwort: »Er erschuf die Hölle für Leute, die so dumme Fragen stellen!«

Nun, so dumm war die Frage nicht. Gottfried Wilhelm Leibniz stellte sie in neuer Form. Er fragte, warum Gott die Welt nicht eine Stunde früher oder einen Meter weiter rechts erschaffen habe. Leibniz kam zu dem Ergebnis, daß Raum und Zeit nur als Relationen zwischen Dingen betrachtet werden können, so daß es ohne Materie weder Raum noch Zeit geben könne. Mit dieser Ansicht kommt er unseren heutigen Vorstellungen recht nahe.

Dazwischen lagen jedoch zwei Jahrhunderte, die von einem vollständig anderen Dogma beherrscht wurden. Newton vertrat nämlich die entgegengesetzte Meinung. Für Newton war der Raum unvergänglich und ewig, allen Körpern vorausgesetzt. Auch die Zeit sollte unbeeinflußt und majestätisch dahinfließen. In diesem absoluten Raum und dieser absoluten Zeit entdeckte Newton die von Gott erschaffenen Bewegungsgesetze, die zum Fundament der klassischen Physik wurden. Die »Principia Mathematica Philosophiae Naturalis« von Isaac Newton waren sozusagen die Bibel der Physiker, wobei die im letzten Jahrhundert entdeckten elektromagnetischen Erscheinungen zunächst ausgezeichnet zu seinen Vorstellungen paßten und sie zu bestätigen schienen.

Viele Forscher hielten gegen Ende des 19. Jahrhunderts das Lehrgebäude der Physik für im wesentlichen abgeschlossen. Sie ahnten nicht, daß eine Revolution unmittelbar bevorstand: die neue, tiefgreifende Fundierung von Raum und Zeit durch Einstein im Jahre 1905, als er seine spezielle Relativitätstheorie veröffentlichte.

Was war der Ausgangspunkt für die Relativitätstheorie? Es fing mit dem Lichtäther an. Der absolute Newtonsche Raum sollte erfüllt sein von einem etwas geheimnisvollen Medium, dem Äther. Er war sozusagen das Gerüst des Raumes, auf dem sich vor allem die elektromagnetischen Erscheinungen abspielen sollten. Die vor 100 Jahren entdeckten Hertzschen Wellen sollten sich in diesem Medium fortpflanzen, ähnlich wie der Schall in der Luft.

Wenn der Äther die Essenz des absoluten ruhenden Raumes ist, dann muß es möglich sein, die Bewegung der Gestirne und Planeten bezüglich dieses Raumgerüstes zu beobachten. Insbesondere sollte die Erde bei der Bewegung im Raum einen »Ätherwind« spüren. Die Erdbewegung gegenüber dem Äther sollte sich am einfachsten mit Lichtstrahlen messen lassen: Läuft ein Lichtstrahl in Richtung der Erdbewegung, dann läuft die Erde ihm gewissermaßen hinterher, und die Lichtgeschwindigkeit sollte von der Erde aus gesehen kleiner sein. Wenn die Erde dem Lichtstrahl entgegenläuft, sollte umgekehrt die Lichtgeschwindigkeit größer erscheinen.

1987 wurde in der physikalischen Welt das 100jährige Jubiläum eines Experiments gefeiert, das den Ausgangspunkt für die Revolution unserer Auffassung von Raum und Zeit bildete und bis heute als einer der Eckpfeiler für die experimentelle Bestätigung der speziellen Relativitätstheorie gilt. 1887 veröffentlichte der junge amerikanische Physiker Albert Abraham Michelson (geboren 1852 in Strelno/Posen) mit dem älteren Chemiker Edward W. Morley die Ergebnisse eines Präzisionsexperiments, das dem Lichtäther und damit der Existenz des absoluten Raumes den Garaus machte.

Die Jahre 1880 bis 1882 hatte Michelson in Europa, vor allem in Deutschland, verbracht. Nach seinen Angaben wurde hier von der Instrumentenbaufirma Schmidt und Haensch in Berlin ein bestimmtes optisches Präzisionsinstrument gebaut. Mit diesem Instrument versuchte Michelson 1881 zum erstenmal, die Bewegung der Erde gegenüber dem ruhenden Äther zu messen. Sein Interferometer bestand aus zwei senkrecht aufeinander stehenden Armen, von denen einer parallel zur Erdbewegung angeordnet wurde. Eine Änderung der Geschwindigkeit des parallel zur Erdbewegung laufenden Lichtstrahls hätte zu einem meßbaren Laufzeitunterschied in den beiden Interferometerarmen geführt. Die ersten Messungen zeigten keinen Laufzeiteffekt. Eine verbesserte Ausführung des Interferometers, die Michelson zusammen mit Morley 1883 in Betrieb nahm, lieferte 1887 eine so hohe Meßgenauigkeit, daß eine Bewegung der Erde gegenüber dem Äther mit einer Geschwindigkeit von höchstens einem Zehntel des erwarteten Wertes ausgeschlossen werden konnte. Das Experiment ist in den vergangenen 100 Jahren mehrfach wiederholt worden, wobei das Nullergebnis von Michelson jedesmal mit größerer Genauigkeit bestätigt wurde. Die neueste und mit modernsten Mitteln (Laserstrahlen) 1979 von A. Brillet und J. Hall ausgeführte Wiederholung ergab die phantastische Genauigkeit von einem Milliardstel des bei Existenz eines absoluten Raumes erwarteten Effekts.

Michelson und Morley lieferten den ersten Beweis für die Nichtexistenz des absoluten Raumes. Die volle Tragweite ihres Experiments drang aber erst viele Jahre später in das Bewußtsein der Physiker. Selbst als 1907 Michelson als erster Amerikaner den Nobelpreis für Physik bekam, fand in der Laudatio das berühmte Experiment keine Erwähnung (der Preis wurde ihm für die Entwicklung

»seines optischen Präzisionsinstrumentes« und die damit ausgeführten meßtechnischen Untersuchungen verliehen). Es wurden zunächst die wildesten Spekulationen herangezogen, um das negative Ergebnis von Michelson im Rahmen der konventionellen Vorstellungen zu erklären und den absoluten Raum zu retten. So wurde die Vermutung geäußert, daß der Äther an der Erdoberfläche klebt und eine gewisse Ätherschicht von der Erde mitgerissen wird, so daß an der Erdoberfläche keine Bewegung festgestellt werden kann. Aber auch diese »Äthermitführungstheorie« konnte experimentell widerlegt werden. Alles deutete darauf hin, daß sich das Licht in allen Richtungen gleich schnell fortpflanzt, unabhängig von der Bewegung der Erde.

Einstein glaubte nicht, daß der negative Ausgang aller Experimente zur Messung der Erdbewegung im Äther Zufall sein sollte. Für ihn gab es nur eine Schlußfolgerung: Der lange gesuchte Äther und damit der absolute Raum Newtons existieren gar nicht. Eine Untersuchung der Geschwindigkeit der Erde gegenüber diesem nichtexistierenden Äther muß daher negativ ausfallen, und sie kann nur gegenüber anderen Körpern, z. B. der Sonne, gemessen werden. Es gibt also kein ausgezeichnetes Koordinatensystem im Raum.

Einstein stellte an den Anfang seiner speziellen Relativitätstheorie die beiden Postulate: 1. Alle (gleichmäßig gegeneinander bewegten) Beobachtungssysteme sind gleichwertig. Nur Relativbewegungen zwischen Körpern sind physikalisch sinnvoll. 2. In allen diesen Beobachtungssystemen ist die Ausbreitungsgeschwindigkeit des Lichtes konstant und unabhängig von der Richtung.

Das erste Postulat gilt nur für Systeme, die sich mit konstanter Geschwindigkeit gegeneinander bewegen. Tritt eine Beschleunigung auf, dann tritt an die Stelle der speziellen die allgemeine Relativitätstheorie (vgl. S. 141). Das zweite Postulat wird heute insofern allgemeiner interpretiert, als die Lichtgeschwindigkeit mit einer für alle Erscheinungen gültigen oberen Grenzgeschwindigkeit identifiziert wird. Mit größeren Geschwindigkeiten können weder Körper bewegt noch Signale übertragen werden.

Aus diesen beiden einfachen und allgemeinen Postulaten konnte Einstein Gesetzmäßigkeiten ableiten, die häufig unserer Intuition zuwiderlaufen. Alle diese Voraussagen konnten experimentell bestätigt werden, und es gibt bis heute – gleichgültig ob in den Weiten des Weltalls oder in den winzigen Dimensionen der Elementarteilchenphysik – nicht den geringsten Hinweis dafür, daß die Gültigkeit der speziellen Relativitätstheorie eingeschränkt werden müßte.

Die Relativitätstheorie hält aber weitere, noch unglaubwürdigere Überraschungen bereit.

Raum und Zeit verschmelzen

Bei einem heftigen Gewitter kann es passieren, daß zwei Blitze gleichzeitig in zwei Bäume einschlagen, die in einer gewissen Entfernung voneinander stehen. Dieses gleichzeitige Eintreffen von zwei Ereignissen wird von einem Beobachter aus einem naheliegenden Haus wahrgenommen. Niemand mit gesundem Menschenverstand wird daran zweifeln, daß auch ein Passagier in einem vorbeifliegenden Flugzeug die beiden Blitzeinschläge als gleichzeitige Ereignisse registrieren wird. Aber gerade dies stellt die spezielle Relativitätstheorie in Abrede. Sie behauptet, die Gleichzeitigkeit sei keine absolut gültige Feststellung, sondern sie hänge davon ab, wie sich der Beobachter bewegt. Dies bedeutet aber offensichtlich eine Vermischung von räumlichen und zeitlichen Gegebenheiten, die unserer direkten Alltagserfahrung widerspricht. Wie kommt Einstein zu diesen scheinbar absurden Schlußfolgerungen?

Wenn wir in einem Zug (gleichmäßige Geradeausfahrt) einen Ball in Fahrtrichtung werfen, dann besitzt er gegenüber dem Zug eine gewisse Geschwindigkeit, die durch unsere Wurfkraft bestimmt wird. Die Mitreisenden im Zug haben keine Schwierigkeit, den Ballwurf zu beschreiben. Sie werden sich einig sein, daß er im Zug einige Meter weiter geflogen ist. Für einen Zuschauer, der sich außerhalb des Zuges befindet, bietet sich aber ein völlig verschiedenes Bild. Der Ball hat während seiner Flugzeit gegenüber dem festen Boden einige Dutzend Meter zurückgelegt, denn der Ball besitzt eine größere Geschwindigkeit: diejenige relativ zum Zug und zusätzlich die Geschwindigkeit des Zuges. Die beiden Geschwindigkeiten addieren sich. Werfen wir den Ball entgegen der Fahrtrichtung, dann subtrahieren sie sich. Soweit ist alles in Ordnung, und die klassische Physik befindet sich hier in voller Übereinstimmung mit unserer Erfahrung.

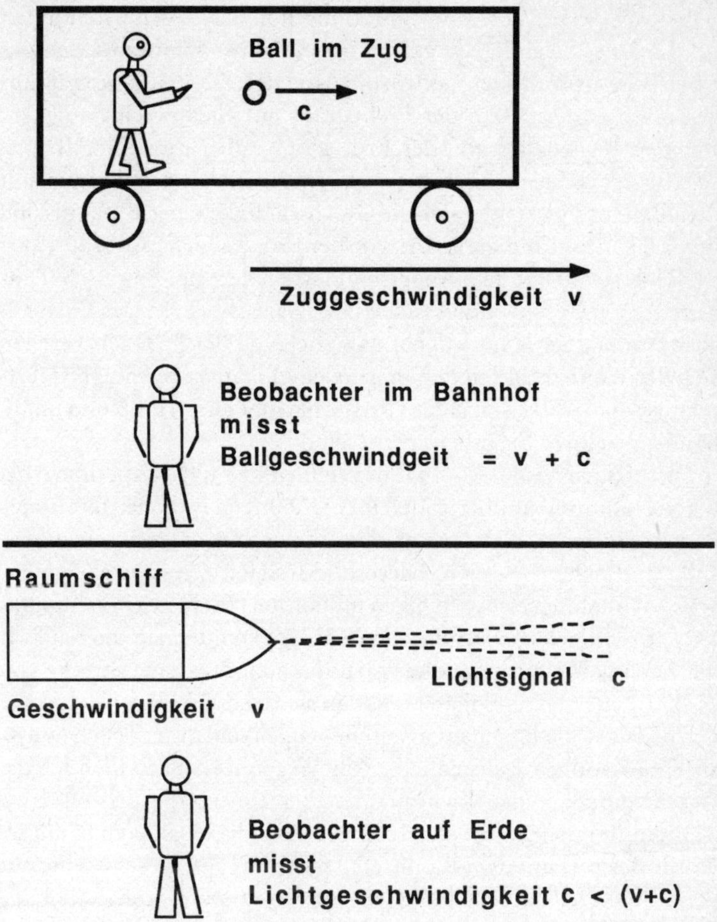

Abb. 5.3 *Addition von Geschwindigkeiten.*
Nach der klassischen Physik addieren sich für einen Beobachter im Bahnhof die Geschwindigkeit des Balles im Zug und diejenige des Zuges.
Nach der Relativitätstheorie ist die Summe kleiner, wobei die Lichtgeschwindigkeit nie überschritten wird: Das von einem Raumschiff nach vorne ausgesandte Licht besitzt – von der Erde aus beobachtet – nur die »normale« Lichtgeschwindigkeit und nicht diejenige des Raumschiffs plus der vom Raumschiff aus gemessenen Lichtgeschwindigkeit.

Betrachten wir aber nun ein Raumschiff, das, sagen wir, mit halber Lichtgeschwindigkeit gegenüber der Erde dahinsaust und das einen Lichtstrahl nach vorwärts aussendet. Vom Raumschiff aus gemessen entfernt sich der Lichtstrahl mit Lichtgeschwindigkeit. Für den Beobachter von der Erde gibt es aber nun eine Überraschung. Nach unserer Intuition und entsprechend dem Beispiel mit dem Ball im Zug sollten sich die Geschwindigkeiten von Raumschiff und Lichtstrahl addieren, d. h. von der Erde aus gemessen sollte sich der Lichtstrahl mit dem Anderthalbfachen der vom Raumschiff aus gemessenen Geschwindigkeit fortbewegen (Abb. 5.3). Das Einsteinsche Postulat verlangt jedoch, daß auch von der Erde aus gesehen sich der Lichtstrahl mit der »normalen« Lichtgeschwindigkeit fortpflanzt, denn diese soll ja für alle Beobachter gleich groß und unabhängig von ihrer Eigenbewegung sein.

Dieser Sachverhalt wurde 1964 in einem wichtigen Experiment bei CERN unmittelbar überprüft. Durch Stöße von Protonen mit Atomkernen wurden π^0-Mesonen erzeugt, die sich mit einer Geschwindigkeit von 0,999 c bewegen. Diese π^0-Mesonen zerfallen nach einer sehr kurzen Flugstrecke (einigen millionstel cm) in zwei Lichtquanten. Mit Hilfe von elektronischen Zählern konnte man die Laufzeit der nach vorne ausgesandten Lichtquanten über eine Strecke von 31,450 m messen, und man fand, daß sie 105,005 Milliardstelsekunden betrug. (Solche genauen Zeitmessungen sind in der Teilchenphysik eine Routineangelegenheit.) Aus Weg und Laufzeit ließ sich die Geschwindigkeit der Lichtquanten berechnen, die bis auf etwa $^1/_{10}$ Promille mit der normalen Lichtgeschwindigkeit übereinstimmte. Unser Beispiel mit dem Raumschiff hätte uns eine Geschwindigkeit von $0{,}999 \cdot c$ (π^0-Geschwindigkeit) $+ 1 \cdot c = 1{,}999 \cdot c$, vom Labor aus gemessen, also etwa die doppelte Lichtgeschwindigkeit erwarten lassen.

Dieses Experiment und viele Erfahrungen beim Umgang mit schnell bewegten Teilchen beweisen, daß man Geschwindigkeiten nicht einfach addieren darf, so wie es unsere Intuition nahelegt. In der Relativitätstheorie wird eine Formel abgeleitet, die so eingerichtet ist, daß bei der Addition von zwei Geschwindigkeiten die Grenzgeschwindigkeit c nie überschritten wird[14].

Eine Geschwindigkeit gibt die Strecke an, die in einer gewissen Zeit durchlaufen wird. Das merkwürdige Verhalten bei der Addition von Geschwindigkeiten deutet daher darauf hin, daß die Beziehungen zwischen Raum und Zeit komplizierter sind, als wir es aus unserer normalen Erfahrung gewohnt sind. Insbesondere müssen wir genauer untersuchen, was man unter *Gleichzeitigkeit* an zwei verschiedenen Orten versteht.

Zunächst kehren wir zum berühmten Michelson-Experiment von 1881 bzw. 1887 zurück. Wir wissen, daß die Erde bei ihrer Bewegung um die Sonne mit einer Geschwindigkeit von 30 km pro Sekunde durch das Weltall rast. Diese Geschwindigkeit gegenüber dem absoluten Raum, d. h. gegenüber dem Äther, wollte Michelson messen, sein »Geschwindigkeitsmesser« zeigte jedoch beharrlich auf Null. Eine Analyse des Nullausgangs führte einige Physiker vor Einstein, namentlich den holländischen Theoretiker Hendrik A. Lorentz, zu einer merkwürdigen Schlußfolgerung: Lorentz zeigte zwischen 1892 und 1904, daß ein Nullergebnis nur dann möglich ist, wenn sich der parallel zur Erdbewegung orientierte Instrumentenarm verkürzt hat. Dies ist die berühmte »Lorentz-Kontraktion«, die besagt, daß alle Gegenstände in Bewegungsrichtung kürzer werden. Die Formel, die diese Verkürzung beschreibt[15], zeigt, daß sie nur dann merkbar wird, wenn wir uns der Lichtgeschwindigkeit nähern. Lorentz glaubte, daß eine solche Verkürzung tatsächlich eintritt, daß also die physikalische Realität geändert wird. Danach würde sich die Erde bei ihrem Lauf um die Sonne ständig deformieren, indem die Kugel in Bewegungsrichtung abgeplattet wird.

Einstein fand, daß seine der speziellen Relativitätstheorie zugrunde liegenden Postulate auch eine solche Verkürzung verlangen, und seine Formel ist identisch mit der Lorentzschen. Er gibt jedoch diesem Sachverhalt eine völlig unterschiedliche Interpretation. Lorentz ging nach wie vor davon aus, daß es einen absoluten Raum gibt, und seine Kontraktion tritt nur bei einer Bewegung gegenüber diesem Raum in Erscheinung. Einstein dagegen behauptet, daß es diesen absoluten Raum nicht gibt und daß gleichförmig gegeneinander bewegte Beobachtungssysteme äquivalent sind. Es gibt also im Kosmos weder einen ausgezeichneten Punkt noch eine bevorzugte Richtung. Die Erde als Mittelpunkt des Weltalls war ja schon längst verlorengegangen, aber nun schien es, daß es überhaupt keine festen Orientierungspunkte im All gibt – für viele ein unerträglicher Gedanke.

Von Uhren, die zu langsam gehen

»Eins, zwei, drei im Sauseschritt läuft die Zeit, wir laufen mit.« Dieser Vers von Wilhelm Busch kennzeichnet treffend unser Eingebundensein in die Zeit. Die Frage *Was ist Zeit?* hat wohl die Menschen in allen Jahrhunderten intensiv beschäftigt. Warum werden wir ständig älter? Gibt es einen Anfang und ein Ende der Welt? Was ist Ewigkeit? Die Naturwissenschaften werden sicher nicht in der Lage sein, endgültige Antworten auf diese Fragen zu geben, aber sie können helfen, das Wesen der Zeit besser zu verstehen und Hinweise darauf zu geben, ob die Zeit, wie wir sie erleben, auf unseren beschränkten Sinneserfahrungen beruht oder ob es so etwas wie eine absolute, allgemeingültige Zeit gibt.

Im Raum haben wir die Möglichkeit, uns nach vorn, hinten, rechts, links, oben und unten zu bewegen. Nicht so in der Zeit. Hier geht es nur in einer Richtung, und unsere Erfahrung lehrt uns, daß wir nicht einmal die Geschwindigkeit ändern können: Wir altern alle (mehr oder weniger) gleich schnell. Ist dies wirklich unabdinglich so, oder gibt es Möglichkeiten, sich diesem Naturzwang zu entziehen? Es ist nicht erstaunlich, daß Herbert George Wells mit seinem Buch »Die Zeitmaschine« einen so großen Erfolg hatte. Er und viele seiner Nachfolger beschreiben Reisen in die Zeit, ähnlich wie wir im Raum herumfahren. »Aber das sind doch alles Hirngespinste!« wird jeder vernünftige Mensch sagen. Die Experimente lehren uns jedoch, daß eine Reise in die Zukunft, allerdings ohne Rückkehr, möglich ist.

Wie häufig in den Naturwissenschaften öffnen sich neue Türen, wenn man altgewohnte Begriffe darauf abklopft, ob sie auch in extremen Situationen ihre Gültigkeit behalten. Genau dies tat Einstein mit dem Begriff der *Gleichzeitigkeit.* Die Bildung neuer Begriffe und ihre mathematische Formulierung in der Physik sind wesentliche Merkmale des Fortschritts. Da wir aber nicht nur unsere eigenen Gedankengebäude erforschen, sondern etwas über die Natur, die uns umgibt, erfahren wollen, so stellen Meßvorschriften ein weiteres, entscheidendes Element dar. Sie sind das Bindeglied zwischen unseren abstrakten Gedanken und Begriffen und den harten Tatsachen.

Was ist Gleichzeitigkeit? Wenn beim Start eines 100-m-Laufes der

Starter das Signal gibt, beginnen alle Läufer gleichzeitig loszulaufen, sonst war es ein Fehlstart. Wir haben keine Schwierigkeit, uns darauf zu verständigen, daß der Start gleichzeitig erfolgte, da das ganze Geschehen am gleichen Ort, an der Startlinie, abläuft. Schwieriger wird es schon am Ziel. Es ist zwar leicht festzustellen, wer als erster über die Ziellinie läuft, aber wir wollen auch wissen, ob es einen neuen Weltrekord gegeben hat. Dazu muß die Zeit gemessen werden, also müssen wir eine Stoppuhr im Augenblick des Startes in Gang setzen. Das Drücken des Auslösers der Stoppuhr muß gleichzeitig mit dem Startschuß erfolgen. Wie stellen wir dies sicher? Der Zeitnehmer kann z. B. in dem Augenblick, da er den Startschuß hört, seine Uhr starten. Heutzutage, wo es bei Rekorden auf Hundertstelsekunden ankommt, ist dies aber nicht genau genug, denn der Schall des Startschusses braucht etwa eine Drittelsekunde, um bei der Ziellinie anzukommen. Die gemessene Laufzeit wäre also zu kurz. Die gemessene Rekordzeit wird viel genauer, wenn der Zeitnehmer nicht das Schallsignal, sondern ein sichtbares Zeichen zum Auslösen der Uhr benutzt, z. B. den Rauch des Startschusses. Ein optisches oder elektrisches Signal reicht für alle Zwecke der Leichtathletik aus, da wegen der sehr großen Lichtgeschwindigkeit das Signal fast gleichzeitig mit dem Abfeuern des Startschusses bei der Ziellinie eintrifft. Der Gleichzeitigkeitsfehler beträgt bei einem 100-m-Lauf etwa ein Drittel einer Millionstelsekunde, ist also praktisch bedeutungslos, prinzipiell aber doch vorhanden.

Wenn wir die Schall- oder Lichtgeschwindigkeit kennen, kann dieser Meßfehler natürlich leicht korrigiert werden. Aber um die Lichtgeschwindigkeit selbst zu messen, müßten wir ähnlich wie bei den Läufern ein Signal vom Start zum Ziel schicken, das sehr viel schneller läuft als das Licht. Die Relativitätstheorie behauptet nun: Es gibt keine größere Signalgeschwindigkeit als das Licht. Wir stekken also in einem Dilemma. Um die Lichtgeschwindigkeit zu messen, müssen wir die Gleichzeitigkeit von Start und Ingangsetzen der Uhr am Ziel gewährleisten, aber dies können wir nur, wenn die Lichtgeschwindigkeit schon bekannt ist.

Eine absolute Gleichzeitigkeit für Experimente an verschiedenen Orten würde meßtechnisch nur dann sinnvoll sein, wenn es eine unendlich große Signalgeschwindigkeit gäbe. Da es diese nicht gibt, ist alles, was uns umgibt, Vergangenheit. Wir können unsere Umgebung »in diesem Augenblick« nicht sehen. Von jedem entfernten Punkt des Raumes braucht das Licht eine gewisse Zeit, um in unser Auge zu gelangen. Bei den gewöhnlichen Alltagserfahrungen beträgt die Lichtlaufzeit allerdings nur winzige Bruchteile einer Sekunde, so daß die Tatsache, daß wir unsere Bekannten jünger sehen, als sie wirklich sind, keine Rolle spielt. Blicken wir dagegen in den nächtlichen Sternenhimmel, dann wäre es eine große Täuschung zu glauben, wir sähen eine Momentaufnahme des Kosmos. Das Licht von einigen Fixsternen erreicht uns nach einigen Jahren, von anderen dagegen erst nach Millionen oder Milliarden von Jahren. Was in großen Entfernungen in diesem Augenblick »gleichzeitig« passiert, könnte ich nur dann feststellen, wenn mir das Licht (oder andere Signale) die Information unendlich schnell bringen könnten.

Es gibt lediglich zwei Möglichkeiten, diese Schwierigkeiten zu überwinden: Entweder wir glauben weiter an die Existenz einer absoluten Gleichzeitigkeit – dann müßte es aber unendlich große Signalgeschwindigkeiten geben. Oder wir akzeptieren die experimentell erwiesene Tatsache, daß es eine Grenzgeschwindigkeit gibt, die nicht überschritten werden kann – mit der schwerwiegenden Folge, daß wir die Idee einer *absoluten Gleichzeitigkeit*, ebenso wie den Begriff des absoluten Raumes, aufgeben müssen.

Einstein hat den zweiten Weg eingeschlagen. Er zeigte, daß eine relative Gleichzeitigkeit definiert werden kann, ohne daß es zu logischen Widersprüchen kommt, selbst wenn die obere Grenzgeschwindigkeit nicht unendlich ist. Alle Experimente geben ihm recht, obwohl ihre Ergebnisse wieder einmal unserer, an niedrigen Geschwindigkeiten orientierten Intuition völlig zuwiderlaufen.

Kommen wir auf das oben schon einmal gebrachte Beispiel zurück: Ein Beobachter sieht, wie zwei Blitze in zwei Bäume einschlagen, die sich in entgegengesetzter Richtung von ihm, aber im gleichen Abstand befinden (Abb. 5.4). Er stellt fest, daß die Lichtsignale gleichzeitig bei ihm eintreffen, und da die Bäume gleich weit entfernt sind, schließt er logisch, daß die beiden Blitzeinschläge gleichzeitig stattgefunden haben. Nun nehmen wir an, daß zum Zeitpunkt der Blitzeinschläge ein Flugzeug den am Boden stehenden Beobachter überfliegt, und es soll Kurs auf einen der beiden Bäume haben. Ein Passagier beobachtet die beiden Blitzeinschläge und findet, daß der Blitz, auf den sich das Flugzeug zubewegt, etwas früher eingeschlagen hat als der Blitz hinter dem Flugzeug. Warum? Die Lichtwelle, der das Flugzeug entgegenfliegt, trifft etwas früher ein als die Lichtwelle vom rückwärtigen Blitz, die dem Flugzeug nachläuft und daher später ankommt. Dabei setzen wir stillschweigend voraus, daß die Lichtgeschwindigkeit, vom Boden und vom Flugzeug aus beobachtet, gleich ist, so wie Einstein dies postuliert. Wenn der Beobachter am Boden und der Fluggast sich später tref-

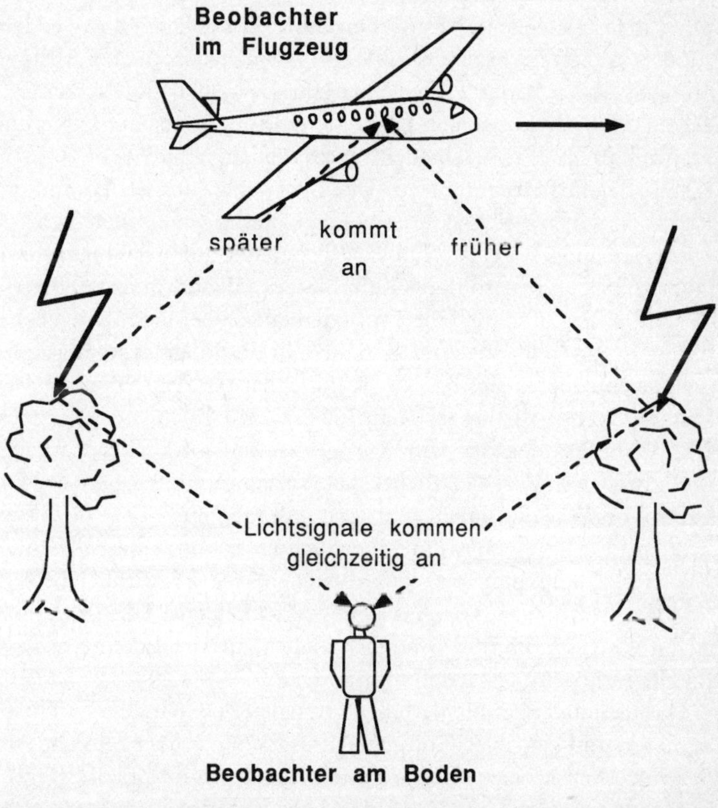

Abb. 5.4 *Nach der Relativitätstheorie hängt die Gleichzeitigkeit von zwei Ereignissen vom Bewegungszustand des Beobachters ab. Zwei Blitze erscheinen dem Beobachter am Boden als gleichzeitig, während der Flugpassagier den einen früher, den anderen später »sieht«.*

fen, werden sie sich stundenlang streiten, ob die beiden Blitzeinschläge gleichzeitig erfolgten oder nicht.

Einstein fordert, daß die Gleichzeitigkeit von zwei Ereignissen keine allgemeingültige Aussage ist, sondern vom Bewegungszustand des Beobachters abhängt. Dabei soll nach dem 1. Grundpostulat der speziellen Relativitätstheorie keines der Systeme Vorrang vor dem anderen haben.

Die Abhängigkeit der Gleichzeitigkeit vom Bewegungszustand des Systems, in dem wir sie beobachten, hat eine unmittelbare und überraschende Konsequenz. Wir können die Überlegungen nicht nur auf das gleichzeitige Eintreffen von zwei Ereignissen anwenden, sondern auf zwei Vorgänge, die stets im gleichen zeitlichen Abstand erfolgen, also z. B. das Ticken einer Uhr. Einstein konnte schon 1905 zeigen, daß sich aus seinen Postulaten die unabweisbare Folgerung ergibt, daß Uhren verschieden schnell gehen, je nachdem ob sie in Ruhe oder in Bewegung sind. Der Beobachter am Boden und der Fluggast mögen gleiche Uhren besitzen, deren synchronen Gang sie vorher am Boden geprüft haben. Beobachtet nun der Fluggast mit einem scharfen Fernrohr das Zifferblatt des Beobachters am Boden, so stellt er fest, daß die Uhr am Boden langsamer geht. Umgekehrt findet der Bodenbeobachter, daß die Uhr des Fluggastes langsamer geht, wenn dieser sie ihm am Kabinenfenster zeigt. Wie das? Es können doch nicht beide Uhren nachgehen! Doch, sagt Einstein. Das Verlangsamen des Uhrenganges ist kein wirklicher Vorgang, am Uhrwerk ändert sich nichts. Die Verlangsamung ist ein scheinbarer Vorgang, der davon herrührt, daß man aus einem bewegten System in ein ruhendes hineinbeobachtet. Da es keinen absoluten Raum gibt, kann man gar nicht feststellen, wer sich wirklich bewegt und wer in Ruhe ist. Die Aussage, wie schnell eine Uhr geht, muß sich auf ein bestimmtes System beziehen, sie ist also eine relative und keine absolute Feststellung.

Das bedeutet aber nicht, daß wir nun den Boden unter den Füßen verlieren und keine vernünftigen Aussagen mehr über zeitliche Abläufe machen können. Im Gegenteil, Einstein gibt präzise Regeln an[16], wie man den Zeitablauf, den Fahrplan, des einen Systems in denjenigen eines dazu gleichmäßig bewegten Systems umrechnen muß. Diese »Transformationen« sind so beschaffen, daß die zeitliche Reihenfolge von zwei Ereignissen, die durch Signale verbunden sind, erhalten bleibt – die zeitliche Ordnung von Ursache und Wirkung kann niemals umgekehrt werden.

Kann man die Zeitverlangsamung von bewegten Uhren wirklich beobachten? Im Beispiel mit dem Flugzeug sind die Geschwindigkeiten gegenüber der Lichtgeschwindigkeit so verschwindend klein, daß die im Prinzip vorhandenen Effekte praktisch nicht bemerkbar sind. Während die relativistische Längenkontraktion im berühmten Michelson-Morley-Experiment schon vor der Publikation der Theorie Einsteins 1905 beobachtet wurde, dauerte es über 30 Jahre, bis ein Experiment die Zeitverlängerung direkt nachweisen konnte. Es wurde von den amerikanischen Physikern H. E. Ives und G. R. Stilwell 1938 ausgeführt. Als genaue Uhren benutzten sie die inneren Schwingungen in Atomen, die sich in der Frequenz des von ihnen ausgesandten Lichtes bemerkbar machen, wobei Atome den Vorteil bieten, daß sie sich leicht auf hohe Geschwindigkeit bringen lassen[17].

Moderne Meßtechnik hat es sogar möglich gemacht, unser Beispiel mit dem Flugpassagier direkt zu demonstrieren. Die Entwicklung von sogenannten Atomuhren erlaubt so genaue Zeitmessungen, daß mit ihrer Hilfe selbst kleine Unregelmäßigkeiten der Erddrehung nachgewiesen werden können. Da als Schwingungsnormal meist Atome des Metalls Caesium benutzt werden, spricht man auch von Caesium-Uhren. Seit 1972 verfrachteten Physiker solche Caesium-Uhren wiederholt in Düsenflugzeuge, die die Erde umrundeten. Wegen der gegenüber der Lichtgeschwindigkeit kleinen Fluggeschwindigkeit konnte nur eine geringe Abweichung erwartet werden. Nach Beseitigung einer Reihe von Fehlermöglichkeiten war das Resultat eindeutig: Die im Flugzeug um die Erde transportierte Uhr ging nach, wobei die Meßgenauigkeit besser als ein Promille war.

Die damit experimentell nachgewiesene Tatsache, daß bewegte Uhren langsamer gehen, ist in Hochenergiephysiklabors eine Alltagserscheinung. Dort werden täglich kilometerlange Strahlen von sehr kurzlebigen Teilchen (Pionen, Kaonen, Myonen usw.) verwendet. Diese Teilchen tragen sozusagen eine innere »biologische« Uhr, die ihnen angibt, nach welcher Lebensdauer sie unter Zerfall in andere Teilchen zu sterben haben. In Ruhe ist die jeweilige Lebensdauer extrem kurz, und würde es die relativistische Zeitverlängerung nicht geben, wäre es nie möglich, solche Teilchen mit Hilfe von Magneten über lange Distanzen zu führen. Bringt man die Teilchen dagegen auf hohe Geschwindigkeiten, dann tickt ihre innere Uhr langsamer, und ihre Lebensdauer verlängert sich. Liegt die Teilchengeschwindigkeit z. B. 1 Promille unter der Lichtgeschwindigkeit, dann verlängert sich die Lebensdauer schon auf das 22fache. Lebensdauern, die um Faktoren 1000 bis 10000 verlängert werden, sind nichts Außergewöhnliches.

Dieser Effekt spielt übrigens nicht nur im Labor bei künstlich hergestellten Teilchenstrahlen eine Rolle, sondern wir finden ihn in der Natur selbst. Aus dem Kosmos regnet es ständig Teilchen auf die Erdatmosphäre nieder. Bei dieser kosmischen Strahlung handelt es sich meist um Protonen oder andere stabile Atomkerne, die die weite und lange Reise durch den Weltraum überleben können. Treffen sie auf die oberen Schichten der Atmosphäre, dann lösen sie heftige Kernreaktionen aus (sie stellen daher auch eine Gefahr für Satelliten und Astronauten dar). Bei diesen Reaktionen werden in größeren Mengen Myonen (Kap. 2) erzeugt, die zwar eine große Durchdringungsfähigkeit beim Auftreffen auf Materie, aber eine Lebensdauer von nur etwa 2 millionstel Sekunden besitzen. Selbst wenn sie mit Lichtgeschwindigkeit fliegen, schaffen sie ohne Zeitverlängerung in dieser Zeit nur einen Weg von etwa 700 m. Ihr Erzeugungsort in der Atmosphäre liegt aber etwa 20 km über der Erdoberfläche, und sie hätten daher keine Chance, diese je zu erreichen. Selbst mit primitiven Meßgeräten läßt sich aber nachweisen, daß unser Körper jede Sekunde von mehreren Myonen durchquert wird. Sie können uns nur deswegen erreichen, weil ihre Lebensdauer durch die relativistische Zeitverlängerung um mindestens einen Faktor 30 zugenommen hat.

Auch bei praktischen Anwendungen spielen heute die kaum mit unserer Intuition zu vereinbarenden Zeiteffekte eine Rolle. In Navigationssystemen, die schnell fliegende Satelliten benützen, würde eine Nichtbeachtung der Zeitverlängerung (Zeitdilatation) zu störenden Fehlern führen. Es ist daher gar nicht mehr ungewöhnlich, daß sich Ingenieure mit der Relativitätstheorie befassen.

Die ungleichen Zwillinge oder: Reisen in die Zukunft?

War schon der Sturz des Newtonschen absoluten Raumes für die Wissenschaftler am Beginn dieses Jahrhunderts schwer zu akzeptieren, so war die Verlangsamung bewegter Uhren eine noch größere Sensation, die auch in der Öffentlichkeit eine gewisse Aufmerksamkeit fand. Einer der Raumfahrtpioniere, Eugen Sänger, erwähnte auf einem Astronautenkongreß in Rom 1956 wohl zum erstenmal die Konsequenzen für die Raumfahrt. Würde man einen Astronauten mit annähernder Lichtgeschwindigkeit ins Weltall schießen, dann würde er auf seiner Reise, von der Erde aus gesehen, kaum altern. »Die irdischen Jahre würden für die Raumfahrer wie Sekunden vergehen, und sie könnten jahrelang reisen, ohne einen Tag zu altern. Der Schock für die Raketenbesatzung würde erst kommen, wenn sie zur Erde zurückkehrten. Sie würden ihre Frauen und Freunde lange tot vorfinden, und ihre Kinder wären alt geworden während einer Reise, die scheinbar nur einige Tage gedauert hatte.« Stellt die Relativitätstheorie einen Jungbrunnen in Aussicht, der zwar nicht ein ewiges, aber ein vielfach verlängertes Leben verspricht? Diese Vision erscheint so unglaublich, daß sie für viele Jahre einer der Hauptangriffspunkte der Gegner der Relativitätstheorie war. Dieser Streit wurde bekannt unter dem Begriff »Uhrenparadoxon« oder »Zwillingsparadoxon«.

Zwei Zwillinge, Peter und Paul, sind doch so verschieden, daß Paul Astronaut wird, während Peter lieber auf der Erde bleibt. Eines Tages hebt das Raumschiff mit Paul ab (da wir uns bereits im nächsten Jahrtausend befinden, besitzt es Photonen- und Antimaterieantrieb). Paul gibt Vollgas und fliegt nach einiger Zeit mit 90% der Lichtgeschwindigkeit dahin. Peter sieht ihm mit einem Fernrohr nach und stellt fest, daß Pauls Uhr langsamer geht, sein Herz schlägt langsamer, alles im Raumschiff läuft in Zeitlupe ab (der Verzögerungsfaktor beträgt etwa 2,3). Paul fliegt einige Jahre durch das All. Schließlich bekommt er Heimweh, läßt sein Raumschiff eine elegante Kurve fliegen und kehrt zur Erde zurück. Dort stellt er fest, daß Peter an Krücken geht und einen langen Bart trägt, denn er ist mittlerweile doppelt so alt wie Paul. Nimmt Peter dies ohne weiteres hin? Keineswegs! Er beruft sich auf Einstein, der sagt, jede Bewegung sei relativ und jeder Standpunkt gleich gut. Also lacht Peter und sagt: »Lieber Paul, ich mit der Erde und allen Sternen bin durch den Raum geflogen, während du mit deinem Raumschiff stillgestanden bist. Ergo gingen meine Uhren langsamer, und ich bin jünger.« Damit wirft er seine Krücken weg.

Wer hat recht? Einstein sagt, daß beide Beobachtungssysteme gleichwertig sind, wenn sie sich mit gleichförmiger Geschwindigkeit gegeneinander bewegen. Also müßten wir aus Symmetriegründen schließen, daß sich Peter und Paul als Gleichaltrige treffen. Nach Einstein sollen aber die Uhren in einem bewegten System langsamer gehen. Widerspricht sich Einstein selbst, haben wir eine logische Inkonsequenz, ein Paradoxon aufgedeckt? Hier hakten die Gegner der Relativitätstheorie ein. Der Fall ist aber längst geklärt, und zwar zugunsten Einsteins.

Der springende Punkt besteht darin, daß die spezielle Relativitätstheorie nur für *gleichförmig* gegeneinander bewegte Systeme gilt. Wird ein System beschleunigt oder abgebremst, dann werden die Dinge komplizierter, und man muß die allgemeine Relativitätstheorie anwenden. Wenn die beiden Zwillinge sich trennen, dann müssen sie sich für ewig mit konstanter Geschwindigkeit voneinander entfernen, wenn die Gesetze der speziellen Relativitätstheorie gelten sollen. In diesem Fall verschwindet Paul aber mit seinem Raumschiff im Weltall, und die beiden Brüder haben nie mehr Gelegenheit, ihr Alter am selben Ort zu vergleichen. Insofern besteht kein interner Widerspruch in der Theorie. Aber das ist nicht das Ende.

Man kann natürlich fragen, was passiert, wenn Paul seine Bremsraketen zündet, wendet und zur Erde zurückkehrt. Genauere Untersuchungen unter Zuhilfenahme der allgemeinen Relativitätstheorie brachten die große Überraschung: Paul kehrt tatsächlich jünger zurück! Die beiden Systeme, Erde in Ruhe und bewegtes Raumschiff, sind nämlich nicht gleichwertig. Dies steht nicht im Widerspruch zur speziellen Relativitätstheorie, denn Pauls Raumschiff hat eine Beschleunigung bzw. Verzögerung erfahren. Beim Start wurde er in seinen Sitz gedrückt, beim Wendemanöver flog er gegen die Bordwand, und vor der Landung wird Paul während des Bremsmanövers nach vorne gedrückt. Von all dem hat Peter nichts gemerkt. Durch Beschleunigungs- und Verzögerungsmessungen ist es also sehr wohl möglich festzustellen, welches System in Bewegung gekommen ist und welches in Ruhe verharrte. Genau von dieser Möglichkeit machen die Trägheitsnavigationssysteme in Flugzeugen und Unterseebooten Gebrauch.

Wenn es mit Beschleunigungsmessern möglich ist, das bewegte System zu identifizieren, wird der Jungbrunnen dann Wirklichkeit? Die unglaubliche Antwort ist: Ja! Und es ist die einzige Möglichkeit, daß die Menschheit eines Tages wirkliche Raumfahrt beginnt. Verglichen mit den schier unendlichen Weiten des Weltalls sind alle unsere Raumflüge, eingeschlossen diejenigen zum Mond und zu den Planeten, kleine Hüpfer. Der uns am nächsten liegende Fixstern Alpha-Centauri hat eine Entfernung von 4,5 Lichtjahren. Die schnellsten bisher gebauten Raumsonden (z. B. Pionier 10) bewegen sich etwa 10000mal langsamer als das Licht. Eine Reise zu unseren nächsten Sternennachbarn würde für Hin- und Rückflug also 90000 Jahre dauern. Gelänge es, ein Raumschiff auf »nur« halbe Lichtgeschwindigkeit zu bringen, was allerdings noch in weiter Ferne liegt, dann würde die Besatzung bei ihrer Rückkehr nicht 18, sondern nur 15,6 Jahre älter sein, ein schon merkbarer Effekt. Wollen wir unser Milchstraßensystem erforschen, dann müssen wir Entfernungen entsprechend 30000 Lichtjahren (Durchmesser unserer Galaxie) zurücklegen. Nur ein Fahrzeug, das sich fast so schnell wie das Licht bewegt, könnte es schaffen, die Milchstraße in weniger als einem Menschenleben Bordzeit zu durchqueren. Bei Rückkehr zur Erde wären dann aber in Erdzeit mehr als 200 Jahre vergangen. Also doch eine Reise in die Zukunft!

Skeptiker werden immer noch zweifeln, ob es das »Jungbleiben beim Fliegen« wirklich gibt. Steckt in diesen Überlegungen, die über die eigentliche spezielle Relativitätstheorie hinausgehen, nicht vielleicht doch irgendwo ein Trugschluß? Nach langjährigen Vorbereitungen konnte 1977 bei CERN ein Experiment durchgeführt werden, das genau der Geschichte von Peter und Paul entspricht. E. Picasso und J. M. Farley hatten zusammen mit mehreren Kollegen einen Magnetring mit 14 m Durchmesser aufgebaut. In diesen konnten Myonen eingeschossen werden, die dann praktisch ohne Verluste viele Male im Kreis umliefen. Myonen sind instabile Teilchen, die nach 2,2 Mikrosekunden in Elektronen zerfallen. Durch Beobachtung dieser Zerfallselektronen läßt sich die Lebensdauer der Myonen leicht messen. Befinden sie sich in Ruhe, dann registriert man die genannte Zeit. Wenn die Myonen im Magnetring umlaufen, haben sie eine Geschwindigkeit von v = 0,9994 c (entsprechend einem Impuls von 3,094 GeV / c). Die Bewegung dieser Myonen entspricht nun weitgehend derjenigen von Pauls Raumschiff, denn sie fliegen weg und kommen zurück; der einzige Unterschied ist, daß sie nicht erst geradeaus fliegen, dann eine Kehrtwendung machen und geradlinig zurückfliegen, sondern sich auf einer Kreisbahn allmählich entfernen und wieder zurückkehren. Dabei fühlen sie ständig die Zentrifugalkraft, so daß es eindeutig ist, daß die Myonen in Bewegung sind und nicht der Magnetring. Die Myonen zerfallen nun im Flug, und vom Labor aus kann man die Zerfallselektronen mit Zählern beobachten und daraus die Lebensdauer der kreisenden Myonen messen (Tab. 5.2).

Tabelle 5.2

Meßergebnis:			
Lebenszeit für die kreisenden Myonen	64,378	± 0,026	μsec
Lebenszeit für ruhende Myonen	2,19711	± 0,00008	μsec
Verlängerungsfaktor (Experiment)	29,327	± 0,004	
Theorie:			
Verlängerungsfaktor	29,304		

Dies bedeutet, daß eine Verlängerung der Lebenszeit für bewegte Myonen um fast einen Faktor 30 nachgewiesen wurde. Der Verlängerungsfaktor stimmt mit dem nach Einstein berechneten bis auf etwa 1 Promille überein.

Könnten wir ein Raumschiff bauen, das auf die gleiche Geschwindigkeit wie die Muonen zu bringen wäre, dann käme Paul nach 29 Generationen zurück. Dies wäre möglich, wenn wir nur den geeigneten Antriebsstoff für das Raumschiff finden könnten. Dessen technische Entwicklung wird noch einige Zeit dauern, und so wird es für die jetzt auf der Erde lebende Generation keine Reise in die Zukunft geben, obwohl die Möglichkeit dafür klar vor unseren Augen liegt.

Zum Abschluß der Betrachtungen über die Zeit möchte ich auf zwei Probleme eingehen, die von besonderem Interesse sind, auf die es aber noch keine endgültige Antwort gibt. Das erste betrifft den *Zeitpfeil*. Warum läuft die Zeit nur in eine Richtung, warum werden wir alle älter? Durch unsere Erfahrung sind wir so daran gewöhnt, daß die Frage fast widersinnig und unnütz erscheint. Aber es zeigt sich, daß alle Naturgesetze, die man aus Beobachtungen an Systemen kennt, welche nur aus wenigen Teilen bestehen, keinen Zeitpfeil enthalten. Die aus der Bewegung der Planeten abgeleiteten Newtonschen Gesetze enthalten genausowenig eine Zeitrichtung wie die aus den Elektronenbahnen der Atome entwickelten quantenmechanischen Formeln. Würden die Planeten in umgekehrter Richtung um die Sonne laufen, dann würde sich an den Newtonschen Gesetzen nichts ändern.

In der Thermodynamik, wo man es mit extrem vielen Teilchen zu tun hat, z. B. den Molekülen in einem Gas, gibt es ein Gesetz – den sogenannten Zweiten Hauptsatz –, das besagt, daß sich unter gewissen Bedingungen (keine Energiezufuhr) solche Systeme zeitlich immer nur in einer Richtung entwickeln. Bringt man zwei Körper mit verschiedenen Temperaturen in Berührung, dann gleichen sich die Temperaturen stets aus, während sich nie eine größere Temperaturdifferenz von selbst ausbildet. Es ist merkwürdig, daß wir diese Unumkehrbarkeit von physikalischen Prozessen, wozu auch unser Leben gehört, nur an Körpern des täglichen Lebens feststellen. Im Prinzip sind ja auch die Vorgänge im Makrokosmos bestimmt durch die Gesetze im atomaren Bereich, die eine Zeitumkehr erlauben. Wieso die Verhältnisse im Makrokosmos verschieden sind von denjenigen im Mikrokosmos, verstehen wir noch nicht. Die experimentell festgestellte Tatsache, daß auch im Mikrokosmos einige Prozesse die Symmetrie gegenüber der Zeitumkehr ein ganz klein wenig verletzen (Kap. 13), kompliziert das Problem nur. Auch das Studium der Geschichte des Kosmos als Ganzem hat bisher noch keine eindeutigen Erklärungen für den Zeitpfeil geliefert, obwohl einige Theoretiker glauben, Hinweise dafür gefunden zu haben.

Ein anderes Problem bezieht sich darauf, ob die Zeit *kontinuierlich* oder *diskret* ist. Fließt die Zeit stetig vor sich hin wie ein Fluß, oder bewegt sie sich in kleinen Schritten wie der Sekundenzeiger einer Uhr? Eine ähnliche Frage betrifft die Struktur des Raumes, da Raum und Zeit ja eng miteinander verknüpft sind. Lassen sich Zeit- und Raumabschnitte in immer kleinere Teile unterteilen, oder stößt man auf eine Grenze? Hierbei muß zwischen dem Raum an sich und der ihn erfüllenden Materie unterschieden werden. Von der Materie wissen wir, daß es solche Grenzen gibt. Teilen wir ein Materiestück, dann gelangen wir über die Atome schließlich zu den Quarks. Die Materie ist nicht mehr kontinuierlich wie ein Stück Butter, sondern sie wird körnig. Gibt es auch Raum- und Zeitkörner?

Diese Frage ist anscheinend nicht so abwegig. Es scheint, daß schon in der alten indischen Kultur der Begriff einer diskreten Zeit, die aus einzelnen »gegenwärtigen Momenten« besteht, existierte. Auch die Griechen übertrugen etwa ein Jahrhundert vor Christi Geburt die atomistische Theorie auf die Zeit. Jedes Objekt sollte aus einer Folge von momentanen »Existenzen« bestehen. Später formulierten die Araber eine Theorie, nach der Raum und Zeit aus »Atomen« bestehen sollten. Und schließlich schlug Heisenberg ernsthaft die Existenz einer fundamentalen Länge λ, die nicht unterschritten werden könne, vor, die automatisch auch zu einer kleinsten Zeiteinheit T, dem »Chronon«, führen würde (die beiden sind verknüpft durch die Lichtgeschwindigkeit: $\lambda = T \cdot c$). Es gibt keinerlei theoretische Hinweise dafür, wie groß eine solche Fundamentallänge sein könnte. Experimente bei den höchsten verfügbaren Energien, die Aufschlüsse über die Raum-Zeit-Struktur bei kleinsten Abständen ergeben, zeigen, daß die Fundamentallänge kleiner als ein Tausendstel des Protonenradius oder ein Hundertmillionstel eines Atoms betragen muß (kleiner als 10^{-16} cm). Die Länge eines Chronons muß danach kleiner als etwa $3 \cdot 10^{-27}$ Sekunden sein, eine unvorstellbar kurze Zeitspanne.

Ist alles relativ?

Die spezielle Relativitätstheorie von Einstein ist häufig aus weltanschaulichen Gründen angegriffen worden. Ihr wurde der Vorwurf gemacht, daß sie alle festen Bezugspunkte abschaffe, daß alle Aussagen vom Standpunkt des Beobachters abhingen und daß damit alle Werte relativiert würden. Diese Vorwürfe kamen meist von Geisteswissenschaftlern. Jeder Physiker, der heute die Relativitätstheorie schon in frühen Semestern lernt, weiß, daß solche Kritik völlig danebentrifft.

In der Relativitätstheorie geht es nicht darum, alles relativieren zu wollen, sondern das Ziel besteht gerade darin, jene Größen zu finden, die unabhängig von der Bewegung des Beobachters ihren Wert behalten. Man nennt sie »relativistische Invarianten«.

In unserer Alltagswelt stellen wir fest, daß die Länge eines Stabes unabhängig davon ist, ob wir ihn verschieben, drehen oder ihn mit einer gewissen Geschwindigkeit an uns vorbeifliegen lassen. Einstein sagt, daß dies nicht mehr gilt, wenn sich der Stab mit Geschwindigkeiten vergleichbar der Lichtgeschwindigkeit bewegt: Der fliegende Stab erscheint dann verkürzt. Bei der Verschmelzung von Raum und Zeit findet man jedoch, daß eine neudefinierte Länge des Stabes unverändert bleibt. Bewegen wir uns in den drei Raumdimensionen, dann berechnet man die Stablänge bei willkürlicher Lage des Stabes aus den Raumkoordinaten x, y und z (vorn, rechts, oben). In der Relativitätstheorie lernen wir in vier Dimensionen zu denken: Die Zeit muß hinzugenommen werden. Wenn dies auch für die Alltagsanschauung schwer zu akzeptieren ist, so läßt sich mathematisch die vierdimensionale Länge des Stabes leicht berechnen, und diese Länge behält ihren Wert, gleichgültig, mit welchen Geschwindigkeiten der Stab sich bewegt. Wir haben eine »Invariante« gefunden.

Ein anderes Beispiel finden wir bei der Energie. In der klassischen Physik und Chemie lernt man, daß ein Erhaltungssatz für die Energie gilt: Man kann sie von einer Form in eine andere umwandeln, z. B. Wärmeenergie in elektrische, mechanische Energie in Wärme und umgekehrt, aber in keinem Fall kann man Energie aus dem Nichts erzeugen. Einstein lehrt uns nun, daß Energie nur zusammen mit der Masse der Materie erhalten ist. Energie im geläufigen Sinne ist also keine Invariante, sondern allein die sogenannte Gesamtenergie, d. h. die Summe aus Energie und Masse, besitzt einen festen Wert. Wir haben dies am Beispiel der Uranspaltung[9] kennengelernt, und wir werden bei der Besprechung der Antimaterie darauf zurückkommen. Für das Verständnis der kosmologischen Entwicklung ist die Umwandlung von Energie in Materie in den Anfängen des Kosmos und von Materie in Energie in späteren Stadien unumgänglich notwendig. Erst durch Einstein wurde eine solche Betrachtungsweise möglich.

Gibt es doch einen absoluten Raum?

Wie ich oben (S. 116) beschrieben habe, stellt die Verneinung der Existenz eines absoluten Raumes eine der begrifflichen Neuerungen der speziellen Relativitätstheorie dar. Der Lichtäther als Verkörperung des absoluten Raumes erwies sich als inexistent. Es ist vielleicht amüsant oder je nach Gemütsverfassung auch verwirrend, daß neuerdings ein Ersatz für den Lichtäther »entdeckt« wurde, der wieder einen absoluten Raum definiert. Ich spreche von der *kosmischen Hintergrundstrahlung*.

Seit Jahrtausenden bewundern Menschen den gestirnten Nachthimmel, und die Erfindung des Teleskops im 17. Jahrhundert hat uns den Zugang zu den Weiten des Kosmos erschlossen. Mit unserem Auge erfassen wir aber nur einen winzigen Teil der Signale, die dauernd auf uns aus dem Weltall einströmen. In den letzten Jahrzehnten konnten wir unseren »Sehbereich« ganz entscheidend erweitern. Die Entwicklung der Radartechnik im letzten Weltkrieg lieferte die Möglichkeit, mit großen Antennen in das Weltall zu lauschen, um Signale bei sehr viel größeren Wellenlängen, als sie unser Auge wahrnimmt, zu empfangen. Neuerdings gibt es Satelliten, die Nachweisgeräte tragen, um die extrem kurzwelligen Gammastrahlen aufzufangen, die nicht durch die abschirmende Atmosphäre auf die Erdoberfläche gelangen. Auf diese Weise konnte in den letzten 20 Jahren das kleine Schlüsselloch, durch das das sichtbare Licht zu uns gelangt, zu einem breiten Panoramafenster erweitert werden.

Die Geschichte einer der größten kosmologischen Entdeckungen begann auf dem Forschungsgelände der Bell-Laboratorien in New Jersey, USA. Dort hatte man die Idee, eine alte Antenne (die benutzt worden war, um Echosignale von Satelliten zu empfangen) umzubauen, so daß man damit in den Weltraum lauschen könnte. Die Antenne sah nicht wie eine gewöhnliche Fernsehantenne aus, denn sie arbeitete bei einer Wellenlänge von 7 cm, also einer etwa 10mal kleineren als der beim Fernsehen verwendeten. Für solche ultrakurzen Wellenlängen benutzt man am besten eine Art überdimensionales Hörrohr. Arno Penzias und Robert W. Wilson hatten eigentlich die Mikrowellenstrahlung der Milchstraße untersuchen wollen, aber sie fanden 1965 eine Strahlung, die aus Gebieten des Himmels kam, wo es eigentlich keine strahlenden Objekte geben sollte. Sie hat keine geordnete Signalstruktur, sondern »rauscht«, wie etwa die Wärmestrahlung, die von einem heißen Ofen ausgesandt wird. Die Strahlung aus dem Weltall ist aber sehr schwach, und Penzias und Wilson fanden, daß die von ihnen entdeckte Strahlung derjenigen eines Körpers mit einer Temperatur von nur 3° oberhalb des absoluten Nullpunktes (−270 °C) entsprach.

Nicht weit weg vom Ort dieser Beobachtungen suchte eine Gruppe unter Leitung von Robert Henry Dicke an der Princeton University (auch in New Jersey) nach einem kosmischen Rauschen. Dicke hatte 1964 Ideen des genialen russischen Physikers Georgij A. Gamov wiederaufgenommen. Er ging davon aus, daß das Universum mit einem Urknall begonnen hat, bei dem heiße Strahlung erzeugt wurde. Im Laufe der folgenden Milliarden Jahre dehnte sich das Weltall aus, und die durch den Raum vagabundierende Reststrahlung kühlte sich dabei ab. Die Princetongruppe deutete so die von Penzias und Wilson gefundene Strahlung unmittelbar als Überbleibsel des Urknalls. In der Tat wird heute diese *Hintergrundstrahlung* als einer der direktesten Beweise für den Urknall angesehen.

Im Zusammenhang mit der Relativitätstheorie und der Struktur des Raumes interessiert uns aber eine ganz spezielle Eigenschaft der Hintergrundstrahlung. Man stellte zunächst fest, daß diese Strahlung gleichmäßig und gleich stark aus allen Richtungen des Weltalls auf die Erde auftrifft. Ende der siebziger Jahre transportierte man in den USA Meßgeräte in Höhen von 20 km, wo die kosmische Hintergrundstrahlung bei noch kürzeren Wellenlängen (etwa Zehntelmillimeter) störungsfrei gemessen werden konnte. Überraschenderweise stellte sich heraus, daß sie aus einer bestimmten Richtung etwas stärker einfällt; der Unterschied beträgt nur etwa 6 Promille, kann aber gut gemessen werden.

Die Erklärung für diese Unregelmäßigkeit ist naheliegend. Wenn die Erde in einem sie gleichmäßig umgebenden Strahlungsbad schwimmt, dann sollte die Strahlung aus allen Richtungen gleich stark sein, sofern die Erde ruht. Bewegt sie sich dagegen relativ zum Strahlungsfeld, dann wird sie an der Vorderseite von mehr, an der Rückseite von weniger Strahlung getroffen. Es ist etwa so, wie wenn wir durch den Regen laufen – vorn werden wir mehr, hinten weniger naß. Wir wissen nun, daß sich die Erde um die Sonne und diese mit ihren Planeten sich um das Zentrum der Milchstraße bewegt. Dies reicht jedoch anscheinend nicht aus, um die unsymmetrische Bestrahlung zu erklären, sondern die Messungen deuten darauf hin, daß sich unsere Galaxie mit einer Geschwindigkeit von etwa 500 km/sec in Richtung des Sternbildes Hydra bewegt. Sehen wir von diesem Fahrtwind in der Hintergrundstrahlung ab, so zeigt diese keine meßbare Ungleichförmigkeit.

Ist es daher vorstellbar, daß die Hintergrundstrahlung den absoluten Raum darstellt und also die Rolle des Äthers übernimmt? Kommt der absolute Raum in Form der Hintergrundstrahlung durch die Hintertür doch wieder zurück? Müssen wir Einstein revidieren?

An der durch viele Experimente bestätigten speziellen Relativitätstheorie, die lehrt, wie wir Beobachtungen aus einem Bezugssystem in ein anderes, zum ersteren gleichförmig bewegtes umrechnen (»transformieren«), ändert die Existenz der Hintergrundstrahlung nichts. Die spezielle Relativitätstheorie gibt nur einen Rahmen dafür ab, wie wir die Naturgesetze »invariant« formulieren müssen, nämlich so, daß sie nicht von einem speziellen Beobachtungssystem abhängen. Über die Art und Form der Naturgesetze oder über die Entwicklung des Kosmos sagt sie nichts aus. Der von ihr angebotene »leere« Rahmen muß erst gefüllt werden. Die Vorstellungen über den Urknall und die danach entstandene Hintergrundstrahlung sind ein Schritt zur Füllung dieses Rahmens. Die Hintergrundstrahlung legt den Schluß nahe, daß das Universum mit einem Urknall begann. Das Bezugssystem, das durch die Ausdehnung des Weltalls festgelegt ist, wird durch diese »Anfangsbedingungen« ausgezeichnet. Dadurch kann zwar ein Raumschiff an jedem Ort im Universum seine Geschwindigkeit gegenüber der Hintergrundstrahlung messen, aber das Michelson-Experiment bleibt trotzdem richtig.

Die allgemeine Relativitätstheorie

Die spezielle Relativitätstheorie befaßt sich mit der Beschreibung von physikalischen Vorgängen in verschiedenen Beobachtungssystemen, die sich gegeneinander mit *gleichmäßiger* Geschwindigkeit bewegen.

Nun ist die Beschränkung auf gleichförmig gegeneinander bewegte Bezugssysteme natürlich nicht ausreichend. Dies ist ein besonders einfacher Spezialfall, und daher rührt auch der Name *spezielle Relativitätstheorie.* Jeder Autofahrer merkt natürlich, daß bei der Beschleunigung und beim Abbremsen Vorgänge passieren, die ungleich wichtiger sind als das monotone Dahinrollen bei konstanter Geschwindigkeit. Die *allgemeine Relativitätstheorie* versucht, auch Beschleunigungs- und Abbremsvorgänge in den Griff zu bekommen. Dabei geriet Einstein allerdings auf eine Straße, die in mancher Beziehung die Gültigkeit der allgemeinen Relativitätstheorie beschränkter erscheinen läßt als diejenige der speziellen Relativitätstheorie. Dies daher, weil die allgemeine Relativitätstheorie sich zum Ziel setzt, die *Schwerkraft* zu erklären. Die Schwerkraft spielt eine ausschlaggebende Rolle bei astrophysikalischen Prozessen, und ein Verständnis der Geschichte des Kosmos ist ohne die allgemeine Relativitätstheorie heute nicht mehr denkbar. Auf der anderen Seite ignoriert sie weitgehend die Existenz der anderen bekannten Kräfte und ist daher weit davon entfernt, einen allgemeinen Rahmen für die Physik abzugeben. Einstein hatte bis in seine späten Lebensjahre gehofft, daß er die allgemeine Relativitätstheorie zu einer allumfassenden Theorie für alle Kräfte entwickeln könnte. Aber dieser Versuch war genauso ein Fehlschlag wie die spätere Weltformel von Heisenberg.

Während die spezielle Relativitätstheorie sozusagen ein Hilfsmittel für Ingenieure geworden ist, bleibt die allgemeine Relativitätstheorie ein auch für Physiker mathematisch schwer verständliches »Mysterium«, das bisher nur einige wenige experimentelle Bestätigungen gefunden hat, auf die hier aber nicht näher eingegangen werden soll. Sie spielt im Mikrokosmos kaum eine Rolle, da die Schwerkraft sehr viel schwächer ist als die anderen Kräfte (Kap. 2). In neuen Theorien (Kap. 13), in denen versucht wird, alle Kräfte auf eine einzige Urkraft zurückzuführen, spielt die allgemeine Relativitätstheorie aber eine wichtige Rolle.

Bevor man an die Vereinigung aller Kräfte denken kann, ist es unerläßlich, die Eigenschaften der Einzelkräfte zu verstehen. Wie bei den anderen Kräften stellt sich auch für die Schwerkraft die Frage, ob sie sich in Form von Wellen durch den leeren Raum ausbreitet. Die Existenz von solchen *Gravitationswellen* wird von der allgemeinen Relativitätstheorie vorhergesagt. Ähnlich wie beim

Hin- und Herschütteln einer elektrischen Ladung eine elektromagnetische Welle erzeugt wird (was in einer Antenne geschieht), so soll eine oszillierende Masse eine Gravitationswelle aussenden, die man mit einer »Masseantenne« empfangen kann. Die Schwerkraft ist leider so schwach, daß man sehr große Massen bewegen muß, um meßbare Schwerewellen zu erzeugen. Es kommen daher nur kosmische Quellen als Ausgangspunkt für Schwerewellen in Betracht. Das Interesse konzentriert sich auf zwei Sorten von Objekten: erstens Doppelsterne, wo zwei massive Sterne umeinander kreisen und dabei kontinuierliche Gravitationswellen aussenden, und zweitens Supernovae, wo bei einem Sternkollaps eine Gravitationsschockwelle entstehen soll.

Es gab einige Aufregung, als 1969 der amerikanische Physiker J. Webber mitteilte, er hätte zum erstenmal Gravitationswellen beobachtet. Als Antenne hatte er einen massiven Zylinder aus Aluminium (153 cm lang, 66 cm Durchmesser, 1400 kg schwer), der möglichst erschütterungsfrei aufgehängt war, benutzt. Eine Gravitationswelle würde ihn zu Schwingungen anregen. Durch eine bewunderungswürdige Meßtechnik war es möglich, Relativbewegungen der Endflächen des Zylinders von weniger als einer Atomdicke noch zu messen. Nach Bekanntgabe der ersten Ergebnisse stürzten sich mehrere Forschergruppen in den USA und in Europa auf dieses Gebiet, und es wurden Gravitationsantennen mit verbesserter Meßtechnik gebaut (eine, konstruiert von einer Gruppe an der Universität Rom, befindet sich bei CERN, eine andere in München). Weder Webber selbst noch den anderen Gruppen war es aber möglich, die ursprünglichen Ergebnisse zu bestätigen. Es muß sich wohl um Störeffekte gehandelt haben.

Die Antennenbetreiber hatten großes Pech. Am 23. Februar 1987 wurde der Lichtblitz einer Supernova-Explosion beobachtet, die die Bezeichnung SN 1987A bekam. Die letzte mit bloßem Auge sichtbare Supernova-Explosion ereignete sich 1604, sie wird die Kepler-Supernova genannt, weil dieser Astronom sie beobachtete. Davor wurde im Jahre 1054 von chinesischen Wissenschaftlern eine Sternexplosion, die sogar bei Tageslicht erkennbar war, beobachtet und genau beschrieben. Seit der Erfindung der großen Teleskope hat man, vor allem in jüngster Vergangenheit, mehrere hundert Supernovae beobachtet, die aber alle aus anderen Galaxien kamen und daher viel zu weit entfernt waren, um die von ihnen ausgesandten Gravitationswellen zu messen. Die SN 1987A ereignete sich zwar auch außerhalb unseres Milchstraßensystems, aber sie liegt in der Magellanschen Wolke, einem nur 150000 Lichtjahre entfernten Sternhaufen. (Diese Entfernung bedeutet, daß die SN 1987A schon vor 150000 Jahren explodierte, aber das entspricht trotzdem unserer nächsten Nachbarschaft im All. Die nächste Galaxie, der Andromedanebel, ist 2,2 Millionen Lichtjahre entfernt.) Die Supernova von 1987 wäre daher eine einmalige Gelegenheit gewesen, die von solchen Explosionen erzeugten Gravitationswellen zu beobachten. Leider waren zu diesem Zeitpunkt (die Explosion dauerte nur einige Sekunden) alle, außer zwei sehr kleinen, Gravitationsantennen ausgeschaltet. Das war sogar auf Verabredung geschehen, weil man nach der Wartung alle Antennen gleichzeitig wieder in Betrieb haben wollte, um eine eventuelle Supernova gleichzeitig beobachten zu können.

Zum Trost gelang es anderen Gruppen zum erstenmal, die bei der Supernova-Explosion ausgesandten Neutrinos nachzuweisen (siehe S. 111 und Kap. 10). Aber dies wäre eine andere Geschichte.

6. Kollisionsmaschinen: der neue Weg zu höheren Energien

Wenden wir uns nun wieder den technologischen Weiterentwicklungen auf dem Gebiet der Teilchenphysik zu.

Im Juni 1956 fand in Genf ein denkwürdiges Treffen statt. Am Ufer der Arve, die im Stadtgebiet von Genf in die Rhone fließt, liegt das Gebäude des Physikalischen Instituts der Universität. Dort hat CERN, dessen eigene Gebäude noch im Bau waren, ein Symposium veranstaltet, an dem etwa 200 Wissenschaftler aus verschiedenen Ländern teilnahmen. Dieses Symposium wurde deshalb zu einem besonderen Ereignis, weil sich hier zum erstenmal nach dem Krieg und nach der Konferenz »Atome für Frieden« (die im vorhergehenden Jahr gleichfalls in Genf stattgefunden hatte) ein Tor auftat: Wissenschaftler aus Ost und West trafen sich und konnten in großer Offenheit über ihre Arbeiten berichten und ihre neuesten Ideen vortragen. Die eine Hälfte der Tagung befaßte sich mit dem Bau von Beschleunigern, die zweite war der Physik mit solchen Maschinen gewidmet. Die bekanntesten Wissenschaftler aus den USA, der Sowjetunion und aus Europa waren zugegen: Ernest Orlando Lawrence (der »Vater« der modernen Beschleuniger), Edwin Matthison McMillan (einer der Erfinder des Synchrotrons), Vertreter der jüngeren Generation wie Donald W. Kerst, D. K. O'Neill und N. Sands, von denen gleich noch die Rede sein wird, und Wolfgang Panofsky (langjähriger Direktor von SLAC); von russischer Seite Tagungsteilnehmer, deren Namen schon lange in Kreisen der Beschleunigerbauer bekannt waren, mit denen bisher aber nur geringe persönliche Kontakte bestanden: G. I. Budker (der in Novosibirsk ein heute weltbekanntes Institut aufbaute), V. I. Veksler (der andere Erfinder des Synchrotrons) und A. A. Kolomenski. Die Europäer hatten auch schon ein wesentliches Wort mitzureden: Nicht nur die Gruppe um John Adams, die bei CERN das PS bauen sollte, sondern auch eine Bonner Gruppe und englische und italienische

Fachleute leisteten wertvolle Beiträge. Diese Konferenz war der Anfang einer Reihe von internationalen Beschleunigertagungen, die ab 1959 in Abständen von zwei bis drei Jahren abwechselnd in Europa, den USA und der Sowjetunion stattfanden. Die letzte Zusammenkunft erfolgte im Sommer 1986 in Novosibirsk.

Auf der Tagung 1956 in Genf wurde der Grundstein zu einem ganz neuen Weg gelegt. Zum erstenmal zog man dort in realistischer Weise die Möglichkeit von *Speicherringen* oder, wie sie richtiger heißen sollten, von *Kollisionsmaschinen* in Betracht. Während drei Jahrzehnten war das Synchrotron das Arbeitspferd der Hochenergiephysik gewesen, mit dem es gelungen war, zu immer höheren Energien vorzustoßen. Wie wir sehen werden, gibt es aber eine Grenze, jenseits deren die Verwendung von Synchrotrons reine Geldverschwendung ist. Durch die Speicherringe wurde ein neues Fenster zu höheren Energiebereichen aufgestoßen; bis heute und sicher noch bis zum Ende des Jahrhunderts sind sie das Hauptwerkzeug der Hochenergiephysik.

Die Erfindung des Speicherrings ist ein Beispiel dafür, daß manchmal neue Ideen zu früh geboren werden. Die Grundkonzeption wurde erstmals 1943 von dem norwegischen Physiker Rolf Wideröe, der lange in Deutschland gearbeitet hat, ausgesprochen. Anstatt sie in einer Fachzeitschrift zu veröffentlichen, meldete Wideröe sie als deutsches Patent an, das weitgehend unbeachtet blieb. Erst etwa zehn Jahre später wurde die Idee von mehreren amerikanischen und russischen Gruppen wieder aufgegriffen. Grund für die lange Pause war aber nicht nur der geringe Bekanntheitsgrad des Patents, sondern es fehlten auch die notwendigen Techniken, um die neue Idee zu verwirklichen.

1956 wurden nun in Genf die ersten realistischen Ansätze für solche Kollisionsmaschinen für Protonen diskutiert. O'Neill berichtete von den Überlegungen von drei amerikanischen Gruppen; in der Diskussion wurden weitere Ideen von Wideröe, Kerst, Veksler und anderen beigesteuert. Heute erscheinen manche dieser Vorschläge skurril. Auf der anderen Seite enthielten sie schon die wichtigsten Grundgedanken für Speicherringe.

In den folgenden Jahren stellte sich heraus, daß die Realisierung von Speicherringen für Elektronen wesentlich einfacher ist als für Protonen. Es dauerte aber noch bis 1961, bevor der erste Elektronenspeicherring in Rom in Betrieb genommen wurde, und weitere zehn Jahre, bevor bei CERN zum erstenmal Protonen in einem Speicherring zur Kollision gebracht werden konnten.

Die Grundidee der Kollisionsmaschinen

Normalerweise werden Teilchen in einem Kreisbeschleuniger auf hohe Energien gebracht, mit einem gepulsten Magnetfeld herausgeholt und auf ruhende Atomkerne geschossen. Wie ich in Kapitel 1 erklärt habe, kann man um so tiefer in die Welt der Materie eindringen, je höher die verfügbaren Energien sind. Hier müssen wir nun genauer untersuchen, was unter »verfügbarer Energie« zu verstehen ist.

Wenn eine rollende Billardkugel auf eine ruhende Kugel trifft, dann kann es passieren, daß die ankommende Kugel in Ruhe liegenbleibt und die gestoßene mit der Geschwindigkeit der ankommenden Kugel weiterrollt. Bei einem solchen elastischen (zentralen) Stoß hat einfach ein Austausch von Energie stattgefunden, der uns im Fall von Elementarteilchen nicht viel Neues liefern würde. Wenn wir unbekannte Objekte zerlegen oder neue Teilchen erzeugen wollen, dann kommt es auf die Energie an, die zur »Deformation« nutzbar ist. Hierzu ein weiteres Beispiel (obwohl natürlich Beispiele immer hinken): Stößt ein fahrendes Auto auf ein parkendes Auto, dessen Bremsen nicht angezogen sind, dann entsteht zwar Schaden, aber er hält sich in Grenzen, da das gestoßene Auto (ähnlich wie die Billardkugel) sich in Bewegung setzt und nicht die volle Stoßenergie zur Beschädigung (Deformation) führt. Sind aber die Bremsen des parkenden Autos angezogen, dann wird fast die gesamte Stoßenergie in eine Verformung dieses Wagens umgewandelt. Denselben Trick können wir leider nicht beim Stoß von Elementarteilchen anwenden – es gibt keine Bremsen, die den ruhenden Atomkern festhalten könnten. Bei den Energien, die heutzutage in den Beschleunigern erzeugt werden, ist keine bekannte Kraft stark genug, um als Feststellbremse zu wirken.

Nochmal das Beispiel der Autos: Die größte Umwandlung bzw. Zerstörung erfolgt, wenn ein Auto nicht gegen ein ruhendes Objekt stößt, sondern wenn zwei Wagen frontal zusammenstoßen. Die Re-

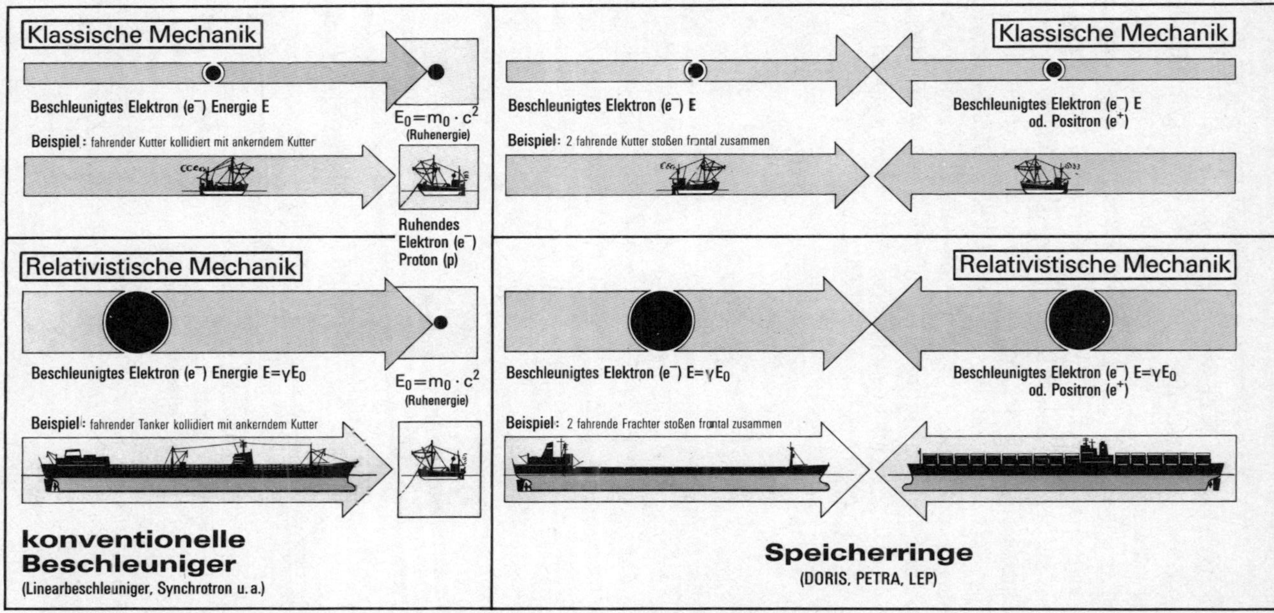

Abb. 6.1 *Veranschaulichung des Unterschiedes zwischen dem Stoß gegen ein ruhendes Objekt und zwei frontal kollidierenden Objekten. Diese Unterschiede sind bei hohen Geschwindigkeiten (nahe der Lichtgeschwindigkeit) noch viel ausgeprägter als in der klassischen Mechanik.*

geln der Physik lehren, daß die gesamte Bewegungsenergie der aufeinanderprallenden Autos umgewandelt werden kann, wenn die beiden Objekte gleich schwer sind und mit gleichen Geschwindigkeiten frontal aufeinandertreffen. Eben dies ist die prinzipielle Idee der Kollisionsmaschinen:

Anstatt einen Teilchenstrahl auf ruhende Teilchen treffen zu lassen, ist es viel wirkungsvoller, zwei Teilchenstrahlen frontal gegeneinanderzuschießen. Bei den Teilchenenergien, mit denen wir es zu tun haben, erweist sich dieser Trick noch ungeheuer viel wirkungsvoller, als es das Beispiel mit den Autos ahnen läßt. Dies liegt daran, daß die Gesetze der Einsteinschen Relativitätstheorie gelten. Wie wir in Kapitel 5 hörten, nimmt beim Beschleunigen von Teilchen deren Geschwindigkeit nicht mehr wesentlich zu, wenn sie in die Nähe der Lichtgeschwindigkeit kommt. Weitere Energiezufuhr er-

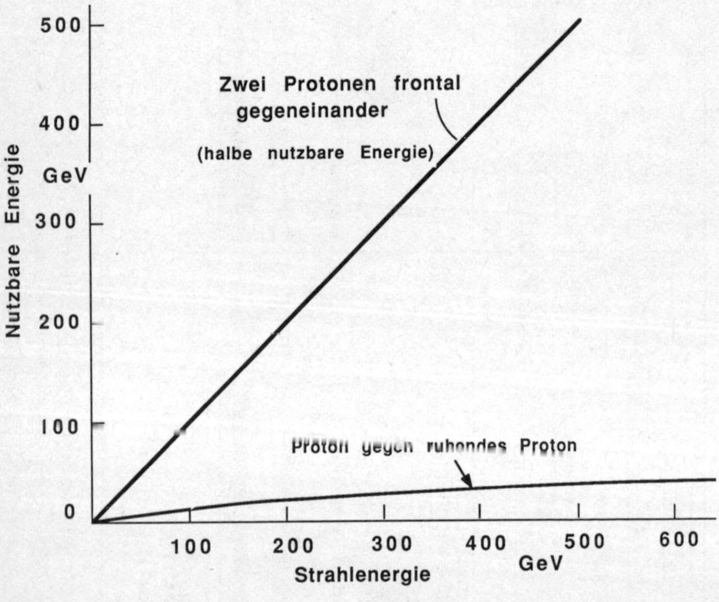

Abb. 6.2 *Die »nutzbare« Stoßenergie in Abhängigkeit von der Strahlenergie des Beschleunigers bei Stößen gegen stationäre Objekte und bei frontalen Zusammenstößen (Speicherringe).*

gibt eine Massenzunahme, aber keine wesentliche Geschwindigkeitserhöhung. Ein Proton, das auf 500 GeV beschleunigt wurde, hat geradezu eine Mästung durchgemacht, die ihm das 500fache Gewicht verschafft hat. Wieder zum Autobeispiel: Es ist also so, als ob ein 500-Tonnen-Ungetüm, etwa eine Lokomotive, in voller Fahrt auf einen Personenwagen auffährt – das Ungetüm merkt von dem Zusammenstoß kaum etwas. Lassen wir dagegen zwei solche Ungetüme frontal aufeinanderprallen, dann sprühen die Funken (Abb. 6.1). Wie die nutzbare Energie beim Zusammenstoß von Protonen mit der Strahlenergie zunimmt, ist in Abbildung 6.2 dargestellt. Man erkennt, daß man nur mit Hilfe von gegeneinandergerichteten Teilchenstrahlen zu höheren nutzbaren Energien vordringen kann[18].

Wie jede große Idee ist diejenige, die den frontal aufeinandertreffenden Teilchen zugrunde liegt, einfach, aber leider nicht ausreichend. Die Teilchenbündel, die aus Beschleunigern herauskommen, haben Querschnitte von einigen Zentimetern oder, falls man sie mit Hilfe von starken Magneten fokussiert, immer noch von einigen Millimetern. Die Teilchen in diesen Strahlen sind so unvorstellbar klein, daß beim einmaligen Kreuzen solcher Teilchenstrahlen die Chance, daß zwei Teilchen wirklich zusammenstoßen, äußerst gering ist. Die meisten Teilchen würden einfach aneinander vorbeilaufen, ohne etwas von dem entgegenkommenden Teilchenstrahl zu merken.

Ein Ausweg besteht darin, daß man Teilchen mit entgegengesetzter Ladung, z. B. Elektronen und Positronen, in einem gemeinsamen Magnetring in entgegengesetzten Richtungen umlaufen läßt. Haben die Teilchen sich bei der ersten Begegnung verpaßt, dann haben sie nach einem Umlauf in dem Magnetring eine erneute Chance. Da wir von der Beschreibung der Beschleuniger (Kap. 3) her wissen, daß Teilchen mehrere hunderttausendmal in der Sekunde umlaufen, wird die Wahrscheinlichkeit für einen Zusammenstoß enorm erhöht. Erst dadurch wird es möglich, Experimente in einer erträglichen Zeitspanne auszuführen; ohne diesen Trick würden viele Jahre oder Jahrzehnte vergehen, bis man genügend Zusammenstöße beobachtet hätte.

Damit sind die Speicherringe (oder *Collider* = Kollisionsmaschinen, wie sie englisch genannt werden) mit den beiden wesentlichen

Elementen vorgestellt: 1) frontale Zusammenstöße zwischen in entgegengesetzter Richtung laufenden Teilchen statt Beschuß eines stationären Objektes, 2) Speicherung der Teilchen in einem Magnetring und damit wesentliche Erhöhung der Trefferquote. Technisch gesehen ist ein Speicherring im Grunde nichts anderes als ein Synchrotron, das nach der anfänglichen Beschleunigungsphase bei festem Magnetfeld, d. h. konstanter Energie, betrieben wird, wobei allerdings die Genauigkeitsanforderung wegen der langen Speicherzeiten enorm sind.

Die Experimentiereinrichtungen, mit deren Hilfe man die Zusammenstöße beobachten will, müssen offensichtlich unmittelbar am Speicherring aufgestellt werden, im Gegensatz zu den gewöhnlichen Beschleunigern, wo man die Teilchenstrahlen über Hunderte von Metern zu den Experimentieranordnungen führen kann.

An einem Speicherring haben meist nur wenige (ein bis vier) Experimentieranordnungen Platz. Es wäre daher unvorteilhaft, wenn Zusammenstöße auf dem gesamten Umfang des Speicherrings verteilt stattfinden würden, während man sie nur an wenigen Stellen beobachtet. Dieses Problem wird so gelöst: Anstatt die Teilchen gleichmäßig auf den Umfang des Speicherrings zu verteilen, werden sie in Paketen konzentriert. Nehmen wir an, in jedem der entgegengesetzten Teilchenstrahlen gebe es nur ein einziges Paket, dann würden sich beim Umlauf die beiden Teilchenpakete jeweils an zwei entgegengesetzten Orten treffen. Bei zwei Paketen pro Strahl gäbe es vier Kollisionspunkte und so weiter (Abb. 6.3).

Dabei muß man allerdings aufpassen, daß sich die entgegengesetzt umlaufenden Pakete wirklich im Inneren der Nachweisgeräte und nicht einige Meter daneben treffen. Dies kann durch den Zeitpunkt gesteuert werden, zu dem jedes der Pakete seinen Umlauf im Speicherring beginnt. Da die Teilchen praktisch mit Lichtgeschwindigkeit kreisen, ist es notwendig, eine ungeheure Präzision in der zeitlichen Steuerung der Teilchenpakete zu erreichen. Es gelingt heute, den Kollisionspunkt mit einer Genauigkeit von wenigen Zentimetern festzulegen, was eine Genauigkeit in der Zeitmessung und der Steuerung von weniger als einer milliardstel Sekunde erfordert. Eine solche Zeitgenauigkeit ist in den Beschleunigerlabors eine routinemäßige Technik.

Die Entwicklung der Speicherringe ist ein Musterbeispiel dafür, wie in der Forschung neue Ideen und technologische Entwicklungen zusammentreffen müssen. Die zu lösenden Probleme waren zahlreich. Fangen wir mit den *Magneten* an. Das Magnetfeld, das die Teilchen auf einer Kreisbahn hält, muß schon bei Beschleunigern recht genau den richtigen Wert haben. Weicht das Magnetfeld an einer bestimmten Stelle von seinem Sollwert ab, so werden die Teilchen

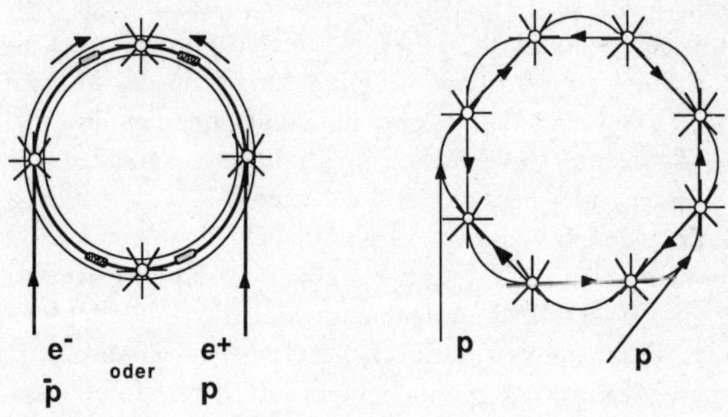

Abb. 6.3 *Verschiedene Anordnungen von Collider-Ringen. Bei der Speicherung von Elektronen und Positronen (oder Protonen und Antiprotonen) können die verschiedene elektrische Ladungen tragenden Teilchen in derselben Vakuumröhre in entgegengesetztem Sinn umlaufen. Sollen Teilchen derselben Art zur Kollision gebracht werden, dann benötigt man zwei Ringe mit entgegengesetzt gepolten Magnetfeldern. Die Kollisionspunkte sind angedeutet.*

etwas aus ihrer Bahn gelenkt. Wenn sie nach einem Umlauf wieder die gleiche Störung treffen, kann es passieren, daß die Ablenkung vergrößert wird. Es gibt nun bestimmte Bedingungen, unter denen sich diese Störungen dauernd verstärken und aufschaukeln; man spricht dann von einer Resonanzstörung. Als Folge davon werden die Teilchen so weit aus ihrer Bahn geworfen, daß sie auf die Wand der Vakuumröhre auftreffen und verlorengehen. Innerhalb von wenigen Sekunden kann man auf diese Weise alle Teilchen verlieren.

Solche Resonanzstörungen lassen sich bei Beschleunigern relativ leicht vermeiden, da ein Beschleunigungsvorgang nur einige Sekunden dauert und die Teilchen nicht allzu oft die Störungen durchlaufen. In einem Speicherring möchte man die Teilchen aber für Stunden oder sogar Tage kreisen lassen, um möglichst viele Zusammenstöße mit einer einzigen Füllung beobachten zu können. Während dieser vielen Stunden durchlaufen die Teilchen die Störungen im Magnetfeld viele Billionen Male, und die Anforderungen an die Genauigkeit des Magnetfelds müssen daher extrem hoch sein. Abweichungen dürfen meist nicht mehr als einige Zehntel Promille betragen. Dies gilt nicht nur für *einen* Magneten, sondern in den meisten Speicherringen für mehrere hundert oder sogar tausend Magnete (beim LEP-Speicherring ist der Umfang mit 3300 Magneten besetzt). Es gilt also die Toleranzforderungen nicht nur für einzelne Stücke zu erfüllen, sie müssen auch in der industriellen Serienfertigung eingehalten werden. Wahrscheinlich gibt es kaum andere großtechnische Projekte, wo ähnliche Genauigkeitsanforderungen eine so entscheidende Rolle spielen.

Die Präzision beschränkt sich natürlich nicht nur auf die Fabrikation der vielen Magnete, sie gilt auch für ihre Aufstellung. Wenn ein Magnet nicht an der richtigen Stelle steht oder leicht gekippt ist, dann können dadurch die Teilchen genauso aus ihrer Bahn geworfen werden wie bei einem Fabrikationsfehler des Magneten. Es müssen Vermessungsverfahren entwickelt werden, um die genaue Aufstellung der Magnete über Hunderte oder sogar Tausende von Metern sicherzustellen. Beim LEP-Projekt müssen die Magnete über Entfernungen von 10 km millimetergenau aufgestellt werden, und das in einem Tunnel, wo keine direkte Sichtverbindung besteht. Der etwa 27 km lange Umfang der Teilchenbahn in LEP darf nicht mehr als um etwa 2,5 cm vom genauen Sollwert abweichen.

Ein anderes technisches Problem betrifft die Erzeugung des *Ultrahochvakuums* in der Röhre, in der die Teilchen umlaufen. Wieder sind die Bedingungen bei einem Speicherring schwieriger zu erfüllen als bei einem Beschleuniger. Noch vorhandene Luftmoleküle würden die umlaufenden Teilchen aus der Bahn werfen, lange bevor sie eine Chance hatten, mit einem entgegenkommenden Teilchen zu kollidieren. Die benötigte Luftverdünnung muß so groß sein, daß der verbleibende Luftdruck etwa demjenigen an der Mondoberfläche entspricht (bis hinunter zu 10^{-13} Torr). Solche Luftverdünnungen wurden früher zwar in kleinen Gefäßen von etwa Literinhalt im Labor erreicht. Hier müssen diese Bedingungen jedoch im großtechnischen Maßstab in Metallröhren, die viele hundert Meter, ja sogar viele Kilometer lang sind, erzielt werden. Man mußte unter anderem neue Schweißverfahren und Flanschverbindungen entwickeln, um die vielen Teile der Vakuumröhre luftdicht miteinander zu verbinden. Es wurden Methoden zur Reinigung der Kammern, zur Lecksuche, für absolut luftdichte elektrische Durchführungen und gänzlich neue Arten von Pumpen entwickelt.

Ein Gebiet, das eine enorme Entwicklung erforderte, ist die zur Erzeugung der Beschleunigungsfelder benötigte *Hochfrequenztechnik*. Man könnte meinen, daß die Teilchen, wenn sie einmal im Magnetfeld gespeichert sind und bei konstanter Energie umlaufen, keine weitere Beschleunigung mehr brauchen. Hier gibt es nun einen fundamentalen Unterschied zwischen Speicherringen für Elektronen und Protonen. Elektronen senden beim Umlauf auf einer Kreisbahn Röntgenstrahlung aus, die wegen ihrer Erzeugungsart Synchrotronstrahlung genannt wird. Durch die Aussendung dieser Strahlen verlieren die Elektronen laufend Energie, die ersetzt werden muß.

Bei Speicherringen für Protonen treten solche Energieverluste dagegen nicht auf, sondern die Maximalenergie wird bei Protonenbeschleunigern und -speicherringen durch das technisch erreichbare Magnetfeld beschränkt. Trotzdem muß auch hier während der ganzen Zeit ein wenn auch schwaches Beschleunigungsfeld vorhanden sein, da ohne dieses die Teilchenpakete auseinanderlaufen würden. Um das zu verstehen, müßten wir uns im einzelnen mit den sehr komplizierten Phänomenen der sogenannten *Strahldynamik* auseinandersetzen. Es gibt in jedem Beschleunigerlabor eine Gruppe von Theoretikern, die sich mit diesen Problemen befassen. Das Strahlverhalten ist so kompliziert, da man die einzelnen Teilchenbahnen nicht unabhängig voneinander berechnen kann, sondern man muß die sehr verwickelten gegenseitigen Beeinflussungen der Teilchen untereinander berücksichtigen. Es treten dabei sogenannte nichtlineare Effekte auf, die zu einem »chaotischen Verhalten« der Teilchenstrahlen führen können. Ähnliche Effekte findet man bei chemischen Reaktionen, in der Biologie, aber auch bei Verkehrsströmen. (Die Bewegungen der Teilchenstrahlen in einem Speicherring haben daher auch schon als Modell für Phänomene in ganz anderen Bereichen gedient.)

Aus dem Verständnis des Verhaltens der Teilchenstrahlen ergeben sich Hinweise für ihre *Kontrolle.* Ein moderner Speicherring ist ein so komplexes Gebilde, daß er nur noch mit Hilfe von Computern gesteuert werden kann. Dazu ist es zunächst erforderlich, den Ort der Teilchenstrahlen in der Vakuumröhre und auch viele andere Parameter zu beobachten, diese Beobachtungen in einem speziellen Computersystem zu analysieren und daraus geeignete Korrektursignale zu erzeugen, um das gute Funktionieren des Speicherringes zu erreichen.

Alle diese (durchaus nicht vollständigen) Beispiele mögen zeigen, daß die Kunst des Speicherringbaues und -betriebs noch mehr als diejenige von Beschleunigern eine technische Herausforderung ist, die neue Ideen, technische Kompetenz und eine Vielzahl von Neuentwicklungen erfordert. Die Probleme können nur in Team-Arbeit unter Beteiligung von Experten aus den verschiedensten Sachgebieten gelöst werden. Diese Zusammenarbeit wird heute meist in internationalem Rahmen organisiert.

Speicherringe nach Wahl

Nachdem wir einige der grundsätzlichen Ideen und technologischen Erfordernisse besprochen haben, möchte ich auf die Frage zurückkommen, welche Teilchen mit welchen kollidieren können. Zunächst muß sichergestellt werden, daß die im entgegengesetzten Sinn umlaufenden Teilchenpakete stets an der gleichen Stelle – nämlich dort, wo die Experimentiergeräte aufgebaut sind – zusammenstoßen. Dies erfordert, daß die beiden Teilchensorten mit gleicher (aber entgegengesetzt gerichteter) Geschwindigkeit umlaufen. Würde ein Paket etwas schneller umlaufen, so würde sich der Kollisionspunkt ständig verschieben. Um dies zu vermeiden, müssen die kollidierenden Teilchen gleiche Massen besitzen, da schwerere Teilchen bei gleicher Energie langsamer umlaufen. Will man die entgegengesetzt umlaufenden Teilchen durch das gleiche Magnetfeld führen lassen, dann müssen die Teilchen auch entgegengesetzte elektrische Ladungen besitzen. Den einfachsten Speicherring kann man daher für die Kollision von Elektronen und ihren positiv geladenen Antiteilchen, den Positronen, verwirklichen. Die Positronen lassen sich relativ leicht erzeugen und in genügender Menge ansammeln. In der Tat begann die Entwicklung der Speicherringe mit solchen Elektron-Positron-Ringen.

Die andere Möglichkeit besteht darin, Protonen mit Antiprotonen zur Kollision zu bringen. Protonen lassen sich mit Hilfe einer Gasentladung leicht aus Wasserstoffgas gewinnen, da Protonen ja nichts anderes als die Kerne des Wasserstoffs sind. Weit schwieriger verhält es sich mit der Gewinnung von Antiprotonen. Hier müssen wir Antimaterie erzeugen, was zwar im Prinzip möglich ist, aber es stellt sich als außergewöhnlich schwierig heraus, genügende Mengen, wie man sie im Speicherring braucht, zu gewinnen. Dies gelang zum ersten Mal bei CERN (Kap. 8).

Will man Teilchen gleicher Art, also etwa Elektronen mit Elektronen oder Protonen mit Protonen, zusammenstoßen lassen, dann braucht man dafür zwei getrennte Magnetringe, wobei die Magnetfelder in entgegengesetzter Richtung, nämlich nach oben bzw. unten, zeigen müssen (Abb. 6.3). Diese Ringe müssen sich an einigen Stellen überschneiden, wo sich dann die Teilchen, wenn auch nicht direkt frontal, aber unter einem kleinen Winkel treffen.

Eine solche Maschine kostet fast das Doppelte, verglichen mit einer Ein-Ring-Anlage. Man fragt sich daher, welchen Sinn es haben könnte, zusätzliches Geld dafür auszugeben. Der wesentliche Vorteil liegt darin, daß man keine Antimaterie benötigt und daher größere Teilchenzahlen und damit eine höhere Zahl von Kollisionen pro Stunde erzeugen kann. Es wurden aber im Lauf der letzten zwanzig Jahre wenige Anlagen mit zwei Ringen gebaut. Ein Beispiel ist DORIS in Hamburg, eine Maschine, die mit zwei Ringen (DORIS steht für *Do*ppel*ri*ng*s*ystem) sowohl Elektron-Elektron-Stöße als auch Positron-Elektron-Stöße ermöglichte. Die Elektron-Elektron-Option wurde jedoch nie benutzt, und inzwischen ist DORIS zu einer Ein-Ring-Maschine mit etwas höherer Energie umgebaut worden (vgl. auch Kap. 7). Eine Doppelringanlage für Protonen war das ISR bei CERN (Kap. 9). Auch für das neue amerikanische Superprojekt, den SSC, ist eine Zwei-Ring-Anlage für Protonen vorgeschlagen worden, um bei den extrem hohen Energien eine genügende Kollisionszahl zu erzielen (Kap. 12).

Schließlich sei noch die Möglichkeit erwähnt, Teilchen verschiedener Art zum Zusammenstoß zu bringen. Kollisionen zwischen Elektronen und Protonen sollen zum erstenmal in der HERA-Anlage (Kap. 9) erzeugt werden, die gegenwärtig bei DESY in Hamburg im Bau ist. Auch hierbei müssen zwei Ringe, allerdings mit etwas verschiedenen Umfängen, gebaut werden. Dadurch will man erreichen, daß die etwas schnelleren Elektronen im größeren Ring die gleiche Umlaufzeit wie die langsameren Protonen im kleineren Ring besitzen, so daß der Kollisionspunkt ortsfest bleibt.

Bei den bisher diskutierten Speicherringen ging es darum, Zusammenstöße zwischen möglichst elementaren Teilchen zu erzeugen. Es gibt aber auch interessante Fragestellungen, die das Verhalten von Kernmaterie bei extrem hohen Energiedichten (d. h. hohen Temperaturen) betreffen. Solche Kernmateriezustände lassen sich durch die Kollision von schweren Atomkernen, am besten Uran auf Uran, erzeugen. In verschiedenen Laboratorien (GSI in Darmstadt, Brookhaven National Laboratory, USA, und auch bei CERN) werden daher Speicherringe für schwere Atomkerne diskutiert. Die damit zusammenhängenden Probleme würden jedoch den Rahmen dieses Buches sprengen, so daß ich von einer Beschreibung der Projekte absehen möchte.

7. Elektron-Positron-Speicherringe

Kollisionsmaschinen, die Zusammenstöße zwischen Elektronen und ihren Antiteilchen, den Positronen, ermöglichen, haben in den letzten zwanzig Jahren zum Fortschritt im Verständnis des Aufbaus der Materie ganz entscheidend beigetragen. Die Beherrschung von intensiven gespeicherten Elektronenpaketen hat aber auch zu gänzlich unerwarteten technischen Anwendungen geführt, da solche Elektronenspeicherringe die stärksten verfügbaren Lichtquellen im ultravioletten und Röntgenspektralbereich darstellen. Die geschichtliche Entwicklung dieser Maschinen ist ein gutes Beispiel für die internationale Zusammenarbeit bzw. den anspornenden Konkurrenzkampf. Ich möchte daher in diesem Kapitel etwas näher darauf eingehen, wobei ich nicht verschweigen will, daß meine persönliche Vorliebe für diese Maschinen groß ist, insbesondere da ich ihre Entwicklung aus nächster Nähe miterlebt habe.

Der erste Elektronenspeicherring: AdA in Italien

Auf der Konferenz von 1956 in Genf (Kap. 6) wurden zum erstenmal die praktischen Möglichkeiten von Kollisionsmaschinen diskutiert. Das Hauptinteresse galt aber damals Protonenmaschinen, wobei man verschiedene Anordnungen von zwei sich berührenden oder kreuzenden Ringen in Betracht zog. Kaum jemand erkannte seinerzeit, daß sich das Ziel von kollidierenden Teilchenstrahlen viel einfacher für Elektronen erreichen läßt. 1960 machte der gebürtige Wiener Bruno Touschek (der 1978 viel zu früh verstarb) einen Vorschlag, der einen Durchbruch auf dem Gebiet der Hochenergiephysik darstellte und die Grundlage für mehrere Generationen von Elektron-Positron-Speicherringen wurde: angefangen beim ersten Modell AdA mit einem Durchmesser von 1,6 m bis zum größten Ring LEP mit 10 km Durchmesser, über Zwischenstufen mit so schönen Namen wie ADONE, ACO, SPEAR, VEPP, DORIS, CESR, PETRA, PEP, TRISTAN und viele mehr.

Touschek, der damals in Rom lebte, hatte die Idee, je ein kleines Paket von Elektronen und Positronen gegenläufig in einem einzigen Magnetring zu speichern. Die grundlegende Symmetrie der Naturgesetze zwischen Teilchen und Antiteilchen würde dafür sorgen, daß die Teilchenpakete auf genau den gleichen Bahnen, aber gegenläufig umlaufen und daher unausweichlich an zwei Stellen kollidieren. Touschek gelang es, seine italienischen Kollegen von diesem Vorschlag zu überzeugen, und im Istituto Nazionale in Frascati, wo seit 1959 ein Elektronensynchrotron für 1,1 GeV lief, wurde innerhalb von weniger als einem Jahr der erste Elektronenspeicherring der Welt gebaut. Er konnte im Februar 1961 in Betrieb gehen. Dieses Modell hieß *Anello d'Accumulazione* (AdA), was auf italienisch Speicherring bedeutet. Es erreichte die bescheidene Energie von 0,2 GeV. Physikalische Experimente konnten damit noch nicht durchgeführt werden.

Um AdA besser zu testen und besonders um höhere Positronenzahlen zu erreichen, wurde die Maschine nach Orsay (bei Paris) gebracht, wo damals in Europa der größte Linearbeschleuniger für Elektronen (2,3 GeV) zur Verfügung stand. Diese Tests erlaubten es, die theoretischen Vorstellungen über das Verhalten der Teilchenpakete zu überprüfen und zu verbessern.

Die Erfolge dieser italienisch-französischen Zusammenarbeit ermutigten amerikanische und sowjetische Physiker, sich an größere Maschinen heranzuwagen. Allerdings schlugen sie einen Seitenpfad ein, der sich nicht als sehr fruchtbar erwies. Sie gingen zu zwei Ringsystemen über, wobei sich die beiden Ringe berühren und so eine Acht bilden. Es wurden in beiden Ringen Elektronen in entgegengesetzter Umlaufrichtung gespeichert, die an der Berührungsstelle der beiden Ringe zusammenstießen. Die Universitäten Stanford und Princeton in den USA setzten eine solche Anlage mit einer Strahlenergie von 0,5 GeV 1962 in Gang, und die sowjetischen Kollegen folgten 1963 mit einer ähnlichen Maschine. Sie wurden dazu benutzt, um aus der Streuung von Elektronen an Elektronen die Vorhersagen der Quantenelektrodynamik zu überprüfen. Es waren die beiden ersten, aber auch einzigen Versuche, Elektronen gegen Elektronen zu schießen. Alle folgenden Elektronenspeicherringe kehrten zur ursprünglichen Touschekschen Ein-Ring-Idee zurück. Sie erwiesen sich als billiger, einfacher zu handhaben und boten mehr Möglichkeiten, verschiedene physikalische Fragestellungen zu untersuchen.

Auch bei der nächsten Generation von Elektronenspeicherringen sollte Europa eine entscheidende Rolle spielen. Mehrere größere Projekte waren in Angriff genommen worden, die mit einem Abstand von wenigen Jahren mit steigenden Energien in Betrieb genommen wurden: 1963 VEPP-2 (2 · 0,7 GeV) in Novosibirsk; 1965 ACO in Orsay bei Paris mit einer Energie von 2 · 0,5 GeV, und nach einer längeren Einlaufphase 1969 ADONE, der »große AdA«, in Frascati mit 2 · 1,5 GeV.

Mit diesen Anlagen konnten wichtige neue Erkenntnisse erzielt werden. ACO und VEPP-2 bestätigten die Existenz neuer Teilchen, die vorher an Protonenmaschinen mit Hilfe von Blasenkammern entdeckt worden waren, und da diese ϱ (Rho)-, ω (Omega)- und φ (Phi)-Teilchen bei der Elektron-Positron-Vernichtung in sehr sauberer und eindeutiger Weise erzeugt werden, konnten ihre Eigenschaften in großem Detail studiert werden. Dies waren wichtige Vorarbeiten für die Entwicklung des Quark-Modells und für die aufregenden Entdeckungen, die ich in Kapitel 13 besprechen werde. Indem das Letzte aus ADONE herausgeholt wurde, konnte die Existenz des J/ψ-Teilchens unmittelbar nach seiner Entdeckung bestätigt werden (Kap. 2).

Der Beginn des goldenen Jahrzehnts der Elektronenspeicherringe: SPEAR gegen DORIS

Wir kommen nun zu einer der revolutionärsten Epochen der Elementarteilchenphysik, die mit der Entdeckung des J/ψ-Teilchens im November 1974 (der »Novemberrevolution«) begann und bei der Elektronenspeicherringe eine überragende Rolle spielten.

Seit 1966 besaß DESY nicht mehr den Elektronenbeschleuniger mit der höchsten Energie, da in diesem Jahr der 2-Meilen-Beschleuniger SLAC in Stanford/Kalifornien den Betrieb mit damals 20 GeV (rund dreimal soviel wie die Energie von DESY) aufgenommen hatte. Um weiter an vorderster Front zu bleiben, begannen bei DESY Überlegungen, welcher nächste Schritt zu tun sei. Nach einigem Hin und Her und nach Konsultationen von Experten in der ganzen Welt wurde beschlossen, sich nicht auf einen Wettstreit in bezug auf höhere Energien einzulassen, sondern einen Elektron-Positron-Speicherring zu bauen. Als Ermutigung wirkten die Erfahrungen mit der ersten Generation dieser Ringe. Weiter wurde beschlossen, daß die Maschine aus zwei Ringen bestehen sollte, damit man sowohl Elektron-Positron- als auch Elektron-Elektron-Stöße beobachten könnte. Die Maschine wurde auf den Namen DORIS getauft (kurz für Doppelringsystem). Die neue Physik, die unerwarteterweise ans Tageslicht kam, verlangte aber nur Elektron-Positron-Kollisionen, und deshalb wurden an DORIS niemals Elektron-Elektron-Experimente durchgeführt.

Bevor mit dem Bau von DORIS begonnen werden konnte, mußte eine Entscheidung über die Maximalenergie getroffen werden. Rückblickend kann man sagen, daß es ein Lehrstück dafür war, wie schwierig solche Entscheidungen sind. Natürlich wollte man soweit wie möglich über ADONE (1,5 GeV) hinausgehen, aber die Theoretiker warnten. Um Experimente durchführen zu können, genügt es nicht, eine bestimmte Energie zu erreichen, sondern man muß pro Sekunde auch eine genügend große Zahl von Zusammenstößen erzeugen, um interessante, manchmal seltene Ereignisse in einer vernünftigen Zeitspanne beobachten zu können. Die Zahl von Zusammenstößen wird bestimmt durch die Zahl der im Ring gespeicherten Teilchen, aber auch dadurch, wie stark man die Teilchenstrahlen im Wechselwirkungspunkt zusammenpressen, d. h. fokussieren kann. Man charakterisiert die Stoßhäufigkeit mittels einer Größe, die man Luminosität[19] nennt und die von der Konstruktion und der Betriebsart der Maschine abhängt.

Wie oft man einen bestimmten physikalischen Prozeß, z. B. die Erzeugung eines bestimmten Teilchens, beobachten kann, hängt zusätzlich von den physikalischen Gegebenheiten des Erzeugungsprozesses ab, und es ist natürlich gerade dies, was man messen möchte. Nun konnten die Theoretiker aufgrund von allgemeinen und anscheinend unerschütterlichen Argumenten Grenzen für die Ereignishäufigkeit bei Elektron-Positron-Stößen vorhersagen. Ein wesentliches Argument war, daß die Häufigkeit mit ansteigender

Energie schnell abnimmt[20]. Da die in einem Speicherring erreichbare Luminosität aber durch technische und physikalische Bedingungen begrenzt ist, sagten die Theoretiker voraus, daß oberhalb von 3 GeV Strahlenergie die beobachteten Ereignisraten zu klein sein würden, um damit etwas anfangen zu können. Sie rieten Willibald Jentschke, dem Direktor von DESY, daher dringend, die Energie von DORIS auf höchstens 3 GeV festzulegen, da alles Darüberhinausgehende reine Geldverschwendung sei. Zum Glück gab es auch einige Stimmen, die davor warnten, den Theoretikern blinden Glauben zu schenken. Jentschke rang sich schließlich zu einer mutigen Entscheidung durch: Es wurde beschlossen, das Beschleunigungssystem von DORIS für eine Maximalenergie von 3 GeV auszulegen, während die Ablenkmagnete in der Lage sein sollten, Teilchen bis zu 4,5 GeV auf einer Kreisbahn zu halten. Die Entdekkung des J/ψ-Teilchens bei Energien von 1,6 GeV und später des Y-Teilchens bei 5 GeV warf alle Argumente der Theoretiker über den Haufen, und Jentschkes Entscheidung ermöglichte es DORIS (mit einigen Nachbesserungen), zu dieser aufregenden Phase der Elementarteilchenphysik in vollem Umfang beizutragen. DORIS ist selbst heute, genau zwanzig Jahre nachdem die Parameter der Maschine festgelegt wurden, noch eine der ergebnisreichsten Maschinen. Sie hat die Form einer Rennbahn (Tafel VIII), bestehend aus zwei Halbkreisen, verbunden durch gerade Stücke, in denen je ein Experiment aufgestellt werden kann. Sie ist 55 m breit und 111 m lang, der Gesamtumfang beträgt 228 m. Die Baukosten betrugen 120 Millionen DM.

Zunächst begann die neue Phase der Elementarteilchenphysik allerdings ohne DORIS. Die Amerikaner hatten das vielversprechende Potential von Elektron-Positron-Speicherringen gleichfalls erkannt und begannen in der ihnen eigenen Art einen sportlichen Wettkampf. Als 1969 der Bau von DORIS begann, legte Wolfgang Panofsky, der Direktor von SLAC in Stanford/Kalifornien, einen Projektvorschlag für einen Elektron-Positron-Speicherring mit einer Maximalenergie von 3 GeV auf den Tisch. Da er trotz seines großen Einflusses in Washington Schwierigkeiten hatte, dieses Projekt zusätzlich zum Betrieb des 2-Meilen-Linearbeschleunigers bewilligt zu bekommen, fing man an, den neuen Speicherring SPEAR (*Stanford Positron Electron Accumulator Ring*) mit Betriebsmitteln zu bauen. Dies war auch deshalb möglich, weil das kalifornische Klima es erlaubte, aus Abschirmblöcken einen behelfsmäßigen Tunnel zu bauen, so daß die in allen Ländern so umständlichen und zeitraubenden Baubewilligungen entfielen. So ist es nicht recht klar, wann der eigentliche Bau von SPEAR anfing, jedenfalls gelang es SLAC mit diesem Husarenstreich, DORIS zu überrunden. In SPEAR fanden die ersten Zusammenstöße im April 1972 statt, während DORIS erst im Dezember 1973 den Betrieb aufnahm. Das Rennen ging also eindeutig zugunsten von SPEAR aus und ermöglichte dort die Entdeckung des J/ψ-Teilchens und des τ-Leptons – eine aufregende Geschichte, auf die ich in Kapitel 13 zurückkommen werde.

SPEAR hat eine mehr kreisartige Form als DORIS und ist mit einem Durchmesser von 80 m und einem Umfang von 234 m auch etwas kleiner. Dank des »Do-it-yourself«-Stils, in dem SPEAR gebaut wurde, konnten seine Kosten mit 5 Millionen US-Dollar recht niedrig gehalten werden. Dies hatte allerdings zur Folge, daß die Maschine nur mit sehr geringen Reserven ausgelegt wurde. Als die neue Physik höhere Energien verlangte, konnte SPEAR auf Strahlenergien von 4,2 GeV gesteigert werden, bei DORIS gelang es dagegen, mit relativ wenig Änderungen Energien von 5,1 GeV zu erreichen. Dies sollte sich als entscheidender Vorteil erweisen, da diese Energie gerade ausreichte, um das Bottom-Quark zu erzeugen. Dies sicherte DORIS ein reichhaltiges Forschungsprogramm, das bis heute voll in Gang ist, während SPEAR inzwischen nur noch als Synchrotronstrahlungsquelle benutzt wird.

Der für heutige Verhältnisse niedrige Energiebereich zwischen etwa 1,5 und 5,5 GeV Strahlenergie für Elektron-Positron-Speicherringe ist immer noch sehr interessant, da sich am unteren Ende dieses Bereichs Teilchen, die ein Charm-Quark, und am oberen solche, die ein Beauty-Quark enthalten, erzeugen lassen. Die Eigenschaften dieser Teilchen stellen noch eine Reihe von sehr interessanten Fragen, wobei für ihr Studium große Zahlen von Teilchen erforderlich sind. Wünschenswert sind daher spezialisierte Maschinen, die die Produktion von Charm- bzw. Beauty-Teilchen in großen Mengen ermöglichen. Man spricht dann auch von Charm- oder Beauty-Fabriken.

Ein Speicherring für die Charm-Produktion wurde in der Volksrepublik China in Peking gebaut. Ende der 70er Jahre wurde dort zunächst ein sehr ehrgeiziges Projekt diskutiert: Man plante eine Protonenmaschine ungefähr von der Größe des SPS bei CERN (etwa 6 km Umfang). Der Standort sollte nördlich von Peking sein. Da während der Kulturrevolution die wissenschaftliche Basis weitgehend zerstört worden war und die Aufbauarbeit fast aus dem Nichts beginnen mußte, wurde dieses Projekt aber als nicht realisierbar angesehen. Die Entscheidung fiel dann zugunsten eines bescheideneren Projektes: eines Elektron-Positron-Speicherrings mit einer Strahlenergie von 2,8 GeV. Dabei spielte außer physikalischen Argumenten auch der Gesichtspunkt eine wesentliche Rolle, daß der Bau der Maschine als Lehrstück für die chinesischen Ingenieure und die Industrie dienen sollte. Obwohl die chinesischen Kollegen viele Ratschläge, insbesondere von SLAC in den USA, erhielten, setzten sie ihren Stolz darein, daß die Komponenten der Maschine fast ausschließlich in China gebaut wurden.

Das Projekt mit dem Namen BEPC (*Beijing Electron Positron Collider*) wurde 1983 genehmigt. Als ich im Mai 1988 das Institut für Hochenergiephysik in Peking besuchte, kam ich gerade rechtzeitig, um den ersten zirkulierenden Elektronenstrahl mitzuerleben. Im Oktober 1988 wurden die geplanten Kollisionsraten erzielt, und am 24. Oktober 1988 wurde das Projekt durch Deng Xiaoping persönlich eingeweiht. Der Bau dieses Beschleunigers ist ein bemerkenswerter Erfolg, vor allem wenn man berücksichtigt, unter welch schwierigen Bedingungen er stattfand.

Ein Detektor, der allen modernen Anforderungen entspricht, steht bereit, um das Experimentierprogramm zu beginnen. Der Kern der Gruppe, die diesen Detektor erstellte, besteht im übrigen aus Physikern, die am Mark-J-Experiment bei DESY seit 1977 mitgearbeitet haben und dort in die moderne Experimentiertechnik eingeführt worden sind. Der Speicherring von Peking wird außer zu Elektron-Positron-Kollisionen auch als Synchrotronstrahlungsquelle benutzt werden.

Die nächste Runde im europäisch-amerikanischen Wettstreit: PETRA gegen PEP

Die unerwarteten Erfolge mit SPEAR und DORIS führten dazu, daß man sowohl in den USA als auch in Europa darüber nachzudenken begann, wie die Entwicklung weitergehen soll. Es gab eine Reihe von physikalischen Argumenten, die mindestens eine etwa vierfache Energie von DORIS verlangten, was den Bau eines Elektron-Positron-Speicherrings von etwa 20 GeV pro Teilchenstrahl erforderte. Dem standen die hohen Kosten einer solchen Maschine gegenüber, die im allgemeinen mit dem Quadrat der Energie ansteigen (Kap. 3). Dies hätte fast 20mal höhere Kosten als diejenigen für DORIS verlangt. Im Lauf des Jahres 1974 wurde bei SLAC in Kalifornien, am Rutherford-Laboratorium in England und natürlich auch bei DESY überlegt, wie eine solche Maschine aussehen könnte.

1973 war mir die Leitung von DESY übertragen worden. Es stellte sich die Frage nach der langfristigen Zukunft für dieses so erfolgreiche Labor. Zwei Bedingungen schienen mir unabdinglich: Erstens war ein Projekt notwendig, das zumindest in *einem* Bereich der Elementarteilchenphysik an der Weltspitze lag. Zweitens sollte DESY aus der Rolle eines nationalen Labors heraustreten und für die weltweite wissenschaftliche Zusammenarbeit geöffnet werden.

Die Erfahrungen, die mit DORIS gewonnen wurden, ein sehr kompetenter Mitarbeiterstab und ein hervorragender Projektleiter schienen ausgezeichnete Voraussetzungen für das erste Ziel zu bieten. Gustav Adolf Voss wurde mit der Ausarbeitung und der späteren Realisierung eines Elektronenspeicherrings mit einer Strahlenergie von 19 GeV betraut. Er war kurz vorher aus den USA zurückgekehrt, wo er am CEA-Elektronensynchrotron gearbeitet hatte, und erwies sich als einer der kreativsten und fähigsten Beschleunigerbauer.

Im November 1974 konnte bei DESY der Bau eines Beschleunigers mit einem Durchmesser von 734 m und einem Umfang von 2,3 km vorgeschlagen werden. Er würde mit einiger Not auf das DESY-Gelände passen und die vorhandenen Anlagen einschließen (Tafel VIII). Durch zahlreiche kostensparende Tricks, die Anwendung neuer Technologien und die Benutzung der existierenden

Anlagen DESY und DORIS als Vorbeschleuniger gelang es, die Kostenvoranschläge so weit zu senken, daß sie (ohne Personalkosten) bei etwa 80 Mill. DM lagen, also (zu Preisen von 1974) nicht höher waren als der ursprüngliche Bau des Elektronensynchrotrons (zu Preisen von 1960). Ich bestand darauf, daß als Name nicht eine konsonantenreiche, häßliche Abkürzung gewählt würde, sondern ein Mädchenname in der Reihe von DESY (sprich Daisy!) und DORIS. Wir einigten uns schließlich auf PETRA, das für *P*ositron-*E*lektron-*T*andem-*R*ing-*A*nlage steht (wobei Tandem auf das Vorschalten der bestehenden Beschleuniger hindeuten soll).

Parallel dazu war vom Rutherford-Laboratorium bei Oxford (England) ein ähnliches Projekt ausgearbeitet worden, das unter der Bezeichnung EPIC lief. Es entbrannte ein intensiver Wettstreit, wobei jede Seite ihr Projekt überzeugend verteidigte. Die trotz allem Engagement sehr sachlichen Auseinandersetzungen verhinderten aber nicht, daß ein intensiver Informationsaustausch stattfand, der einer Zusammenarbeit sehr nahe kam und zur technischen Verbesserung der beiden Vorschläge führte. Dies ist ein typischer Fall für das Vorgehen in der Hochenergiephysik, wo man trotz aller Konkurrenz bereit ist, sachlich zusammenzuarbeiten und alle Informationen zu liefern, so daß im Sinne einer möglichst großen Kosteneffizienz die bestmögliche Physik mit den vorhandenen Ressourcen erzielt werden kann.

Im Sommer 1975 befürwortete das Europäische Komitee für Zukünftige Beschleuniger (ECFA) die beiden Vorschläge, ohne zu dem Standortstreit Stellung zu nehmen. Ich konnte den damaligen Bundesminister für Forschung und Technologie (Hans Matthöfer) überzeugen, daß die seinerzeit vorgesehenen Maßnahmen der Bundesregierung zur Ankurbelung der Wirtschaft bei der Finanzierung von PETRA mit herangezogen werden könnten, und die Freie und Hansestadt Hamburg, die an der Finanzierung mit 10 % beteiligt war, unterstützte unsere Bemühungen in Bonn tatkräftig. Einen guten Teil der Investitionskosten versprachen wir aus dem existierenden DESY-Budget »auszuschwitzen«. So wurde im Herbst 1975 die Entscheidung zugunsten des PETRA-Projekts gefällt, und der Bau konnte im fliegenden Start beginnen.

Unsere amerikanischen Kollegen hatten in der Zwischenzeit nicht geschlafen. Bei SLAC in Kalifornien war ein Vorschlag für eine ähnliche Maschine mit der etwas niedrigeren Energie von 15 GeV pro Strahl ausgearbeitet worden. Der Vorteil des Projekts bestand darin, daß mit Hilfe des dortigen 2-Meilen-Beschleunigers Elektronen direkt auf diese Energie gebracht und ohne weitere Beschleunigung in den Speicherring eingeschossen werden konnten. Bei DESY dagegen erfolgt der Einschuß bei 7 GeV, und anschließend müssen die gegensinnig kreisenden Elektronen und Positronen gemeinsam auf die gewünschte Energie von etwa 15 GeV hochbeschleunigt werden. Die Amerikaner machten daher geltend, daß es in ihrer Maschine möglich sein würde, wesentlich höhere Strahlintensitäten und damit höhere Ereignisraten zu erhalten. Nicht zuletzt wegen des spektakulären Erfolges des früheren SPEAR-Speicherrings war es SLAC gelungen, die Genehmigung der amerikanischen Regierung für dieses neue, PEP genannte Projekt einige Monate vor der PETRA-Entscheidung zu erhalten.

In den folgenden drei Jahren kam es zu einem Wettlauf zwischen PEP und PETRA, der aber diesmal, anders als im Fall SPEAR gegen DORIS, zugunsten von PETRA ausgehen sollte[21].

Der Bau von PETRA lief mehr oder weniger wie geplant, wobei DESY nicht nur vom Rat internationaler Experten profitieren konnte, sondern auch sehr aktive Unterstützung beim Bau von Einzelkomponenten durch verschiedene deutsche Universitäten fand. Mitte 1978 war es dann soweit. Am 14. Juli wurde der 2,3 km lange Tunnel nach darin verbliebenen Mitarbeitern abgesucht und aus Strahlenschutzgründen der Zugang geschlossen. Elektronen wurden eingeschossen und der erste Umlauf des Strahls in der Vakuumkammer mit Hilfe von 32 Szintillationsschirmen und Fernsehmonitoren beobachtet. Alles schien in Ordnung zu sein. Als man versuchte, den Strahl ein zweites Mal um den Ring herumzubekommen, platzte ein Wasserschlauch, mehrere hundert Liter Wasser ergossen sich in den Tunnel und schalteten über magnetische Sicherheitsschalter sämtliche Magnete aus. Das Unglück wurde schnell behoben, und am Samstag, 15. Juli, um 22.30 Uhr wurde der erste Strahl erfolgreich gespeichert. Bei der Inbetriebnahme von PETRA war nicht nur der ursprüngliche Kostenvoranschlag unterschritten worden, sondern die Bauperiode vom Zeitpunkt der Genehmigung bis zum ersten gespeicherten Strahl von zwei Jahren und neun Monaten unterschritt die ursprünglichen Schätzungen um neun Monate.

Beim Zusammenstoß und der Vernichtung von Elektronen und Positronen werden viele neue Teilchen geboren, die nach allen Seiten auseinanderfliegen. Um zu verstehen, was bei einem solchen Ereignis wirklich passiert, ist es notwendig, *Nachweisgeräte* um den Kollisionspunkt herum aufzustellen, die möglichst viele der Teilchen erfassen, ihre Identität feststellen und ihre Energie messen. Die dazu benötigten Geräte sind sehr komplex, aufwendig und verlangen ein vielfältiges Spezialwissen (Kap. 10). Sie werden daher von Kollaborationen, an denen sich mehrere Institute beteiligen, erstellt und betrieben.

Bei den PETRA-Experimenten sollte der Versuch unternommen werden, verschiedene Länder an der Ausnutzung einer im *nationalen* Rahmen gebauten Maschine in größerem Umfang zu beteiligen. Der Zweck war nicht nur, die finanzielle Belastung auf eine größere Zahl von Experimentatoren zu verteilen, sondern es bestand die berechtigte Erwartung, daß die Kompetenz und Erfahrung der ausländischen Kollegen zu einem qualitativ besseren wissenschaftlichen Programm führen würde. Um dies zu erreichen, beschlossen wir, eine Art »Heiratsmarkt« zu organisieren, wo einzelne Physiker zunächst ohne weitere Verpflichtung neue Ideen für PETRA-Experimente öffentlich präsentieren könnten, in der Hoffnung, daß sich anschließend Gruppen mit ähnlichen Interessen zusammenfinden würden. Als Ort für dieses Treffen wählten wir im März 1976 das Istituto Nazionale di Fisica Nucleare in Frascati bei Rom.

Wir wollten den italienischen Physikern unsere Reverenz zum Ausdruck bringen, indem wir an den Entstehungsort der Elektronenspeicherringe zurückkehrten. Trotz eines für den Frühling in Frascati ungewöhnlichen Schneegestöbers verlief das Treffen sehr erfolgreich. Im Sommer 1976 wurden offizielle Vorschläge für die Experimentieranlagen eingereicht, und im Herbst desselben Jahres wurden von einem international besetzten Komitee, das eigens zu diesem Zweck eingesetzt worden war, fünf Anlagen für die vier vorgesehenen Experimentierzonen zum Bau genehmigt. Der PLUTO-Detektor war schon am Speicherring DORIS verwendet worden, und er sollte nach einer Modernisierung und Verbesserung zu PETRA überführt werden. Damit sollte sichergestellt werden, daß bei Betriebsbeginn wenigstens ein Nachweisgerät voll erprobt und einsatzfähig zur Verfügung stand. PLUTO sollte später von einem neuen Nachweisgerät, CELLO, ersetzt werden, was auch geschah – aber nicht ganz ohne Reibung, da PLUTO sich nicht so einfach verdrängen ließ. CELLO wurde unter wesentlicher Beteiligung französischer Laboratorien gebaut.

Die anderen beiden Experimente, die bereits im Herbst 1978, also früher als vorgesehen, so weit waren, daß die Beobachtungen beginnen konnten, waren TASSO und MARK J. Die Abkürzung TASSO steht für *Two Arm Spectrometer Solenoid*, d. h. Zwei-Arm-Spektrometer-Solenoid. Außer deutschen Universitäten (Aachen/Bonn/DESY) beteiligten sich vor allem englische Institute, aber auch israelische und amerikanische.

Das zweite einsatzbereite Experiment war MARK J. Dieser Name wurde von der beteiligten Gruppe gewählt, weil der Buchstabe J dem chinesischen Zeichen »ting« ähnelt, und dies war der Name des Leiters des Experiments. Samuel Ting, Professor am berühmten Massachusetts Institute of Technology (MIT), hatte eine Kollaboration ins Leben gerufen, an der außer amerikanischen auch deutsche, holländische und chinesische Physiker beteiligt waren. Letzteres war sehr interessant. Ting, ein Chinese, der in den USA studiert hatte und amerikanischer Staatsbürger geworden war, hatte stets die Kontakte mit seinem Heimatland aufrechterhalten. Nach der Kulturrevolution und dem Sturz der »Vierer-Bande« wurde Ting nach China eingeladen, um beim Wiederaufbau der durch die Kulturrevolution völlig zerstörten chinesischen Wissenschaft mitzuhelfen. Im Herbst 1977 besuchte ich selbst China, vor allem, um die Bedingungen für eine Beteiligung der chinesischen Physiker am MARK J auszuhandeln. Die entscheidende Persönlichkeit auf chinesischer Seite war Fang Yi, Mitglied des Politbüros und Vize-Premierminister. Ohne seinen großen politischen Einfluß wäre es kaum möglich gewesen, die Beteiligung chinesischer Institute an westlichen Forschungsvorhaben zu erreichen. Nach der Kulturrevolution war dies einer der ersten Fälle für chinesisch-westliche Zusammenarbeit – ein weiteres Beispiel für die Katalysatorfunktion, die die Elementarteilchenphysik in der internationalen Zusammenarbeit spielen kann.

Das letzte Nachweisgerät für PETRA war das JADE-Experiment. Die Abkürzung soll die an der Kollaboration beteiligten Länder andeuten, nämlich Japan, Deutschland und England. Diese

Gruppe, in der die Universität von Tokio eine besondere Rolle spielte, zog es vor, den Detektor erst vollständig fertigzustellen, und er wurde daher erst Anfang 1979 in die Strahlen gebracht.

Weniger als vier Wochen, nachdem die drei Nachweisgeräte PLUTO, MARK J und TASSO in die Wechselwirkungszone gefahren worden waren, konnten sie die ersten Elektron-Positron-Vernichtungsereignisse beobachten. PLUTO, der erprobtere und bereits bei DORIS »eingefahrene« Detektor, konnte am 18. November 1978 vorher nie erreichte Strahlenergien von 13 GeV registrieren. Ein neues Kapitel der Elementarteilchenphysik war aufgeschlagen, das seinen Höhepunkt in der Entdeckung des Gluons, des Bindeteilchens der Kernkraft, fand (Kap. 2).

TRISTAN aus Fernost

Am 19. November 1986 wurden im japanischen nationalen Forschungszentrum KEK die ersten Elektron-Positron-Zusammenstöße bei den damals höchsten erreichten Energien von 24 GeV beobachtet. Die Maschine, die in Betrieb gesetzt worden war, trägt den Namen TRISTAN (kurz für *Transposable Ring Intersecting Storage Accelerator in Nippon*, frei übersetzt: ausbaufähiger Speicherringbeschleuniger in Japan), und der Nachweisdetektor, der die ersten Zusammenstöße registrierte, heißt VENUS.

Um 9 Uhr morgens, vor der offiziellen Mitteilung dieses Erfolgs an die Presse, ertönte über Lautsprecher überall im Labor getragene Musik. Sie stammte aus »Tristan und Isolde«, gespielt von den Berliner Philharmonikern unter Herbert von Karajan. Dies als Zeichen für die tiefe Verehrung und Liebe vieler Japaner für die deutsche Romantik. (Ich kenne japanische Physiker-Kollegen, die in ihren Autos stundenlang Lieder von Schubert und Richard Strauss hören und die seitenlang Heinrich Heine zitieren können.) Die Wahl des Namens TRISTAN für den größten in Japan gebauten Beschleuniger war kein Zufall. In der Broschüre, die am 7. April 1987 anläßlich der offiziellen Einweihung von TRISTAN verteilt wurde, ist zu lesen, wie der Direktor des Laboratoriums, Tetsuji Nishikawa, die Namensgebung begründet: »Es gibt eine berühmte Geschichte über Wagners Idee, diese Oper zu komponieren. Er schrieb in einem

Brief an Franz Liszt: ›Da ich nun aber doch im Leben nie das eigentliche Glück der Liebe genossen habe, so will ich diesem schönsten aller Träume noch ein Denkmal setzen, in dem von Anfang bis zum Ende diese Liebe sich einmal so recht sättigen soll.‹ Wagner arbeitete zehn Jahre, bevor ›Tristan und Isolde‹ zum erstenmal 1865 in München aufgeführt wurde. Unser Beschleuniger bei KEK wurde TRISTAN genannt nach der leidenschaftlichen Geschichte von Wagners Oper, mit der Liebe und den Träumen für unsere wissenschaftliche Forschung, insbesondere um nach Quarks in Japan zu jagen. Der erste Entwurf zu dieser Idee liegt etwa zehn Jahre zurück, und nun gelangt unser TRISTAN zur Uraufführung. Eine Oper ist in der Tat eine Team-Arbeit von Sängern, Musikern, Dirigenten, Regisseur und vielen anderen wichtigen Leuten, die zur Vorführung hinter der Szene beitragen. Dies gilt auch für den Bau einer komplexen Beschleunigeranlage wie unserem TRISTAN.«

TRISTAN und die an diesem Speicherring eingesetzten drei großen Detektoren (VENUS, TOPAZ, AMY) und ein kleiner (SHIP) sind technisch in ausgezeichneter Weise konzipiert und gebaut worden. Es war daher nicht verwunderlich, daß die Anlage ohne größere Anlaufschwierigkeiten in Betrieb ging und die Sammlung von physikalischen Daten schnell fortschritt. Im August 1988 wurden auf einer großen internationalen Tagung in München die ersten Ergebnisse vorgetragen, und die mehr als tausend Teilnehmer waren vom wissenschaftlichen und technischen Erfolg sichtlich beeindruckt.

In der Vergangenheit taten sich die Japaner in der Grundlagenforschung schwer. Im Gegensatz zu der durch Wendigkeit und Entschlußkraft bestimmten Industrieforschung und -entwicklung ist das durch die Ministerialbürokratie bestimmte Entscheidungsverfahren für staatliche Projekte umständlich und sehr vorsichtig. Daß es trotzdem vorangeht, ist einigen dynamischen Persönlichkeiten zu verdanken.

Seit vielen Jahren bestand in Japan der Wunsch, einen großen Beschleuniger zu bauen, um im eigenen Land an vorderster Front Elementarteilchenphysik betreiben zu können. Nach langen Diskussionen wurde der Bau eines 12-GeV-Protonensynchrotrons beschlossen. Dazu wurde ein Laboratorium für Hochenergiephysik KEK in der nördlich von Tokio gelegenen Forschungsstadt Tsukuba gegründet (Tafel VI a). Der Bau dieses Synchrotrons begann

1971, sein Betrieb wurde 1976 aufgenommen, zu einer Zeit, als die Entwicklung in Europa und den USA bereits zwei Beschleunigergenerationen weiter war. Diese Maschine kam daher viel zu spät.

Im nächsten Schritt versuchte Japan an die Spitze aufzuschließen. Wieder erst nach langen Diskussionen kam das TRISTAN-Projekt zustande. In seiner ersten Phase sollte TRISTAN ein Ring für Elektron-Positron-Kollisionen sein, dem ein zweiter Ring für Protonen hinzugefügt werden sollte, um Elektron-Proton-Zusammenstöße zu beobachten. Dies wäre die erste Anlage dieses hybriden Typs (Kollisionen zwischen leichten und schweren Teilchen) in der Welt gewesen. Das TRISTAN-Projekt wurde von der japanischen Regierung im April 1981 genehmigt, der Bau begann im Herbst desselben Jahres. Der Tunnelumfang beträgt etwa 3 km. Inzwischen wurde bei DESY in Hamburg das HERA-Projekt (Kap. 9) genehmigt und ist mit einem Tunnelumfang von etwa 6 km im Bau weit fortgeschritten. Wegen des größeren Tunnels kann HERA wesentlich höhere Protonenenergien erreichen, so daß die zweite Phase von TRISTAN bereits jetzt überholt ist; sie wird wohl kaum realisiert werden.

Als Elektron-Positron-Kollisionsring ist TRISTAN auf 30 GeV pro Strahl ausgelegt, die im November 1988 erreicht wurden, und könnte auf etwa 35 GeV hochgetrieben werden. TRISTAN übertrifft damit PETRA um etwa ein Drittel an Energie, und die Hoffnung der japanischen Physiker konzentrierte sich auf die Entdeckung des Top-Quarks. Nach ursprünglichen theoretischen Vorhersagen sollte es eine Masse von etwa $20\,GeV/c^2$ besitzen, aber die intensive Suche bei PETRA lieferte negative Ergebnisse. Der TRISTAN-Energiebereich erschien daher sehr erfolgversprechend. Inzwischen gibt es indirekte experimentelle Hinweise, daß das Top-Quark schwerer als $40\,GeV/c^2$ ist, eine Masse, die deutlich außerhalb des Energiebereichs von TRISTAN liegt und erst durch LEP bei CERN zugänglich würde. Ob es andere aufsehenerregende Entdeckungen im Energiebereich von TRISTAN geben wird, läßt sich gegenwärtig schwer sagen. Auf jeden Fall hatte er nur eine Spanne von drei Jahren, in denen er der größte Elektronen-Positronen-Speicherring der Welt war, denn 1989 ist LEP in Betrieb gegangen, das bereits in seiner Anfangsphase die doppelte Energie von TRISTAN liefern wird.

Beim TRISTAN-Projekt fiel jedoch ein wichtiger »Nebenerfolg« an. Als Injektor für TRISTAN wurde ein Elektronen-Linearbeschleuniger mit einer Maximalenergie von 2,5 GeV gebaut, der ausgezeichnet funktioniert. Er wird nun auch als Einschußbeschleuniger für eine Synchrotron-Strahlungsquelle benützt, die sich großen Interesses erfreut und sehr leistungsfähig ist (Tafel VI a).

Auf eine Besonderheit der japanischen Arbeitsweise möchte ich noch hinweisen. In den europäischen und amerikanischen Hochenergielabors wird die technische Entwicklung für neue Beschleunigeranlagen zum größten Teil selbst durchgeführt. Erst wenn technisch und finanziell akzeptable Lösungen gefunden wurden, tritt man für die Fertigung der Beschleunigerkomponenten in größeren Stückzahlen an die Industrie heran. In Japan besteht eine vollkommen andere Förderungspolitik: Die Industrie wird in einem sehr frühen Stadium eingeschaltet, und die technologische Entwicklung wird zum größten Teil von ihr durchgeführt. Die Verhältnisse entsprechen denen, wie sie bei uns in der Raumfahrt oder bei der Verteidigung vorliegen. Auf diese Weise erfährt die japanische Industrie eine indirekte Forschungsförderung, wobei allerdings den Firmen auch Risiken aufgebürdet werden, die zu wesentlich höheren Projektkosten führen. Selbst die erheblichen Personaleinsparungen bei KEK konnten dies nicht ausgleichen, so daß TRISTAN eine vergleichsweise teure Maschine ist.

Die günstigste Wahl bezüglich der Entwicklung liegt vermutlich in der Mitte zwischen dem amerikanischen Extrem, wo in einigen Fällen selbst die Massenproduktion im Labor stattfand (z. B. supraleitende Magnete für TEVATRON bei Fermilab oder Klystrons für SLAC), und dem japanischen Extrem, wo schon die Entwicklung von der Industrie durchgeführt wird. In den europäischen Hochenergiephysiklabors bemühen wir uns um einen dazwischenliegenden Kompromiß.

Elektronenspeicherringe als Lichtquelle

Die Entwicklung der Speicherringe ist ein Musterbeispiel dafür, wie Instrumente, die zunächst für die reine Grundlagenforschung entwickelt wurden, später für andere Anwendungen Interesse gewinnen. Als die ersten Elektronenspeicherringe für die Hochenergiephysik in Betrieb kamen, schien es sich um äußerst komplizierte Monstren zu handeln, die kaum für etwas anderes brauchbar erschienen. Bald stellte sich aber heraus, daß die *Synchrotronstrahlung*, die für Hochenergiephysiker eine unangenehme Störung darstellt, für andere von höchstem Nutzen ist.

Elektronen, die auf einer Kreisbahn umlaufen, senden eine Lichtstrahlung aus, die, ähnlich wie die Funken eines Schleifsteins, tangential von der Umlaufbahn fortgeschleudert wird (Abb. 7.1). Die Hauptwellenlänge, d. h. die »Farbe« dieser Strahlung, wird bestimmt durch den Radius der Kreisbahn und die Energie der umlaufenden Elektronen. Sie überdeckt den Bereich des sichtbaren Lichts, so daß man durch ein Fenster in der Vakuumröhre den umlaufenden Strahl als hellen, weißen Fleck sehen kann. Bei Krümmungsradien von einigen Metern und Elektronenenergien im Bereich von 0,5 bis 5 GeV wird aber auch eine intensive Ultraviolett- und Röntgenstrahlung ausgesandt. Hinzu kommt, daß die Strahlung in der Umlaufebene der Elektronen scharf gebündelt ist.

Theoretische Überlegungen zur Aussendung von Synchrotronstrahlung gehen auf Arbeiten der russischen Physiker D. Ivanenko und I. Pomeranchuk im Jahre 1944 zurück. Diese Strahlung wurde zum ersten Male indirekt 1946 von I. Blewett in den USA beobach-

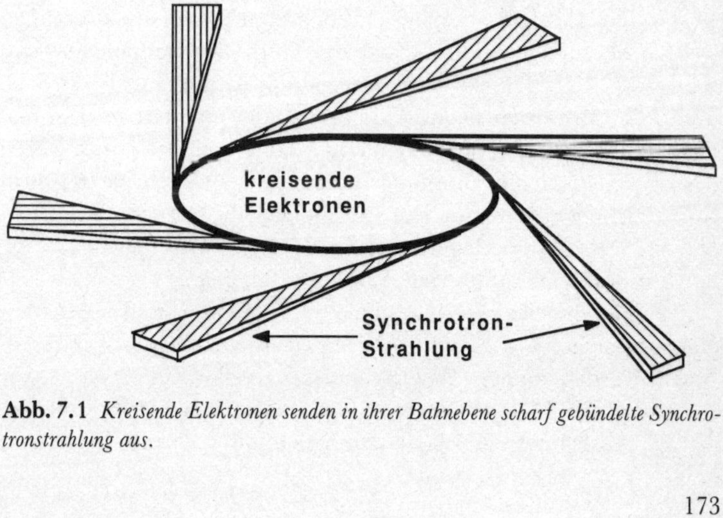

Abb. 7.1 *Kreisende Elektronen senden in ihrer Bahnebene scharf gebündelte Synchrotronstrahlung aus.*

tet, als er einen Energieverlust der in einem Betatron umlaufenden Elektronen feststellte. Er hatte insofern Pech, als die Vakuumkammer dieses Beschleunigers aus schwarzer Keramik bestand und er daher die Strahlung nicht sehen konnte. Dies gelang 1947 einem technischen Assistenten, E. Haber, der am 70-MeV-Beschleuniger der Firma General Electric mit Hilfe eines Spiegels als erster Mensch die Synchrotronstrahlung mit dem Auge sah.

Elektronenspeicherringe stellen heute die stärksten Lichtquellen für UV- und Röntgenstrahlung dar. Hier wird ein Speicherring also nicht wie in der Hochenergiephysik zur Erzeugung von Zusammenstößen zwischen entgegengesetzt umlaufenden Teilchen benutzt, sondern ein einziger Elektronenstrom dient als Lichtquelle. Während man beim Entwurf von Kollisionsmaschinen versucht, die Verluste durch Synchrotronstrahlung möglichst gering zu halten, besteht das Ziel bei Synchrotronstrahlungsquellen gerade darin, eine maximale Lichtemission zu erreichen. Synchrotronstrahlung wird überall da ausgesandt, wo die Elektronenbahn gekrümmt ist, d. h. praktisch auf dem gesamten Umfang des Speicherrings. Dies ist eher ein Nachteil, da man nur an einigen Stellen die Strahlung durch Fenster und anschließende Vakuumrohre zu den Experimenten leiten kann.

Neuerdings wird aber eine Erfindung immer häufiger genutzt, um die Anwendung der Synchrotronstrahlung noch effektiver zu gestalten: Es handelt sich um sogenannte Wiggler-Anordnungen. Ein *Wiggler* (»Schüttler«) besteht aus mehreren hintereinander aufgestellten Magneten, bei denen sich die Nord- bzw. Südpole abwechseln (Abb. 7.2). Schickt man durch diese Anordnung Elektronen hindurch, so werden sie kurz hintereinander mal nach rechts, mal nach links abgelenkt. Bei diesem Hin- und Herschütteln wird wegen des kleinen lokalen Krümmungsradius eine sehr intensive Synchrotronstrahlung ausgesandt. Die Strahlungen, die bei jedem Schütteln erzeugt werden, überlagern sich in Vorwärtsrichtung, so daß die Strahlungsintensität um viele Faktoren 10 höher ist als ohne Wiggler. Wiggler haben eine Länge von etwa 1 bis 2 m, so daß sie leicht in einem Speicherring zwischen normalen Ablenkmagneten untergebracht werden können. Das Ergebnis ist eine besonders starke Abstrahlung von Licht an dieser Stelle. Außerdem ist es durch geeignete Auslegung des Wigglers möglich, die spektrale Verteilung der Synchrotronstrahlung zu beeinflussen. Die normale Synchrotronstrahlung enthält ein weites Spektrum von Wellenlängen, vom sichtbaren bis zum Röntgenbereich. Mit Hilfe eines Wigglers läßt sich die flache Spektralverteilung in engen Wellenbereichen, die für bestimmte Anwendungen besonders interessant sind, konzentrieren. Eine Weiterentwicklung des Wigglers ist der sogenannte *Undulator*. Dabei ist die Magnetstruktur so ausgelegt, daß sich die spektrale Dichte gegenüber einem Wiggler nochmals um einige Faktoren 10 erhöht.

Solche konkurrenzlosen Lichtquellen erwiesen sich als sehr nützlich für die Festkörperforschung, für die biologische Forschung, aber auch für die Herstellung von elektronischen Chips und anderen winzigen Strukturen.

Eine der ersten Anlagen, die außer für die Hochenergiephysik nebenbei auch als Synchrotronstrahlungsquelle genutzt wurde, ist der Speicherring DORIS bei DESY. Dort wurde in den 70er Jahren ein spezielles Laboratorium dafür eingerichtet, das sogenannte HASY-Labor (für *Ha*mburger *Sy*nchrotron-Strahlungslabor), das sowohl von Festkörperphysikern als auch von der Industrie genutzt wird. Ein anderer Speicherring, der für die Elementarteilchenphysik gebaut wurde, aber heute zum größten Teil als Synchrotronstrahlungsquelle genutzt wird, ist SPEAR am SLAC-Labor in Stanford/Kalifornien. Außerdem ist der große, für die Elementarteilchenphysik gebaute Speicherring PEP im selben Labor heute eine der leistungsfähigsten Synchrotronstrahlungsquellen für harte Röntgenstrahlung (oberhalb 10 keV Quantenergie).

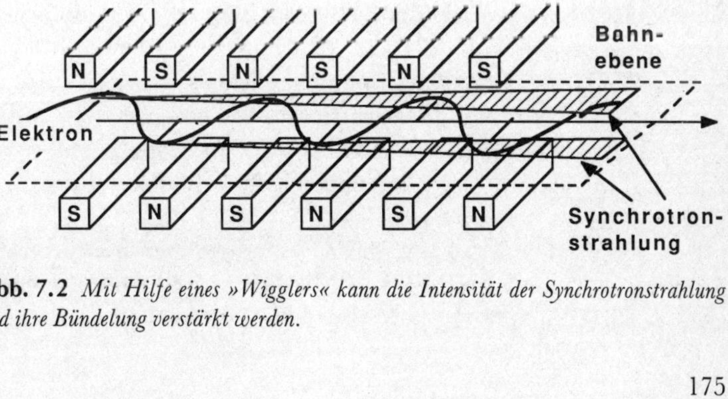

Abb. 7.2 *Mit Hilfe eines »Wigglers« kann die Intensität der Synchrotronstrahlung und ihre Bündelung verstärkt werden.*

Da die Synchrotronstrahlung auch neue Möglichkeiten für die biologische Forschung eröffnet, konnte ich 1979 mit dem damaligen Generaldirektor des EMBL (*European Molecular Biology Laboratory*, Europäisches Laboratorium für Molekularbiologie in Heidelberg), Sir John Kendrew, einen Vertrag über die Errichtung einer Außenstelle dieses Laboratoriums bei DORIS schließen. So wird DORIS heute auch von den Biologen intensiv genutzt. Die starke Intensität der Synchrotronstrahlung ermöglicht es, die Bestrahlungszeiten wesentlich zu verkürzen, was bei biologischen Objekten oft entscheidend ist. Bestrahlungszeiten von Sekunden anstatt von Stunden ermöglichen das Studium von wenig haltbaren Strukturen. In einigen Fällen konnte mit Belichtungszeiten von Bruchteilen von Sekunden gearbeitet werden, was gewissermaßen die Aufnahme eines Films von bewegten Objekten gestattete. Es konnten z. B. die Strukturveränderungen eines Muskels bei Spannung und Entspannung untersucht werden.

Die parallele Nutzung eines Speicherrings als Kollisionsmaschine und als Lichtquelle konnte jedoch nicht die Wünsche aller Benutzer befriedigen. Daher kam bald der Wunsch auf, einen Ring zu bauen, der allein der Erzeugung von Synchrotronstrahlung gewidmet ist. Dieser Wunsch wurde erfüllt durch den Bau von BESSY (*B*erliner *E*lektronen-*S*peicherring für *Sy*nchrotronstrahlung) in Berlin. Dieser Ring mit 20 m Durchmesser kam 1981 in Betrieb und wird seither von verschiedenen Forschergruppen rund um seinen Umfang angezapft. BESSY war so erfolgreich, daß gegenwärtig eine verbesserte Anlage, BESSY II, diskutiert wird. Beide Maschinen dienen zur Erzeugung von UV- und weicher Röntgenstrahlung. Inzwischen befindet sich eine noch größere Anlage, ESRF (*European Synchrotron Radiation Facility*), die als europäisches Projekt finanziert wird, in Grenoble im Bau. Diese Maschine ist als Lichtquelle für härtere Röntgenstrahlung bestimmt. Ähnliche, auf die Anwendung der Synchrotronstrahlung spezialisierte Maschinen gibt es in den USA am Brookhaven National Laboratory auf Long Island/New York und in Japan in der Akademikerstadt Tsukuba nördlich von Tokio.

Besonders wichtig scheint die Verwendung der Synchrotronstrahlung bei der Fertigung von Mikrochips zu werden. Immer mehr Schalt-, Verstärker- und Speicherfunktionen sollen auf kleinstem Raum Platz finden. Um diese Strukturen, deren Elemente inzwischen Abmessungen von weniger als einem Mikrometer (1/1000 eines Millimeters), d. h. fast 100mal weniger als der Durchmesser eines menschlichen Haares, besitzen, auf die Halbleiterunterlagen zu übertragen, sind spezielle Technologien erforderlich. Die Röntgenlithographie mit Hilfe der Synchrotronstrahlung scheint dafür besonders erfolgversprechend.

Abb. 7.3 *Mit Hilfe von Synchrotronstrahlung erzeugte Mikrostrukturen. (Photo: Kernforschungszentrum Karlsruhe)*

Um die deutschen und europäischen Chip-Hersteller gegenüber der amerikanischen und japanischen Konkurrenz (dort allein gibt es acht Projekte dieser Art) in eine günstigere Ausgangslage zu bringen, wurde im September 1986 eine eigene Gesellschaft, die *COSY Micro Tec,* gegründet, deren Ziel es ist, eine handliche Synchrotronstrahlungsquelle, die in jedes Labor paßt (Energie 600 MeV, kritische Wellenlänge 1,2 nm), zu vermarkten. Der Name COSY steht für die Abkürzung von *Compact Synchrotron*, eine Anlage, die nur 2 × 4 m mißt. Ein Prototyp wird beim Berliner Elektronenspeicherring BESSY unter Leitung von A. Heuberger, dem Chef des Fraunhofer Instituts für Mikrostrukturtechnik, aufgebaut, wodurch alle Erfahrungen aus der Grundlagenforschung für die industrielle Anwendung zum Tragen kommen. Diese Maschine nahm im November 1988 ihren Betrieb auf. Eine direkte Linie führt von der komplexen und teuren DORIS über BESSY zu der kleinen »Enkelin« COSY. Dies ein Beispiel, wie aus Instrumenten der Grundlagenforschung Geräte der Technik hervorgehen, wobei eine solche Entwicklung in keiner Weise vorhersehbar war.

Die Verwendung der Röntgenlithographie für die Herstellung von Mikrochips ist aber keinesfalls die einzige technische Anwendung der Synchrotronstrahlung. Am Kernforschungszentrum in Karlsruhe wurde unter Leitung von E. Becker die sogenannte Tiefen-Röntgenlithographie entwickelt, die es erlaubt, Mikrostrukturen aus Metallen, Kunststoff und anderen Materialien mit großem Aspektverhältnis herzustellen. Das Aspektverhältnis gibt die Breite der Strukturelemente gegenüber ihrer Tiefe an. Wegen der extrem guten Bündelung der Synchrotronstrahlung lassen sich Aspektverhältnisse von 1 : 100 erzielen, wobei dieses Verfahren ohne Schwierigkeiten für die Massenproduktion von Mikrostrukturen eingesetzt werden kann (Abb. 7.3).

Die Anwendung der Synchrotronstrahlung scheint auch in der Medizin sehr erfolgversprechend. So werden zur Zeit Verfahren entwickelt, die Röntgenaufnahmen von Blutgefäßen praktisch ohne Eingriff und daher mit geringem Risiko erlauben sollen *(Angiographie)*. Die starke Synchrotronstrahlung erlaubt es, ganz kurz hintereinander zwei Aufnahmen mit etwas verschiedener, aber äußerst scharf definierter Wellenlänge zu machen. Unter Ausnutzung von Absorptionskanten im eingespritzten Kontrastmittel kann man mit Hilfe moderner Methoden der computergestützten Bildverarbeitung ein Differenzbild erzeugen, das einen guten Kontrast für die Blutgefäße ergibt (Abb. 7.4). Noch sind viele technische und klinische Probleme zu lösen, aber die Verwendung der Synchrotronstrahlung scheint doch vielversprechend zu sein, um eines Tages eine risikoarme, fast ambulatorische Überwachung der Blutgefäße, besonders am Herzen, zu ermöglichen.

Wegen der vielfältigen Anwendungsmöglichkeiten der Synchrotronstrahlung in Forschung, Technik und Medizin ist es nicht erstaunlich, daß in der ganzen Welt spezialisierte Maschinen für die Erzeugung dieser Strahlung wie Pilze aus dem Boden schießen. In Europa gibt es außer BESSY in Berlin weitere Synchrotronstrahlungsquellen in Daresbury (England), zwei in Orsay bei Paris, eine

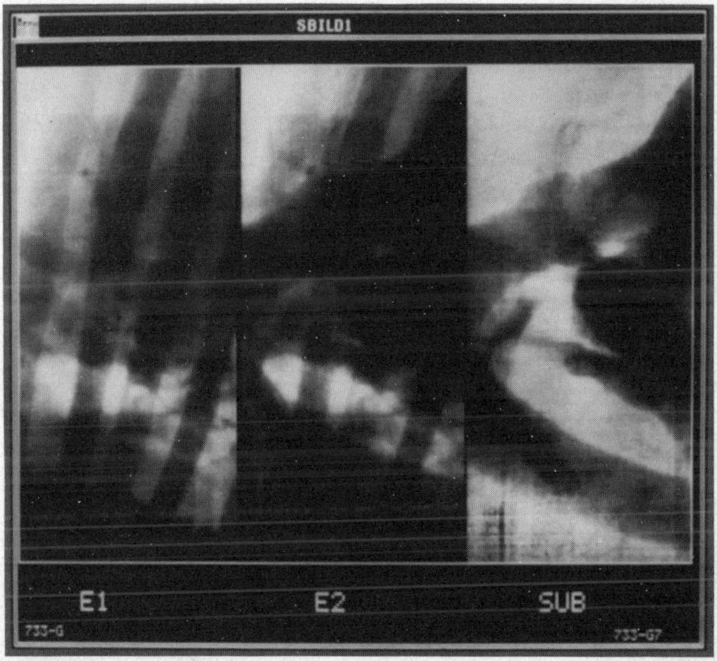

Abb. 7.4 *Röntgenaufnahme der Brust eines Hundes mit Hilfe der Synchrotronstrahlung. Praktisch gleichzeitig können zwei Aufnahmen mit etwas verschiedener Wellenlänge gemacht werden (E1, E2). Ein »Differenzbild« (SUB) unterdrückt die Knochenstruktur und erlaubt es, das Herz und die Blutgefäße zu erkennen. (Photos: HASYLAB DESY)*

in Frascati bei Rom und eine in Lund (Schweden). In den USA sind ein halbes Dutzend Anlagen in Betrieb, in der Sowjetunion sechs (davon drei Spezialanlagen und drei in Novosibirsk für die teilweise Nutzung als Lichtquelle), in Japan drei (eine weitere im Bau). Synchrotronstrahlungsquellen eignen sich sehr gut als Pilotprojekte in Schwellenländern oder in »neu industrialisierten Ländern« (den *Newly Industrialized Countries*). Sie sind technisch nicht allzu schwierig zu bauen und bieten in vielen Forschungsgebieten neue experimentelle Möglichkeiten.

In der Volksrepublik China wird die Kollisionsmaschine in Peking mit 2,8 GeV Strahlenergie auch als Synchrotronstrahlungsquelle benützt, und eine spezielle Maschine mit 0,8 GeV ist in Hofei im Bau. Auch in Taiwan ist eine Strahlungsquelle mit 1,2 GeV Strahlenergie im Bau (bei Taipei), sie soll 1992 in Betrieb gehen. Ebenso gibt es in Lateinamerika, z. B. in Argentinien, konkrete Pläne für Synchrotronstrahlungslaboratorien. Die meisten dieser Strahlungsquellen sind für weiche Röntgenstrahlen (Strahlenergien bis etwa 1,2 GeV) ausgelegt. Neuerdings verstärkt sich das Interesse für härtere Strahlen, die Elektronenenergien von einigen GeV erfordern. Nach den Veteranen SPEAR in Kalifornien (4 GeV) und DORIS in Hamburg (5 GeV) ist eine neue Generation von Strahlungsquellen im Bereich von 5 bis 6 GeV Elektronenenergie im Bau, so die europäische Synchrotronstrahlungsquelle ESRF in Grenoble, die mit einem Kostenaufwand von nahezu einer Milliarde DM errichtet wird und 1994 ihren Betrieb aufnehmen soll. Ähnliche Anlagen sind am Argonne National Laboratory in den USA und in Japan geplant.

Die Anwendung der Synchrotronstrahlung in Forschung und Entwicklung, aber auch in der Produktion und Medizin steht erst am Anfang. Wer hätte gedacht, daß Elektronenspeicherringe, die als ganz spezielle Forschungsinstrumente für die Elementarteilchenphysik entwickelt worden sind, eine so weite Verbreitung finden würden. Vielleicht ist die Zeit nicht mehr fern, wo größere Industriebetriebe ihre eigene Maschine im Hinterhof stehen haben.

8. Antimaterie, die unbegreifliche Realität

In den letzten Jahren konnte man in der Presse häufig Schlagzeilen lesen wie »Die Antimaterie macht bumm«, »Antimateriewaffen«, »Raumfahrt mit Antimaterie«, »Das Versprechen der Antimaterie«. Die dann folgenden Artikel nahmen häufig auf CERN Bezug, manchmal in kritischer Absicht. Der Grund lag darin, daß es bei CERN zum erstenmal gelungen ist, Antimaterie in größeren Mengen zu erzeugen und in »magnetischen Flaschen« zu speichern. Was bei dieser Publizität meist zu kurz kommt, ist die mit der Entdekkung der Antimaterie verbundene Revolution unseres physikalischen Weltbildes, die außerhalb der Physik kaum zur Kenntnis genommen wird. Selbst die Physiker haben sich an die Existenz der Antimaterie und den fast täglichen Umgang mit ihr im Labor so schnell gewöhnt, daß sie das Sich-Wundern vergessen haben. Mit der Antimaterie führt uns die Natur eine Realität vor, die sich zwar mathematisch beschreiben läßt und mit der man experimentieren kann, die der Anschauung unserer Alltagsvernunft aber verschlossen bleibt und die im normalen Sinn vielleicht für immer unbegreiflich bleiben wird. Um so mehr regt sie philosophische Spekulationen an und ruft wegen ihres Namens häufig auch Mißverständnisse hervor.

»Anti-Materie« bezeichnet nicht einen materielosen Zustand, die absolute Leere, das Nichts. Aber stellt Anti-Materie vielleicht eine Art Gegen-Materie dar? Damit erregt sie sofort das Interesse von Theologen, die hier ein weiteres dialektisches Paar, wie Gut–Böse, Himmel–Hölle, Christ–Antichrist, sehen. Es erstaunte mich daher nicht, daß Papst Johannes Paul II. bei seinem Besuch von CERN 1983 mich ausführlich über das Konzept der Antimaterie befragte. Auch der Dalai Lama und andere Theologen ließen sich über die Ergebnisse der Antimaterie-Forschung berichten.

Hier muß sofort ein Warnschild aufgerichtet werden: Wenn wir von Materie und Antimaterie reden, dann enthalten diese Bezeichnungen keinerlei Wertung. Antimaterie ist nicht schlechter oder besser als Materie. Man könnte genausogut von grüner und roter Materie sprechen. Materie und Antimaterie verhalten sich eher wie zwei seitenverkehrte Spiegelbilder oder wie die positive und negative elektrische Ladung, bei deren Bezeichnung ja auch jede Wertung ausgeschlossen ist. Die Wahl für das, was man positive oder negative Ladung nennt, war eine willkürliche historische Entscheidung. Der französische Physiker Charles de Cisternay Dufay (1698–1739) schlug 1733 zum erstenmal die Existenz zweier Sorten von Elektrizität vor, die er mit Glas- bzw. Harzelektrizität bezeichnete (vier Jahre später widerrief er seine Theorie allerdings zum Teil). Benjamin Franklin erkannte jedoch, daß Körper gleiche Mengen verschiedener Elektrizität enthalten, die er völlig willkürlich *positiv* und *negativ* nannte.

Bei der Materie–Antimaterie ist die Wortwahl nicht ganz so willkürlich. Wie wir sehen werden, bestehen die Erde und unser Sonnensystem (und damit wir selbst) aus ein und demselben Stoff, und es liegt nahe, ihn »Materie« zu nennen. Es wäre aber durchaus möglich, daß es Sonnensysteme gibt, die aus der anderen Sorte Materie bestehen, die wir als »Antimaterie« bezeichnen. Die dort existierenden Lebewesen würden aber die umgekehrte Wahl treffen: Ihre Stoffart würden sie »Materie«, unsere »Antimaterie« nennen.

Bei der Entdeckung der beiden Elektrizitätsarten standen Experimente (z. B. das Anziehen von Papierschnitzeln von mit Katzenfellen geriebenen Körpern) Pate, während bei der Entdeckung der Antimaterie theoretische, ja mathematische Überlegungen den Ausgangspunkt bildeten. Es grenzt fast an ein Wunder, daß abstrakte Gedankengebilde, Ausgeburten menschlicher »Hirngespinste«, plötzlich ihre Entsprechung in der experimentellen Realität finden.

Die Vorhersage der Antimaterie

Die Entdeckung der Antimaterie ist untrennbar mit dem Namen des englischen Theoretikers Paul A. M. Dirac verbunden. 1957, während eines Studienaufenthalts am berühmten Cavendish-Laboratorium in Cambridge (England), lernte ich Dirac kennen. Er machte den Eindruck eines etwas altmodischen, scheuen Herrn, der recht zurückgezogen lebte. Die letzten Jahre seines Lebens verbrachte er in Florida, und 1984 ist er hochbetagt gestorben. Er hat in verschiedenen Vorträgen selbst festgehalten, wie er zur Voraussage der Existenz der Antimaterie kam und mit welchen Schwierigkeiten dies verbunden war.

Zu Beginn der 20er Jahre hatten vor allem Werner Heisenberg und Erwin Schrödinger die Quantenmechanik entwickelt, die eine Erweiterung der klassischen Newtonschen Mechanik ist und im Mikrokosmos bei Dimensionen von weniger als einem hundertstelmillionstel Zentimeter ihre volle Gültigkeit erlangt. Dank der Quantenmechanik war es zum erstenmal möglich, die Vorgänge in der Hülle von Atomen zu verstehen. Die Quantenmechanik erforderte ein völliges Umdenken, das selbst an die Wurzeln unserer normalen Logik rührte. Die begrifflichen Schwierigkeiten, die sich daraus ergaben – z. B. die Heisenbergsche Unschärferelation, die besagt, daß man den Ort und die Geschwindigkeit eines Teilchens nicht gleichzeitig mit beliebiger Genauigkeit messen kann, oder die Interpretation der Wellenfunktion, die nur statistische Aussagen, aber keine strenge Kausalität erlaubt –, sind häufig beschrieben und diskutiert worden, so daß ich hier nicht weiter darauf eingehen möchte.

Für das folgende ist eine Aussage der Quantenmechanik wichtig, die ihr sogar den Namen gab. Sie besagt, daß in einem Atom die Elektronen nur ganz bestimmte Werte der Energie annehmen können: Die Energie ist *gequantelt*. Dazwischenliegende Energiewerte sind »verboten«, d. h. sie treten in einem bestimmten Atom niemals auf.

Die Quantenmechanik hatte aber einen großen Schönheitsfehler. Sie war von der klassischen Newtonschen Mechanik abgeleitet worden und ignorierte vollständig die inzwischen von Albert Einstein aufgestellte spezielle Relativitätstheorie. Diese muß jedoch angewandt werden, wenn man es mit Geschwindigkeiten zu tun hat, die nicht wesentlich kleiner als die Lichtgeschwindigkeit sind (Kap. 5), was für die Bewegung der Elektronen in der Atomhülle nur näherungsweise gilt. Es mußte also eine Synthese zwischen der Heisenberg-Schrödingerschen Quantenmechanik und der Einsteinschen Relativitätstheorie gefunden werden.

Ein wesentlicher Unterschied zwischen der Newtonschen Mechanik und der Relativitätstheorie besteht im Zusammenhang zwischen der Energie eines Teilchens und seinem Impuls (= Masse mal Geschwindigkeit). In der klassischen Physik hängt die Energie eindeutig vom Impuls ab, während in der Relativitätstheorie die Energie als eine Quadratwurzel erhalten wird[22]. Nun kann eine Quadratwurzel sowohl mit einem Plus- als auch einem Minus-Vorzeichen versehen werden, denn $\sqrt{4} = +2$ oder -2, weil sowohl $(+2) \cdot (+2) = 4$ als auch $(-2) \cdot (-2) = 4$ gilt (eine Quadratwurzel aus -4 läßt sich bekanntlich nicht ohne weiteres ziehen, sondern sie führt zu den sogenannten komplexen Zahlen).

Diese simple Tatsache, die man schon in der Schulalgebra lernt – daß nämlich eine Quadratwurzel zwei Vorzeichen hat –, führte zu weitreichenden physikalischen Konsequenzen, zunächst aber zu Schwierigkeiten. Sowohl in der klassischen Physik als auch in der Relativitätstheorie ist Energie so definiert, daß sie nur positive Werte besitzen kann. Was sollten plötzlich die vom negativen Vorzeichen der Wurzel herrührenden negativen Energiewerte bedeuten? Dirac versuchte eine mathematische Neuformulierung, bei der er das Ziehen einer Quadratwurzel vermied. Es schien aber zunächst so, als ob er damit den Teufel mit Beelzebub ausgetrieben habe: Die Zweideutigkeit der Quadratwurzel war verschwunden, doch Dirac mußte zur Formulierung seiner berühmten Gleichung eine zwar bekannte, in der Physik aber ungebräuchliche Algebra verwenden, bei der nicht mehr $A \cdot B = B \cdot A$ gilt, d. h. $2 \cdot 3$ und $3 \cdot 2$ nicht dieselbe Zahl ergeben sollen. Die Größen A und B sind dann aber keine gewöhnlichen Zahlen, sondern sogenannte Matrizen (Heisenberg hatte sie erstmals bei der Formulierung der Quantenmechanik eingeführt). Als Ergebnis dieser mathematischen Künste erhielt Dirac zu seiner eigenen Überraschung statt *einer* Gleichung, die z. B. das Verhalten eines Elektrons beschreiben soll, deren vier. Was hatte das zu bedeuten?

Dirac fand zunächst recht schnell heraus, daß die vier Gleichungen verschiedene mögliche Zustände beschreiben. Er erhielt also etwas, wonach er gar nicht gesucht hatte: den Elektronenspin. Schon 1925 hatten Samuel Goudsmit und George Uhlenbeck einen experimentellen Befund, nämlich die merkwürdige Verdoppelung mancher Linien in den Atomspektren, mit Hilfe einer neuen Vorstellung theoretisch erklärt. Sie nahmen ad hoc an, daß sich Elektronen wie kleine Kreisel verhalten. Sie besitzen einen Drall, für den die

Entdecker die Bezeichnung »Spin« einführten und der stets denselben Wert besitzt, nämlich (½) · $\hbar$ (wobei $\hbar = h/2\pi$ die Plancksche Konstante ist). Da die atomare Dralleinheit stets $\hbar$ ist, sagt man einfach: Das Elektron hat den Spin ½.

Nun trägt das Elektron eine elektrische Ladung, und nach klassischen Gesetzen erzeugt eine rotierende Ladung ein magnetisches Moment, d. h. das Elektron benimmt sich wie ein winziger Stabmagnet. Die klassische Quantenmechanik sagte schon, daß ein solcher Magnet in einem äußeren Magnetfeld nur zwei Einstellungen annehmen kann, parallel oder antiparallel, d. h. die Spineinstellung ist gequantelt. Woher der Spin des Elektrons rührte, blieb in der alten Quantenmechanik völlig im dunkeln. Dirac fand nun, daß die Annahme von Goudsmit und Uhlenbeck zwangsläufig aus seiner Theorie folgte. Zwei seiner Gleichungen entsprechen den beiden Spineinstellmöglichkeiten. Er konnte sogar die Größe des magnetischen Moments des Elektrons berechnen, und sein Resultat stimmte mit Präzisionsmessungen, die man aus Atomspektren erhalten hatte, hervorragend überein. Der heutige beste Wert für das magnetische Moment des Elektrons stimmt bis auf zehn Stellen hinter dem Komma mit der Theorie überein – ein Erfolg, den Dirac bei der Aufstellung seiner Gleichung gar nicht gesucht hatte.

Der wirklich aufregende Inhalt, versteckt in den Gleichungen Diracs, sollte sich aber erst noch kundtun. Zwar konnten zwei Gleichungen nun als Beschreibung des Elektronenspins interpretiert werden, aber was bedeuteten die anderen beiden Gleichungen?

Es zeigte sich bald, daß sie genau den negativen Energiezuständen entsprachen, die durch die beiden Vorzeichen der Quadratwurzel bedingt waren. Es schien also keine noch so raffinierten mathematischen Tricks zu geben, um sie loszuwerden. Dies stellte für einige Zeit ein ernstes Problem dar, da negative Energiezustände physikalisch sinnlos sind. Dirac schrieb: »Es wurde mir bewußt, daß wir lernen müssen, mit ihnen zu leben, da wir sie nicht ausschließen können. Wir müssen eine physikalische Interpretation für sie finden.«[23]

Eine solche Interpretation fand Dirac in seiner berühmten Löchertheorie, die in ihrer ursprünglichen Form heute allerdings überholt ist. Dirac wandte auf die negativen Energiezustände zwei Prinzipien an, die aus der Atomspektroskopie wohlbekannt waren. Das erste besagt, daß die Energie nicht beliebige Werte annehmen kann:

Energie ist gequantelt. Das zweite Prinzip, das nach dem Schweizer Theoretiker Wolfgang Pauli benannt ist und dessen Ursprung bis heute nicht völlig geklärt ist, besagt, daß für Teilchen mit dem Spin ½ höchstens zwei Teilchen auf einem bestimmten Energieniveau Platz haben (eines mit dem Spin nach oben, das andere mit dem Spin nach unten). Dieses Paulische Ausschließungsprinzip gilt indessen nicht für Teilchen mit ganzzahligem Spin (z. B. Lichtquanten). Von solchen Teilchen können wir beliebig viele in ein Energieniveau setzen. Es ist wie bei manchen Brettspielen, wo manchmal nur ein Stein pro Feld erlaubt ist, während bei anderen Spielen viele Steine aufeinandergestapelt werden können.

Dirac benützte diese Prinzipien, um die negativen Energiezustände auszuschalten. Er nahm einfach an, daß alle diese Zustände mit je einem Elektronenpaar besetzt sind (Elektronen haben den Spin ½, und es gilt für sie das Ausschließungsprinzip); wenn alle Plätze besetzt sind, dann sind keine physikalischen Prozesse mehr

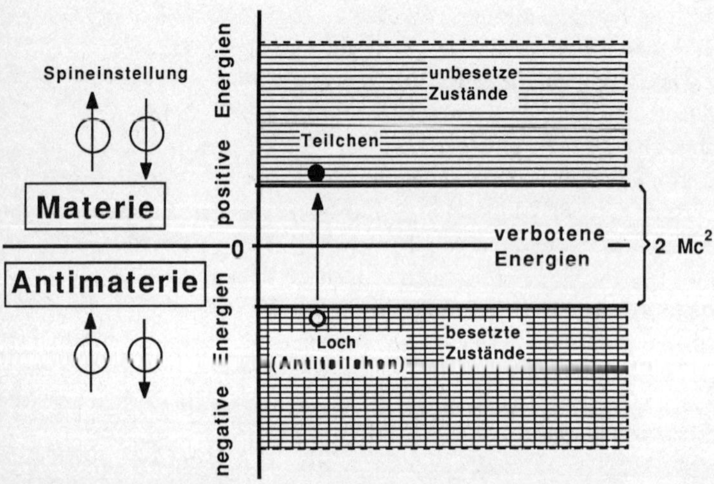

Abb. 8.1 *Die physikalische Bedeutung der vier Komponenten des Dirac-Feldes eines Fermions. Zwei Komponenten beschreiben die beiden Spinrichtungen eines Teilchens (Materie), die anderen zwei die Spineinstellungen des dazugehörenden Antiteilchens (Antimaterie).*

möglich. Man spricht von einem »unterirdischen Elektronensee«, denn wenn alle Zustände mit Elektronen besetzt sind, bleiben sie verborgen, und es handelt sich um sehr viele, eigentlich unendlich viele solcher Elektronen (Abb. 8.1). Man könnte die Situation mit einem Brettspiel vergleichen, bei dem alle Felder mit Steinen besetzt sind, wodurch jeder Zug unmöglich gemacht wird.

Was passiert aber, wenn wir einen Stein entfernen? Ein benachbarter Stein kann in das Loch geschoben werden, in die entstehende Lücke kann ein weiterer Stein gerückt werden, und als Resultat vieler Sprünge in das jeweils freiwerdende Loch beobachten wir die Wanderung eines Lochs. Genau diese Vorstellung übertrug Dirac auf seinen Elektronensee. Entfernt man ein Elektron, dann entsteht ein Loch, das als Fehlstelle in einem Elektronensee mit negativer Ladung plötzlich als positive Ladung erscheint, die sich in Form der Lochwanderung frei bewegen kann. Gibt es nun aber eine Möglichkeit, sozusagen von oben her in diese »Geisterwelt« einzugreifen und ein Elektron herauszuholen? Ja, mit etwas Energieaufwand ist dies möglich. Dazu müssen wir uns aber erinnern, daß in der Relativitätstheorie die Gesamtenergie eines Teilchens zwei Anteile enthält: die Bewegungsenergie und die durch die Masse M des Teilchens bestimmte Ruheenergie Mc^2 (Kap. 5). Ähnliches gilt auch für die negativen Energiezustände, wo ein Loch in Ruhe noch die Ruheenergie $M_{Loch}c^2$ besitzt, wo M_{Loch} die Masse des Teilchens bedeutet, das durch das Loch »vorgetäuscht« wird. Es gibt also eine Energielücke zwischen dem niedrigsten positiven Energieniveau und dem höchsten negativen Energieniveau (Abb. 8.1). Ein Elektron oder ein Loch kann bestenfalls in Ruhe sein und damit die *Bewegungsenergie* Null besitzen; es wird seine Ruheenergie (bestimmt durch seine Masse) aber nicht los und kann daher keine Plätze der Energielücke besetzen: Sie ist »verboten«.

Um ein Teilchen aus dem Elektronensee an die Oberwelt zu holen, muß man mindestens die Summe der beiden Ruheenergien aufbringen, um die Energielücke zu überwinden. Diese Energie kann z. B. in Form eines energiereichen Lichtquants zugeführt werden, das mindestens die Energie $2m_ec^2$ (m_e = Elektronenmasse), also 1,022 MeV besitzen muß. Solche Energien entsprechen sehr harten Röntgenquanten, so daß man diesen Prozeß unter gewöhnlichen Alltagsbedingungen nicht beobachtet.

Jetzt aber kommt die kühne Schlußfolgerung: Durch Energiezufuhr kann man ein Elektron und ein dazu komplementäres positives Teilchen, das man wegen seiner positiven Ladung Positron nennt, erzeugen. Zwei Aspekte lassen uns diese »Paarerzeugung« als höchst unbegreiflich erscheinen: Sie erfolgt aus dem Nichts, dem Vakuum, und es wird die Existenz einer neuen Materieart, die den Löchern im unterirdischen Elektronensee zugeordnet ist, postuliert. Hier ist die *Antimaterie*, zunächst allerdings nur in den Gedanken Diracs. Gibt es sie wirklich?

Als Dirac diese Überlegungen 1928 zum erstenmal formulierte, war er 26 Jahre alt, und es gehört wohl jugendliche Unbekümmertheit dazu, so revolutionäre Ideen auszusprechen. Aber sie waren derart ungewöhnlich, daß Dirac selbst gewisse Zweifel an ihrer physikalischen Realität hatte. Ich lasse ihn wieder selbst sprechen: »Sobald ich dieses (Loch-)Bild erdachte, fiel mir auf, daß die Theorie vollkommen symmetrisch zwischen den positiven und negativen Energien ist, so daß das Loch die gleiche Masse wie das Elektron haben sollte. Aber zu jener Zeit war das einzige bekannte Teilchen mit einer positiven Ladung das Proton. Die Leute glaubten, daß die Gesamtheit der Materie mit Hilfe des Elektrons und Protons, nur mit diesen beiden Teilchen, erklärt werden müßte. Man brauchte nur zwei Teilchen, denn es gab nur zwei Arten der Elektrizität, negative und positive. Es mußte Elektronen für die negative und Protonen für die positive Elektrizität geben, und das war alles. Ich wagte es einfach nicht, zu jener Zeit ein neues Teilchen zu postulieren, denn das ganze Meinungsklima war damals gegen neue Teilchen. So dachte ich, das Loch müßte ein Proton sein. Ich war mir sehr wohl bewußt, daß eine enorme Massendifferenz zwischen Proton und Elektron bestand, aber ich dachte, daß die Coulomb-Kraft zwischen den Elektronen im See zum Auftreten einer unterschiedlichen Masse für das Proton führen könnte. So publizierte ich meine Arbeit über dieses Thema als Theorie der Elektronen und Protonen.«[23]

Der Mathematiker Hermann Weyl griff Dirac sofort an und stellte kategorisch fest, daß die Symmetrie zwischen den beiden Arten von Energiezuständen unweigerlich dieselben Massen für Elektronen und Löcher erfordere. Falls Diracs Theorie gelte, müsse es ein neues, bisher unbekanntes Teilchen mit der Masse des Elektrons, aber mit positiver Ladung, eben das Positron, geben.

Die Konsequenzen der Diracschen Theorie sind in zweierlei Hinsicht überraschend, ja atemberaubend. Unsere Vorstellung von der Materie als etwas ewig Beständigem, das immer existierte und auch in vielen Milliarden Jahren noch existieren wird, erweist sich als falsch. Elektronen als Bausteine dieser Materie können willkürlich erzeugt werden, wenn man nur genügend Energie in den »unterirdischen« Elektronensee zuführt. Umgekehrt kann ein Elektron in ein Loch fallen, was wir als Vernichtung eines Elektron-Positron-Paares beschreiben. Dabei verschwinden zwei Bausteine der Materie, und ihre Massen werden in Energie, die z. B. in Form von Gammaquanten in Erscheinung tritt, umgewandelt. Da dies nicht nur für Elektronen, sondern für alle Bausteine der Materie (sogenannte Fermionen, d. h. Teilchen mit Spin ½) gilt, müssen wir akzeptieren, daß entgegen dem Augenschein Materie etwas sehr Ephemeres, Unbeständiges ist.

Daß Materie in Energie und umgekehrt Energie in Materie verwandelt werden kann, hat uns schon Einstein gelehrt. Seine Formel $E = mc^2$ gibt aber sozusagen nur an, wie man die Umrechnung vornehmen muß, sie sagt jedoch nichts darüber aus, welcher physikalische Vorgang dies ermöglicht. Bei der Uranspaltung wird z. B. ein kleiner Bruchteil der Masse des Urankerns in Bewegungsenergie der Bruchstücke umgewandelt. Auch bei der Materie-Antimaterie-Vernichtung ist die Einsteinsche Umrechnungsformel gültig, aber der physikalische Vorgang ist gänzlich neu. Bei der Auffüllung eines Lochs im Elektronensee verschwinden zwei Teilchen, Elektron und Positron, vollständig: *Materie wird hundertprozentig in »reine« Energie verwandelt.* Beim umgekehrten Prozeß wird Materie zusammen mit Antimaterie aus dem »Nichts«, aus Energie, erzeugt.

Die zweite Überraschung betrifft unsere Vorstellung vom Vakuum. Die klassische Vorstellung war, daß das *Vakuum* die absolute Leere sei. Nun erkennen wir, daß das Vakuum von Geschehen erfüllt ist, ja sogar die eigentliche Basis für die physikalischen Prozesse darstellt. Nach der Heisenbergschen Unschärferelation ist es möglich, sich irgendwo im Vakuum einen gewissen Energiebetrag E »auszuborgen«, allerdings nur für wenig Zeit, die durch die Beziehung $E \cdot t \geq h$ begrenzt ist. Eine Energie von etwa 1 MeV steht danach für die unvorstellbar kurze Zeit von etwa $7 \cdot 10^{-22}$ Sekunden zur Verfügung, aber sie kann benutzt werden, um ein Elektron-Positron-Paar zu erzeugen, das nach dieser Zeit sich unter Rückgabe der geborgten Energie wieder vernichtet und verschwindet. Diese sogenannte Vakuumpolarisation erzeugt trotz ihrer kurzen Existenz meßbare Effekte – es war einer der Triumphe der Physik unseres Jahrhunderts, daß sie mit ungeheurer Präzision gemessen werden konnten und in Übereinstimmung mit der Theorie befunden wurden.

Dieser Prozeß funktioniert aber nicht nur für Elektronen und Positronen, sondern für alle Materiebausteine, wie die verschiedenen Quark-Arten und auch Protonen-Antiprotonen. Im Vakuum entstehen und vergehen also laufend Materie-Antimaterie-Paare, die nach kurzer Zeit wieder verschwinden – um so schneller, je schwerer die Teilchen sind. Man kann daher von einem »Vakuumfunkeln« sprechen. Es gibt heute ganze Fachbücher, die sich mit den Eigenschaften des Vakuums befassen. Der leere Raum ist nicht leer! Wir müssen daher unsere Vorstellung vom leeren Raum gründlich revidieren. Als 1983 der Dalai Lama CERN besuchte, bat er darum, in einer Diskussion mit unseren Theoretikern die Unterschiede bzw. Ähnlichkeiten des Vakuums in der Physik und der *vacuity* im Buddhismus erörtern zu können. Nach dreistündiger Diskussion stellten wir fest, daß beide, Vakuum und *vacuity*, nicht leer seien, sondern daß die dort sich abspielenden Vorgänge, wenn auch in völlig verschiedenen Bereichen, ein einigendes Band für die Vielfalt der Geschehnisse liefern.

Die ursprüngliche Diracsche Löchertheorie ist heute überholt. Durch die sogenannte Quantenfeldtheorie (manchmal auch zweite Quantelung genannt) konnten die Schwierigkeiten der Löchertheorie, beispielsweise die postulierte Existenz von unendlich vielen Elektronen, von denen man nichts merkt, beseitigt werden. Alle Zustände, sowohl mit positiver als auch negativer Energie, sind zunächst unbesetzt. Durch »Erzeugungsoperatoren« können sie besetzt, durch »Vernichtungsoperatoren« geleert werden. Es herrscht zwischen beiden Arten von Zuständen völlige Symmetrie. Dadurch ist die Theorie auch mathematisch formal makellos geworden. An den prinzipiellen Begriffen über Materie und Antimaterie und das Vakuum hat sich dadurch aber nichts geändert.

Die Entdeckung der Antimaterie

In dem an Entdeckungen so reichen Jahr 1932 fanden Carl David Anderson, geboren 1905 in New York als Sohn schwedischer Eltern, und sein Schüler Seth Neddermeyer das Positron. (Anderson erhielt übrigens vier Jahre später, 1936, den Physik-Nobelpreis.) Sie hatten eine Nebelkammer entwickelt, in der man Teilchenspuren in einem Magnetfeld beobachten konnte. Positiv und negativ geladene Teilchen erfahren im Magnetfeld eine Krümmung in entgegengesetzter Richtung, wenn sie in gleicher Richtung fliegen.

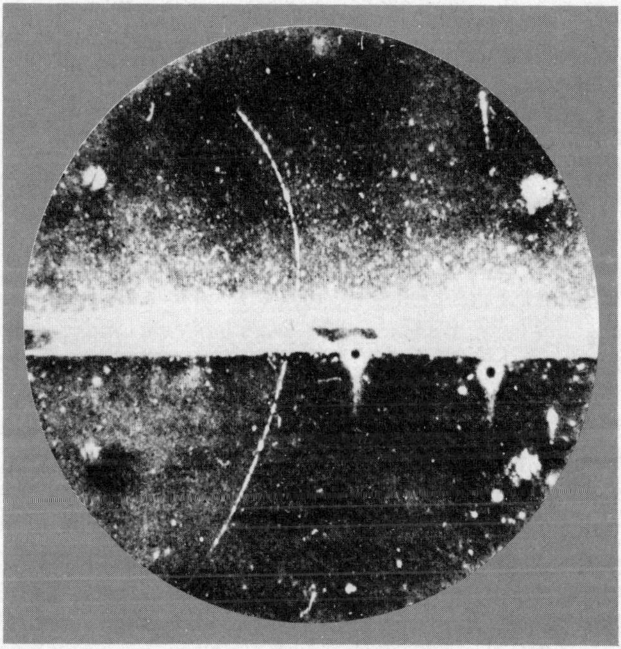

Abb. 8.2 *Die Entdeckung des Positrons. Die Nebelkammer-Aufnahme zeigt die Spur eines Teilchens, das eine Bleiplatte durchdringt. Sie wird durch ein Magnetfeld gekrümmt. Nach Durchlaufen der Bleiplatte ist die Spur stärker gekrümmt, woraus sich die Flugrichtung des Teilchens (von unten nach oben) und seine elektrische Ladung (positiv) bestimmen läßt.*

Am 2. August 1932 machten Anderson und Neddermeyer eine sehr merkwürdige Aufnahme. Sie zeigt ein Teilchen, das eine in der Kammer aufgestellte Bleiplatte durchquert (Abb. 8.2). Um aus der Spurkrümmung die Ladung abzuleiten, muß man wissen, ob das Teilchen von oben nach unten oder umgekehrt geflogen ist. Da es aus der aus dem Weltraum ständig auf die Erde auftreffenden kosmischen Strahlung in irgendwelchen Sekundärprozessen erzeugt wurde, ist sein Erzeugungsort allerdings nicht bekannt. Glücklicherweise läßt sich die Bewegungsrichtung aber eindeutig experimentell festlegen. Beim Durchgang durch die Bleiplatte wird das Teilchen etwas abgebremst, und als Folge muß die Spur nach dem Durchgang stärker gekrümmt sein. Das Bild zeigte, daß die obere Spurhälfte stärker gekrümmt war, so daß das Teilchen zweifelsfrei von unten nach oben geflogen war. Aus der Richtung der Krümmung ergab sich dann mit Sicherheit, daß das Teilchen eine positive Ladung trug. Konnte es sich um ein Proton handeln? Nein, denn ein Proton wird beim Durchgang durch eine Bleiplatte viel stärker gebremst, und bei der vorliegenden Energie wäre das Proton in der Bleiplatte stecken geblieben.

Worum handelte es sich dann aber bei diesem merkwürdigen Teilchen?

Anderson wußte 1932 von der Diracschen Löchertheorie noch nichts. Der experimentelle Befund, selbst eines einzigen Ereignisses, war aber so klar, daß er eine kurze Arbeit über die Entdeckung eines positiven Elektrons veröffentlichte. Dies wurde natürlich ein großer Triumph für die Diracsche Theorie.

Die Entdeckung Andersons muß einigen anderen berühmten Physikern Ärger bereitet haben. Es stellte sich nämlich sofort heraus, daß sich das Positron schon vorher bemerkbar gemacht hatte, nur war die Tarnung so gut gewesen, daß es nicht erkannt worden war. Der italienische Physiker Bruno Rossi war z. B. mit Beobachtungen der kosmischen Strahlung mit Hilfe von Geiger-Müller-Zählern beschäftigt; seine Ergebnisse ließen sich nur mit Hilfe der Existenz von Teilchen mit beiden Ladungsvorzeichen erklären. Diese Ergebnisse erschienen so ungewöhnlich, daß die erste Fachzeitschrift, der Rossi die Arbeit zur Veröffentlichung unterbreitete, diese ablehnte. P. M. S. Blackett, der am Cavendish-Laboratorium in Cambridge mit Nebelkammern experimentierte, hatte auch Spuren von positiven Teilchen gesehen. Da er aber keine Bleiplatte in der Kammer hatte, konnte er ihre Flugrichtung nicht bestimmen und hielt sie für negative Teilchen, obwohl ihm ihre Zahl, aus der falschen Richtung kommend, verdächtig hoch erschien. Es gelang ihm dann aber doch eine wichtige Beobachtung (gemeinsam mit G. Occhialini). Um die merkwürdigen Resultate von Rossi aufzuklären, betrieb Blacket seine Nebelkammer in einer solchen Weise, daß ein Bild nur dann geschossen wurde, wenn gleichzeitig drei Geiger-Müller-Zähler angesprochen hatten. Was sie auf ihrem Film fanden, war ein Schauer von Teilchen, die sowohl positive als auch negative Ladungen besaßen. Es war die erste Beobachtung der Umwandlung von Energie aus der kosmischen Strahlung in Materie-Antimaterie-Paare, genau wie es die Diracsche Theorie beschreibt. (Es wird die Geschichte berichtet, daß Occhialini, nachdem er den Film entwickelt hatte, zu Rutherford, dem »Vater« der Kernphysik, lief, um ihn sofort von diesem Ergebnis zu unterrichten. Rutherford soll Occhialini, dessen finanzielle Situation damals nicht rosig war, gleich einen Scheck über 50 Pfund ausgestellt haben.)

Die Entdeckungsgeschichte des Positrons sollte uns aber auch eine andere Tatsache bewußtmachen. Vielleicht wegen des Namens *Antimaterie* glauben heutzutage viele Nicht-Physiker, daß die Antimaterie etwas Feindliches, gegen die Natur Gerichtetes ist. Dies ist natürlich völlig falsch. Positronen werden laufend von der aus dem Weltall auf uns niedergehenden Höhenstrahlung erzeugt, und wir treffen sie in unserer Umgebung häufig bei den β-Zerfällen der Atomkerne an, von denen einige Positronen emittieren. Antimaterie ist also ein Bestandteil der uns umgebenden Natur und kein von Menschenhand geschaffenes Übel.

Das Anti-Elektron war das erste Antiteilchen, das entdeckt wurde. Die Diracschen Ideen von der Existenz der Antimaterie sind aber nicht auf das Elektron beschränkt, sondern sie gelten für alle Teilchen mit Spin ½ (die Fermionen).

Antiteilchen sollte es also auch für den anderen wichtigen Bestandteil der Materie, das Proton, geben, das ja auch den Spin ½ besitzt. Natürlich ist hier die Situation bezüglich der elektrischen Ladung umgekehrt wie beim Elektron. Das *Teilchen* – das Proton – besitzt eine positive Ladung, so daß das *Antiproton* eine gleich große, aber negative Ladung tragen müßte.

Nun konnten aber Zweifel auftreten. Mit raffinierten, von Otto Stern und seinen Mitarbeitern Estermann und Frisch erfundenen Methoden war es 1932 gelungen, das magnetische Moment des Protons (und anderer Atomkerne) zu messen, obwohl es etwa 2000mal kleiner als dasjenige des Elektrons ist[24]. Zur großen Überraschung entsprach seine Größe aber nicht der von der Dirac-Theorie vorhergesagten, sondern wich um einen Faktor 2,79 ab. Sollte dies bedeuten, daß Diracs Theorie für das Proton nicht galt und daß es zum Proton kein Antiteilchen gibt? Nur das Experiment konnte weiterhelfen. In der kosmischen Höhenstrahlung hatte man zwar Indizien gefunden, die zugunsten der Existenz von Antiprotonen gedeutet werden konnten, aber eine endgültige Antwort gaben sie nicht.

Die Antwort erfolgte erst 1955. Ein einzelnes Antiteilchen läßt sich nicht erzeugen, sondern nur ein Teilchen und ein Loch, was die doppelte Energie erfordert (nämlich 2 $m_o c^2$, wenn m_o die Ruhemasse des Teilchens bedeutet). Bei den Elektronen waren dies etwas mehr als 1 MeV, eine relativ niedrige Energie, die man z. B. häufig in der von radioaktiven Atomkernen ausgesandten Gammastrahlung findet. Läßt man solche Gammaquanten auf Materie auftreffen, dann werden Elektron-Positron-Paare erzeugt. Nach dem gleichen Prozeß ließen sich auch Proton-Antiproton-Paare herstellen, wenn nur die Gammaenergie ausreicht. Hier wird es allerdings schwierig. Das Proton besitzt eine Ruhemasse von 936 MeV, so daß man Gammaquanten von etwa 2000 MeV (= 2 GeV) zur Verfügung haben müßte. Damals gab es keine Möglichkeit, so energiereiche Lichtquanten herzustellen, obwohl dies heute mit Elektronenbeschleunigern wie DESY kein Problem ist. Man mußte daher einen anderen Weg gehen.

Wie man die Energie aufbringt, um ein Teilchenpaar zu erzeugen, ist nach der Diracschen Theorie nebensächlich. Statt mit Lichtquanten kann man sie auch im Stoß von zwei beliebigen Teilchen freimachen. Es ist etwa so, als ob wir durch genügende Erhitzung ein Teilchenpaar verdampfen wollten. Ob wir dafür Kohlen- oder Ölfeuerung benutzen, spielt keine Rolle, wenn die Temperatur nur genügend hoch ist. Dies führte zu dem Vorschlag, einen Protonenbeschleuniger mit einer Energie von 6 GeV zu bauen. Schießt man die damit beschleunigten Protonen gegen Protonen in Ruhe, dann wird eine Energie »im Schwerpunktsystem« (Kap. 6) von

2 GeV frei, also gerade genug, um ein Proton-Antiproton-Paar zu erzeugen.

Der Beschleuniger, der dies leisten sollte, wurde speziell für diesen Zweck gebaut und auf den Namen Bevatron getauft*. Das Bevatron befindet sich im Lawrence Radiation Laboratory in Berkeley / Kalifornien. Die Maschine erreichte 1955 die Energie von 6 GeV. Eine Gruppe (O. Chamberlain, C. Wiegand, T. Ypsilantis) unter Leitung des ausgewanderten italienischen Physikers Emilio Segrè machte sich mit Hilfe von Magneten und Teilchenzählern sofort auf die Suche nach Antiprotonen. In kürzester Zeit konnte man Teilchen mit der Masse des Protons, aber negativer elektrischer Ladung, also Anti-Protonen, identifizieren. Eine Handvoll dieser Teilchen reichte aus, um die Existenz zweifelsfrei zu etablieren. Die Vorstellung, daß es zu jedem Fermion ein Anti-Fermion gibt, war damit bestätigt worden.

In den seit 1955 vergangenen Jahren wurde an allen bekannten Fermionen (d. h. Teilchen mit Spin ½) die Symmetrie zwischen Materie und Antimaterie bestätigt, und diese Symmetrie bildet inzwischen eine der fundamentalen Grunderkenntnisse der Elementarteilchenphysik. Sie besagt nicht nur, daß es zu jedem Teilchen mit Spin ½ ein Antiteilchen gibt, sondern die Massen müssen exakt gleich sein (eine Tatsache, die experimentell mit großer Präzision bestätigt wurde), während die elektrische Ladung, das magnetische Moment und Ladungen, die mit anderen Kräften in Verbindung stehen (Kap. 13), ihrem Betragen nach gleich sind, aber entgegengesetzte Vorzeichen besitzen. Dieser Umstand macht es möglich, daß sich Teilchen und Antiteilchen vernichten können, wobei ihre Massen in Energie umgewandelt werden, während sich alle anderen Ladungen vollständig neutralisieren.

Man fragt sich natürlich, warum gerade Teilchen mit Spin ½ diese merkwürdige Eigenschaft besitzen. Es zeigt sich, daß für diese ein

* Es herrscht einige Konfusion: 1000 Millionen werden bei uns als Milliarde, von den Amerikanern aber als Billion bezeichnet. Nach den internationalen Normen sollte die Bezeichnung Giga verwendet werden. Daher in Europa 1 GeV – in den USA 1 BeV. Die Maschine, die zum erstenmal mehr als 1 BeV an nutzbarer Energie erzeugen konnte, wurde demnach *Bevatron* genannt.

»Erhaltungssatz« gilt: Ein einzelnes Fermion kann weder erzeugt werden, noch kann es spurlos verschwinden. Für eine andere Art von Teilchen, die Bosonen, gilt dies nicht. Zu ihnen gehören die Lichtquanten, die in jeder Glühbirne in großer Menge erzeugt werden und die, wenn sie als Sonnenschein unsere Hand erwärmen, »vernichtet« werden. Der Erhaltungssatz für die Fermionen garantiert also letzten Endes die Stabilität der Materie, und es sind die Fermionen, die wir daher als letzte Bausteine der Materie ansehen müssen. Früher glaubte man, Elektronen und Protonen seien der Urstoff der Materie – heute sind es die Quarks und Leptonen. Mit dem Fortschritt der Wissenschaft haben zwar die Teilchen, die man als letzte Bausteine der Materie ansieht, gewechselt, aber es handelte sich stets um Fermionen. In Zukunft könnte dies anders sein (Kap. 14).

Aber welch merkwürdige Eigenschaften haben diese »letzten Bausteine« der Materie! Sie sind nur so lange unvergänglich und unzerstörbar, als man Materie und Antimaterie fein säuberlich getrennt hält (im Speicherring ICE bei CERN konnten Antiprotonen 86 Stunden in einer »magnetischen Flasche« gespeichert werden, ohne daß sie zerfielen). Kommen sie in Berührung, dann gibt es einen Blitz, Materie und Antimaterie vernichten sich, und alles, was bleibt, ist Energie.

Umgekehrt können wir aus Energie Materie–Antimaterie erzeugen. Die Frage, was wir unter letzten Bausteinen der Materie verstehen, erscheint daher unter dem Aspekt der Antimaterie in einem gänzlich neuen Licht, und sie kann nicht mehr so simpel beantwortet werden, wie Chemiker und Physiker dies während mehrerer Jahrhunderte taten.

Gibt es Antiwelten?

Mit unserem Bausteinkasten aus Antiteilchen könnten wir uns daranmachen, eine Antiwelt zu konstruieren. Man nehme ein Positron (erzeugt mit harten Gammastrahlen) und ein Antiproton (hergestellt in hochenergetischen Proton-Stößen) und füge sie zu einem Antiwasserstoffatom zusammen. Im Prinzip ist das sehr einfach, in der Praxis bisher aber noch nicht gelungen. (Die Zahl der vorhandenen Antiteilchen ist zu gering, und bei ihrer Erzeugung besitzen sie meist zu hohe Energien, um sich leicht zusammenfügen zu lassen. Es besteht jedoch für den LEAR-Speicherring bei CERN ein Vorschlag, solche Antiwasserstoffatome herzustellen.)

Auch Antineutronen existieren. Sie wurden ähnlich wie Protonen in hochenergetischen Stößen erzeugt. Sie sind ein Beispiel für den merkwürdigen Fall, daß auch ein elektrisch ungeladenes Teilchen ein Antiteilchen besitzt. Der schlüssige Beweis dafür, daß man es hier tatsächlich mit Antineutronen zu tun hat, ist ihre Vernichtung mit Neutronen, die man beobachten konnte.

Selbst Antikerne konnten direkt bei Proton-Kern-Stößen erzeugt und identifiziert werden. Anti-Deuterium (schwerer Anti-Wasserstoffkern, bestehend aus Anti-Proton und Anti-Neutron) wurde schon 1965 vom italienischen Physiker A. Zichichi am CERN-PS nachgewiesen. Anti-Tritium (überschwerer Wasserstoff mit einem Anti-Proton und zwei Anti-Neutronen) und Anti-Helium 3 (zwei Anti-Protonen und ein Anti-Neutron) und schließlich Anti-Helium (zwei Anti-Protonen, zwei Anti-Neutronen) konnten mit Hilfe des sowjetischen 70-GeV-Protonbeschleunigers in Serpuchov 1971 und 1974 in einigen wenigen Exemplaren erzeugt und identifiziert werden. Die Erzeugung schwerer Kerne wird aber immer schwieriger, da die benötigten Energien rapide in die Höhe gehen. Daß Antimaterie in allen erwarteten Formen in der Natur wirklich existiert, wird jedoch durch alle diese Experimente mit fast an Sicherheit grenzender Wahrscheinlichkeit demonstriert.

Die uns im Labor zur Verfügung stehenden Energien sind zwar sehr begrenzt, aber solche Beschränkungen bestehen nicht im Weltall. Gibt es daher vielleicht irgendwo im Kosmos einen Planeten, eine Sonne, ja ganze Milchstraßensysteme aus Antimaterie? Ja sogar Anti-Menschen könnten existieren, wobei diese sicherlich *ihre* Materieform als Materie und unsere als Antimaterie bezeichnen würden. So faszinierend das Zusammentreffen und eine Diskussion mit einem Anti-Physiker auch sein möchte, so dringend wäre von solch einem Versuch abzuraten: Die leiseste Berührung, nicht zu reden von einem Handschlag, würde zu einer Katastrophe führen. Die Materie-Antimaterie-Vernichtung würde sofort einsetzen, und alles, was übrigbliebe, wäre eine weit in den Weltraum hinein sichtbare Explosion.

Nach den geschilderten Vorstellungen über das Wesen von Materie und Antimaterie sollte zwischen beiden eine vollkommene Symmetrie bestehen. Hätten wir die Macht, im ganzen Kosmos alle Materie durch Antimaterie zu ersetzen und umgekehrt, dann würden wir von der Vertauschung gar nichts merken. Vor einiger Zeit war man von dieser Symmetrie so überzeugt, daß die Astronomen am Himmel nach Zeichen von Anti-Galaxien suchten, denn im kosmischen Maßstab sollte es genauso leicht sein, Antimaterie wie Materie zu erzeugen.

Hier stellte sich allerdings ein Problem: Wie würde man Anti-Sonnen erkennen? Die Nachrichten und Signale, die wir von anderen Sonnensystemen erhalten, kommen fast ausschließlich in Form von elektromagnetischen Wellen zu uns. Das Funkeln der Sterne, das wir am Nachthimmel beobachten, besteht aus Lichtwellen in einem für unsere Augen empfindlichen Wellenlängenbereich. Seit einigen Jahren erforscht man den Himmel mit Hilfe großer Radioteleskope auch im langwelligen Bereich; spezielle Satelliten werden eingesetzt, um außerhalb der abschirmenden Erdatmosphäre auch die Signale in Form von harten Röntgen- oder Gammastrahlen zu empfangen. Dies alles ändert nichts an der Tatsache, daß alle diese Informationen als Lichtquanten bei uns eintreffen.

Bei Lichtquanten (oder Photonen) handelt es sich aber um fundamentale Teilchen, die den Spin 1 besitzen, d. h. sie unterliegen nicht der Teilchen-Antiteilchen-Symmetrie. Man kann sagen, Photonen haben keine Antiteilchen, oder sie sind ihre eigenen Antiteilchen. Das Wesentliche ist, daß Atome und Antiatome dieselbe Art von Photonen aussenden, so daß wir aus ihrer Beobachtung keinerlei Aufschlüsse über den Charakter der Materie, von der sie ausgesandt wurden, bekommen.

Im Februar 1987 wurden zum erstenmal während einiger Sekunden Neutrinos beobachtet, die beim Kollaps einer Supernova entstanden waren. Hier wurde ein neues Kapitel, die Neutrino-Astronomie, aufgeschlagen. Neutrinos sind Fermionen und besitzen daher Antiteilchen. Vielleicht wird es einmal möglich sein, direkte Aufschlüsse über die Quellen der Neutrinos, ob Materie oder Antimaterie, zu bekommen.

Natürlich könnte man auch danach suchen, ob Antiprotonen von fernen Antigalaxien auf die Erde auftreffen. Um Störungen durch die Erdatmosphäre zu vermeiden, muß man versuchen, diese Antiprotonen außerhalb der Atmosphäre einzufangen. 1979 ließ man in Texas einen Ballon aufsteigen, der bis an den äußersten Rand der Lufthülle vordringen konnte. Es gelang dabei zum erstenmal, Antimaterie aus dem Weltraum in Fotoplatten aufzufangen, was aber zunächst nicht allzu überraschend erschien. Man erwartet, daß Protonen der kosmischen Höhenstrahlung während ihrer Reise durch das All mit Staubmaterie zusammenstoßen und dabei auch Antiprotonen erzeugen, ähnlich wie wir dies im Labor tun. Berechnungen ließen ein Antiproton für je 20000 kosmische Strahlenteilchen erwarten. Zu ihrer Überraschung fanden die Wissenschaftler etwa dreimal mehr Antiprotonen. Die einfachste Erklärung wäre natürlich, daß es im interstellaren Raum mehr Staub und gasförmige Materie gibt als bisher angenommen, aber einige dieser Antiprotonen könnten unmittelbar von einer fernen Antigalaxie stammen. Um die betreffenden Phänomene weiter zu untersuchen, beabsichtigt die NASA auf ihrer künftigen Raumstation ein ASTROMAG genanntes Gerät zu installieren. Es soll insbesondere nach Antiteilchen suchen, die aus der Tiefe des Weltraums kommen.

Bis jetzt mußte man sich mit indirekten Hinweisen für das Vorhandensein von Anti-Galaxien begnügen. Das Charakteristikum für die Existenz von Materie und Antimaterie besteht ja darin, daß sie sich beim Zusammentreffen unter Ausstrahlung ungeheurer Energiemengen vernichten. Ist es gegenwärtig auch nicht möglich, einzelne Antimaterie-Galaxien zu beobachten, so sucht man doch im Weltraum nach Quellen außerordentlich großer Energieerzeugung, die man dann als Zusammentreffen einer Galaxie mit einer Antigalaxie deuten würde. Vor etwas mehr als einem Jahrzehnt schien es Hinweise für einen solchen Zusammenstoß zu geben; in der Zwischenzeit zeigte sich aber, daß andere Erklärungsmöglichkeiten zur Deutung der beobachteten ungewöhnlichen Energieerzeugung dienen können. Es besteht daher heute weitgehend Übereinstimmung, daß es keine Hinweise für Anti-Sterne oder Anti-Galaxien gibt – es sieht so aus, als ob der der Beobachtung zugängliche Teil des Weltalls ausschließlich aus gewöhnlicher Materie besteht. (Aus einem Treffen mit dem Anti-Menschen wird also nichts!) So ganz glücklich sind die Physiker und Kosmologen mit dieser Erkenntnis allerdings nicht. Eigentlich sollte doch vollkommene Symmetrie zwischen Materie und Antimaterie im Kosmos herrschen, aber es scheint, daß unsere Art von Materie ganz wesentlich bevorzugt ist. Man kann natürlich weiter darüber spekulieren, daß es in irgendwelchen bisher nicht gefundenen Winkeln des Weltraums doch noch Antimaterie in großen Mengen gibt, aber diese Hypothese überlassen wir lieber Science-fiction-Romanen.

Eine Antwort auf die Frage, warum es anscheinend nur Materie im Weltraum gibt, kommt aus einer ganz unerwarteten Richtung. Beim Studium der schwachen Kraft (Kap. 13) entdeckte man einen winzigen Effekt, der die Materie-Antimaterie-Symmetrie störte, die sogenannte CP-Verletzung. Die gängige Vorstellung ist folgende: Bei der Entstehung des Kosmos wurde im Urknall durch Teilchen-Antiteilchen-Erzeugung zunächst gleichviel Materie und Antimaterie erzeugt. In darauffolgenden Perioden vernichteten sich diese Teilchen und Antiteilchen zum größten Teil und wandelten sich in Strahlung (Photonen und Neutrinos) um. Daher kommt es, daß der größte Teil der im Kosmos existierenden Energie in Form von unsichtbarer Strahlung durch den Weltraum geistert. Warum ist ein winziger Bruchteil der Materie der Zerstrahlung entgangen? Bei dem großen Vernichtungsprozeß spielte der winzige CP-Effekt eine entscheidende Rolle. Er sorgte dafür, daß sich nicht die gesamte Materie und Antimaterie gegenseitig vernichteten, sondern daß ein winziger Rest von Materie übrigblieb, der genügte, um Galaxien, Sterne, Planeten und letztlich auch den Menschen entstehen zu lassen. Wir haben hier ein eindrucksvolles Beispiel dafür, wie ein in der Elementarteilchenphysik entdeckter winziger Effekt enorme Auswirkungen im Kosmos hat. Mikrokosmos und Makrokosmos bilden eben doch eine Einheit.

Dämonen am Werk: die Strahlkühlung

Die Voraussagen über die Existenz der Antimaterie, die Dirac in seiner Rede bei der Nobelpreisverleihung 1933 machte, sind in den folgenden Jahrzehnten glänzend bestätigt worden. Trotzdem blieb bis 1980 die Antimaterie ein experimentell schwer faßbares Phänomen. Man hatte zwar eine ganze Reihe von verschiedenen Antiteilchen entdeckt, aber die Zahl der jeweils beobachteten Teilchen einer bestimmten Sorte überschritt selten das Dutzend. Wenn zu jener Zeit irgend jemand ernsthaft eine praktische Anwendung der Antimaterie in Erwägung gezogen hätte, wäre er als Phantast abgetan worden. Ein halbes Jahrhundert nach der Entdeckung der Antimaterie wurde ein neues Tor aufgestoßen, als es 1980 bei CERN zum erstenmal gelang, zwar immer noch winzige Quantitäten von Antiprotonen, aber doch im elektrotechnischen Maßstab meßbar, zu erzeugen und zu speichern. Noch immer liegen praktische Anwendungen für den Antrieb von Raumschiffen, Energiespeicherung, Energieerzeugung usw. in weiter Ferne – was aber manche Leute nicht daran hindert, eine Polemik im Hinblick auf »Antimateriewaffen« auszulösen.

Warum ist es so schwierig, Antiprotonen in großer Menge zu erzeugen und zu speichern? Um Antiprotonen leicht handhaben zu können, wäre es am günstigsten, sie möglichst in Ruhe oder zumindest mit kleinen Geschwindigkeiten zu erzeugen, da man sie dann relativ leicht im Vakuum in einer Art magnetischer Flasche speichern könnte. Dies ist notwendig, weil natürlich jede Berührung mit Materie peinlichst vermieden werden muß, da sonst die Antiprotonen durch Zerstrahlung sofort verlorengehen würden. Am günstigsten wäre es daher, zur Erzeugung von Antiprotonen Energien zu verwenden, die gerade ausreichen, um Proton-Antiproton-Paare herzustellen, ihnen aber keine Geschwindigkeit erteilen. Leider zeigt sich, daß kurz oberhalb dieser Schwellenenergie von etwa 2 GeV (was wie beim Bevatron eine Strahlenergie von etwa 6 GeV erfordert) die Erzeugungsrate äußerst gering ist. Bei CERN benutzt man daher die volle Energie von 26 GeV des PS und bei Fermilab sogar die 400 GeV des »Main Ring«, um Antiprotonen in größerer Zahl, aber mit erheblicher Geschwindigkeit zu erzeugen.

Dies funktioniert im einzelnen auf folgende Weise: Die beschleunigten Protonen werden auf ein Stäbchen aus Metall geschossen, wobei durch dieses »target« (englisch = Zielscheibe) ein starker elektrischer Strom geschickt werden kann, um die erzeugten Antiprotonen in Vorwärtsrichtung zu fokussieren. Aber auch bei den höheren Energien kann nur etwa ein Antiproton pro einer Million auf das Target treffender Protonen erzeugt werden.

Den Vorteil der höheren Erzeugungsrate erkauft man sich durch den Nachteil, daß die Antiprotonen mit einem breiten Spektrum von Energien und in verschiedenen Richtungen austreten. Um die Antiprotonen in einem Speicher für Kollisionen oder anderen Geräten zu nutzen, müssen sie aber möglichst in gleicher Richtung und mit gleicher Geschwindigkeit fliegen. Die Hauptschwierigkeit besteht nun darin, einen Weg zu finden, wie man die »undisziplinierten« Antiprotonen zur Ordnung bringen kann, so daß sie gemeinsam in einer vorgegebenen Richtung marschieren. Um dies zu erreichen, war eine neue Idee erforderlich: die sogenannte Strahlkühlung. Um diese zu verstehen, wollen wir uns das Verhalten von Atomen in einem Gas klarmachen.

In einem Gasvolumen fliegen die Atome oder Moleküle wirr durcheinander, wobei sie untereinander oder mit den Gefäßwänden zusammenstoßen. Sie ändern dabei ihre Geschwindigkeiten und Flugrichtungen, bis sich schließlich ein Gleichgewicht mit einer mittleren Geschwindigkeit einstellt. Diese ist bestimmt durch die Temperatur des Gases: Je höher die Temperatur, um so höher ist im Mittel die Geschwindigkeit der Atome. Man kann an einem solchen Gas nun verschiedene Manipulationen vornehmen. Man kann es z. B. in Kontakt mit einem heißeren oder kälteren Gas bringen, wobei sich die Geschwindigkeiten auf einen neuen Mittelwert einstellen werden. Das ursprüngliche Gas wird also durch Kontakt mit einem heißeren oder kälteren entweder erwärmt oder abgekühlt.

Dieses Verhalten von Gasen übertrug der geniale sowjetische Physiker Gersh Budker schon 1966 auf Teilchenstrahlen. Budker war bis zu seinem Tod im Jahre 1977 Direktor eines der ersten in der Wissenschaftsstadt Akademgorodok bei Novosibirsk gegründeten Institute*. Im Budkerschen Institut wurden mehrere Pioniertaten vollbracht, etwa die Entwicklung von Elektronenspeicherringen und, vielleicht am wichtigsten, die Erfindung der »Strahlkühlung mit Elektronen«.

* Akademgorodok liegt etwa 40 km von Novosibirsk entfernt in einem Waldgebiet. Es gibt dort viele Institutsbauten, aber auch Wohnblocks und einige Villen, Kaufhäuser und Restaurants. Die Bewohner genießen als Ausgleich für die Abgeschiedenheit und das rauhe Winterklima gewisse Privilegien, z. B. etwas höhere Gehälter. In einer knappen halben Stunde kann man zum Fluß Ob wandern, der zu einem See aufgestaut ist. Vor zehn Jahren konnten wir Besucher im Ob noch mit viel Genuß baden, während heute die Umweltverschmutzung selbst in Sibirien beträchtlich ist.

Wenn man sich in einem Teilchenstrahl auf ein Teilchen mit mittlerer Geschwindigkeit setzt, dann sausen, von dort aus gesehen, die übrigen Teilchen in allen möglichen Richtungen und mit verschiedenen Geschwindigkeiten umher (Abb. 8.3). Die Ungleichförmigkeit der Geschwindigkeit läßt sich daher wie in einem Gas durch eine Temperatur kennzeichnen (die dann allerdings nicht in Graden, sondern in Energieeinheiten gemessen wird). Budker ging weiter davon aus, daß man zwei Strahlen mit unterschiedlicher Temperatur in »Berührung« bringen und damit den »heißen« Strahl kühlen könnte. Die »Berührung« wird dabei durch die elektrischen Kräfte zwischen den geladenen Teilchen hergestellt. Damit dies funktioniert, müssen natürlich die beiden Teilchenstrahlen relativ zueinander in Ruhe sein, d. h. sie müssen mit genau derselben Geschwindigkeit in genau dieselbe Richtung fliegen. Ähnlich kann man auch zwei Gegenstände mit verschiedener Temperatur nur dann zur Berührung und zum Temperaturausgleich bringen, wenn sich beide »im selben Eisenbahnzug« befinden.

Zur praktischen Durchführung schlug Budker vor, daß man mit einem »kalten« Elektronenstrahl einen »heißen« Antiprotonenstrahl »kühlen« könne, um so die Geschwindigkeiten der Antiprotonen sowohl nach Richtung als auch nach Betrag einheitlich zu machen. Ein Trick besteht nun darin, daß Elektronen mit niederer

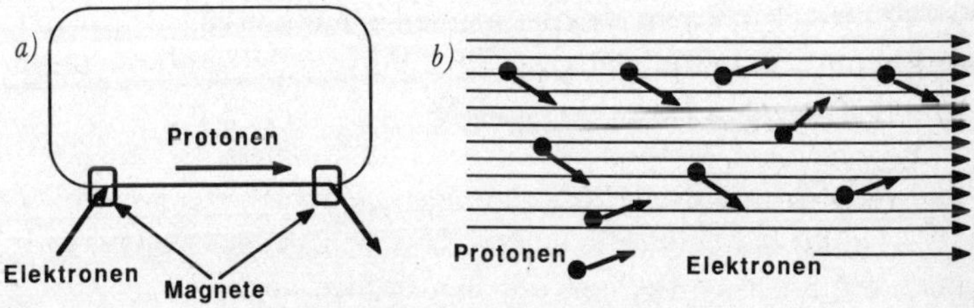

Abb. 8.3 *Elektronenstrahlkühlung. a) Der zu kühlende Protonenstrahl wird mit einem mit gleicher Geschwindigkeit fliegenden »kalten« Elektronenstrahl in Kontakt gebracht. Die beiden Strahlen werden mit Magneten zusammengeführt und wieder getrennt. b) Die unregelmäßige Bewegung der Protonen wird auf die Elektronen übertragen und damit verringert (vgl. Tafel Vb).*

Energie benutzt werden können, um Antiprotonen hoher Energie zu kühlen. Dies gelingt deshalb, weil Elektronen etwa 2000mal leichter als Protonen sind und infolgedessen mit 54 keV etwa dieselbe Geschwindigkeit wie Antiprotonen mit 100 MeV besitzen[25]. Solche Elektronenstrahlen lassen sich mit guter Energiehomogenität (also »kalt«) und hoher Intensität (mehrere Ampère) leicht herstellen, indem man die Elektronen mit einer Thermokathode erzeugt und sie in einer Röhre mit einer elektrischen Spannung beschleunigt. Die beiden Strahlen können wegen ihrer verschiedenen Ladung mit Hilfe je eines Ablenkmagneten für die Strahlkühlung leicht zusammengebracht und anschließend wieder getrennt werden (Abb. 8.3). Ein Antiprotonenstrahl, der in einem Speicherring kreist, durchläuft dabei die Kühlstrecke viele Male.

Im Detail funktioniert die *Elektronen-Strahlkühlung* aber doch nicht so einfach wie bei der Durchmischung von Gasen. Die Theorie dafür wurde von Budker und Mitarbeitern in Novosibirsk in allen Einzelheiten ausgearbeitet. Trotzdem mußte erst ein Experiment beweisen, daß in Wirklichkeit alles klappte wie auf dem Papier ausgedacht. Mitte der 70er Jahre konnte die Gruppe in Novosibirsk auch in der Praxis zeigen, daß die Elektronen-Strahlkühlung funktioniert. Sie arbeitete mit Protonen mit Energien zwischen 1,5 und 85 MeV und fand, daß eine »Kühlung« des Protonenstrahls innerhalb weniger Sekunden erreicht werden kann (Tafel Vb). Da im Bereich der Hochenergiephysik der volle Austausch von Informationen praktiziert wird, wurden die Ideen und später die Experimente in Novosibirsk auch schnell in westlichen Ländern bekannt, und bald nach den ersten Experimenten in Sibirien wurden auch bei CERN und am Fermilab in den USA Versuchsapparaturen für die Strahlkühlung mit Elektronen aufgebaut.

Obwohl diese Methode im Prinzip funktioniert, hat sie erst in jüngster Zeit praktische Anwendungen gefunden. Der wesentliche Grund dafür besteht darin, daß eine zweite, fast noch genialere Methode erfunden wurde, um Teilchenstrahlen »ins Kühlfach zu legen«. Auch sie kann man wieder mit Hilfe der Vorgänge in Gasen erläutern.

Der große Physiker James Clerk Maxwell versuchte im vergangenen Jahrhundert, wenigstens in Gedanken ein Gas mit Hilfe von »Dämonen« zu erhitzen. Er schlug folgendes vor: Man bohre in die

Gefäßwand eines Gasbehälters ein winziges Loch, das mit einer reibungsfreien (hierzu gehört etwas Magie!) Klappe verschlossen wird. Ein kleiner Dämon öffnet jedesmal die Klappe, wenn ein Atom mit hoher Geschwindigkeit hindurchfliegen will, und diese Atome fängt man in einem benachbarten Gefäß auf. Mit der Zeit sammeln sich die schnellen Atome in dem neuen Gefäß, während die langsameren in dem ursprünglichen Gefäß zurückbleiben. Auf diese Weise erhielte man ohne zusätzlichen Energieaufwand (ein Dämon braucht nichts zu essen!) ein heißes und ein kaltes Gas. Dies klingt sehr interessant, denn es würde den treibstofflosen Betrieb von Dampfmaschinen, Autos usw. ermöglichen. Leider lehren die Grundprinzipien der Thermodynamik, daß es solche Maxwellschen Dämonen nicht geben kann. Warum erzähle ich dann dies alles? Weil für die Teilchenstrahlen ein Verfahren erfunden wurde, das anscheinend doch so etwas wie die Maxwellschen Dämonen tut.

Die Idee dazu stammt von dem holländischen Wissenschaftler Simon van der Meer bei CERN (der dafür 1984 den Nobelpreis erhielt – Budker, der Erfinder der Elektronen-Strahlkühlung, war wenige Jahre vorher gestorben, sonst wäre er sicher auch beteiligt worden). Die ersten Überlegungen stellte van der Meer bereits 1968 an, aber er glaubte wohl selbst nicht recht an eine Realisierungsmöglichkeit. Die Idee wurde nur in einer internen CERN-Notiz dargestellt und blieb weitgehend unbeachtet. Das Grundprinzip ist wie bei den meisten großen Ideen einfach:

Am Umfang eines Speicherrings wird an einer Stelle eine Sonde angebracht, die feststellt, ob ein gerade vorbeifliegendes Teilchen in eine etwas falsche Richtung fliegt. Wird eine Abweichung festgestellt, dann wird ein Signal verstärkt und quer durch den Speicherring ganz schnell an eine andere Stelle des Umfangs geschickt. Dort steht ein sogenannter Kicker-Magnet, der dann, wenn das Teilchen ankommt, ihm einen kleinen Stoß versetzt, so daß es in die richtige Richtung entlang der Strahlachse geleitet wird (Abb. 8.4). Obwohl die Teilchen im Speicherring beinahe mit Lichtgeschwindigkeit umlaufen, gelingt es dennoch, das Korrektursignal so schnell auf direktem Weg zu übertragen, daß es rechtzeitig vor dem Teilchen eintrifft. Dazu ist weniger als eine millionstel Sekunde Zeit. Durch Wiederholung dieses Vorgangs bei vielen Umläufen können nach und nach alle Teilchen auf die Sollbahn gebracht werden.

Das Verfahren funktioniert aber nur für eine Ebene des Strahls, z. B. für die horizontale. Man muß also ein zweites System mit Sonde, Verstärker und Korrekturmagnet auch für vertikale Abweichungen installieren. Bei der Strahlkühlung möchte man aber nicht nur Richtungsabweichungen, sondern auch Energieunterschiede der Teilchen reduzieren. Dazu wird ein ähnliches System benutzt, mit dem einzigen Unterschied, daß die Sonde die Energieabweichung der Teilchen feststellt, und das Korrekturelement muß dann zu langsame Teilchen beschleunigen bzw. zu schnelle abbremsen. Für eine vollständige Kühlung braucht man also insgesamt drei Korrektursysteme.

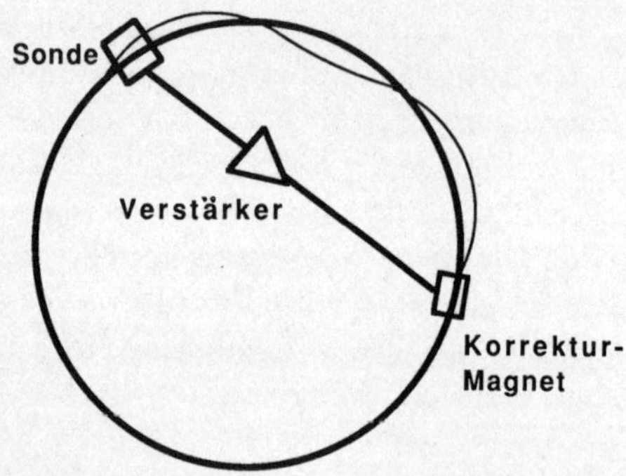

Abb. 8.4 *Bei der stochastischen Kühlung werden mit Hilfe von Sonden die Richtungs- und Geschwindigkeitsabweichungen von Teilchenpaketen festgestellt, ein Korrektursignal wird erzeugt, und rechtzeitig beim Eintreffen der Teilchen an einem gegenüberliegenden Korrekturelement (gepulster Magnet) werden ihre Richtung und Geschwindigkeit korrigiert (vgl. auch Abb. 8.6).*

So einfach funktioniert die Strahlkühlung aber nicht! Das Signal eines einzelnen Teilchens ist so schwach, daß es im »Rauschen« der übrigen Teilchen im Strahl untergehen würde. Die Idee von van der Meer bestand nun in folgendem: Er stellte fest, daß aufgrund statistischer Schwankungen manchmal einige Teilchen mit gleichen Geschwindigkeitsabweichungen sich für einige Zeit zusammenfinden und dann ein wesentlich stärkeres Korrektursignal erzeugen. Das Gelingen der Kühlung beruht also auf statistischen Schwankungen im Teilchenstrahl, und diese Methode wird daher *stochastische Strahlkühlung* genannt. Die dabei im einzelnen auftretenden Phänomene sind sehr verzwickt und erforderten sowohl eine mehrjährige theoretische Durchdringung als auch eine beträchtliche technische Entwicklung für die einzelnen Komponenten des Korrektursystems.

Je mehr Teilchen sich in einem Strahl befinden, um so geringer sind nach den statistischen Gesetzen die auftretenden Schwankungen. Bei hohen Strahlintensitäten wird daher die stochastische Strahlkühlung immer weniger effektiv. Die weiter oben erläuterte Elektronenstrahlkühlung funktioniert jedoch auch bei hohen Teilchendichten, so daß sich die beiden Methoden ergänzen. Bei den bisher in Speicherringen erreichten Strahlintensitäten reichte die stochastische Kühlung aus, die technisch leichter zu realisieren ist. Aber in Zukunft ist an verschiedenen Anlagen auch der Einsatz der Elektronenstrahlkühlung vorgesehen, insbesondere dort, wo hohe Strahlströme bei niedrigen Energien zu kühlen sind (LEAR bei CERN, Schwerionen-Speicherring in Uppsala u. a.).

Die beiden Methoden der Strahlkühlung scheinen eine Verwirklichung der Maxwellschen Dämonen darzustellen. Aber nur bei oberflächlicher Betrachtungsweise sieht es so aus, als ob eine Verletzung der Grundprinzipien der klassischen Thermodynamik vorläge. Unsere »Dämonen« sind nicht so selbstlos wie die Maxwellschen, sie brauchen Nahrung, d. h. Energiezufuhr. Die thermodynamischen Überlegungen gelten nur für abgeschlossene Systeme, d. h. für solche ohne Energiezufuhr.

Die Physik ist also nach wie vor in Ordnung, aber die Methode der Strahlkühlung – Temperaturbeeinflussung eines Systems durch unmittelbare Einwirkung auf einzelne oder wenige Teilchen – stellt eine geniale Idee dar.

Die Ideen zur Strahlkühlung waren so revolutionär, daß zunächst große Zweifel an ihrer praktischen Durchführbarkeit bestanden. Die Elektronenstrahlkühlung war zum erstenmal in Novosibirsk im Prinzip beobachtet worden, während bei CERN große Erwartungen in die stochastische Strahlkühlung gesetzt wurden. Sie wurde zum erstenmal 1972 an dem Protonenspeicherring ISR, der gerade in Betrieb genommen worden war (Kap. 9), nachgewiesen, obwohl diese Maschine ursprünglich nicht dafür ausgelegt war.

Die Experimente zeigten zwar, daß die stochastische Strahlkühlung im Prinzip funktioniert, aber es fehlten systematische Untersuchungen der komplizierten Vorgänge. Um sicher zu sein, daß und unter welchen Umständen die Strahlkühlung für praktische Zwecke

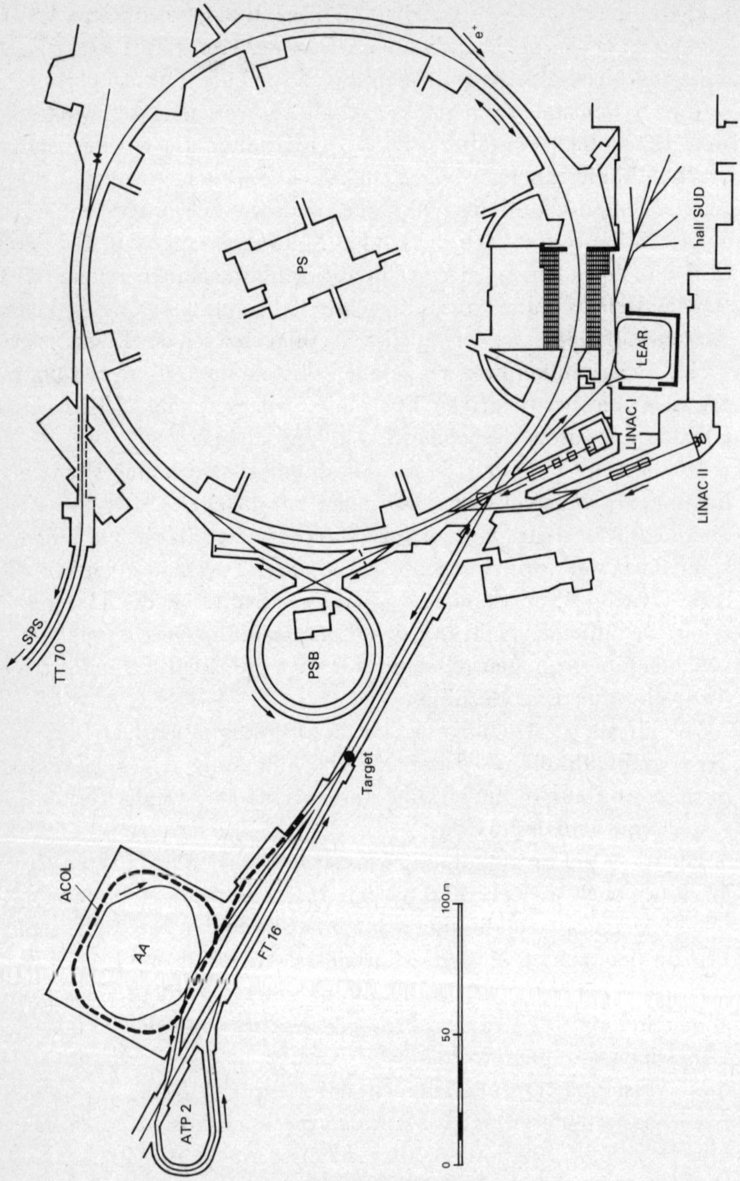

e+
PS
hall SUD
LEAR
LINAC I
LINAC II
SPS
TT 70
PSB
Target
ACOL
AA
FT 16
ATP 2
0
50
100 m

eingesetzt werden kann, wurde deshalb bei CERN eine eigene Experimentieranlage aufgebaut, die den Namen ICE (*Initial Cooling Experiment*) erhielt, was auch eine Anspielung auf die Kühlfunktion dieser Maschine sein sollte. Zum Aufbau des Magnetrings mit etwa 20 m Durchmesser wurden die Magnete eines früheren Experiments wiederverwendet, das dazu gedient hatte, das magnetische Moment des Myons mit größter Präzision zu messen. Die dafür erforderlichen Präzisionsmagnete kamen für ICE gerade recht, denn auch hier mußten Magnetfehler weitgehend vermieden werden. Die gespeicherten Protonen sollten lange Zeit umlaufen, ohne durch magnetische Störungen aus der Bahn geworfen zu werden. Durch die Wiederverwendung der alten Magnete konnten nicht nur die Kosten des Experiments niedriggehalten werden, sondern es war so auch möglich, ICE in kürzester Zeit aufzubauen und in Betrieb zu setzen.

Schon im Dezember 1977 konnte zum erstenmal die stochastische Kühlung in ICE beobachtet werden. Sie wurde dann in Hinblick auf den Bau eines Speicherrings für Antiprotonen bei Protonenenergien von etwa 2 GeV im einzelnen studiert. Die Kühlung mit Hilfe von Elektronen wurde bei Protonenenergien von etwa 50 MeV untersucht, um eine Entscheidungsgrundlage für die eine oder andere Kühlmethode zu gewinnen.

Abb. 8.5 (S. 208): *Plan der Antiprotonen Quelle bei CERN.*
Die im PS beschleunigten Protonen (nach Vorbeschleunigung im Booster PSB) erzeugen auf einem Target etwa alle 2 Sekunden einen Teilchenschauer. Die Antiprotonen werden magnetisch abgetrennt und in dem Kühlring ACOL eingefangen, wo ihre Richtungen und Geschwindigkeiten mit Hilfe eines stochastischen Kühlsystems bei Energien von 3,5 GeV aneinander angeglichen werden. Nach Überführung in den Speicherring AA werden sie weiter gekühlt und während etwa 24 Stunden angesammelt. Sind genügende Teilchenzahlen erreicht, werden diese durch eine Schleife zum PS zurückgeführt, auf 26 GeV beschleunigt und in das SPS geleitet. Alternativ können die Antiprotonen im PS auf niedrige Energien abgebremst, anschließend in den Speicherring LEAR überführt und dort nochmals gekühlt werden.

Die erste Quelle für Antiprotonen

Hinter all diesen Überlegungen und Experimenten steckte eine ganz konkrete Absicht. Abgesehen von anderen Anwendungsmöglichkeiten bestand der Hauptzweck darin, einen Weg zu finden, Antiprotonen in genügender Menge anzusammeln und sie mit Protonen zur Kollision zu bringen. Materie-Antimaterie-Vernichtung und die daraus geborenen neuen Materieformen waren das Ziel. 1976 hatte Carlo Rubbia vorgeschlagen, das CERN-SPS so umzubauen, daß man in dieser Maschine Proton-Antiproton-Stöße bei höchsten, bisher noch nie erreichten Energien erzeugen könnte. Zur Verwirklichung dieser Vorstellung bedurfte es der genialen Idee von van der Meer und der daraus abgeleiteten technischen Entwicklung der stochastischen Strahlkühlung.

Nachdem die Experimente im ICE-Ring so ermutigend verlaufen waren, wurde von meinen Vorgängern Léon van Hove und John Adams 1978 beschlossen, bei CERN die erste Antiprotonen-Quelle der Welt zu bauen. Wegen der Neuheit und Einmaligkeit dieses Projektes gab es viele Widerstände, aber schließlich konnten doch alle Bedenken zerstreut werden. Die Antiprotonen-Quelle ist eine sehr komplexe Anlage (Abb. 8.5). An zentraler Stelle befindet sich ein spezieller Speicherring, der Antiproton-Akkumulator, kurz AA, in dem die Antiprotonen gekühlt und angesammelt werden. Dieser Ring ist in einem bunkerartigen Gebäude, das halb im Boden verschwindet, untergebracht und sieht im Vergleich zu anderen spektakulären Projekten von CERN recht bescheiden aus. Wir führen Besucher nur selten dorthin, denn die Grundlagen dieser Strahlkühlung einem Laien zu erklären ist nicht einfach und erfordert viel Zeit. Trotzdem wurde in diesem recht häßlichen Bunker zum erstenmal eine der genialsten Ideen der modernen Beschleuniger-Technik in die Tat umgesetzt.

Wie funktioniert eine Antiprotonen-Quelle? Die im CERN-PS auf 26 GeV beschleunigten Protonenpakete werden etwa alle 2,3 Sekunden auf einen Metallzylinder (Iridium-Draht, 3 mm Durchmesser und 55 mm lang), das sogenannte Target, gelenkt, wo sie außer zahlreichen anderen Teilchen auch mehrere Millionen Antiprotonen pro Impuls erzeugen. Möglichst viele davon werden durch spezielle Magnetlinsen eingefangen und in den AA-Ring geleitet.

Die Antiprotonen werden mit Energien um 3,5 GeV erzeugt, und bei dieser Energie wird daher auch der AA-Ring betrieben. Sobald die Antiprotonen dort eingefangen sind, werden sie innerhalb von etwa 2 Sekunden gekühlt und anschließend in derselben Vakuumkammer auf einer weiter innen liegenden Umlaufbahn abgespeichert. Durch eine mechanische Klappe werden dann die Kühlbahn und die Speicherbahn getrennt, so daß der nächste Impuls von Antiprotonen eingeschossen und gekühlt werden kann. Nach der Kühlung öffnet sich die Klappe, das gekühlte Teilchenpaket wird bei dem schon vorher gespeicherten Paket abgelegt, und dieser Vorgang wird über viele Stunden wiederholt. Nach etwa 24 Stunden Betrieb von abwechselndem Kühlen und Speichern kann man, wenn alles optimal funktioniert, etwa 500 Milliarden Antiprotonen (5×10^{11}) im AA-Ring ansammeln. Diese Anzahl von umlaufenden Antiprotonen entspricht einem elektrischen Strom von etwa ⅒ Ampère. Hier sind zum erstenmal Antimaterieströme genügend groß, so daß sie in technischen Einheiten gemessen werden können. Trotzdem dürfen diese hohen Zahlen nicht zu falschen Schlüssen führen: Die Menge an gespeicherter Antimaterie ist immer noch äußerst gering, und was man an Antiprotonen nach einem Tag angesammelt hat, ergibt ein Gewicht von nur etwa einem trillionstel Gramm.

Die ersten Antiprotonen zirkulierten im AA-Ring im Juli 1980, nach einer Rekordbauzeit von genau zwei Jahren nach Genehmigung des Projektes. Die Anfangsleistung war natürlich erheblich niedriger als geplant, und es erforderte in den folgenden Jahren viel Arbeit, um durch laufende Verbesserungen die oben genannten Werte zu erreichen. Dabei wurde der AA-Ring von einer ursprünglich mehr experimentell konzipierten Anlage allmählich in eine sehr zuverlässig arbeitende Maschine umgewandelt. Trotzdem war bald die Grenze seiner Leistungsfähigkeit erreicht, die vor allem dadurch gegeben ist, daß der AA-Ring zwei Aufgaben zu erfüllen hat: alle 2,3 Sekunden die ankommenden Protonen zu kühlen und gleichzeitig die gekühlten Teilchen über etwa 24 Stunden anzusammeln. Diese Doppelfunktion setzt der Höchstzahl an gespeicherten Antiprotonen eine Schranke.

Man kam daher bald auf die Idee, einen zweiten Ring hinzuzufügen, um die beiden Funktionen zu trennen. Ich hatte inzwischen die Leitung von CERN übernommen, und 1983 schlug ich den CERN-

Mitgliedsländern ein Projekt zur Genehmigung vor, das die Leistungsfähigkeit dieser einmaligen Antiprotonen-Quelle etwa um den Faktor 10 steigern sollte. Da die Finanzlage äußerst angespannt war, mußte ein sehr kompliziertes Finanzierungssystem mit teilweise vorgezogenen Mitgliedsbeiträgen ausgetüftelt werden, das erst nach langen Nachtsitzungen genehmigt wurde. Um Kosten zu sparen, bestand ich darauf, daß der zweite Ring, der den Namen ACOL (für *A*ntiprotonen-*Col*lector) bekam, in derselben Halle wie der AA-Ring untergebracht werden sollte. Nach längeren Überlegungen gelang es den Ingenieuren in der Tat, den zweiten Ring zwischen den AA-Ring und die Hallenwände zu zwängen.

Wie geplant, kam ACOL im Sommer 1987 in Betrieb und übernimmt seither die erste Kühlung der ankommenden Antiprotonen, die dann etwa alle 2,5 Sekunden in den AA-Ring überführt und dort gespeichert werden. Während der Ansammlung über etwa 24 Stunden erfolgt in diesem Ring eine Nachkühlung. Inzwischen ist die komplizierte Anlage voll in Betrieb, und es konnten wesentliche Steigerungen in der Zahl der gespeicherten Antiprotonen erzielt werden.

Was geschieht nun mit den Antiprotonen, nachdem sie tröpfchenweise in der »magnetischen Flasche« AA angesammelt wurden? Das Hauptziel beim Bau der AA-Anlage bestand darin, die Antiprotonen im SPS bei Energien von 310 GeV mit Protonen zur Kollision zu bringen. Um sie dorthin zu transportieren, werden sie durch eine elegante magnetische Schleife (Abb. 8.5) zurück zum PS geleitet, wo sie in entgegengesetzter Richtung zu den Protonen eingeschossen und auf 26 GeV beschleunigt werden. Anschließend werden sie durch einen Tunnel, der eigens zu diesem Zweck gebaut wurde, zum SPS geschossen.

Wie delikat und schwierig der Betrieb eines so komplexen Systems ist, das aus einer Reihe von hintereinander geschalteten Beschleunigeranlagen besteht, soll an einem Beispiel erläutert werden. Im Sommer gibt es in der Gegend von Genf zahlreiche Gewitter, die zu Blitzeinschlägen in die Überlandleitungen führen. Dies bewirkt, daß manchmal für den Bruchteil einer Sekunde die Netzspannung kurz absackt, was von den meisten Verbrauchern überhaupt nicht bemerkt wird. Die Speicherringe sind jedoch so empfindlich, daß selbst bei einer nur kurzfristigen Netzschwankung alle gespeicherten Teilchen verlorengehen. Es dauert etwa 24 Stunden, bis man wieder genügend Antiprotonen erzeugt und gespeichert hat. Um den Experimentierbetrieb möglichst wenig zu stören, nutzen wir die Tatsache, daß CERN auf beiden Seiten der schweizerisch-französischen Grenze liegt. Das PS und der AA-Speicherring werden von dem schweizerischen Netz gespeist, während das SPS an der französischen Stromversorgung liegt. Im allgemeinen passiert es selten, daß beide Netzwerke zur gleichen Zeit eine Störung aufweisen. Wenn genügend Antiprotonen im AA-Ring angesammelt sind, wird nur etwa die Hälfte davon in das SPS übertragen und dort mit den Protonen zur Kollision gebracht, während die andere Hälfte im AA-Ring bleibt und wieder aufgefüllt wird. Gehen die Antiprotonen in einem dieser beiden Systeme verloren, so ist immer noch die Hälfte in dem anderen System vorhanden, so daß der Experimentierbetrieb weitergehen kann.

LEAR: die magnetische Flasche für »kalte« Antimaterie

Bisher hatten wir es mit Antiprotonen zu tun, die sich immer noch mit Geschwindigkeiten, die nahe bei der Lichtgeschwindigkeit liegen, bewegen. Die Tatsache, daß CERN die Kunst der Antiprotonen-Speicherung gelernt hatte, weckte sehr bald die Aufmerksamkeit einer anderen Gruppe von Physikern, die sich dafür interessierte, Antiprotonen bei sehr niedrigen Energien oder sogar bei Zimmertemperatur für ihre Forschungen zu benutzen. Es wurde daher vorgeschlagen, die Antiprotonen im PS nicht zu beschleunigen, sondern sie abzubremsen. Dies ist verhältnismäßig leicht möglich, wenn man dafür sorgt, daß die Antiprotonen zu einem solchen Zeitpunkt in das PS eingeschossen werden, daß sie in das beschleunigte Wechselfeld zur »falschen« Zeit eintreten. Wenn das Beschleunigungsfeld im Augenblick des Eintritts des Teilchenpakets entgegen dessen Bewegungsrichtung zeigt, werden die Teilchen verzögert. Das PS wurde meines Wissens so zum ersten Beschleuniger, der Teilchen abbremst.

Allerdings zeigte sich, daß beim Abbremsen der Teilchenstrahl aufgeblasen wird, und auch seine Energieschärfe verschlechtert sich. Zur Wiederherstellung seiner guten Eigenschaften wird der abgebremste Strahl mit Hilfe eines weiteren kleinen Speicherrings, der ebenfalls ein Strahlkühlsystem besitzt, wieder aufgefrischt. Um etwa 300 interessierten Physikern aus aller Welt die einmalige Gelegenheit zu verschaffen, mit niederenergetischen Antiprotonen zu experimentieren, wurde 1979 bei CERN beschlossen, einen solchen kleinen Speicherring zu bauen, der den Namen LEAR erhielt. Hier sollte wohl kein Zusammenhang mit dem unglücklichen König aus dem Shakespeareschen Trauerspiel geschaffen werden, sondern der Name steht für *Low Energy Antiproton Ring*.

Diese Anlage hat die Form eines Quadrats mit abgerundeten Ekken, und sie wurde in einer alten, ausgedienten Experimentierhalle unmittelbar am PS aufgebaut (Abb. 8.6). Mit einer Seitenlänge von etwa 20 m handelt es sich um eine Maschine, die man noch mit einem Blick übersehen kann und die ich daher gern benutze, um Besuchern die Strahlkühlung zu erläutern. Auch dieses Projekt konnte fast im Handumdrehen realisiert werden, und im Sommer 1983 kreisten die ersten Antiprotonen bei einer Energie von nur 180 MeV im LEAR-Ring.

Zunächst wurde für die Kühlung wieder das stochastische Verfahren angewendet, jedoch soll hier in Zukunft auch die Elektronen-Strahlkühlung zum erstenmal Anwendung finden. Das Institut für Kernphysik des Kernforschungszentrums Karlsruhe hat es übernommen, eine Anlage für Elektronenkühlung zu entwickeln und zu bauen. Diese hat im Oktober 1987 ihren ersten Test sehr gut bestanden, wobei Elektronen mit einer Energie von 40 KeV und Stromstärken bis zu 2,5 Ampère in einer der langen geraden Seiten von LEAR mit den Antiprotonen eine gemeinsame Strecke von 1,5 m durchlaufen. Die Elektronenkühlung wird es gestatten, den Antiproton-Strahlen noch bessere Eigenschaften zu geben, und sie eröffnet darüber hinaus den Physikern ganz neue Experimentiermöglichkeiten.

Aus der »magnetischen Flasche« LEAR können nun Antiprotonen je nach Bedarf der Experimente entweder ganz allmählich (während etwa einer Stunde) oder auch in kurzen, kräftigen Impulsen abgezapft werden. Eine erste Serie von Experimenten wurde bereits beendet, und eine zweite, die in der Lage ist, die in Zukunft wesentlich höheren Antiproton-Intensitäten auszunutzen, befindet sich gegenwärtig im Aufbau.

Die verschiedenen Experimente überdecken ein weites Gebiet der Physik. Sie reichen von der Untersuchung exotischer Atome und exotischer Atomkerne (wobei ein Elektron in der Atomhülle bzw. ein Proton oder Neutron im Atomkern durch ein Antiproton ersetzt wird) bis zu speziellen Fragestellungen der Elementarteilchenphysik. Einige Experimente besitzen einen besonders grundlegenden Charakter. So will eine Forschergruppe das Gewicht des Antiprotons messen, indem sie ganz energiearme Antiprotonen senkrecht

Abb. 8.6 *Blick auf den Speicher- und Kühlring LEAR bei CERN. Die Leitungen für die Korrektursignale quer durch den Ring sind deutlich zu erkennen. Man benötigt mehrere Korrektursysteme für die horizontalen und vertikalen Richtungsabweichungen und für die Geschwindigkeitsfehler.*

gegen das Schwerefeld der Erde ansteigen läßt. Damit soll geprüft werden, ob einige Vorstellungen der allgemeinen Relativitätstheorie auch für die Antimaterie gelten. Ein anderes Experiment will neue Aussagen über die Verletzung von Spiegelsymmetrien in der Natur finden, für die wir noch keinerlei Verständnis haben. Es gibt auch einige Vorstellungen, wie man an Antiprotonen die Antiteilchen der

Elektronen, die Positronen, anlagern könnte, um auf diese Weise elektrisch neutrale Anti-Wasserstoffatome herstellen zu können. Es gibt sogar Ideen (die aber im Augenblick noch Science-fiction sind), wie man solche Anti-Wasserstoffatome mit Hilfe von Laserstrahlen speichern könnte.

Für die Verwendung von Antiprotonen bei niederer Energie eröffnet sich also eine Reihe von interessanten Möglichkeiten, und mit Recht findet die Pionierleistung von CERN, die hier zum erstenmal viele Türen aufstieß, weltweite Anerkennung. Diese Erfolge beruhen auf einer ausgezeichneten Zusammenarbeit zwischen Physikern und Ingenieuren, wobei der erfolgreiche Betrieb der sehr komplexen Anlagen einer Zuverlässigkeit und Sorgfalt bedarf, wie sie bevorzugt noch in Europa angetroffen wird.

Antimaterie – Fluch oder Segen?

Die Tatsache, daß es bei CERN erstmals gelang, Antiprotonen in größerer Menge zu erzeugen, zu speichern und zu manipulieren, hat die Phantasie vieler Optimisten und auch Pessimisten beflügelt. Es ist wohl richtig, daß in der Vergangenheit die Wirklichkeit manchmal jedwede Phantasie übertroffen hat. Aber es gibt doch gewisse Grenzen, die praktische Anwendungen nicht oder noch nicht möglich erscheinen lassen. In den nun folgenden Ausführungen soll es darum gehen, diese Grenzen etwas abzustecken; auch soll die Frage erörtert werden, ob die Antimaterie, falls sie zu einer Anwendung führt, der Menschheit zum Guten oder Bösen dienen wird. Ich möchte dabei auch diejenigen zu Wort kommen lassen, die die Antimaterie für Teufelszeug halten und von der »gruseligen« Antimaterie reden.

Das Für und Wider soll in einem kleinen Gespräch erörtert werden, wobei einige Einwände gegen die Antimaterie-Forschung fast wörtlich wiedergegeben werden. Die Gesprächspartner sind:
- G, ein engagierter Gegner der Antimaterie-Forschung,
- R, ein nüchterner Realist, und
- O, ein Optimist, der gern Science-fiction-Bücher liest.

Unser Gespräch verläuft etwa so:

G: Kürzlich las ich den 1924 geschriebenen Roman »Die Fabrik des Absoluten« des tschechischen Schriftstellers Karel Čapek, der auch als Erfinder der Bezeichung »Roboter« gilt. Er schreibt, daß Gott im Sinne des Pantheismus alle Materie durchdringt, so daß bei der vollständigen Vernichtung von Materie mit Antimaterie der göttliche Geist freigesetzt werden müßte. Hat man davon in den Laboratorien wie dem CERN etwas bemerkt?

R: Ich kenne diesen futuristischen Roman, in dem durch das Freiwerden des Absoluten zunächst alle Menschen hilfsbereit und fromm werden. Bald aber glaubt jeder, daß nur er den richtigen Glauben hat, und die Menschheit zerfleischt sich wieder einmal. Wenn wir uns mit Naturwissenschaft und ihren Anwendungen in der Technik befassen, sollten wie aber Philosophie und Religion zunächst klar davon trennen. Alle drei sind verschiedene Projektionen einer gemeinsamen Realität, die ihnen zugrunde liegt, und daher sollte man erwarten, daß zwischen ihnen keine Widersprüche auftreten können. Aber davon sollten wir ein anderes Mal reden. Beschränken wir uns heute doch darauf, über praktische Anwendungen der Materie-Antimaterie-Vernichtung zu sprechen.

G: Der Umgang mit Antimaterie ist ein teuflisches Spiel. Wenn Antimaterie auf Materie trifft, gibt es eine Explosion. Es ist der einzige Vorgang, bei dem Materie *vollständig* in Energie umgewandelt wird, während es bei der Uranspaltung oder bei der Kernfusion nur 0,1 bis 0,3 % sind. Eine Energieausbeute, die also etwa 300mal größer ist als bei der schrecklichen Atombombe. Dazu kommt noch, daß es keiner kritischen Masse, d. h. keiner Mindestmenge an Antimaterie bedarf, um die Reaktion in Gang zu bringen. Die Vernichtungsreaktion beginnt sofort von allein, bedarf keiner Zündung, und – wie bereits erwähnt – die gesamte Materie wird in Energie umgewandelt.

O: Das ist doch ganz wunderbar! Dies könnte uns den *idealen Antrieb für Raumschiffe* liefern. Vielleicht wäre es überhaupt nur mit Antimaterie möglich, unser Sonnensystem zu verlassen. Es gibt wohl keinen anderen Treibstoff, der pro Gramm Gewicht soviel Energie speichern kann. Wenn ich richtig gerechnet habe, dann beträgt der Gewinn gegenüber konventionellen Treibstoffen mehrere Milliarden. Die Geschwindigkeit und damit die Reichweite von Raumschiffen wird weitgehend von der Geschwindigkeit der ausgeschleuderten Gase bestimmt. Bei konventionellen Raketen beträgt diese etwa 10 km / sec. Mit Antimaterie-Antrieb könnte man ein Vielfaches davon erreichen und vielleicht sogar in die Nähe der Lichtgeschwindigkeit gelangen. Im freien Weltraum könnte dann nach einiger Zeit das Raumschiff, sagen wir, auf halbe Lichtgeschwindigkeit gebracht werden, und damit erst würde die wirkliche Raumfahrt möglich. Denn bisher kleben wir doch noch sehr an unserer guten alten Erde.

R: Deine Phantasie geht wohl etwas mit dir durch! Auf dem Papier läßt sich natürlich viel ausrechnen, aber hast du einmal überlegt, wieviel Antimaterie für eine Weltraummission benötigt würde?

O: Natürlich! Wenn ich annehme, daß man Ausstoßgeschwindigkeiten von etwa 40 km / sec erreichen kann, was nur das Vierfache von konventionellen Raketen beträgt, dann würde ein etwa eine Tonne schweres Raumfahrzeug für eine schnelle Reise zum Mars und zurück nur etwa fünf- bis zehntausendstel Gramm benötigen. Eine wahrhaft winzige Menge Treibstoff, die die großen Vorteile des Antimateriebrennstoffs zeigt.

R (höhnisch lachend): Ein tausendstel Gramm Antimaterie! Eine winzige Menge? CERN, das gegenwärtig die stärkste Quelle für Antiprotonen besitzt, würde mehr als drei Millionen Jahre zur Erzeugung dieser Menge benötigen. Das Beste, was man kürzlich erreicht hat, sind etwa 1000 Milliarden von Antiprotonen. Aber ein Milligramm sind 100 Milliarden Milliarden Antiprotonen. Völlig aussichtslos, das zu bewerkstelligen![26]

Der Preis, den dies kosten würde, ist auch nicht uninteressant. Wenn man die gegenwärtig benutzten Verfahren anwenden würde, dann käme ein tausendstel Gramm Antiprotonen auf viele hundert Millionen Mark. Selbst wenn es gelänge, in den nächsten Jahrzehnten völlig neue Wege für die Antiprotonenherstellung zu finden, wird es wohl noch sehr lange dauern, bis Antimaterie als Antriebsstoff für Raumfahrzeuge benutzt werden kann. Bisher bleibt dies Zukunftsfilmen, wie der Serie »Star Trek«, vorbehalten.

G: Hier möchte ich einhaken. Wenn von Kosten die Rede ist, dann mag dies eine Schwierigkeit für zivile Anwendungen bedeuten, für die Militärs spielen Kosten dagegen eine untergeordnete

Rolle. Die Antimaterie könnte nicht nur dazu benutzt werden, um Plattformen für Raumwaffen mit Energie zu beliefern, sondern die besonderen Eigenschaften der Antimaterie könnten auch zu neuartigen *Strahlenwaffen* führen. Die beim Aufprall auf ein Ziel, z. B. eine feindliche Rakete, bei der Antimaterievernichtung entstehenden Sekundärprodukte könnten von der Oberfläche des Zieles leichter in sein Inneres eindringen als normale Teilchen, so daß die Abschirmung von elektronischen Einrichtungen schwieriger zu bewerkstelligen ist. Antimateriestrahlen könnten auch dazu benutzt werden, um bei anfliegenden Gefechtsköpfen zwischen richtigen und zur Täuschung beigemischten falschen, sogenannten *decoys*, zu unterscheiden. Schließlich gibt es noch die Möglichkeit, mit Hilfe der Antimaterievernichtung stärkere und damit zerstörungskräftigere Laserstrahlen zu erzeugen, die alles bisher Bekannte weit überträfen.
Es besteht kein Zweifel, daß diese neuen Möglichkeiten die Militärs in Ost und West interessieren. Ende der 50er Jahre haben sich Andrej Sacharow und Edward Teller, die beiden »Väter« der Wasserstoffbombe in Ost und West, für diese Perspektiven begeistert. Das Interesse wurde in Reden von Präsident Reagan 1983 und von Präsident Mitterrand 1984 auch offen ausgesprochen. Ich fürchte sehr, daß die weitere Erforschung der Antimaterie zu einer neuen Eskalation im Rüstungswettlauf führen kann.

R: Gedanken und Ideen sind frei und kosten nichts! Die Möglichkeiten, die Antimaterievernichtung für Strahlenwaffen zu benützen, basieren auf noch viel vageren Vorstellungen als diejenigen für den Raumschiffantrieb. Es erscheint schon aussichtslos und finanziell untragbar, genügende Mengen von Antimaterie auf dem Erdboden zu erzeugen. Wie dies im Weltraum in der Praxis geschehen soll, ist vollkommen unklar. Natürlich können Antimateriestrahlen nur im luftleeren Raum abgefeuert werden, da sonst beim Durchgang durch die Luft die Vernichtung allmählich und ohne Schaden vor sich gehen würde. Gegenwärtig ist es unvorstellbar, wie man große Beschleunigeranlagen zur Produktion von Antimaterie im Raum stationieren und betreiben könnte. Mir sind keine konkreten Vorschläge dafür bekannt.

O: Ich bin zwar auch definitiv gegen die Anwendung für militärische Zwecke, aber es gäbe ja vielleicht noch eine andere Möglichkeit, Antimaterie in den Weltraum zu bringen. Wie ich hörte, könnte man aus den elektrisch negativ geladenen Antiprotonen durch Anlagerung von Positronen elektrisch neutrale Anti-Wasserstoffatome herstellen. Diese ließen sich in sogenannten Laserfallen speichern, wobei sie von sich kreuzenden Laserlichtstrahlen von den Gefäßwänden ferngehalten werden und daher nicht zerstrahlen. Man sprach davon, daß man auf diese oder ähnliche Weise Antimaterie »in der Flasche« mit sich auf Reisen nehmen könnte. CERN soll nicht nur bei der Produktion von Antimaterie, sondern auch bei ihrer Speicherung wichtige Meilensteine gesetzt haben.

R: Langsam, langsam! Auch bei der *Speicherung* von Antimaterie kann die technische Entwicklung den Phantasien nicht ganz folgen. Tatsächlich gelang es bei CERN 1981 zum erstenmal, Antiprotonen in einem magnetischen Ring für einen oder auch mehrere Tage zu speichern. Mit Hilfe eines zweiten Ringes, der 1987 in Betrieb ging, gelang es sogar, etwa zehnmal soviel Antiprotonen zu speichern. Aber selbst dann ist die Menge von Antiprotonen so gering, daß sich ihr Gewicht in alltäglichen Einheiten kaum ausdrücken läßt[27]. In Gramm würde die Zahl aus einer Null vor dem Komma, gefolgt von weiteren neun Nullen bestehen, und erst dann würde eine von Null verschiedene Zahl auftauchen.

O: Trotzdem konnte man damit sehr interessante Experimente durchführen, die CERN sogar zwei Nobelpreise einbrachten.

R: In der Tat, man hat diese Antiprotonen in der großen Protonenmaschine, dem SPS, bis auf höchste, vorher nie erreichte Energien beschleunigt und konnte damit eine Reihe von wichtigen Entdeckungen machen. Aber dies gelingt nur deshalb, weil die Nachweisgeräte, mit denen die Zusammenstöße beobachtet werden, so außerordentlich empfindlich sind. Für praktische Anwendungen ist die dabei verwendete Zahl von Antiprotonen aber zu gering.

Es kommt eine andere Schwierigkeit hinzu. Antiprotonen lassen sich in genügender Zahl nur mit hohen Energien erzeugen. In den erwähnten Magnetringen bei CERN kreisen sie mit Energien von 3,5 GeV. Für praktische Anwendungen ist es dagegen nötig, sie abzubremsen. Auch dies wurde bei CERN erstmals durchgeführt, und die Antiprotonen werden in einem kleinen Magnetring LEAR bei Energien von etwa 5 MeV gespeichert. Von dort können sie herausgeholt, weiter abgebremst und dann in kleinen, raffinierten elektromagnetischen Fallen gespeichert werden. Dies sind die erwähnten »Flaschen für Antiprotonen«.

O: Immerhin ist es schon gelungen, einige hundert Antiprotonen für etwa eine Minute zu speichern, und in den kommenden Jahren sollen diese Anlagen enorm verbessert werden. Vielleicht gibt es doch einmal die Antimaterie als Energiespender im Autotank oder sogar in der Aktentasche.

R: Du denkst dabei wohl noch an andere Speichermöglichkeiten, z. B. in Kristallen oder flüssigem Helium. Das sind wohl einige interessante Ideen, aber auch nicht mehr. Ich bin ja vorsichtig und habe gelernt, daß man niemals »niemals« sagen soll. Manche futuristischen Vorhersagen sind schließlich doch realisiert worden. Vielleicht gibt es eines Tages doch eine Anwendung der Antimaterie-Vernichtung, aber dazu müssen noch mehrere Generationen kommen und gehen.

G: Nun gibst du doch zu, daß im Prinzip Antimaterie-Anwendungen möglich sind, und ich halte es für besonders unheilvoll, daß die ersten Anwendungen Waffensysteme betreffen werden, denn dabei spielen die Kosten eine untergeordnete Rolle.
Die Hauptargumente gegen die Verwendbarkeit der Antimaterie betreffen die Schwierigkeiten bei der Herstellung von Milligramm-Quantitäten. Man benötigt aber viel weniger Antimaterie, wenn man sie als Zünder für Wasserstoffbomben benützt. Sie könnte die heute übliche Zündung mit Hilfe einer 3 bis 5 kg schweren »schmutzigen« Uran- oder Plutoniumbombe ersetzen. Das Ergebnis wäre eine »saubere« Bombe, d. h. eine Kernwaffe praktisch ohne radioaktive Abfälle, da eine solche Bombe keinerlei spaltbares Material enthalten würde. Das Konstruktionsprinzip einer solchen Bombe ist in der angesehenen französischen Zeitschrift *La Recherche* im November 1976 veröffentlicht worden.

R: Das stimmt, und die Autoren schätzen auch mit Hilfe von bei CERN gewonnenen Daten ab, wieviel Antimaterie als Zünder notwendig wäre. Das Resultat: ein millionstel Gramm. Hier beginnt wieder das Spiel mit Zahlen! Ein Mikrogramm erscheint

als winzige Menge, aber wenn man bedenkt, daß dies einer ungeheuer großen Zahl von Antiprotonen entspricht, dann sieht es schon anders aus. Mit der gegenwärtigen Technik würden, selbst unter Berücksichtigung technischer Verbesserungen, zur Erzeugung einer solchen Menge von Antiprotonen mehrere tausend Jahre benötigt. Das ist aber nur der kleinere Teil des Problems. Mit uneingeschränkter Erfinderphantasie wird davon ausgegangen, daß dieses Mikrogramm nicht aus Antiprotonen, sondern aus Antiwasserstoffatomen besteht. Ein Antiwasserstoffatom besitzt als Kern ein Antiproton, das von einem Anti-Elektron (Positron) umkreist wird. Bisher ist es nicht gelungen, auch nur ein einziges Antiwasserstoffatom zu erzeugen. Selbst für einen Zünder würde man aber Milliarden von Milliarden solcher Atome benötigen, was auch diese Möglichkeiten in den Bereich der Science fiction verweist.
Aber nicht genug der Probleme! Diese kleine Pille von Antimaterie müßte im Innern der Bombe in einem extremen Ultrahochvakuum aufgehängt werden, wobei auch nur die geringste Berührung mit dem umgebenden Material vermieden werden muß. Das soll durch »elektromagnetische Levitation«, also mit Hilfe von Laserstrahlen erfolgen. Wie dies im Prinzip und dann noch in einem Volumen von nur einem bis zwei cm Durchmesser erreicht werden soll, wird nicht einmal angedeutet. Natürlich müßte diese Aufhängung absolut sicher sein, da sonst die Bombe im eigenen Lager zünden könnte.
Zusammenfassend kann ich nur feststellen, daß die Verwendung von Antimaterie auch nur als Zünder für eine Wasserstoffbombe völlig unrealistisch erscheint. Die benötigten Antimateriemengen sind zwar viel geringer als bei einer »reinen« Antimateriebombe, aber sie sind immer noch so beträchtlich, daß ihre Herstellung in vernünftigen Zeiten und zu erträglichen Kosten nicht möglich ist. Hinzu kommen weitere ungelöste Probleme, wie die Erzeugung von Antiwasserstoffatomen und ihre Speicherung.

G: Es bleibt aber die Tatsache, daß die Antimaterie-Materie-Vernichtung nicht nur mit einer extremen Energiedichte und Selbstzündung verbunden ist, sondern daß dabei die Energieentwicklung äußerst schnell ist, nämlich etwa 10000mal schneller als bei einer Atombombe, und daß die Energie zum größten Teil in

Form von leichten, elektrisch geladenen und sehr energiereichen Teilchen, den Pionen, frei wird.
Mit Hilfe von starken Magnetfeldern könnte man einen kolossal energiereichen Pionen-Strahl wenigstens für kurze Zeit herstellen. Dieser könnte dazu dienen, elektromagnetische Wellen zu erzeugen, die ihrerseits Wasserstoffbomben zünden könnten. Eine andere Möglichkeit bestünde darin, damit einen Röntgen-Laser zu pumpen, der als Strahlenwaffe gefürchtet ist.

R: Ich bewundere die Unerschöpflichkeit deiner Ideen. Aber wir werden nie zu einer Einigung kommen, wenn du jedesmal eine neue, noch absurdere Idee aus dem Hut zauberst, nachdem eine andere gerade widerlegt worden ist. Wenn es um harte Fakten geht, dann verlagerst du die Diskussion plötzlich auf eine andere Ebene. Ein »Ausweichargument« besteht z. B. darin, daß es letzten Endes keine Rolle spielt, ob Antimateriewaffen, Antimateriezünder usw. verwirklicht werden können oder nicht. Die Tatsache, daß die aktuellen Abrüstungsverträge und -kontrollen die Antimaterie nicht mit einschließen, könnte, wie du meinst, zu einer Destabilisierung des strategischen Gleichgewichts führen. Ist dies wirklich ernst gemeint?

G: Natürlich! Selbst wenn es niemals Antimateriewaffen, die auf dem Schlachtfeld zum Einsatz kommen, geben würde, so könnten doch Mikro-Explosionen, durch Antimaterie im Labor ausgelöst, dazu dienen, Rüstungsabkommen zu unterlaufen. Ich bin daher für ein generelles Verbot der Forschung mit Antimaterie.

R: Da gehst du nun doch zu weit! Die Beschäftigung mit Antimaterie ist ein äußerst interessantes Forschungsgebiet, das uns tiefe Einblicke in den Aufbau der Materie gibt. Wie bei allen Forschungsergebnissen ist es eine Frage der Politik, der Moral und des Gewissens, wie sie angewandt werden. Natürlich bin ich der Meinung, daß sich die Wissenschaftler mehr um diese Probleme kümmern sollten.

O: Da bin ich aber sehr traurig, denn dann sind auch meine Hoffnungen für den Antrieb von Raumschiffen gegenwärtig nur Illusionen. Dabei bietet der Antimaterieantrieb die einzige Chance, in Umlaufbahnen Kurven und Kehren wie mit einem gewöhnlichen Flugzeug zu fliegen.

R: Darüber können wir, wie ich fürchte, wohl erst in 50 oder 100 Jahren wieder sprechen.

G: Aber die als Ideenfabrik renommierte Rand Corporation in Kalifornien hat für die US Air Force ein konkretes Forschungsprogramm vorgeschlagen mit dem Ziel, die Antimaterie als Treibstoff und für Waffen zu verwenden. Es wird dort sogar von einer »Antimaterie-Industrie« gesprochen, die nicht unmöglich erscheint. Colonel Ross Nunn vom US Air Force Astronautics Laboratory sagte dazu, wie die *Aviation Week* im März 1988 berichtet: »Der Kicher-Faktor ist vorbei. Antimaterie ist real, und wir wissen, wie sie herzustellen und aufzubewahren ist. Sie verspricht einiges.«

R: Der erwähnte Bericht, der von B. W. Augenschein geschrieben wurde, spricht aber auch von einer Reihe notwendiger Schritte, wobei nach jedem eine Entscheidung zu treffen ist, ob die Entwicklung weiter fortgesetzt werden kann oder nicht.

G: Aber im Rand-Bericht heißt es: »Die Antimaterie-Technologie zu verstehen ist klug und solche Investitionen wert« (Schlußempfehlung No. 5).

R: Die Schlußfolgerung No. 1 lautet jedoch: »Wir wissen gegenwärtig nicht genug, um zu entscheiden, ob Antimaterie-Anwendungen in einer vernünftigen Zeit oder nur übertrieben langfristig zu realisieren sind.« Der Rand-Bericht ist schließlich ehrlich genug, um zu folgenden Feststellungen zu kommen: »Antimaterie-Anwendungen erscheinen zwar aussichtsreich, aber über welche Zeiträume eine Verwirklichung möglich ist, erscheint ungewiß. Viele Ungewißheiten sowohl grundlegender als auch praktischer Natur machen eine baldige Nutzung unmöglich. Große Verbesserungsfaktoren der Leistungsparameter sind nötig, was geniale neue Ideen erfordert. Ein Forschungs- und Entwicklungsprogramm ist nötig, in dessen Verlauf einige Ja-Nein Entscheidungen getroffen werden müssen. Es wird ein Programm in mehreren, sich über viele Jahre erstreckenden Phasen vorgeschlagen, das von 1 Million US-Dollar im ersten Jahr schnell auf 100 Millionen Dollar pro Jahr ansteigt und schließlich viele Milliarden Dollar verschlingen würde.«

– Hier wollen wir das Gespräch enden lassen.

Tafel Ia *Luftbild von CERN. Vorn der Genfer Flughafen, hinten der französische Jura. Dazwischen liegt der Tunnel von LEP und (links) das SPS. Punktiert die Grenze Schweiz/Frankreich. (Photo: Swissair)*

Tafel Ib *Blick in den LEP-Tunnel. Zu sehen sind die in Paaren zusammengefaßten Dipol-Magnete (weißlich) und die fokussierenden Quadrupol-Magnete. Man beachte die geringe Krümmung des Tunnels. (Photo: CERN)*

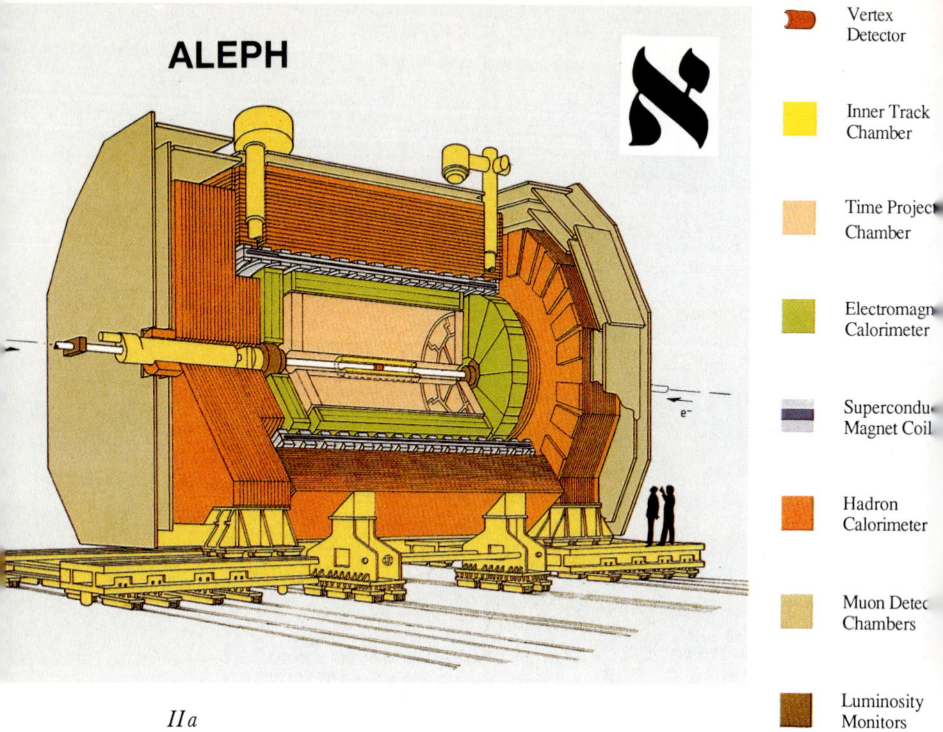

IIa

Tafeln IIa, b *und* **IIIa, b**
Die vier LEP-Detektoren. Ihre schalenförmige Struktur erlaubt den Nachweis,

IIb

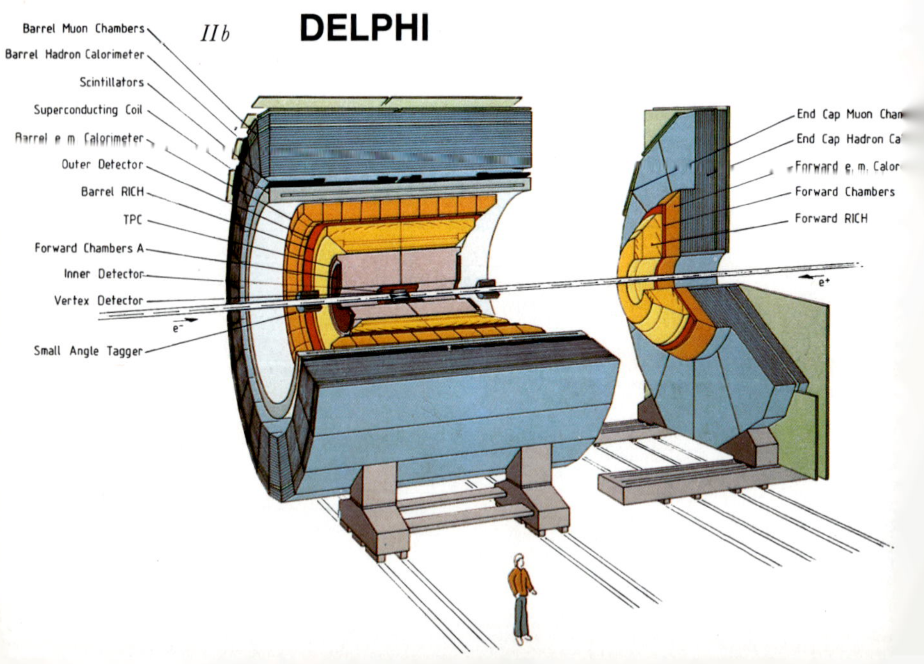

OPAL

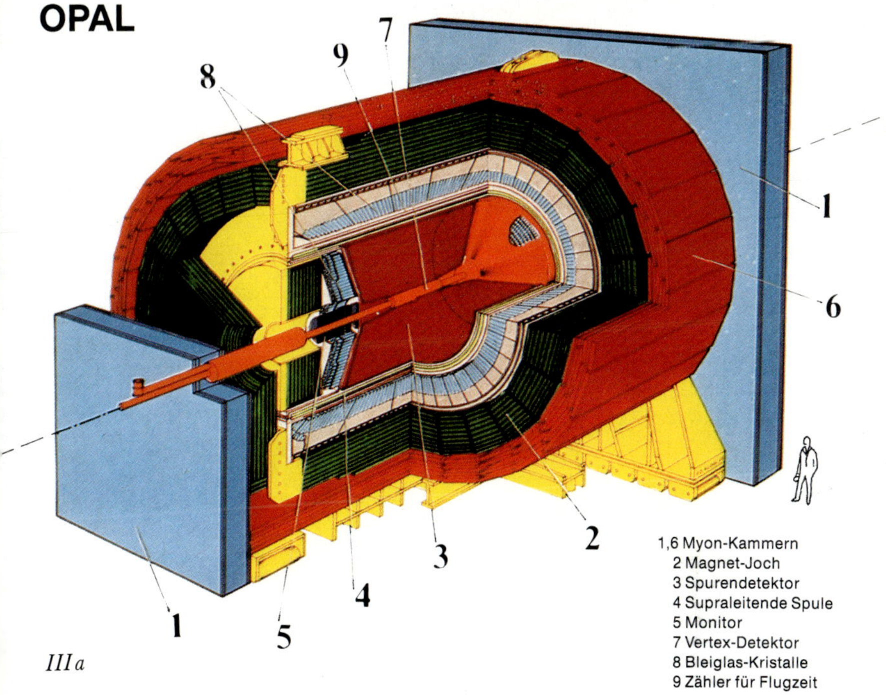

IIIa

die Identifizierung und die Energiebestimmung verschiedener Teilchensorten. Jeder Detektor ist für bestimmte Fragestellungen spezialisiert.

IIIb (*ortsfest*)

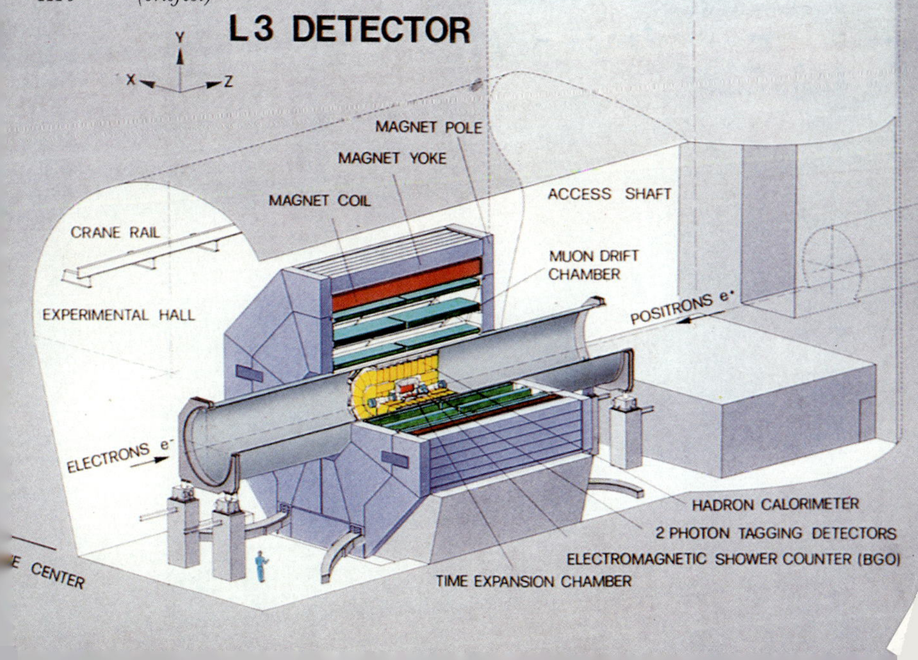

Tafel IV *Vorderansicht des ALEPH-Detektors (vorn der Leiter dieser Kollaboration, Jack Steinberger). (Photo: CERN)*

Tafel Va *Die L-3-Kollaboration feiert die Installation des riesigen Magneten (6400 Tonnen Stahl und 1100 Tonnen Aluminium für die Spulen). (Photo: CERN)*

Tafel Vb *Die Anlage zur Erprobung der Elektronen-Strahlkühlung in Novosibirsk. Ihr Aufbau entspricht dem Schema in Abbildung 8.3a. (Photo: Novosibirsk)*

Tafel VIa *Luftbild des japanischen Forschungszentrums KEK in der Wissenschaftsstadt Tsukuba mit dem Ring TRISTAN, vier Experimentierzonen und dem kleineren Vorbeschleuniger-Ring an der Innenseite. Die lange Struktur beherbergt den 2,5-GeV-Linearbeschleuniger, Injektor für TRISTAN, und die Synchrotronstrahlungsquelle (halbkreisförmiges Gebäude). (Photo: KEK)*

Tafel VIb *Blick in den TRISTAN-Tunnel. Man erkennt die verschiedenen Magnete: Dipole (weiß), Quadrupole (blau) und Sextupole (gelb). (Photo: KEK)*

Tafel VII *Der CDF-Detektor am TEVATRON beim Fermilab. Die beiden Hälften des zylindrischen Mittelteils sind auseinandergefahren. (Photo: FNAL)*

Tafel VIII *Luftbild von DESY. Der PETRA-Ring ist sichtbar, während der unterirdische HERA-Ring schematisch eingezeichnet ist. Die Oberflächenbauwerke der vier Experimentalzonen N, O, S, W sind erkennbar. HERA umschließt den Altonaer Volkspark und die Trabrennbahn. Im Hintergrund der Hamburger Flughafen. (Photo: DESY, Freigabe Nr. 611/87 Luftamt Hamburg)*

Antimaterie-Anwendungen: Wenn die harten Zahlen so eindeutig gegen eine Nutzung der Antimaterie sprechen, warum sollte man dann gegenwärtig dafür Geld ausgeben? Im Rand-Bericht werden drei Gründe angegeben: Erstens wäre der Nutzeffekt, falls sich ein Erfolg einstellt, einmalig hoch. Zweitens könnte in fünf bis sieben Jahren geklärt werden, ob wenigstens die fundamentalen Schwierigkeiten beseitigt werden können (eine Zeitspanne, die ich für viel zu optimistisch halte). Drittens stellt die Beschäftigung mit fundamentalen Ja-Nein-Ungewißheiten eine interessante und produktive Anstrengung dar, die zur Befruchtung vieler physikalischer und technischer Disziplinen führen würde.

Im Sommer 1987 fand im wallisischen Villars im dortigen Club Méditerrané eine interessante Tagung über Antiprotonenphysik statt. Am Rande der Tagung war R. Forward eingeladen, seine Vorstellungen über Antimaterie-Anwendungen öffentlich vorzutragen. Er ist Physiker bei Hughes Aircraft und Herausgeber der Zeitschrift »Mirror Matter Newsletter« (*Spiegel-Materie-Rundbrief*). Er war von der US Air Force beauftragt worden, einen Bericht über die Möglichkeit des Antriebs von Raumschiffen mit Hilfe der Antimaterie zu verfassen. In Villars berichtete er über einige Ideen und Ergebnisse. In der Diskussion mußte er zugeben, daß aufgrund der heutigen, bei CERN gesammelten Erkenntnisse eine Anwendung der Antimaterie in vorhersehbarer Zukunft ausgeschlossen ist. Insbesondere erklärte er, daß alle militärischen Anwendungen unsinnig (»irrelevant«) seien.

Ein ranghoher Vertreter der US Air Force, der bei dieser Diskussion anwesend war, erklärte hinterher im privaten Kreis, daß seine Teilnahme an dieser Tagung der Air Force viele Millionen Dollar gespart habe, denn er sei nun davon überzeugt, daß Forschungen über Antimaterie-Anwendungen hinausgeworfenes Geld wären.

Im April und Oktober 1987 hat die Rand Corporation zwei Konferenzen veranstaltet, auf denen viele technische Details der Anwendung der Antimaterie diskutiert wurden[28]. Das Ergebnis bestätigte, daß trotz aller Fortschritte noch ein sehr weiter Weg bis zur praktischen Anwendung der Antimaterie zurückzulegen ist. Jedenfalls hat man seit Erscheinen des ersten Berichts 1985 nicht davon gehört, daß auch nur ein Dollar für das vorgeschlagene Programm bewilligt worden wäre.

9. Proton-Proton- und Proton-Antiproton-Speicherringe

Zwei Ideen waren entscheidend, um zu den höchsten Energien und damit tief in den Mikrokosmos vorzudringen: die »starke Fokussierung« von Teilchenstrahlen (Kap. 4), die es ermöglichte, größere Beschleuniger mit erträglichem finanziellem Aufwand zu bauen und zu betreiben, und der Übergang zu Speicherringen mit gegenläufig kollidierenden Teilchenstrahlen, mit deren Hilfe es gelang, die erzeugte Teilchenenergie für die Stoßprozesse auch voll wirksam werden zu lassen (Kap. 6). In beiden Fällen genügte die Idee allein aber nicht, sondern insbesondere die Speicherringe benötigten eine umfangreiche technische Entwicklung, bevor die Idee Wirklichkeit werden konnte.

Dies trifft insbesondere für Speicherringe für Protonen zu. Von den ersten Ideen für einen Protonenspeicherring im Jahre 1959 dauerte es bis zum 27. 1. 1971, als die ersten Proton-Proton-Stöße im ISR bei CERN beobachtet wurden. Im Gegensatz dazu konnten Elektronenspeicherringe schon ein Jahrzehnt früher in Betrieb genommen werden (Kap. 7).

Dafür gibt es verschiedene Gründe. Die Antiteilchen von Elektronen, die Positronen, können mit harten Röntgenstrahlen relativ leicht und in genügender Menge erzeugt werden, so daß man Elektronen und Positronen aufgrund ihrer entgegengesetzten elektrischen Ladungen im gleichen Magnetring in entgegengesetzter Richtung umlaufen lassen kann. Die Antiteilchen von Protonen, die Antiprotonen, sind dagegen sehr viel schwieriger herzustellen, und erst in jüngster Zeit gelang es, ausreichende Mengen von Antiprotonen in den Griff zu bekommen. Die einzige Möglichkeit für Stöße zwischen schweren Teilchen bestand daher zunächst darin, Protonen gegen Protonen prallen zu lassen, was aber zwei getrennte Ringe mit entgegengesetzt gepolten Magneten erfordert. Man kann die Ringe so anordnen, daß sie sich an einer Stelle berühren, und die ersten Vorschläge gingen in diese Richtung. Eine andere Möglichkeit besteht darin, die beiden Ringe etwas zu deformieren und so ineinander zu verflechten, daß sie sich an einigen Stellen überkreuzen (Abb. 6.3). Dies hat den offensichtlichen Vorteil, daß man mehrere Stellen von Zusammenstößen erhält und daher mehrere Experimente gleichzeitig betreiben kann. Außerdem können die beiden Magnetringe in einem einzigen Tunnel untergebracht werden. Das System der beiden verschlungenen Ringe ist allerdings technisch wesentlich komplexer.

Die erste Anlage, die Protonen zur gegenseitigen Kollision brachte, war das ISR bei CERN. Es blieb bis heute der einzige Proton-Proton-Speicherring. Als es durch die Entdeckung der Strahlkühlung zum erstenmal gelang, Antiprotonen in genügender Menge anzusammeln, folgten dem ISR zwei Schritte zu höheren Energien mit Hilfe von Proton-Antiproton-Maschinen: der Umbau des SPS bei CERN und das Tevatron beim Fermilab in den USA. Diese Speicherringe, die bis heute die höchsten Energien liefern und eine technische Meisterleistung darstellen, möchte ich kurz beschreiben.

Das ISR: ein Höhepunkt der Beschleunigertechnik

Einige Monate erfolgreichen Betriebs des 26-GeV-Protonensynchrotrons PS im Jahre 1959 genügten, um bei CERN ausreichendes Vertrauen in die neue Beschleunigertechnologie zu schaffen, so daß man bereit war, einen weiteren Schritt zu tun. Der Bau eines Protonenspeicherrings wurde ins Auge gefaßt, bei dem allerdings die Strahlbedingungen, die im PS für einige Sekunden aufrechterhalten werden, für Stunden oder sogar Tage sichergestellt werden sollten. Dies stellte höchst Ansprüche an die Präzision der einzelnen Beschleunigerkomponenten, und gänzlich neue Wege mußten bei der Kontrolle und Steuerung der kreisenden Teilchenstrahlen begangen werden.

Ende 1960 wurde eine erste Grundsatzstudie vorgelegt, die heftige Diskussionen auslöste. Bei einem Ringdurchmesser von 300 m sollten Strahlenergien von 30 GeV erzielt werden, was eine nutzbare Energie von etwa 2 × 30 GeV ergab. Um gleichhohe Energien im Schwerpunktsystem mit einem konventionellen Beschleunigerstrahl, der auf ein ruhendes Proton gerichtet ist, zu erzielen, müßte die Strahlenergie etwa 1800 GeV betragen. Solche Strahlenergien erschienen vor zwanzig Jahren vollkommen unmöglich.

Ein 30-GeV-Protonspeicherring konnte daher ein Fenster zu höchsten Energien aufstoßen, allerdings schien dieses Fenster sehr schmal zu sein. An herkömmlichen Beschleunigern konnte man mit Hilfe der primär beschleunigten Protonen Sekundärstrahlen anderer Teilchen, z. B. Pionen, Kaonen, Myonen, Elektronen und sogar den so schwer faßbaren Neutrinos, erzeugen. Diese Teilchen, als Sonden benutzt, eröffneten ein reichhaltiges Experimentierfeld. Ein Protonspeicherring bot dagegen nur eine einzige Sorte von Zusammenstößen, nämlich Protonen gegen Protonen. Viele Physiker waren daher der Meinung, daß der Bau einer solchen Maschine nicht ihr Geld wert sei, da sie zu spezialisiert sei und nur wenigen Physikern Forschungsmöglichkeiten eröffne. Andere wiederum waren hinsichtlich der technischen Realisierungsmöglichkeiten sehr skeptisch. Die Diskussionen gingen hin und her, aber schließlich wurde doch ein gewisser Konsensus erzielt. Der damalige Generaldirektor von CERN, Viktor Weißkopf, erreichte 1965 die Genehmigung des Projekts mit Kosten von etwa 325 Millionen Schweizer Franken.

Das ISR besteht aus zwei etwas deformierten Ringen, die konzentrisch angeordnet sind, so daß acht Überschneidungen entstehen (Abb. 9.1). Der Durchmesser der Ringe beträgt 300 m; sie sind in einem gemeinsamen Tunnel untergebracht, der 15 m breit und 6,5 m hoch ist. Er wurde von der Oberfläche her ausgeschachtet, wozu etwa 1 Million Kubikmeter Erde bewegt werden mußten. Für heutige Verhältnisse ist dies ein sehr großer Tunnelquerschnitt, aber damals wollte man beim Betreten von für die Beschleunigertechnologie vollkommenem Neuland kein allzu großes Wagnis eingehen.

In der Tat mußten eine ganze Reihe grundlegender Entwicklungen der Beschleunigertechnik für diese Maschine durchgeführt werden. Ein Glanzpunkt der Anlage war das Vakuum in den Röhren, in denen die Teilchen kreisten. Um die Teilchen für Tage, manchmal sogar für Wochen umlaufen zu lassen, was Weglängen von Tausenden von Millionen von Kilometern entspricht, mußten Zusammenstöße mit Luftmolekülen, die unweigerlich zu einem Verlust geführt hätten, weitgehend vermieden werden. Es gelang bei dieser Anlage zum erstenmal Drücke von etwa 10^{-12} Torr in Gefäßen mit mehreren hundert Metern Länge, d. h. in großtechnischem Maßstab, zu

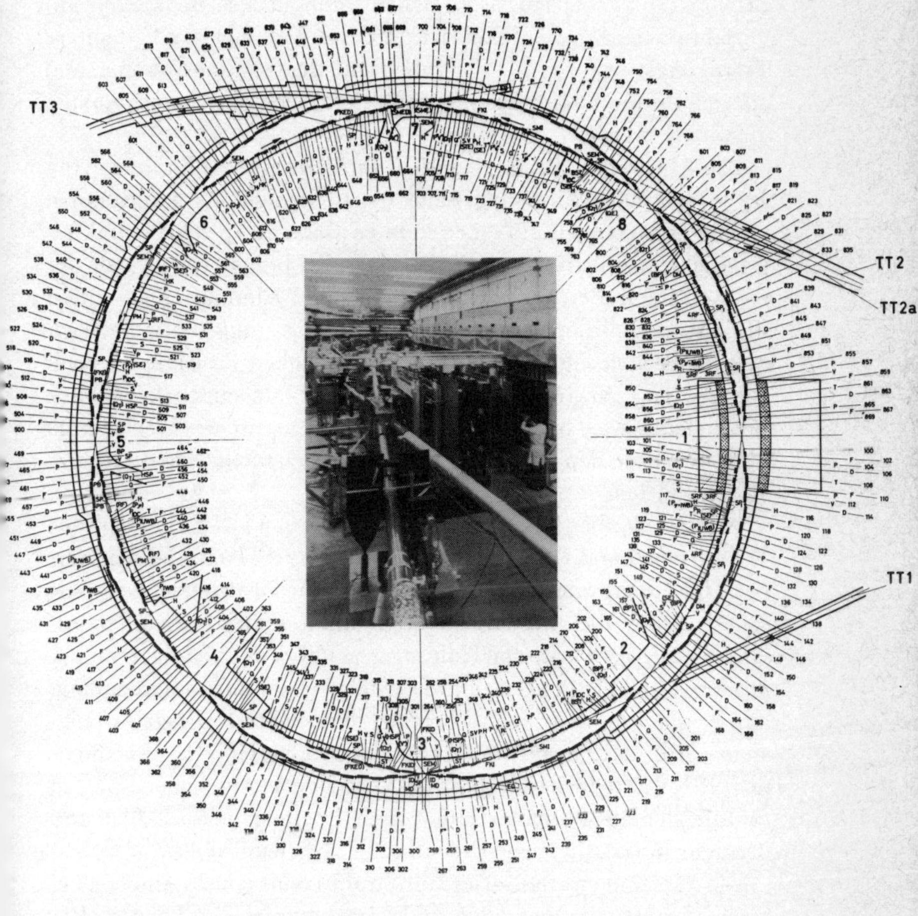

Abb. 9.1 *Plan des einzigen bisher gebauten Proton-Proton-Colliders ISR bei CERN. Die etwas deformierten Kreisringe überschneiden sich an acht Stellen, wo die Kollisionen stattfinden. Die Vielzahl der mit Nummern bezeichneten Komponenten läßt die Komplexität einer solchen Anlage erahnen.*

Die Abbildung in der Mitte zeigt die sich kreuzenden Strahlrohre an einer Kollisionsstelle.

erreichen. Ein solches Ultrahochvakuum, das etwa dem Luftdruck auf der Mondoberfläche entspricht, konnte vorher nur in kleinen Gefäßen im Labor erzielt werden. Um es auch im rauhen technischen Alltagsbetrieb zu erreichen, mußten u. a. neue Schweißverfahren, eine neue Stahlsorte für die Kammerwand, mehrere Reinigungsverfahren für die Innenseite der Vakuumkammer und speziell dünne Vakuumkammern in den Wechselwirkungspunkten entwickelt werden.

Am Abend des 29. Oktober 1970 wurden erstmals Protonen vom PS in den einen Ring eingeschossen. In weniger als drei Stunden gelang es, Protonen auf einer stabilen Bahn zu speichern und ansehnliche Strahlströme zu produzieren. Im Januar 1971 wurde der zweite Ring in Betrieb genommen, und am 27. Januar 1971 wurden die ersten Kollisionen beobachtet. Diese Leistung stellte zugleich eine große Erleichterung für den norwegischen Projektleiter Kjell Johnsen und seine Mannschaft dar, weil bis zum letzten Augenblick nicht sicher war, ob wegen der elektromagnetischen Wechselwirkung zwischen den beiden Strahlen diese sich nicht gegenseitig zerstören würden.

Am 16. Oktober 1971 fand in Gegenwart von viel Prominenz aus Wissenschaft und Politik die Einweihung des ISR statt, bei der Werner Heisenberg dieses einmalige Forschungsinstrument den Wissenschaftlern übergab. Heisenberg nahm in seinen letzten Lebensjahren eine recht kritische Haltung gegenüber dem Bau von immer größeren Beschleunigern ein, was wohl auch damit zusammenhing, daß er glaubte, in seiner Weltformel alle wichtigen Fragen wenigstens im Prinzip beantwortet zu haben. Seine Haltung gegenüber dem ISR war jedoch sehr positiv, da er hier eine Möglichkeit sah, zu für die damalige Zeit extrem hohen Energien vorzustoßen und damit grundsätzlich neue Erkenntnisse zu gewinnen.

Die Maschine war ausgelegt für Strahlströme von 20 Ampère, bei einer Maximalenergie von 28 GeV. Im Lauf der Zeit konnten Rekordströme von 30 Ampère bei 31 GeV erzielt werden. Bei den nominalen Strahlwerten ist eine Energie von etwa 1,8 Millionen Joule im Strahl gespeichert. Das entspricht der kinetischen Energie, die ein Personenwagen besitzt, wenn er mit 200 km/h fährt. Man muß offensichtlich verhindern, daß ein solches Energiepaket außer Kontrolle gerät, da der Strahl beim Auftreffen auf die Vakuumkammer ein Loch bohrt. Dies passiert, wenn z. B. einer der Magnete einen Kurzschluß entwickelt, oder schon, wenn nur ein einziges Stromversorgungsgerät für die Magnete ausfällt. Spezielle, sogenannte Kickermagnete wurden daher eingebaut, die es erlaubten, jederzeit den Strahl in kontrollierter Weise in einen Strahlabsorber zu lenken.

Das ISR wird auch heute noch von vielen als die vollkommenste bisher konstruierte Hochenergiemaschine betrachtet. Bezüglich der Ausbeute an physikalischen Resultaten, die damit erreicht werden konnte, sind die Gefühle allerdings etwas gespalten. Die ersten Messungen führten zu kleinen, aber vielen Überraschungen. So wurde ein bei früheren Experimenten andeutungsweise gefundenes Phänomen eindeutig bestätigt, nämlich daß sich Protonen beim gegenseitigen Stoß so verhalten, als ob ihre Größe mit zunehmender Stoßenergie anwachsen würde. Dieses Verhalten hat wichtige Konsequenzen für das Verständnis der starken Kraft. Diese und eine Reihe weiterer kleinerer Entdeckungen lieferten zwar sehr interessante neue Erkenntnisse, hätten aber den Bau dieser Maschine allein doch nicht gerechtfertigt.

Während der 13jährigen Betriebszeit des ISR gelang aber auch eine große Entdeckung. Durch die Streuung von Elektronen an Protonen bei SLAC in Kalifornien gab es Hinweise dafür, daß im Innern der Protonen noch kleinere Teilchen vorhanden sein müssen, die zunächst als Partonen bezeichnet wurden. Bei der Beobachtung des hochenergetischen Stoßes von Protonen mit Protonen, wie sie zum erstenmal beim ISR möglich wurde, gab es zwei Möglichkeiten: Entweder die Protonen benehmen sich wie eine Art Gallertkugeln, die sich beim Zusammenstoß zerlegen und deren Bruchstücke im wesentlichen in der ursprünglichen Richtung weiterfliegen. Gibt es im Innern der Protonen dagegen kleine harte Körner, dann können zwei solcher Körner zusammenstoßen, wobei große Ablenkwinkel (bis zu 90°) auftreten.

Bei der Messung bestimmt man allerdings nicht nur den Ablenkwinkel, sondern den Impuls, den die Teilchen senkrecht zur Einfallsrichtung der Protonen besitzen: den sogenannten Transversalimpuls. Beim Stoß von weichen Strukturen erwartet man, daß die Häufigkeit für das Auftreten von Transversalimpulsen sehr schnell (exponentiell) abfällt. Im Fall von Subteilchen im Innern des Protons sagte die Theorie dagegen voraus, daß hohe Transversalimpulse relativ häufig auftreten sollten.

Mehrere Experimente am ISR konnten 1971 erstmalig zeigen, daß in der Tat Teilchen mit hohen Transversalimpulsen häufiger beobachtet werden, als es für Protonen ohne Substruktur zu erwarten gewesen wäre. Diese Experimente sind einer der wichtigsten Beweise dafür, daß es im Proton und Neutron subelementare Teilchen gibt und daß es sich bei diesen Partonen um nichts anderes als die auf andere Weise hypothetisch vorhergesagten Quarks handelt. Die quantitative Übereinstimmung der Meßdaten mit der theoretischen Vorhersage ist eine hervorragende Bestätigung der Quantenchromodynamik, die die starke Kraft beschreibt.

Nach diesen Glanzleistungen wurden das ISR, oder besser gesagt: die daran vorgenommenen Experimente vom Pech verfolgt. 1974 wurde in Brookhaven und in Stanford das J/ψ-Teilchen entdeckt, das den ersten Hinweis auf die Existenz eines neuen Quarks, des Charm-Quarks, lieferte und damit ein neues Kapitel in der Elementarteilchenphysik eröffnete. Drei Jahre später gelang am Fermi-Laboratorium bei Chicago die Entdeckung des Y-Teilchens, das die Existenz eines noch schwereren, des sogenannten Beauty-Quarks, als große Überraschung präsentierte. Beide Teilchen hätten zuerst am ISR gefunden werden können! In der Tat, nur wenige Monate nach den Entdeckungen in den anderen Laboratorien wurden sie auch am ISR nachgewiesen. Hier fehlte leider das Quentchen Glück, das neben Kompetenz, Begeisterung und harter Arbeit notwendig ist, um große Entdeckungen zu machen.

Ende der 70er und Anfang der 80er Jahre wurden am ISR weitere Messungen durchgeführt, die zusätzliche Bestätigungen für die Quantenchromodynamik lieferten. So hat das ISR in seiner 13jährigen Geschichte nicht nur eine neue Epoche in der Beschleunigertechnologie eingeleitet, sondern (trotz des erwähnten Pechs) auch für die Elementarteilchenphysik eine reiche Ernte eingebracht. Mir fiel leider die schwere Aufgabe zu, diese Maschine 1983 stillzulegen, da die für ihren Betrieb benötigten personellen und finanziellen Ressourcen für das LEP-Projekt gebraucht wurden.

Beschleuniger nach Maß für die Entdeckung der W- und Z-Teilchen

Wenn man sich die Geschichte der Beschleuniger ansieht, dann stellt man fest, daß die meisten von ihnen andere als die ursprünglich erwarteten Resultate geliefert haben. Die meisten neuen Beschleunigerprojekte dringen in ein vorher nicht zugängliches Energiegebiet vor, wodurch neue Horizonte erschlossen werden, und unerwartete Phänomene tun sich auf. Überraschungen sind ja gerade das Aufregende bei Eroberungsreisen in Neuland. Zwei Beschleunigerprojekte wurden jedoch zum Zweck einer ganz bestimmten Entdeckung gebaut und haben diese auch geliefert. Das erste war das BEVATRON in Berkeley, das mit einer Maximalenergie von 6 GeV zum erstenmal in der Lage sein sollte, Antiprotonen zu erzeugen.

Beim zweiten Projekt handelt es sich um den Umbau des SPS bei CERN, der die Entdeckung der Kraftträger der schwachen Wechselwirkung, der W- und Z-Teilchen, zum Ziel hatte. Wie der Zufall es will, hängen diese beiden Projekte sogar zusammen. In Berkeley wurde damals das Antiproton entdeckt, wozu eine Handvoll Antiprotonen ausreichte. Bei dem CERN-Projekt wurden dagegen erstmals Antiprotonen in großer Menge für Zusammenstöße mit Protonen verwendet, wozu es Tausender Milliarden von Antiprotonen bedurfte (Kap. 8).

Der Anlaß für den Umbau des SPS bei CERN in einen Proton-Antiproton-Collider war zunächst sehr theoretisch. Der amerikanische Physiker Steven Weinberg und der in England arbeitende pakistanische Physiker Abdus Salam hatten, auf älteren Ideen von Sheldon Glashow aufbauend, eine Theorie entwickelt, die die elektromagnetische und schwache Kraft vereinigen sollte. Diese traf zunächst auf große Skepsis, bis 1973 bei CERN die sogenannten neutralen Ströme, von dieser Theorie vorhergesagt, gefunden wurden. Ein endgültiger Beweis für ihre Richtigkeit stand aber noch aus.

Die Wirkung dieser »elektroschwachen Kraft«, wie sie seither genannt wird, sollte über räumliche Distanzen durch neuartige Teilchen, nämlich zwei elektrisch geladene W^+, W^- und ein elektrisch neutrales Z^0, vermittelt werden. Die Massen dieser Teilchen konnte die Theorie nicht direkt vorhersagen, aber sie brachte sie in Zusammenhang mit der elektrischen Elementarladung und der Elementarladung für die schwache Wechselwirkung. Das Verhältnis dieser beiden fundamentalen Größen konnte mit Hilfe von verschiedenen Neutrino-Streuexperimenten Mitte der 70er Jahre bestimmt werden. Als im Juni 1976 in Aachen eine Konferenz über Neutrinophysik abgehalten wurde, konnten viele Teile des Puzzles zusammengetragen werden. Es ergab sich, daß die W-Teilchen etwa 80mal und die Z-Teilchen sogar 90mal schwerer als ein Proton sein sollten.

Solche hohen Massen waren zunächst völlig entmutigend. Sie bedeuteten ja, daß diese Teilchen etwa das gleiche Gewicht wie ein Silberatom hätten. Wie sollte es gelingen, so schwere Teilchen je künstlich zu erzeugen? Bisher hatte man bestenfalls Teilchen mit der drei- bis vierfachen Protonenmasse in hochenergetischen Zusammenstößen beobachtet. Der Beschleuniger, der zu jener Zeit die höchsten Stoßenergien liefern konnte, war das ISR, aber diese reichten bei weitem nicht aus. Die größten Protonenbeschleuniger, die damals existierten, waren das Synchrotron am Fermi-Laboratorium in den USA und das SPS bei CERN. Sie konnten zwar Protonen von etwa 400 GeV liefern, aber wenn man diese gegen ein ruhendes Ziel schießt, stehen nur etwa 30 GeV für die Erzeugung von Teilchen zur Verfügung (Kap. 6), also etwa nur ⅓ derjenigen Energie, die für die Erzeugung von W- und Z-Teilchen benötigt wird.

An der Aachener Neutrino-Konferenz nahm auch ein Experimentalphysiker teil, Carlo Rubbia, der zwar durch eine Reihe von Erfolgen bereits weltweit bekannt war, dem der große Durchbruch aber noch nicht gelungen war. Angestachelt von seinem Ehrgeiz und von großem Mut, schlug er in Aachen vor, daß es nun an der Zeit sei, diese Kraftträger der elektroschwachen Wechselwirkung als freie Teilchen zu erzeugen, um damit die Vereinigungstheorie endgültig zu beweisen. Mit den beiden amerikanischen Kollegen P. McIntyre und D. Cline veröffentlichte er 1976 einen Vorschlag, wie dies praktisch zu realisieren sei.

Die Idee war wie alle großen Ideen einleuchtend und simpel. Es wurde vorgeschlagen, einen der beiden großen Protonenbeschleuniger in einen Proton-Antiproton-Speicherring umzufunktionieren. Ähnlich wie es in den Elektron-Positron-Speicherringen bereits praktiziert wurde, sollten Teilchen und Antiteilchen in derselben Vakuumröhre im selben Magnetfeld in entgegengesetzter Richtung umlaufen und an einigen Stellen zusammenstoßen. Aber woher die

Antiprotonen in genügender Zahl nehmen? Hier mußte nun die zweite geniale Idee helfen, nämlich die von Simon van der Meer erfundene Strahlkühlung (Kap. 8). Mit ihr sollte es gelingen, genügende Mengen Antiprotonen anzusammeln.

Rubbia, der damals hauptsächlich an der Harvard-Universität arbeitete, versuchte zunächst mit seinem südländischen Temperament und seiner Überredungskunst, Leon Lederman, den Direktor von Fermilab, zu überzeugen, daß ein solches Projekt Aussicht auf Erfolg hätte. Da Fermilab damals aber bereits damit beschäftigt war, einen neuen Beschleuniger mit supraleitenden Magneten zu bauen (vgl. S. 242), wurde dieser Vorschlag abgelehnt. Rubbia versuchte es dann bei CERN. CERN befand sich damals gerade in der merkwürdigen Situation, daß es zwei Generaldirektoren hatte, nämlich den wissenschaftlichen Generaldirektor Léon van Hove und den technischen Generaldirektor John Adams. Bei CERN wurde der Vorschlag von Rubbia sehr heftig diskutiert. Auf der einen Seite war die van der Meersche Methode zur Strahlkühlung weitgehend entwickelt worden und kam für diesen Vorschlag wie gerufen. Auf der anderen Seite zweifelten viele Experten daran, ob sie funktionieren würde und ob sie die nötigen Antiprotonen-Intensitäten liefern könnte. Auch viele Physiker waren gegen dieses Projekt, vor allem weil die Meinung bestand, daß beim Stoß von Protonen und Antiprotonen, die ihrerseits jeweils aus drei Quarks bzw. drei Antiquarks und vielen Gluonen bestehen, die Ereignisse so kompliziert und undurchsichtig sein würden, daß es kaum möglich erschien, die sehr selten zu erwartenden W- und Z-Teilchen herauszufischen. Man konnte bestenfalls hoffen, daß in vielen Milliarden Zusammenstößen eine Handvoll dieser Kraftträger gefunden werden würde. Es galt, die sprichwörtliche Stecknadel im Heuhaufen zu finden.

Trotz aller Bedenken setzte sich insbesondere van Hove sehr stark für dieses Projekt ein, und 1978 wurde die mutige Entscheidung getroffen, das SPS in einen Speicherring umzubauen. Dazu mußten an der Maschine selbst eine Reihe von Verbesserungen vorgenommen werden. Vor allem aber wurde beschlossen, zwei unterirdische Hallen zur Aufnahme von zwei großen Nachweisgeräten zu bauen. Diese wurden bekannt als UA1 und UA2, Abkürzungen, die für *Underground Area 1* und *Underground Area 2* stehen. Für die Antiprotonen-Quelle mußte der Speicherring AA (Kap. 8) gebaut werden, und zusätzliche Transfertunnels mit den geeigneten Magneten mußten erstellt werden, um die Antiprotonen vom PS als Vorbeschleuniger zum SPS zu leiten. In der Rekordzeit von drei Jahren wurde dieses Projekt realisiert, im Juli 1981 konnten die ersten Proton-Antiproton-Zusammenstöße bei zunächst geringen Kollisionsraten beobachtet werden.

Da im Speicherringbetrieb die Magnete dauernd bei Höchstleistung gefahren werden, mußte, um eine Überhitzung zu vermeiden, die Maximalenergie der Maschine von 400 auf 270 GeV heruntergesetzt werden (später wurde sie durch zusätzliche Kühlung auf 315 GeV erhöht). Obwohl ein Quark im Mittel nur ⅙ der Protonenenergie mitführt, sollte dies aber bei weitem ausreichend sein, um in Quark-Antiquark-Stößen mit mittleren Energien (etwa 2×50 GeV) die für die Erzeugung der W- und Z-Teilchen benötigten Energien von 80 bis 90 GeV zu erreichen.

Als im Sommer 1981 die ersten Proton-Antiproton-Stöße beobachtet wurden, beneidete die Welt der Hochenergiephysiker CERN um diese Leistung. Aber obwohl genügend Energie zur Verfügung stand, konnten die W- und Z-Teilchen nicht auf Anhieb gefunden werden, da sie nur sehr selten erzeugt werden.

Zunächst gab es andere interessante Resultate. Die ersten Ereignisse wurden durch eine Kollaboration von etwa 45 Physikern aus Bonn, Brüssel, Cambridge, CERN und Stockholm (UA5) beobachtet, die eine sogenannte Streamer-Kammer entwickelt und am ISR ausprobiert hatten. Eine solche Kammer gestattet es, Teilchenspuren in einem Gas als winzige Funken (*streamer*) sichtbar zu machen (Abb. 9.2). Damit konnte in höchst beeindruckender Weise die Erzeugung von Materie beim Zusammenstoß von Protonen und Antiprotonen gezeigt werden: Zwei Teilchen treffen zusammen, und es entstehen bis zu etwa 100 neue Teilchen.

Am Anfang lag die Kollisionsrate noch etwa zehntausendmal unter dem vorhergesehenen Wert. Es mußten Verbesserungen an der Antiprotonen-Quelle und an den Beschleunigern vorgenommen werden[29]. Insbesondere galt es die besten Betriebsparameter ausfindig zu machen, was vor allem dadurch erschwert wurde, daß es jeweils etwa 24 Stunden braucht, um genügend viele Antiprotonen anzusammeln, bevor sie in das SPS eingeschossen werden. CERN ist in der Vergangenheit oft dafür kritisiert worden, daß seine Maschinen mit übertriebener Zuverlässigkeit und daher hohen Kosten gebaut worden seien. Ohne diese Sorgfalt und Gründlichkeit wäre es aber kaum möglich gewesen, Antiprotonen zu erzeugen und sie dann durch die ganze Kette von Vorbeschleunigern zum SPS zu leiten, dort auf 315 GeV zu beschleunigen und zu speichern. Dies ganze komplizierte System wurde mit nur ein paar Dutzend Antiproton-Pulsen in Betrieb gesetzt und justiert und konnte bald den Routinebetrieb aufnehmen.

Anfang 1981 übernahm ich die Leitung von CERN und hatte das Glück, sofort in diese aufregende Phase der Elementarteilchenphysik hineinzukommen. Leider spielen bei großen Projekten nicht nur die Physik und die Technik eine Rolle, sondern auch die so leidigen Kosten. Es stellte sich heraus, daß sowohl der Bau der Antiproton-Quelle als auch der Umbau der Maschinen und vor allem die großen Experimente mehr Mittel verschlungen hatten, als ursprünglich vorgesehen war. Wir standen daher vor der Wahl, die Projekte

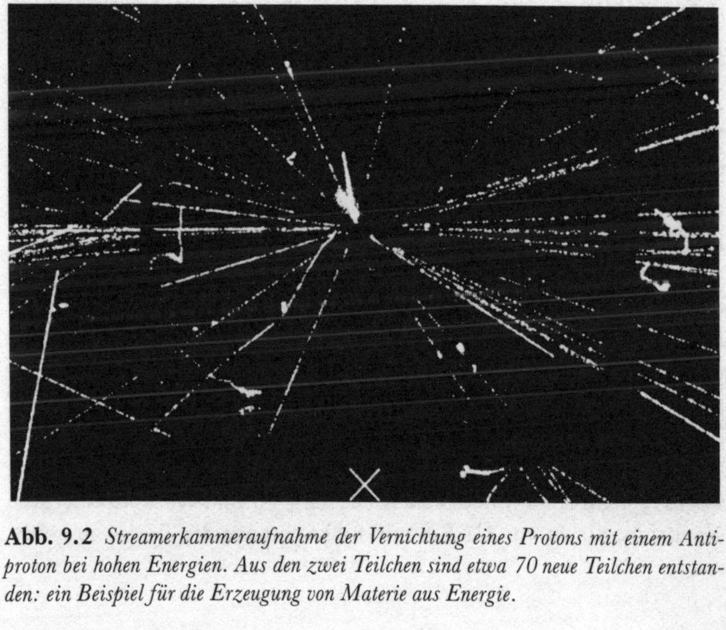

Abb. 9.2 *Streamerkammeraufnahme der Vernichtung eines Protons mit einem Antiproton bei hohen Energien. Aus den zwei Teilchen sind etwa 70 neue Teilchen entstanden: ein Beispiel für die Erzeugung von Materie aus Energie.*

etwas zu verlangsamen oder ihnen höchste Priorität zu geben, um sie zu schnellem Erfolg zu führen. Da weltweit keine Konkurrenz in Sicht war, äußerten sich viele Physiker besorgt darüber, daß die schnelle Weiterführung des Antiproton-Projekts negative Auswirkungen auf andere Bereiche des CERN-Programms haben könnte. Wir entschieden uns dennoch dafür, das Projekt so schnell wie möglich voranzutreiben.

Im Frühjahr 1982 sollte das SPS wieder als Speicherring laufen. Das wichtigste Experiment, UA1, war aber von mehreren Mißgeschicken betroffen. Durch einen Irrtum wurde zur Säuberung eines Teils der Nachweisapparatur verschmutzte Preßluft benutzt, was einen langwierigen Reinigungsprozeß erforderte. Kurz danach platzte ein Wasserrohr, was eine 2 m hohe Überschwemmung der Untergrundkaverne und tiefliegender Teile des Detektors zur Folge hatte. Dadurch war UA1 nicht rechtzeitig einsatzbereit, und wir mußten unseren Betriebsplan kurzfristig ändern. Der nächste Speicherringbetrieb wurde auf Herbst 1982 verschoben.

Die Beschleunigerexperten nützten diese Zeit aber gut aus, und im Oktober 1982 wurde eine 100mal höhere Kollisionsrate erreicht, die bis Ende November desselben Jahres um einen weiteren Faktor 5 gesteigert wurde.

Falls die Theorie für die Erzeugungsraten von W-Teilchen richtig war, so konnten nun UA1 und UA2 erwarten, daß sie einige Dutzend dieser Teilchen einfangen würden.

1982 besuchte die englische Premierministerin Margaret Thatcher mit ihrem Mann während einer privaten Urlaubsreise in die Schweiz auch CERN. Sie bat mich, nicht als Regierungschefin, sondern als wissenschaftliche Kollegin behandelt zu werden, denn sie hat eine Ausbildung als Chemikerin, auf die sie offenbar sehr stolz ist. Frau Thatcher zeigte großes Interesse für unsere Beschleunigerprojekte und insbesondere für die mögliche Entdeckung der W- und Z-Teilchen. Als sie sich verabschiedete, bat sie mich, sie sobald wie möglich zu unterrichten, wenn wir Anzeichen für die Entdeckung dieser Teilchen gefunden hätten. Sie legte großen Wert darauf, diese Nachricht direkt von CERN und nicht erst aus der Presse zu erfahren.

10 DOWNING STREET

THE PRIME MINISTER

24 December 1982

Dear Dr. Schopper.

Thank you for your letter and for taking so much care to keep the promise you made during my visit in August. I am thrilled to hear that you are about to discover the intermediate boson, and I am honoured to be taken into your confidence. I will not tell a soul until you confirm the news, and I am sure that will not be long.

With best wishes for Christmas and the New Year.

Yours sincerely

Margaret Thatcher

Dr. Herwig Schopper

Abb. 9.3 *Brief der englischen Premierministerin an den Autor.*

Im November 1982 suchte mich Carlo Rubbia in meinem Büro auf und teilte mir streng vertraulich mit, daß in der Nacht zum Freitag, den 5. November, das UA1-Experiment vermutlich den ersten Kandidaten für ein W-Teilchen gefunden hätte. Die Kollaboration war sich der Sache allerdings noch nicht ganz sicher, und deshalb bat er mich, zunächst noch Stillschweigen zu bewahren. Im Januar 1983 mußte ich für mehrere Wochen nach Japan reisen. Da es in einer Kollaboration aus 134 Physikern von vielen Universitäten aus verschiedenen Ländern sehr schwierig ist, die Vertraulichkeit zu wahren, fürchtete ich, daß die heiße Nachricht von der Entdeckung des W-Teilchens doch durchsickern und von der Presse sofort aufgegriffen werden könnte. Ich bat daher vor Weihnachten 1982 Carlo Rubbia und Pierre Darriulat, der der Leiter des UA2-Experiments war, zu mir und schwor sie darauf ein, daß, wenn sich im Lauf des Januar die Entdeckung endgültig herauskristallisieren sollte, ich zunächst in Japan informiert werden würde. Ich wollte dann Frau Thatcher die Nachricht weiterleiten. Da ich mich aber nicht vollständig auf die Diskretion verlassen zu können glaubte, teilte ich Frau Thatcher den Stand der Ereignisse mit und bat sie gleichzeitig, die Information zunächst vertraulich zu behandeln. Zu meiner Überraschung erhielt ich unter dem Datum des 24. 12. 1982 eine Antwort, in der sie volle Vertraulichkeit versprach (Abb. 9.3).

Nach der Datennahme im Herbst 1982 arbeitete die UA1- und die UA2-Kollaboration fieberhaft an der Auswertung der Messungen. Da sich Millionen von Ereignissen, die auf mehr als 1000 Magnetbändern registriert waren, nicht von Hand durchmustern und analysieren lassen, mußten aufwendige Computerprogramme entwickelt werden, um die Analyse vorzunehmen und einzelne Kandidaten, die für das Auftreten der W-Teilchen sprachen, aus dem enormen Untergrund anderer Ereignisse herauszufiltern. Es stellte sich heraus, daß dabei die UA1-Kollaboration der UA2-Kollaboration um eine Nasenlänge voraus war.

Am 13. Januar 1983 hatte ein sogenannter »Workshop« über Speicherringphysik in Rom stattgefunden. Schon dort hatten sowohl UA1 als auch UA2 einige Kandidaten für W-Ereignisse vorgestellt. Am 20. Januar 1983 quoll das große Auditorium bei CERN von Zuhörern über. Eine Sondersitzung war angekündigt worden, bei der Rubbia die neuesten Resultate von UA1 vorstellen wollte.

Nach einer ausführlichen Beschreibung des Nachweisgerätes und seiner Leistungsfähigkeit sowie der Analysemethoden zeigte er fünf Ereignisse von W-Teilchen, die aus mehreren Milliarden Proton-Antiproton-Zusammenstößen herausgefischt worden waren. Die sprichwörtliche Suche nach der Nadel im Heuhaufen traf hier wirklich zu. Zur großen Überraschung war es gelungen, diese seltenen Ereignisse sehr sauber von den Untergrundereignissen abzutrennen, und trotz der zunächst geringen Zahl von nachgewiesenen W-Teilchen stellte kaum jemand die Entdeckung in Frage.

Einen Tag später, am 21. Januar 1983, berichtete auch UA2 über ähnliche Ergebnisse, und am 25. Januar wurde die Neuigkeit der Presse mitgeteilt. Vorsichtig, wie dies in der Wissenschaft üblich ist, berichteten beide Gruppen von »Evidenz, die konsistent« mit der Erzeugung und dem Zerfall von W-Teilchen sei. Aber schon einen Tag später hielt Rubbia einen Vortrag in New York mit dem definitiven Titel »Beobachtung von $W \rightarrow e + \nu$«.

Die UA2-Kollaboration hatte das Pech, daß die Analyse etwas länger gedauert hatte und sie mit ähnlichen Ergebnissen wie UA1 etwas hinterherhinkte. Leider geht es bei so wichtigen Entdeckungen zu wie bei Wettläufern: Wer zuerst kommt, hat gewonnen, und wenn der Zeitunterschied noch so klein ist. Da es sich beim Nachweis der W-Teilchen um ein äußerst schwieriges Experiment handelt, war die Bestätigung durch die UA2-Kollaboration jedoch von außerordentlicher Bedeutung. UA1 hatte die Ergebnisse in Form eines sogenannten »letter« sofort an die amerikanische Fachzeitschrift *Physics Review Letters* eingesandt, eine Zeitschrift, die darauf spezialisiert ist, wichtige Entdeckungen in kürzester Zeit zu veröffentlichen. Die Ergebnisse von UA2 erschienen 15 Tage später. (Wenn diese Tatsache auch nicht allein ausschlaggebend war, so hat sie doch dazu beigetragen, daß Darriulat, der Leiter von UA2, nicht am im Jahr darauf verliehenen Nobelpreis beteiligt wurde.)

Rubbia verkündete, daß die Entdeckung der W-Teilchen erst der Anfang sei, und er sollte recht behalten. Im April 1983 wurde das SPS wiederum als Speicherring betrieben; die Zusammenstoßraten konnten weiter gesteigert werden. Dies bot die Chance, nun auch das Z^0-Teilchen, das etwa 10mal so selten erzeugt wird wie das W-Teilchen, zu entdecken. Im Mai 1983 befand ich mich auf einer Tagung in San Remo, die aus Anlaß des 150. Geburtstages von

Alfred Nobel veranstaltet wurde. Dort erreichte mich telegrafisch die Nachricht von UA1, daß sie am 4. Mai den ersten Kandidaten für ein Z-Teilchen gefunden hätten, und ich konnte dies der Versammlung mitteilen. Bis zum 28. Mai 1983 waren fünf Z^0-Zerfälle gefunden worden, so daß in einer Pressekonferenz am 1. Juni 1983 der Nachweis auch dieses Teilchens bekanntgegeben werden konnte. Wiederum 14 Tage später wurden die Ergebnisse von UA2 bestätigt, die acht Z-Kandidaten identifiziert hatten.

Als am 3. Juli 1983 der historische »run« durch das Ableiten der noch kreisenden Protonen und Antiprotonen in die Strahlfänger beendet wurde, hatten UA1 insgesamt 72 W-Teilchen und 8 Z-Teilchen und UA2 35 W-Teilchen und die erwähnten 8 Z-Teilchen nachgewiesen. Die Bestimmung der Massen dieser Teilchen durch die beiden Experimente war innerhalb der Meßfehler in guter Übereinstimmung, und sie entsprachen in glänzender Weise den von der Theorie vorhergesagten Werten (Kap. 13). 1983 ist damit als das bisher bedeutendste Jahr in die Geschichte von CERN eingegangen. Der Kraftakt für den Umbau des SPS in einen Speicherring wurde vollauf gerechtfertigt. Die Entdeckung der W- und Z-Teilchen war nur durch eine enge Zusammenarbeit zwischen Experimentalphysikern, Theoretikern und – nicht zu vergessen – Beschleunigerbauern möglich. Die Verleihung des Nobelpreises 1984 an Rubbia und van der Meer scheint mir der beste Ausdruck für diese erfolgreiche Zusammenarbeit zu sein. In der Verleihungsurkunde kam dies dadurch zur Geltung, daß erstmals eine Wendung benutzt wurde, die auf die Zusammenarbeit vieler Wissenschaftler und Techniker hinweist: »... für ihre entscheidenden Beiträge zu dem großen Projekt, das zur Entdekkung der Feldteilchen W und Z führte«.

Kalt geht es besser: Tevatron, der Schrittmacher für die Supraleitung

Die Konstrukteure von Beschleunigern sind ständig auf der Suche nach neuen Möglichkeiten, zu höheren Energien mit möglichst geringeren Kosten vorzustoßen. Als die beiden 400-GeV-Protonensynchrotrons im Fermi-Laboratorium in den USA und bei CERN Anfang der 70er Jahre zur Diskussion standen (Kap. 4), zog man eine neue Technik zur Erzeugung hoher Magnetfelder in Betracht. Die Maximalenergie eines Protonenbeschleunigers ist durch das Produkt aus Magnetfeldstärke mal Bahnradius begrenzt. Um die Teilchen auf einer Kreisbahn zu halten, benützte man Eisenmagnete, wobei wegen der magnetischen Sättigung des Eisens die maximal verwendbaren Feldstärken begrenzt sind. Solange man bei Eisenmagneten bleibt, ist die Vergrößerung des Radius das einzige Mittel, um die Energie zu erhöhen.

Man kann natürlich das Eisen einfach weglassen, einen sehr starken Strom durch die Erregerspule schicken und erhält dann Magnetfelder, deren Stärke diejenige eines Eisenmagneten um ein Vielfaches übersteigt. In Einzelfällen wurde versucht, Beschleuniger mit solchen Luftspulen zu bauen. Sie waren aber durchweg kein großer Erfolg. Der Aufwand, um die benötigten Ströme zu erzeugen, ist enorm, und die hohen Wärmeverluste in den Leitungsdrähten erfordern ein aufwendiges Kühlsystem.

Viel günstiger sieht es aus, wenn man sich der Supraleitung bedient. Der niederländische Physiker Heike Kamerlingh Onnes entdeckte schon 1911, daß Quecksilber den elektrischen Strom ohne Verluste leiten kann, wenn man es auf die Temperatur von flüssigem Helium, d. h. auf −269 °C (oder 4,2° über dem absoluten Nullpunkt), abkühlt. Diese Entdeckung basierte auf einer technischen Leistung, denn Onnes war es 1908 zum erstenmal gelungen, Heliumgas zu verflüssigen. Viele Jahrzehnte blieb diese Supraleitung ein Kuriosum, man konnte sie nicht richtig verstehen, und außer für kleine Laborversuche fand sie keine Anwendung. 1972 entwickelten John Bardeen, Leon N. Cooper und John R. Schrieffer eine Theorie, die die Supraleitung mit Hilfe der Quantenmechanik erklärte und die nach den Anfangsbuchstaben der Autoren als BCS-Theorie bekannt ist. Man hat mehrere andere Metalle gefunden, die für Anwendungen besser geeignet sind als Quecksilber. Dazu gehört vor allem das früher seltene Metall Niob oder eine Legierung von Niob mit Titan, ein sogenannter Supraleiter zweiter Klasse. Trotzdem ließen Anwendungen im technischen Maßstab auf sich warten.

Es ist als Verdienst der Hochenergiephysik anzusehen, daß sie sich jahrzehntelang bemüht hat, den Übergang vom Labor in die Technik zu bewerkstelligen. Anfang der 70er Jahre wurde die erste große supraleitende Spule zur Erzeugung eines Magnetfelds von CERN in Zusammenarbeit mit der europäischen Industrie für die große europäische Blasenkammer BEBC gebaut. Sie hatte einen Durchmesser von 6,1 m und eine Höhe von 4,2 m und lieferte ein Magnetfeld von 3,5 Tesla.

Auf einem Gebiet ist der Supraleitung der Durchbruch selbst am Markt gelungen, nämlich in der medizinischen Diagnostik. Die neue Methode der nuklearen magnetischen Kernspin-Resonanz (NMR = *nuclear magnetic resonances*) stellt eine zur Röntgen-Tomographie komplementäre Methode dar. Sie erlaubt es, verschiedene Gewebsarten zu unterscheiden. Das Grundphänomen besteht dabei in der Umklappung von magnetischen Kernen in einem äußeren Magnetfeld, wobei die Umklappung durch ein eingestrahltes Hochfrequenzfeld erfolgt. Die Güte der Information hängt von der Stärke und der Genauigkeit des Magnetfelds ab, also ein Fall für die Verwendung supraleitender Magnete. Dieser Markt dürfte sich jährlich auf etwa 1 Milliarde US-Dollar belaufen.

Die Industrie macht erhebliche Anstrengungen, um die Supraleitung für den Stromtransport (unterirdische Kabel statt Hochspannungsleitungen) und für die Magnetschwebebahn zu nutzen. Hier wartet man noch auf den großen Durchbruch, aber vielleicht steht er unmittelbar bevor.

1986 entdeckten K. A. Müller und J. G. Bednorz im IBM-Forschungslabor bei Zürich eine neue Art von Supraleitern, die eine verlustlose Stromleitung auch bei wesentlich höheren Temperaturen gestatten. Diese Entdeckung löste eine weltweite Flut von Forschungsarbeiten aus, und fast monatlich werden neue Rekordtemperaturen erzielt, bei denen in neuen Materialien Supraleitung beobachtet wurde. Die Möglichkeit, Supraleitung selbst bei Zimmertemperatur zu erreichen, scheint nicht mehr ausgeschlossen. Damit täte sich ein ungeheures Feld für Anwendungen auf, da man von den Vorteilen der Supraleitung ohne ein aufwendiges Kühlsystem profitieren könnte. Noch ist allerdings nicht abzusehen, wann diese neuen Materialien für den technischen Großeinsatz reif sein werden, und die Expertenmeinungen darüber gehen weit auseinander. Vielleicht wird die Hochenergiephysik wieder eine wichtige Schrittmacherrolle spielen, sei es beim Einsatz in Magneten oder bei Beschleunigerkavitäten.

Von diesen Zukunftsträumen nun aber wieder zum Anfang der 70er Jahre zurück: Sowohl in den USA als auch in Europa erwog man die Verwendung von Magneten mit supraleitenden Niob-Titan-Spulen, eine Legierung, die sich für Supraleiter als besonders günstig erwiesen hatte. Zunächst wurde aus diesen Ideen aber nichts, denn die neue Technik, so zeigte sich, war noch nicht ausgereift und zu riskant.

Robert R. Wilson, der damals Direktor des Fermilab war, gab aber nicht so schnell auf. Er trieb mit seinen Mitarbeitern die Entwicklung von supraleitenden Ablenkmagneten für ein Synchrotron weiter voran. Für die Spulen mußte ein supraleitendes Kabel entwickelt werden, das nicht nur in der Lage sein sollte, die hohen Ströme aufzunehmen, sondern sich auch in eine geeignete Form bringen ließ. Das ist bei Ablenkmagneten, die in einem Beschleuniger benötigt werden, viel schwieriger als bei einfachen Zylinderspulen (Solenoide), wie sie für viele andere Anwendungen gebraucht werden. Das benutzte Kabel geht zurück auf eine Entwicklung im englischen Rutherford-Laboratorium; jedes Kabel hat 23 Drahtbündel, von denen jedes mehr als 2000 hauchdünne supraleitende Drähte enthält (Abb. 9.4). Diese Drähte bestehen aus der bewährten Niob-Titan-Legierung und sind in eine Kupfermatrix eingebettet.

Ein weiteres Problem lag in der mechanischen Halterung der Spulen. Bei den hohen Stromstärken stoßen sich die Kabel mit ungeheuren Kräften (mehrere Tonnen pro cm Länge) ab, und man

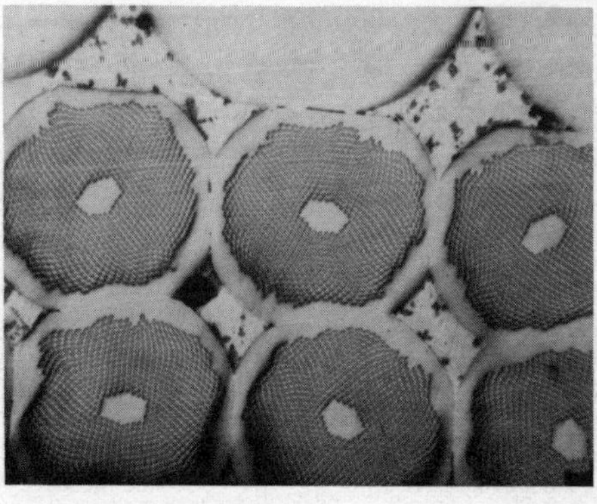

Abb. 9.4 *Querschnitt eines supraleitenden Kabels. Es besteht aus insgesamt 40 Strängen (Durchmesser 0,84mm), von denen jeder 1120 Drähte aus Niob-Titan (Durchmesser 15 Mikron) enthält. Sie sind in eine Kupfermatrix eingebettet (Hersteller: LMI-Europa Metalli, Italien).*

mußte durch sogenannte Stahlkragen eine Explosion der Magnete verhindern. Aber selbst kleine Verschiebungen der Drähte müssen vermieden werden, da sonst die mit hoher Genauigkeit geforderte Feldform nicht erreicht wird. Außen werden die Spulen mit einem Eisenmantel umgeben, der aber nur die Funktion hat, das Streumagnetfeld nach außen zu reduzieren, da es sonst auf andere Geräte in der Nähe Störeinflüsse ausüben könnte.

Ein drittes fundamentales Problem stellte die Kühlung der Magnete dar. Um die Supraleitung herzustellen, werden die Spulen auf die Temperatur von flüssigem Helium (4,2° Kelvin, d. h. oberhalb des absoluten Nullpunktes) abgekühlt. Dazu sind für die vielen Magnete ungeheure Kühlleistungen erforderlich. Auch hier mußten viele neue Wege gegangen werden, um z. B. die Kälteverluste nach außen möglichst zu reduzieren.

Da man am Fermilab offensichtlich kein allzu großes Vertrauen zur amerikanischen Industrie hatte, wurde nicht nur die Entwicklung dieser neuen Technik im Labor bis zum Bau der verschiedensten Prototypen vorangetrieben, sondern schließlich wurde eine kleine Fabrik im Fermilab installiert, wo etwa 800 supraleitende Magnete, jeder 6,12 m lang, gebaut wurden. In den Magneten konnte mit einem Spulenstrom von 4240 Ampère eine Magnetfeldstärke von etwa 4,5 Tesla erzielt werden, also über doppelt soviel wie mit Eisenmagneten

Das Ziel dieser Anstrengungen war es, im Tunnel des 400-GeV-Protonensynchrotrons einen zweiten supraleitenden Beschleuniger zu installieren, wobei der alte Ring als Injektor vorgesehen war. Mit dem mehr als doppelten Magnetfeld sollte es möglich sein, etwa 1000 GeV zu erreichen. Für 1000 Giga gibt es aber eine neue Einheit, die Terra heißt, und statt 1000 GeV schreibt man 1 TeV. Davon wurde der Name der neuen Maschine, die zum erstenmal Zugang zu Energien im TeV-Bereich liefern konnte, abgeleitet: Tevatron.

Wilson hatte die Auflagenböcke für die Magnete der alten Maschine (des »Main Ring«, wie sie heute heißt) so gestaltet, daß sie nicht nur ästhetisch schön waren, sondern zwischen ihren Beinen konnten sie den sogenannten Super-Ring aufnehmen (Abb. 9.5). Seine Installation und Inbetriebnahme erfolgte in mehreren Stufen, die den Politikern unter verschiedenen Namen »verkauft« wurden. Die erste Stufe wurde »Energy saver« (Energiesparer) genannt. Da es möglich ist, den Super-Ring bei nur 500 GeV mit reduzierter Kühlleistung zu versorgen, kann das gleiche Physikprogramm wie mit dem alten Main Ring bei geringeren Betriebskosten durchgeführt werden. Bald aber ging man zur vollen Energie von annähernd 1 TeV über, was auch eine entsprechende Aufstockung der Teilchenstrahlen für die Experimente und der Experimentiereinrichtung selbst erforderte. Diese Phase wurde »Energy doubler/saver« genannt, da die Energie gegenüber der alten Maschine verdoppelt wurde und trotzdem die Betriebskosten sanken.

Um Energien von 1 TeV zu erreichen, benötigten die supraleitenden Dipol- und Quadrupol-Magnete eine enorme Kühlleistung bei der Temperatur des flüssigen Heliums. Sie wird erbracht von einer zentralen Kälteanlage und 24 Satelliten-Anlagen, die gleichmäßig auf den Umfang des Ringes verteilt sind. Die gesamte Kühlleistung

Abb. 9.5 *Blick in den Tunnel beim Fermi National Laboratory. Oben der alte 500-GeV-Beschleuniger mit Eisenmagneten, darunter das Tevatron mit supraleitenden Magneten. Man beachte die künstlerisch geformten Stützen der Tevatron-Magnete. (Photo: Fermilab)*

beträgt 16600 Watt, was gering erscheint, wenn man nicht bedenkt, daß diese Leistung bei der extrem niederen Temperatur von 4,2° oberhalb des absoluten Nullpunktes erbracht werden muß. Die elektrische Anschlußleistung liegt bei etwa 15 Megawatt, was zu vergleichen ist mit der Leistung von 50 Megawatt für den alten Main Ring. Aus diesen Zahlen ergibt sich, daß die Verwendung der Supraleitung in der Tat wesentliche Einsparungen bei den Betriebskosten ermöglicht. Dazu mußten aber das größte auf der Welt existierende Kältesystem und zusätzlich die Verteilung der Kälte über mehrere Kilometer realisiert werden, was schon für sich allein eine imponierende Ingenieurleistung darstellt.

Diese Phase des Tevatron, bei der Protonen auf die höchste bis heute erzielte Energie von etwa 1 TeV beschleunigt wurden, nahm 1983 den Betrieb auf. In den folgenden Jahren wurden die aus der Maschine extrahierten Protonen entweder direkt oder nach Erzeugung von sekundären Teilchenstrahlen zum Beschuß von Atomkernen benutzt (»fixed target physics«).

Im Frühjahr 1980 wurde parallel dazu der offizielle Vorschlag für die letzte Phase des Tevatron vorgelegt. Das Ziel bestand darin, das Tevatron (ähnlich wie das CERN-SPS) von einem normalen Beschleuniger in einen Proton-Antiproton-Speicherring umzubauen. Das wesentliche neue Element war eine genügend starke Quelle für Antiprotonen, die entwickelt und gebaut werden mußte. Bei Fermilab wollte man zu diesem Zweck zunächst einen etwas anderen Weg gehen als bei CERN. Es wurden große Anstrengungen unternommen, um die Elektronen-Strahlkühlung (Kap. 8) zur technischen Reife zu bringen. Der überzeugende Erfolg der stochastischen Strahlkühlung, deren praktischer Wert inzwischen bei CERN eindrucksvoll bewiesen worden war, bewog die amerikanischen Kollegen jedoch dazu, von der Elektronenkühlung abzugehen und sich auch der stochastischen Kühlung zu verschreiben.

Dies und einige andere Umstände führten dazu, daß die Antiprotonenquelle nicht schon, wie ursprünglich gehofft, 1983 bereitstand, sondern die ersten Proton-Antiproton-Stöße konnten erst 1986 beobachtet werden. Dann gelang es überraschend schnell, die Antiprotonenquelle auf volle Leistung zu bringen und einen großen Teilchendetektor in Betrieb zu nehmen. Einer der Höhepunkte auf einer internationalen Konferenz in Hamburg im Juli 1987 war der Bericht über die ersten experimentellen Resultate. Im Sommer 1988 gelang es, die volle geplante Zahl von Zusammenstößen zu erreichen. Allmählich wird daher das Tevatron die Führung auf dem Gebiet der Proton-Antiproton-Kollisionen vom CERN-SPS übernehmen, da es nicht nur eine dreimal höhere Energie zur Verfügung stellt, sondern seine bessere Antiprotonenquelle wird auch höhere Ereignisraten liefern. Bei CERN wird ab 1989 jedoch der Welt größter e^+e^- Speicherring LEP in Betrieb gehen, so daß sich eine schöne Ergänzung der Programme ergibt: der größte Proton-Antiproton-Speicherring in den USA, der größte Elektron-Positron-Speicherring in Europa.

Das Tevatron ist nicht nur vom Gesichtspunkt der Elementarteilchenphysik ein bemerkenswertes Unternehmen. Es ist bis heute die einzige großtechnische Anwendung der Supraleitung und stellt daher auch unter diesem Gesichtspunkt einen Meilenstein dar. Inzwischen sind zwei weitere Beschleuniger im Bau, die, auf der Entwicklung für das Tevatron aufbauend, supraleitende Ringe benützen wollen: HERA bei DESY in Hamburg, worauf ich gleich zu sprechen komme, und ein Beschleuniger in der Sowjetunion (Kap. 12).

HERA, das Zwitterwesen

Bisher haben wir Kollisionsanlagen betrachtet, in denen Teilchen gleicher Art (Elektronen gegen Elektronen, Protonen gegen Protonen) oder mit ihren Antiteilchen (Elektronen gegen Positronen, Protonen gegen Antiprotonen) zusammenstoßen. In jedem dieser Fälle besitzen die kollidierenden Teilchenarten gleiche Massen, so daß auch ihre Umlaufgeschwindigkeiten gleich groß sind. Die beiden Ringe bei Teilchen-Teilchen-Kollisionen können daher genau symmetrisch sein, und bei Teilchen-Antiteilchen-Kollisionen genügt sogar ein einziger Ring.

Nun hat sich aber gezeigt, daß Zusammenstöße zwischen Elektronen und schweren Teilchen, z. B. Protonen oder Neutronen, sehr interessante Informationen liefern. Dies liegt daran, daß Elektronen die starke Kernkraft nicht fühlen. Sie vermögen daher verhältnismäßig leicht in die Protonen und Neutronen, die Bestandteile der

Atomkerne, einzudringen, und aus ihrer Streuung im Innern dieser Teilchen können Rückschlüsse auf deren Struktur gewonnen werden. Das Vorgehen ist etwa so, als ob man in einen von Nebel erfüllten Raum an verschiedenen Stellen hineinschießt: Aus der Zahl der Geschosse, die unbehindert hindurchfliegen, läßt sich schließen, ob in dem Nebel größere, undurchdringliche Objekte vorhanden sind. Aus der Gesetzmäßigkeit, mit der einzelne Geschosse abgelenkt werden, oder aus dem Umstand, daß einige sogar zurückprallen, kann man detaillierte Aussagen über Größe, Form und Gewicht der unsichtbaren Objekte ableiten. In ähnlicher Weise läßt sich das Innere von Protonen oder Neutronen »sichtbar« machen.

So war es durch Elektronenstreuversuche zum erstenmal möglich, den Radius von Proton und Neutron zu messen, wobei sich zeigte, daß er etwa 100 000mal kleiner ist als die Ausdehnung eines Atoms. Weiterhin gelang es auf diese Weise nachzuweisen, daß im Innern von Proton und Neutron noch wesentlich kleinere Bestandteile vorhanden sind, die mindestens 1000mal kleiner als Proton oder Neutron sind. Man nannte sie Partonen, bis man schließlich herausfand, daß sie identisch mit den auf anderem Wege entdeckten Quarks sind.

Elektronenstreuversuche wurden zuerst an der Stanford University in Kalifornien (von Robert Hofstadter) und dann an der Cornell University (von Robert Wilson), bei DESY in Hamburg, in Daresbury in England und am CEA in Cambridge (Massachusetts) durchgeführt. Der Beschleuniger mit der höchsten Elektronenenergie war während mehr als zwei Jahrzehnten der 2-Meilen-Linearbeschleuniger SLAC in Kalifornien (Kap. 4).

Wie in Kapitel 3 (S. 64) erläutert, ist es in einem Kreisbeschleuniger wegen der Synchrotronstrahlungsverluste sehr schwierig, Elektronen auf sehr hohe Energie zu bringen. Statt Elektronen kann man auch andere Teilchen benutzen, die nicht die starke Kernkraft fühlen. Zu diesen sogenannten Leptonen gehören außer dem Elektron auch das Myon und die elektrisch ungeladenen Neutrinos. Mit Hilfe von Protonenbeschleunigern wie dem SPS bei CERN oder der ähnlichen Maschine am Fermilab gelang es, sekundäre Strahlen von Myonen und Neutrinos zu erzeugen, die Energien von 200 bis 300 GeV erreichten und eine genügende Zahl von Teilchen enthielten, so daß sie für Streuversuche verwendet werden konnten.

Die mit Myonen- oder Neutrinostrahlen erreichten Energien erlaubten es, die Struktur der Protonen und Neutronen genau zu untersuchen. Es konnten nicht nur die Quarks entdeckt werden, sondern auch ihre Bewegungen innerhalb der Hadronen (gemeinsame Bezeichnung für Protonen, Neutronen und ihre Antiteilchen) wurden im einzelnen aufgeklärt. Die Frage, die sich beim weiteren Vordringen in den Mikrokosmos stellt, betrifft eine mögliche Struktur der Quarks. Sind diese Teilchen die letzten unteilbaren Grundbausteine der Materie, oder bestehen sie aus noch kleineren Einheiten? Es gibt Theorien, die genau dies vorhersagen, wobei für die neuen »Elementarteilchen« Namen wie Preonen, Haplonen oder Tohu und Bohu vorgeschlagen werden. Um ihre Existenz zu überprüfen, benötigt man aber wesentlich höhere Elektronen- (oder Myon-) Energien, als bis jetzt verfügbar sind.

Lenkt man schnellbewegte Teilchen gegen ruhende Materie (das Target), dann geht allerdings ein wesentlicher Teil der Bewegungsenergie »verloren« (Kap. 6). Da sich damit eine praktische Grenze für noch größere Beschleuniger ergibt, erinnerte man sich wieder des Prinzips der Kollisionsmaschinen. Statt beschleunigte Teilchen auf ruhende Targets zu schießen, will man zwei entgegengesetzte Teilchenstrahlen aufeinandertreffen lassen. Das Neue besteht darin, daß man es mit Elektronen auf der einen und Protonen auf der anderen Seite zu tun hat. Wegen ihrer um einen Faktor 2000 differierenden Massen verhalten diese beiden Teilchenarten sich in einem Speicherring sehr unterschiedlich. Ihre verschiedene »Strahldynamik« erfordert zwei Magnetringe, die jeweils für die spezielle Teilchenart konzipiert sein müssen.

Aufgrund des großen wissenschaftlichen Interesses wurde eine solche Zwittermaschine (halb Elektronen-, halb Protonenbeschleuniger) schon seit Anfang der 70er Jahre in Europa diskutiert, wobei das Europäische Komitee für Zukünftige Beschleuniger ECFA (*European Committee for Future Accelerators*) als Sprachrohr der Benutzer eine wichtige Rolle spielte. In Europa kamen für den Bau einer solchen Anlage nur CERN oder DESY in Frage. Nach dem Studium verschiedener Alternativen wurde vorgeschlagen, bei CERN den großen Elektron-Positron-Speicherring LEP zu bauen (Kap. 11) und bei DESY die erste hybride Anlage, d. h. Speicherringe für Elektron-Proton-Kollisionen.

Diese Anlage erhielt den Namen HERA. In dem einen Ring sollen Protonen mit 820 GeV und in einem anderen Elektronen mit 30 GeV Energie kreisen. An vier Stellen kreuzen sich die beiden Ringe, und dort wird es dann zu frontalen Zusammenstößen kommen. Wollte man die dabei zu erzielende Kollisionsenergie (bis etwa 500 GeV im Schwerpunktsystem) mit einer konventionellen Elektronenmaschine erreichen, die Elektronen gegen ruhende Protonen schießt, dann hätte sie die Elektronen auf 53 000 GeV zu beschleunigen. Ein Linearbeschleuniger müßte dann nach dem heutigen Stand der Technik etwa 3000 km lang sein – offenbar eine Unmöglichkeit.

Die beiden Ringe von HERA sind in einem gemeinsamen Tunnel von 6,3 km Länge und etwa 5 m Tunneldurchmesser untergebracht (Abb. 9.6). Der Tunnel verläuft in einer Tiefe von 10 bis 20 m, zum größten Teil unter dem Altonaer Volkspark (Tafel VIII). Das Tunneln im Sandboden von Altona ist recht kostspielig und wurde dadurch erschwert, daß der Tunnel stellenweise im Grundwasser vor-

Abb. 9.6 *Blick in den HERA-Tunnel bei DESY. Man erkennt unten den schon fertiggestellten Elektronenring und darüber einige der bereits installierten supraleitenden Magnete.*

angetrieben werden mußte. Die Erfahrungen beim Bau der Hamburger U-Bahn halfen aber, diese Schwierigkeiten zu meistern.

Bei der Auslegung des Elektronenrings kommt es darauf an, die ständigen Verluste durch Synchrotronstrahlung zu kompensieren. Bei 30 GeV verliert ein Elektron pro Umlauf 0,5 % seiner Energie, was sich, angesichts 50 000 Umläufen pro Sekunde, beträchtlich aufsummiert. Die Energie wird von Beschleunigungskavitäten nachgeliefert, wobei aus Ersparnisgründen das PETRA-Beschleunigungssystem zum größten Teil zu HERA transferiert wurde. Zur Aufrechterhaltung von 30 GeV Elektronenenergie verbraucht das Beschleunigungssystem etwa 20 MW elektrischer Leistung. Eine Energieerhöhung auf 40 GeV würde mit den üblichen Kupferkavitäten eine nicht mehr tragbare Leistung von 100 MW erfordern. Bei DESY wird daher auch intensiv an der Entwicklung supraleitender Kavitäten gearbeitet, um in einer späteren Phase die Elektronenenergie zu erhöhen.

Bei den Protonen ist die maximale Energie dagegen durch die Fliehkräfte begrenzt. Um ihnen entgegenzuwirken und die Protonen auf der Kreisbahn zu halten, benötigt man starke Magnetfelder. Für den Protonenring werden daher supraleitende Magnete verwendet. Ausgehend von der Magnetkonstruktion für das Tevatron am Fermilab, wurden bei DESY in Zusammenarbeit mit der Industrie verbesserte Supraleitungsmagnete entwickelt, die für Ablenkfelder von 4,67 Tesla ausgelegt sind. Damit können Protonen auf Energien von 820 GeV gebracht werden. Bei Tests an Prototypen wurden aber schon 5,8 Tesla erreicht, was die Protonenenergie auf etwa 1000 GeV erhöhen würde. HERA wird die erste europäische Großanlage, in der die Supraleitung und die dazu notwendige Tieftemperaturtechnik in großem Stil zur Anwendung kommt. Viele neue Anstöße für technische Entwicklungen sind daher zu erwarten.

Besondere Maßnahmen sind erforderlich, um die beiden verschiedenartigen Teilchenstrahlen zur Kollision zu bringen. Die Anordnung der Magnete der beiden Ringe an den vier Kreuzungspunkten stellt ein äußerst kompliziertes technisches System dar, dessen Aufgabe es ist, die beiden Strahlen so gut zu leiten und zu fokussieren, daß eine möglichst große Zahl von Kollisionen stattfindet. Dabei müssen selbst sehr feine Unterschiede der beiden Teilchenstrahlen berücksichtigt werden, z. B. die Tatsache, daß Elektronen und Protonen fast mit Lichtgeschwindigkeit umlaufen, aber doch nicht exakt mit derselben Geschwindigkeit kreisen. Die Protonen besitzen wegen ihrer sehr viel größeren Masse »nur« 99,9999 % der Lichtgeschwindigkeit, während die Elektronen mit 99,99999999 % der Lichtgeschwindigkeit umlaufen. Dieser Unterschied muß bei der Steuerung der Strahlen berücksichtigt werden, um das Zusammentreffen am richtigen Ort und zur richtigen Zeit sicherzustellen.

Die bei DESY existierenden Beschleuniger werden als Vorbeschleuniger für HERA benutzt (Tafel VIII). Für die erste Beschleunigung der Protonen auf 50 MeV mußte allerdings ein neuer Linearbeschleuniger gebaut werden. Das alte DESY-Synchrotron beschleunigt sie dann auf 7 GeV, worauf sie nach einem Transfer zu PETRA auf 40 GeV gebracht werden. Dies ist möglich, da seinerzeit beim Bau von PETRA die Ablenkmagnete in weiser Voraussicht und praktisch ohne Mehrkosten bereits für 40 GeV ausgelegt wurden. Mit 40 GeV werden die Protonen dann in den HERA-Protonenring eingeschossen und auf 820 GeV beschleunigt und gespeichert. Für die Elektronen wurde im DESY-Tunnel ein zweites Synchrotron, DESY II, gebaut, das es gestattet, die Elektronen bis auf 9 GeV vorzubeschleunigen. Anschließend werden sie in PETRA auf 14 GeV gebracht, bevor sie in den Elektronenring von HERA eingeschossen werden. PETRA muß also zeitlich nacheinander Protonen und Elektronen beschleunigen.

Das HERA-Projekt wurde am 6. April 1984 durch die feierliche Unterzeichnung einer Vereinbarung zwischen der Bundesregierung und der Hansestadt Hamburg genehmigt, wobei Bundesforschungsminister Heinz Riesenhuber und Wissenschaftssenator Hansjörg Sinn die beiden Partner vertraten. Bis es soweit war, mußten aber viele Hürden genommen werden. Schon Ende der 70er Jahre hatten wir bei DESY nach dem PETRA-Erfolg über die weitere Zukunft des Labors nachzudenken begonnen. Die konsequente Fortsetzung der »Elektronen-Tradition« und die volle Nutzung der bei DESY vorhandenen Erfahrungen hätte dafür gesprochen, den großen Elektronen-Positronen-Ring LEP als nächstes Projekt zu planen, insbesondere da LEP einfach eine vergrößerte PETRA darstellt. Trotz intensiver Suche gelang es aber nicht, im Großraum

Hamburg einen geeigneten Platz für den Ring mit etwa 10 km Durchmesser zu finden. Das fast überall vorhandene oberflächennahe Grundwasser hätte zudem das Tunneln sehr teuer gemacht. Ein so großes Projekt würde auch die personellen Möglichkeiten von DESY überschritten haben.

Nach langen Diskussionen faßten wir im DESY-Direktorium daher den Entschluß, einen Elektron-Proton-Collider vorzuschlagen. Er paßte im wesentlichen unter den Altonaer Volkspark, und die wichtigsten technischen Anlagen konnten auf dem DESY-Gelände untergebracht werden.

Ein technischer Vorschlag wurde ausgearbeitet und nach Befürwortung der zuständigen wissenschaftlichen Komitees dem höchsten DESY-Gremium, dem Verwaltungsrat, im Dezember 1979 vorgelegt. In diesem sind die beiden Träger der Stiftung DESY, die Bundesregierung (Bundesministerium für Forschung und Technologie und Bundesfinanzministerium) und die Hansestadt Hamburg (Wissenschaftssenator und Finanzsenator), vertreten. Ein neues Kind braucht aber auch einen Namen. Beschleunigernamen wie DORIS, PETRA und PIA erschienen mir viel wohlklingender als unaussprechliche Konsonantenkürzel, und so bat ich die Mitarbeiter um Vorschläge (mit Präferenz für weibliche Namen). Aus den zahlreichen Anregungen wählten wir schließlich HERA, den Namen der griechischen Göttermutter, der sich offiziell als *H*adron-*E*lektron-*R*ing-*A*nlage deuten läßt.

Der Genehmigung von HERA stellten sich zunächst aber ernsthafte Schwierigkeiten entgegen, von denen Umweltprobleme und die Finanzierung des Projektes die größten waren. Die Anlagen bei DESY sind wohl die einzigen Großbeschleuniger, die mitten in einer Großstadt gebaut wurden. Es konnte daher nicht verwundern, daß bei der Bevölkerung in der Nachbarschaft von DESY Befürchtungen wegen negativer Umwelteinflüsse und, vor allem infolge der geringen Tunneltiefe von HERA, wegen Strahlengefahren auftauchten. Wir unternahmen große Anstrengungen, um in vollkommen offener Weise die Behörden und die Bevölkerung über alle diesbezüglichen Probleme aufzuklären. Ich erinnere mich, daß es besonders schwer war, eine evangelische Pfarrgemeinde in der Nähe von DESY von der Ungefährlichkeit HERAs zu überzeugen. Wir luden zu einem Besuch bei DESY ein, und im Gegenzug wurde ich gebeten, einen Vortrag im Gemeindehaus zu halten. Vom Pfarrer wurde uns zu verstehen gegeben, daß unsere Darlegungen wohl akzeptabel erschienen, sie aber wegen der technischen und wissenschaftlichen Komplexität von einem Laien nicht nachzuprüfen wären und daß die Gemeinde letzten Endes darauf angewiesen sei, uns einfach zu glauben, was ihr schwerfalle... Da riß einem DESY-Mitarbeiter die Geduld, und er machte dem Pfarrer klar, daß dieser in noch viel stärkerem Maß an den Glauben seiner Gemeindemitglieder appelliere. Das half. Die Einsprüche wurden zurückgezogen.

Anfang 1980 erhielt ich das Angebot, die Leitung von CERN in Genf zu übernehmen. Es war nicht leicht, in dieser kritischen Phase DESY zu verlassen, denn HERA war noch weit von der Genehmigung entfernt. Die Hauptschwierigkeit stellte die Finanzierung dar, denn das Projekt sollte im Ende fast eine Milliarde DM kosten. Als ich DESY verließ, beurteilte ich die Chancen für eine Realisierung von HERA bestenfalls 50:50. Daß sie doch gelang, ist in erster Linie das Verdienst Volker Soergels, der von der Universität Heidelberg 1981 zu meinem Nachfolger als Vorsitzender des DESY-Direktoriums berufen wurde. Soergel ist nicht nur ein ausgezeichneter Physiker, sondern er konnte als Mitglied des CERN-Direktoriums auch wertvolle Erfahrungen im internationalen Management sammeln.

In Verhandlungen mit der Bundesregierung stellte sich heraus, daß diese wohl bereit war, die Finanzierung von HERA in Betracht zu ziehen, sie verlangte jedoch einen Beitrag zum Bau der Maschine auch von anderen Ländern. Einen ersten wichtigen Schritt in Richtung eines internationalen wissenschaftlichen Programms bei DESY hatten wir bereits bei PETRA unternommen. Die PETRA-Maschine war zwar allein aus deutschen Mitteln finanziert worden, an den vier Experimentieranlagen hatten sich aber mehrere Länder beteiligt, indem die betreffenden ausländischen Gruppen einen wesentlichen Teil der verschiedenen Detektorkomponenten mit einbrachten. Nun sollte ein weiterer Schritt getan werden: Aus anderen Ländern sollten auch Teile der Speicherringanlage zusätzlich zu den Experimenten kostenfrei geliefert werden. Es ging den DESY-Stiftern nicht nur darum, die Finanzlasten zu verringern, sondern sie sahen dieses Verfahren auch als Test dafür an, wie groß das wissenschaftliche Interesse innerhalb der internationalen Gemeinschaft der Hochenergiephysiker an HERA war.

Mit großem persönlichen Einsatz und hartnäckigem Werben gelang es Volker Soergel, Beiträge zur HERA-Anlage aus Frankreich, Großbritannien, Israel, Italien, Kanada und den Niederlanden einzuwerben. Am bedeutendsten ist der Zuschuß aus Italien, das sich bereit erklärte, etwa die Hälfte der supraleitenden Magnete des Protonrings zu liefern. Dem Einsatz des italienischen Physikers A. Zichichi ist es zu verdanken, daß die italienische Regierung die Mittel hierfür zur Verfügung stellte, wobei das Argument, der italienischen Industrie Gelegenheit zu geben, sich mit der Supraleitungstechnologie vertraut zu machen, eine wichtige Rolle spielte. Diese Art des Beitrags zum Bau einer Beschleunigeranlage durch andere Länder in Form von Sachleistungen ist inzwischen als »HERA-Modell« weltweit bekanntgeworden.

Nach diesen Zusagen aus verschiedenen Ländern konnte Soergel, gemeinsam mit dem damaligen Vorsitzenden des DESY-Aufsichtsrates, Josef Rembser, Abteilungsleiter im Bundesministerium für Forschung und Technologie, die Hansestadt Hamburg bewegen, 15% (statt der sonst üblichen 10%) der Kosten zu übernehmen, während der Bund den Rest finanziert. Die wirtschaftliche Stimulierung, die durch HERA in der norddeutschen Region erzeugt wird, dürfte bei der positiven Entscheidung eine nicht unbedeutende Rolle gespielt haben.

Nicht erst nach dem Startschuß für HERA im April 1984, sondern schon vorher wurden bei DESY die Ärmel hochgekrempelt, denn es galt, mit einer verhältnismäßig kleinen Mannschaft ein großes, technologisch anspruchsvolles Projekt zu realisieren. »Alle Mann an Bord« hieß es nach alter Seemannstradition. Dies ging so weit, daß eine Reihe von Experimentalphysikern sich bereit erklärten, beim Bau der Maschine mitzumachen. Die Verantwortung für die Entwicklung der supraleitenden Magnete und der dazu erforderlichen Tiefsttemperaturanlage übernahm der schon seit mehr als zehn Jahren bei DESY arbeitende Norweger B. Wiik. Er hatte sich als Experimentator besonders bei der Entdeckung der Gluonen mit Hilfe von PETRA hervorgetan. Den Bau der Elektronenringe übernahm naheliegenderweise G.-A. Voss, der schon den Bau von PETRA geleitet hatte.

Im Sommer 1987 waren die Bauarbeiten am 6,3 km langen Tunnel und an den unterirdischen Experimentierhallen abgeschlossen, und die Installation der Maschine befand sich in vollem Gang. Am 22. August 1988 konnten zum erstenmal Teilchen im Elektronenring gespeichert werden, der zu diesem Zeitpunkt fertig montiert war. Die Arbeiten konzentrieren sich jetzt auf die Fertigung der supraleitenden Magnete für den Protonenring. Der Betriebsbeginn ist für 1990/91 vorgesehen.

Parallel zum Bau der Speicherringe werden Experimentieranlagen vorbereitet. Von den vier zur Verfügung stehenden Kollisionspunkten sollen anfangs nur zwei benutzt werden. Zwei große Detektoranlagen, an deren Bau sich neben deutschen auch viele ausländische Physiker beteiligen, wurden genehmigt, und der Bau der einzelnen Komponenten schreitet gut voran. Die eine Experimentieranlage erhielt – passend zu HERA – den Namen ZEUS, während eine andere schlicht unter H1 läuft.

Mit HERA, der ersten und für viele Jahre einzigen Elektron-Proton-Kollisionsanlage, dürfte DESY auch in der nächsten Dekade eine führende Stellung bei der Erforschung der Materie einnehmen.

10. Das Unsichtbare sichtbar machen

Die Erweiterung unserer Sinne

Mit unseren Sinnen nehmen wir nur einen kleinen Ausschnitt unserer Umwelt wahr. Das menschliche Auge ist für einen sehr engen Wellenbereich des elektromagnetischen Spektrums, das sichtbare Licht, empfindlich. Wir brauchen Antennen, um den sehr langwelligen Bereich der Radio- und Fernsehwellen zu erfassen, und zum Nachweis der sehr kurzwelligen Röntgen- und Gammastrahlen benötigen wir Filme oder spezielle elektronische Geräte. Der menschliche Tastsinn und das menschliche Gehör können mechanische Schwingungen wahrnehmen. Wir fühlen die Wirkungen der Schwerkraft. Aber tief im Innern des Atoms existiert eine unseren Sinnen nicht direkt zugängliche faszinierende Welt, die jedoch letzten Endes allen Dingen unseres täglichen Lebens, wie Wasser, Feuer, Erde, Elektrizität und Farben, zugrunde liegt.

Um in diese Welt einzudringen, hat der Mensch über Jahrhunderte hinweg Werkzeuge geschaffen, die seine Sinne fast unvorstellbar erweitern und deren Entwicklung in den letzten Jahrzehnten, wie in vielen anderen Gebieten, rasante Fortschritte gemacht hat. Die Geschichte der Entwicklung der Detektoren in der Kern- und Elementarteilchenphysik ist genauso aufregend und voll neuer Ideen wie die Entwicklung der Beschleuniger. Viele dieser Ideen nahmen ihren Ausgang an Universitäten und führten zu Fragestellungen, die häufig nicht direkt mit der Elementarteilchenphysik zu tun haben, sondern sich auf Vorgänge in Gasen, in festen Körpern oder in Flüssigkeiten beziehen.

Bei der Untersuchung der Vorgänge im Mikrokosmos befinden wir uns in der Situation eines Forschers, der Aufschlüsse über ein mit Nebel erfülltes Volumen gewinnen möchte. Er kann zwar nicht hineinsehen, aber er kann mit Stöcken darin herumstochern, oder er kann Bälle hindurchwerfen und so erkunden, ob sich im Nebel

Gegenstände befinden. Ähnlich stammen unsere Kenntnisse über die Mikrowelt aus Streuexperimenten oder aus Stoßvorgängen, bei denen man beschleunigte Teilchen als Sonden benutzt. Aus der Beobachtung der Stoßvorgänge müssen wir dann in mühseliger Kleinarbeit unter Einbezug theoretischer Überlegungen rückschließen, was bei dem Prozeß eigentlich passiert ist und welche Folgerungen sich daraus für die Struktur der Materie ergeben (ähnlich wie ein Kriminalist aus Fingerabdrücken und anderen Spuren den Tathergang rekonstruiert). Durch die Verwendung von Ausdrücken, die wir Physiker selbst eingeführt haben, schleichen sich dabei leicht falsche Vorstellungen ein. Wenn wir etwa von kleinen *Urknällen* im Laboratorium oder von *Kernexplosionen* sprechen, so ist das insofern falsch, als bei diesen Prozessen keinerlei Geräusche oder Explosionswellen erzeugt werden. Sie finden ja im Hochvakuum statt, wo es keine akustischen Phänomene gibt. Auch von Lichterscheinungen ist nichts zu merken, und als Folge davon finden es viele Besucher etwas enttäuschend, daß sich an einem in Betrieb befindlichen Beschleuniger nichts bewegt, es sind keine Geräusche zu hören, und wenn es nicht die auf den Fernsehschirmen für den Fachmann manchmal faszinierenden Bilder gäbe, könnte man glauben, es passiere gar nichts.

Die Nachweisgeräte, die den Zugang zu dieser Mikrowelt ermöglichen, können wir in ihrer Funktionsweise in gewissem Sinn mit unseren Augen vergleichen. Das »Sehen« ist ja auch ein sehr komplizierter Vorgang. Im Auge gibt es verschiedene Elemente, die auf verschiedene Reize ansprechen. So sind die Zäpfchen für Farben empfindlich, während die Stäbchen das Dämmerungssehen ermöglichen, und besondere Einrichtungen sprechen auf bewegte Objekte an. Alle diese Informationen werden zum Gehirn gesandt, wo zunächst die Daten *eines* Auges verarbeitet werden. Beim zweiäugigen Stereosehen werden die Signale beider Augen kombiniert, um Informationen über die räumliche Anordnung der Dinge zu erhalten. Zum Schluß interpretiert das Gehirn alle diese Informationen und meldet uns, ob wir uns über das Gesehene freuen können oder ob etwa Gefahr droht. In Analogie dazu durchläuft ein moderner elektronischer Detektor ähnliche Schritte, wobei den Physikern die Aufgabe der Interpretation zufällt.

Teilchenspuren im Nebel und im Computer

Eines der ältesten und gleichzeitig anschaulichsten Nachweisgeräte für Teilchenspuren ist die Nebelkammer. Ähnlich wie ein Flugzeug hoch oben am Himmel einen Kondensstreifen erzeugt, so ziehen geladene Teilchen beim Durchgang durch ein übersättigtes Gas Spuren hinter sich her. Der einzige Unterschied besteht darin, daß es beim Kondensstreifen die Auspuffgase sind, die als Kondensa-

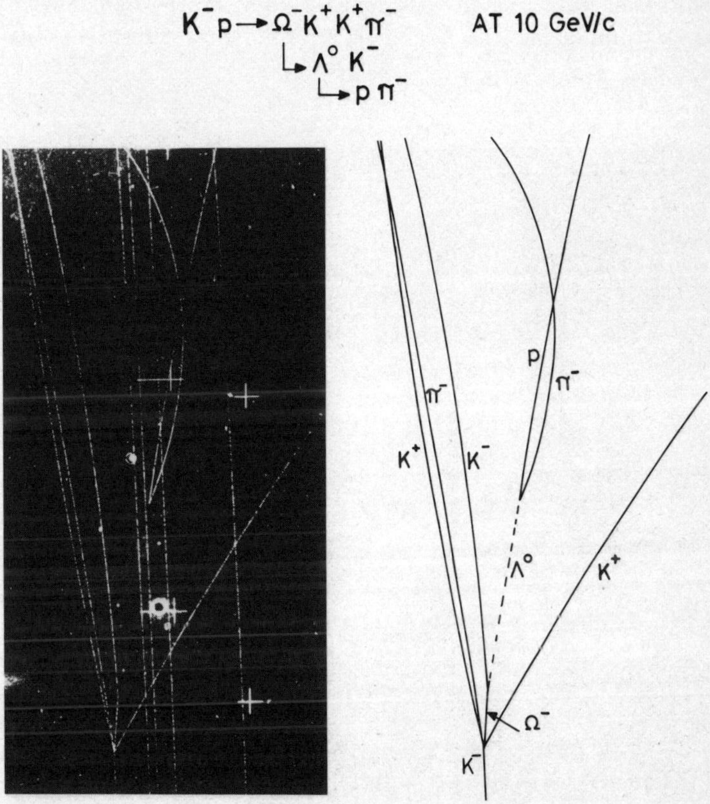

Abb. 10.1 *Blasenkammeraufnahme der Erzeugung und des Zerfalls eines Ω-Teilchens. Rechts im Schema sind die identifizierten Teilchen und der Ablauf der Zerfallskette aufgezeigt. Ein Beispiel für die »Detektivarbeit« bei der Auswertung komplexer Ereignisse.*

tionskeime für Wassertröpfchen dienen, während beim Durchgang eines geladenen Teilchens sich an den von ihm erzeugten Ladungen Wassertröpfchen bilden. Eine solche Nebelkammer diente dazu, zum erstenmal das Antiteilchen des Elektrons, das Positron, nachzuweisen (Abb. 8.2). Von dieser Nebelkammer bis zum größten derzeit existierenden Nachweisgerät, dem L3-Experiment am LEP, das mehr als 10 000 Tonnen wiegt, war ein ebenso weiter Weg wie vom ersten Flugzeug der Gebrüder Wright bis zu einem heutigen Jumbo-Jet.

Im Gegensatz zur Nebelkammer, die nur beschränkte Anwendung gefunden hat, diente ein anderes Spureninstrument, die Bla-

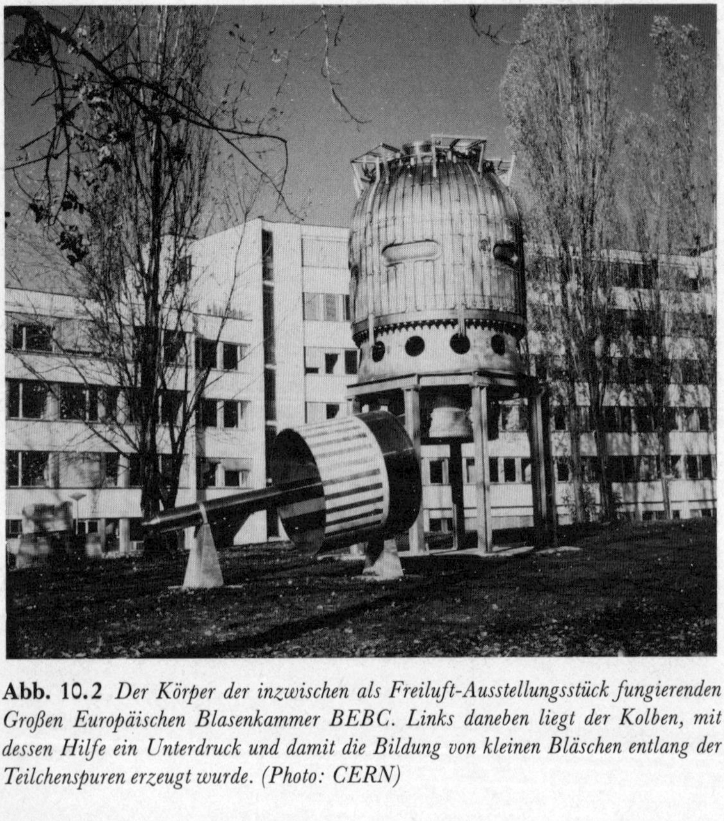

Abb. 10.2 *Der Körper der inzwischen als Freiluft-Ausstellungsstück fungierenden Großen Europäischen Blasenkammer BEBC. Links daneben liegt der Kolben, mit dessen Hilfe ein Unterdruck und damit die Bildung von kleinen Bläschen entlang der Teilchenspuren erzeugt wurde. (Photo: CERN)*

Abb. 10.3 *Eine Drahtkammer zum elektronischen Nachweis von Teilchenspuren (ARGUS-Detektor an DORIS). Man erkennt die Tausende von Drähten, die um das Vakuumrohr gespannt sind, in dem die Kollisionen stattfinden. Teilchen, die an einem Draht vorbeifliegen, erzeugen auf ihm einen elektrischen Impuls, der zur Weiterverarbeitung direkt an einen Rechner geleitet wird. (Photo: DESY)*

senkammer, während vieler Jahre als Arbeitspferd der Elementarteilchenforschung. Hierbei wird eine Flüssigkeit, in vielen Fällen flüssiger Wasserstoff, durch plötzliche Expansion fast zum Sieden gebracht (in großen Höhen, d. h. bei geringerem Luftdruck, siedet bekanntlich eine Flüssigkeit leichter). Erzeugt ein Teilchen in dieser überhitzten Flüssigkeit eine Ionisationsspur, dann fängt die Flüssigkeit an diesen Ladungen an zu sieden, d. h. es bilden sich kleine Blasen. Fotografiert man diese Blasen, bevor sie zu groß geworden sind, dann erhält man eine feine Perlenkette von Bläschen, eine Teilchenspur (Abb. 10.1). Die Wirkungsweise der Blasenkammer wurde von dem amerikanischen Physiker Donald A. Glaser entdeckt, dem es gelungen sein soll, in einer mit Bier gefüllten Kammer die ersten Teilchenspuren zu erzielen.

Seit der Erfindung der Blasenkammer wurden in Kammern mit

verschiedensten Formen, laufend verbesserter Konstruktion und gefüllt mit den verschiedensten Flüssigkeiten viele Millionen von Blitzlichtbildern aufgenommen. Die größte derartige Blasenkammer, BEBC (*Big European Bubble Chamber* mit einem Durchmesser von 3,7 m), wurde 1984 nach 6,3 Millionen Aufnahmen, zu deren Registrierung 3000 km Film nötig waren, bei CERN stillgelegt (Abb. 10.2). Diese Aufnahmen wurden von Frauen durchmustert und die interessanten Ereignisse genau vermessen, wobei in einem weiterentwickelten Zustand die Vermessung automatisch vorgenommen wurde. Mehr als 500 Physiker in mehr als 50 Laboratorien analysierten diese Daten und publizierten über 100 Arbeiten.

Seit einer Reihe von Jahren werden Blasenkammern nur noch für spezielle Zwecke eingesetzt. Zum allergrößten Teil wurden sie ersetzt durch eine Art elektronische Kamera. Sie wird meist als *Multi-*

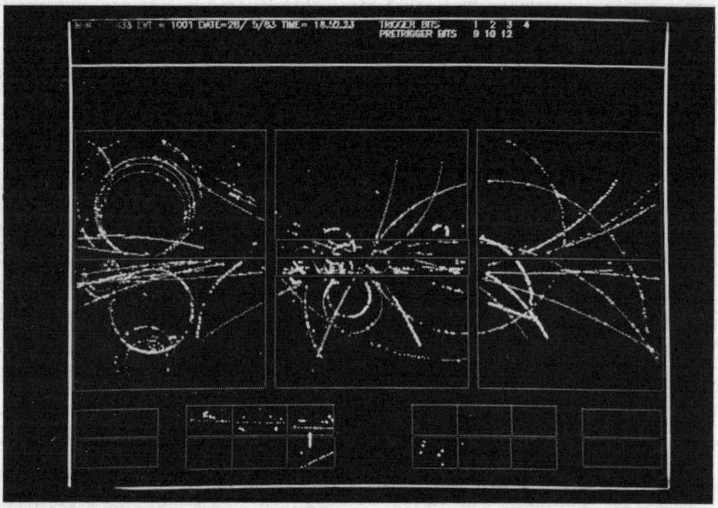

Abb. 10.4 *Ein mit Hilfe einer Drahtkammer registriertes Ereignis (UA-1-Experiment bei CERN). Jeder angesprochene Draht liefert im Computerbild einen Punkt. Es handelt sich um ein Ereignis, in dem die Erzeugung und der Zerfall eines Z-Teilchens in ein Elektron-Positron-Paar registriert wurde. Zwei der Spuren konnten als Elektron bzw. Positron identifiziert werden, und aus ihren Energien wurde die Masse des Z-Teilchens bestimmt.*

Drahtkammer bezeichnet, denn ihr Prinzip ist folgendes: Um den Kollisionspunkt werden in einer mit Gas gefüllten Kammer viele tausend parallele Drähte in konzentrischen Kreisen gespannt (Abb. 10.3). Fliegt nun ein Teilchen im Gas zwischen den Drähten hindurch, dann schlägt es aus den Gasatomen Elektronen heraus, es *ionisiert*. Diese Ladungen erzeugen auf dem nächstgelegenen Draht einen elektrischen Impuls, der verstärkt und schließlich einem Computer zugeführt wird. Aus den Drähten, die angesprochen haben, kann der Computer schließlich die Spur des Teilchens rekonstruieren. Die auf diese Weise erhaltenen Aufnahmen stehen kaum denjenigen, die man in einer Blasenkammer erhalten hat, an Genauigkeit nach (Abb. 10.4), haben aber den Vorteil, daß sie in dem angeschlossenen Computer für die weitere Auswertung sofort zur Verfügung stehen.

Die örtliche Genauigkeit, mit der man die Teilchenspuren feststellen kann, ist natürlich durch den Drahtabstand gegeben. Um diese Genauigkeit zu verbessern, wurde als Verfeinerung der Drahtkammer die sogenannte *Driftkammer* entwickelt. Es dauert einige Zeit, bis die von den Teilchen erzeugten Elektronen zum nächstgelegenen Draht wandern. Diese Laufzeit hängt von den Eigenschaften und dem Druck des Gases und dem angelegten elektrischen Feld ab. Die Laufzeit liegt in der Größenordnung von etwa 1 Millionstelsekunde, eine verhältnismäßig lange Zeit, die sich gut messen läßt. Als Startzeit dient dabei der Augenblick des Teilchenzusammenstoßes, der von der Strahldynamik im Beschleuniger sehr genau bekannt ist. Auf diese Art und Weise gelingt es, die Teilchen bis auf Zehntelmillimeter genau zu lokalisieren. Um dies zu erreichen, bedurfte es allerdings einer erheblichen technologischen Entwicklung. Nicht nur die Vorgänge im Gas und an den Drähten müssen gut beherrscht werden, sondern man muß auch den Ort der haardünnen Drähte mit großer Genauigkeit kennen. Die Drifttechnik wird sowohl in rechteckigen als auch in zylindrischen Kammern benutzt. Bei zylindrischen Kammern mit 1 bis 2 m Durchmesser und mit einigen hunderttausend Drähten oder Rechteckkammern mit mehr als 20 m^2 Fläche stellen sich enorme Anforderungen an die Ingenieurkunst. Eine Genauigkeit in der Positionierung der Drähte von bis zu 3 Hundertstelmillimetern wird erreicht, wobei äußerste mechanische Präzision gefordert wird.

In vielen Fällen ist man nicht damit zufrieden, die Spur eines Teilchens und seine Energie (Impuls) zu bestimmen, sondern man möchte auch feststellen, um was für eine Art von Teilchen es sich handelt. Oft läßt sich das aufgrund der Durchdringungsfähigkeit erreichen. Elektronen und Photonen (Röntgenstrahlen) werden schon von einigen Zentimetern eines schweren Materials (Eisen, Blei, Uran) gestoppt. Hochenergetische Protonen, Pionen und andere schwere Teilchen können sich dagegen noch nach 1 m Eisen bemerkbar machen. Die Myonen durchdringen dagegen auch mehrere Meter Eisen mühelos. Um eine bessere Identifizierung von Teilchenarten zu erreichen, müssen allerdings raffiniertere Methoden angewandt werden[30].

Entscheidungen »im Augenblick«

Der wichtigste Vorteil der elektronischen Kammern besteht in folgendem: Während man bei den Blasenkammern Aufnahmen mehr oder weniger »blind« machen muß, d. h. ohne zu wissen, ob sich auf der Aufnahme ein brauchbares Ereignis finden wird, läßt sich bei den elektronischen Kammern sofort eine Entscheidung treffen, ob ein Ereignis es wert ist, registriert zu werden. Im Fachjargon nennt man dies: die Kammer »triggern«. Mit speziellen Triggerzählern, die an eine ultraschnelle Elektronik angeschlossen sind, wird in einigen Millionstelsekunden nach dem Teilchenzusammenstoß eine solche Entscheidung getroffen, die z. B. berücksichtigt, ob die Teilchen eine bestimmte geometrische Verteilung besitzen oder ob ein bestimmtes Teilchen auftritt. Die mühselige Durchmusterung von Millionen, ja Milliarden von Ereignissen ist damit überflüssig geworden. In den meisten Fällen wird auch die weitere Interpretation der Ereignisse größtenteils mit Hilfe von Rechnern durchgeführt. Diese Vorauswahl der Ereignisse ist besonders wichtig bei Proton-Proton-Kollisionen. Dort ist der Untergrund an uninteressanten Ereignissen besonders hoch, und oft werden von mehreren Millionen Ereignissen, die pro Sekunde auftreten, nur ein oder zwei ausgewählt und auf Magnetband gespeichert, und das in einer Zeitspanne, die im Vergleich zu einem Augenaufschlag unvorstellbar kurz ist.

Als Triggerzähler dienen sogenannte *Scintillationszähler*, die aus einer besonderen Plastiksubstanz bestehen. Beim Durchgang eines geladenen Teilchens senden sie einen kurzen Lichtblitz (Dauer etwa einige Milliardstelsekunden) aus, der anschließend in ein elektrisches Signal umgewandelt und dann der schnellen Elektronik zur Entscheidung zugeleitet wird. Die Entscheidung beruht darauf, ob mehrere Zähler gleichzeitig (»Koinzidenz«) oder ob bestimmte Zähler nicht (»Antikoinzidenz«) angesprochen haben.

Eine besondere Bewandtnis hat es mit dem *Nachweis der Quarks*. Bisher ist es nicht gelungen, Quarks als freie Teilchen zu erzeugen und nachzuweisen. Es gibt sogar Gründe dafür, daß die Eigenschaften der Kernkraft das Auftreten freier Quarks prinzipiell verbieten. Quarks sind in Protonen, Neutronen und anderen sogenannten Hadronen sehr fest gebunden. Versucht man sie mit Hilfe sehr hoher

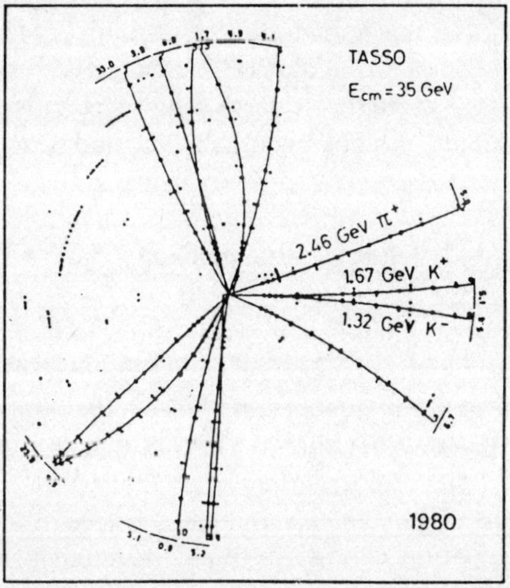

Abb. 10.5 *Ein 3-Jet-Ereignis (TASSO-Experiment an PETRA). Zwei der Jets entstehen durch die Fragmentation eines Quarks, während der dritte durch die Fragmentation eines Gluons erzeugt wird. Bei welchem Jet es sich um das Gluon handelt, läßt sich nur mit Hilfe einer statistischen Analyse von vielen Ereignissen beantworten. Solche 3-Jet-Ereignisse lieferten den ersten Beweis für die Existenz des Bindeteilchens der Kernkraft, des Gluons.*

Energien herauszuschlagen, so gelingt dies nicht, denn die Energie wird dazu benutzt, um neue Quark-Antiquark-Paare zu bilden, die dann vorwiegend in Form von Mesonen in Erscheinung treten. Statt eines Quarks tritt daher ein ganzes Bündel von »normalen« Teilchen auf; man spricht von einem *Jet* bzw. davon, daß das Quark in ein Teilchenbündel »fragmentiert«. Es wäre falsch, dies dahingehend auszulegen, als ob das Quark in seine Bestandteile zerfiele, sondern das Quark holt sich durch den merkwürdigen Vorgang der Paarbildung aus Materie und Antimaterie (Kap. 9) neue Teilchen, die den Jet bilden, aus dem Vakuum. Da bei der Fragmentierung die Jet-Teilchen in Bewegungsrichtung des ursprünglichen Quarks weiterfliegen, kann der Nachweis eines Jet sehr gut als Indiz für das Aussenden eines Quarks dienen.

Zum erstenmal wurden solche Quark-Jets eindeutig bei PETRA mit Hilfe von Drahtkammern nachgewiesen. In Elektron-Positron-Zusammenstößen wird relativ häufig ein Quark-Antiquark-Paar nach der Reaktionsgleichung $e^+e^- \rightarrow q+\bar{q} \rightarrow 2$ Jets, die in entgegengesetzter Richtung auseinanderfliegen, gebildet. Manchmal wird dabei auch ein Gluon erzeugt, das sich gleichfalls als Jet bemerkbar macht (Abb. 10.5.). Heute ist der Nachweis von Quarks auch bei anderen Reaktionen mit Hilfe von Jets gang und gäbe.

Die unsichtbaren Teilchen sichtbar machen

Alle bisher besprochenen Nachweisverfahren sind nur anwendbar, wenn es um elektrisch geladene Teilchen geht, die beim Durchgang durch Gase, Flüssigkeiten oder feste Körper eine Ionisation erzeugen. Diese wird entweder direkt oder indirekt über ausgesandtes Licht nachgewiesen. Bei Reaktionen mit Elementarteilchen spielen jedoch auch elektrisch neutrale Teilchen, wie Neutronen oder Photonen (Röntgen- und Gammastrahlen), eine wichtige Rolle, und man muß daher versuchen, auch solche Teilchen nachzuweisen. Dies gelingt bisher nur so, daß man sie durch Wechselwirkung mit Materie in geladene Teilchen umwandelt, die man dann mit den bekannten Methoden nachweist. Der Nachteil ist folgender: Zwar kann man das Eintreffen eines neutralen Teilchens an einem bestimmten Ort feststellen und dort auch seine Energie messen, aber es ist nicht möglich, seine Spur zu sehen. Daher ist auch die Energiemessung durch Ablenkung in einem Magnetfeld ausgeschlossen.

Trifft ein hochenergetisches Neutron oder Photon auf Materie, dann werden beim ersten Stoß ein oder mehrere geladene und unter Umständen auch neutrale Teilchen erzeugt. Diese besitzen meistens so hohe Energien, daß sie nach kurzer Zeit ihrerseits einen zweiten Stoß auslösen, und dies setzt sich fort, so daß sich eine ganze *Kaskade* von Sekundär-, Tertiärteilchen usw. bildet. Je nach der Natur der Kräfte, die bei den Zusammenstößen wirken, sehen die Kaskaden verschieden aus.

Wird die Kaskade durch ein Photon ausgelöst, dann werden als Folgeteilchen vor allem Elektronen, Positronen und weitere Photonen erzeugt. Man spricht in diesem Fall von einer *elektromagnetischen Kaskade,* da es die elektromagnetische Kraft ist, die zu einer Vervielfachung der Teilchen führt. Die Wahrscheinlichkeit für einen Zusammenstoß ist relativ hoch, so daß die betreffenden Kaskaden nicht sehr tief und auch in der Breite relativ beschränkt sind (in schweren Materialien wie Blei oder Eisen erreichen solche elektromagnetischen Kaskaden eine Tiefe von nur einigen Zentimetern).

Trifft ein Neutron auf Materie, dann verläuft die Kaskadenbildung völlig anders. Das Neutron reagiert mit anderen Atomen aufgrund der Kernkraft, was zu viel komplizierteren Prozessen als in der elektromagnetischen Kaskade führt. Trifft ein Neutron auf einen Atomkern, dann kann dieser zerplatzen, oder es werden neue Teilchen, insbesondere Pionen, gebildet. Diese Teilchen reagieren wieder aufgrund der Kernkraft mit weiteren Atomkernen, so daß sich schließlich eine *nukleare Kaskade* ausbildet. (Elektrisch neutrale Pionen zerfallen in zwei Gammaquanten, die ihrerseits eine kleine elektromagnetische Kaskade erzeugen können. Diese sind dann der nuklearen Kaskade beigemischt.) Die Wahrscheinlichkeit für einen Zusammenstoß aufgrund der Kernkraft ist geringer als im elektromagnetischen Fall, so daß die nuklearen Kaskaden eine größere Eindringtiefe besitzen. In fast allen Materialien erreichen sie Tiefen von etwa 1 m und mehr und eine seitliche Ausdehnung von 30 bis 50 cm.

Für praktische Zwecke ist es natürlich nicht möglich, jede Kaskade im einzelnen in all ihren Verästelungen zu verfolgen. Man geht deswegen im allgemeinen so vor, daß man durch Beobachtung des

Abb. 10.6 *Kalorimeter für elektromagnetische Schauer (L 3-Experiment an LEP). Es besteht aus etwa 10000 Einkristallen aus Wismuth-Germanium-Oxid. Sie werden getragen von einer Struktur aus kohlefaserverstärktem Material, das jeden Kristall genau auf den Kollisionspunkt hin ausrichtet. (Photo: CERN)*

ersten Stoßes den Auftreffpunkt des neutralen Teilchens möglichst genau zu lokalisieren sucht und dann die ganze in der Kaskade erzeugte Ionisation mißt, die ein Maß für die Energie des einfallenden Teilchens darstellt. Für elektromagnetische und nukleare Kaskaden verwendet man verschiedene Meßmethoden.

Bei elektromagnetischen Kaskaden ist es möglich, die vollständige Kaskade in einem einzigen Stück Material, z. B. in einem Kristall, zu absorbieren, und im allgemeinen weist man die dabei erzeugte Ionisation nicht direkt nach, sondern das in fluoreszierenden Materialien von ihr erzeugte Licht. Man benutzt dazu Kristalle, die einerseits möglichst schwere Elemente enthalten, um die Größe der Kaskade möglichst klein zu halten, und die andererseits genügend durchsichtig sind, so daß das in ihnen erzeugte Licht den Kristall verlassen und mit einer Fotodiode nachgewiesen werden kann. Jahrzehntelang war das Standardmaterial für Kristalle das Natriumjodid. In jüngster Zeit wurde ein neues Material entwickelt, Wismuth-Germanium-Oxid, das den Vorteil besitzt, daß Wismuth schwerer ist als Jod und auch eine bessere Bestimmung der Energie des einfallenden Teilchens ermöglicht.

Um die Kaskade in ihrer Tiefe voll zu erfassen, müssen die Kristalle, je nach Energie des einfallenden Teilchens, etwa 10 bis 20 cm lang sein. Um den Ort des einfallenden Teilchens zu bestimmen, benutzt man eine Matrix von nebeneinander angeordneten Kristallen. Je genauer man den Ort bestimmen will, um so schmalere und daher um so mehr Kristalle muß man benutzen. Wegen der seitlichen Ausdehnungen der Kaskade ist es allerdings nicht sinnvoll, unter etwa 2 × 2 cm Kristallquerschnitt zu gehen (Abb. 10.6).

Solche Kristallspektrometer finden weitverbreitete Anwendung nicht nur in der Kern- und Teilchenphysik, sondern auch in der Medizin. Sie bilden dort das wichtigste Element in verschiedenen Arten von Scannern und Tomographen, um Röntgenstrahlen nachzuweisen.

Beim Nachweis von Neutronen muß man wegen der großen Ausdehnung der nuklearen Kaskade anders vorgehen. Es ist praktisch nicht möglich, die gesamte Ionisation zu messen, sondern man beschränkt sich darauf, in verschiedenen Tiefen der Kaskade eine stichprobenartige Messung der Ionisation vorzunehmen. Ein Nachweisgerät für Neutronen besteht daher aus einem Sandwich aus Absorberplatten, in dem sich die Kaskade entwickelt, und zwischen diese Platten stellt man ein für die Ionisation empfindliches Nachweisgerät (Abb. 10.7). Die verschiedenen Detektoren unterscheiden sich im wesentlichen durch die gewählte Kombination von Absorber- und Nachweismaterial.

Als ich 1967 zum erstenmal eine solche Anordnung zum Neutronennachweis vorschlug, gab ich ihr den Namen STAC (*Sampling Total Absorption Counter*, etwa: Total-Absorptionszähler mit stichprobenweiser Messung der Ionisation). Heute spricht man allgemein von Hadronkalorimeter.

Das erste solche Kalorimeter, das wir in einem Experiment benutzten, bestand aus Eisenplatten mit Scintillationszählern zur

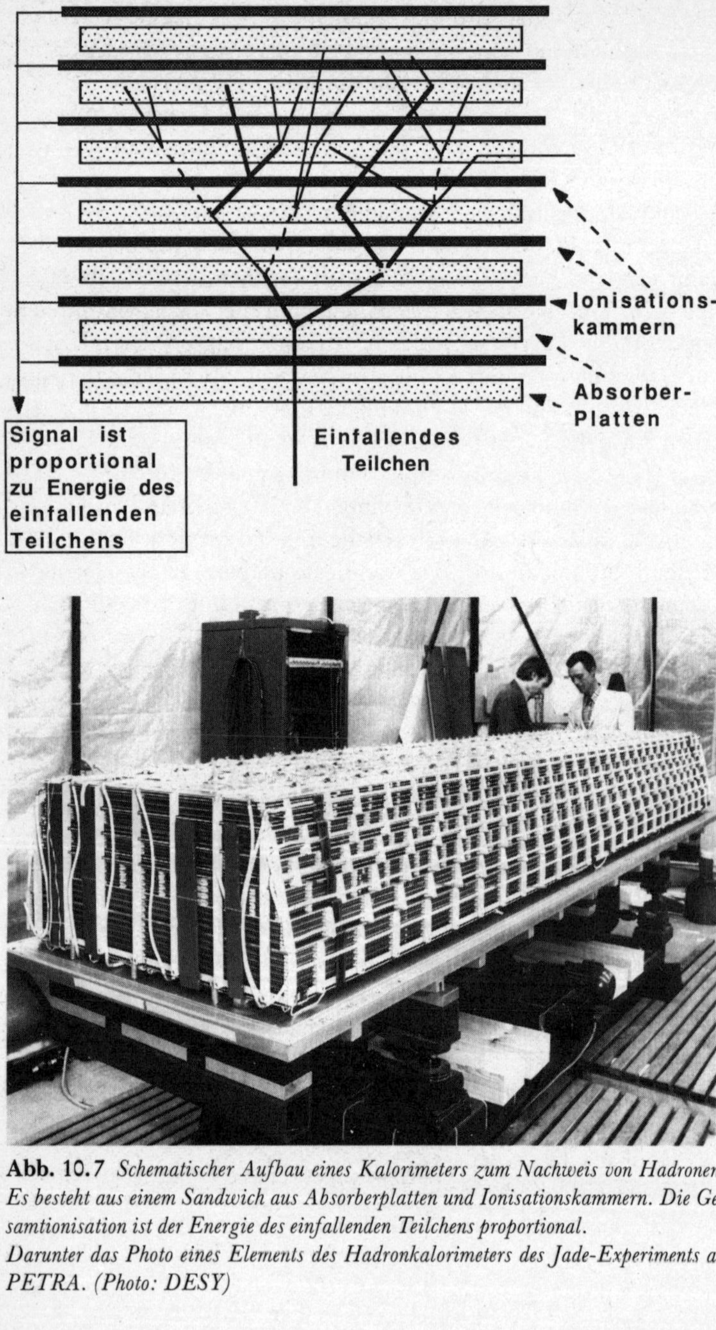

Abb. 10.7 *Schematischer Aufbau eines Kalorimeters zum Nachweis von Hadronen. Es besteht aus einem Sandwich aus Absorberplatten und Ionisationskammern. Die Gesamtionisation ist der Energie des einfallenden Teilchens proportional.*
Darunter das Photo eines Elements des Hadronkalorimeters des Jade-Experiments an PETRA. (Photo: DESY)

Messung der Ionisation. Die Kunst bei der Auslegung eines solchen Instruments besteht darin, das richtige Verhältnis zwischen der Dicke der Eisen- und der Scintillatorplatten zu wählen, nämlich so, daß durch die stichprobenartige Messung der Scintillationen eine möglichst gute Information über die Gesamtenergie des einfallenden Teilchens erhalten wird. Um das günstigste Verhältnis zu finden, benutzte ich damals Simulationsrechnungen auf einem großen Computer, mit dessen Hilfe man die Kaskadenbildung einigermaßen nachbilden kann. Es stellte sich heraus, daß eine Eisendicke von etwa 2 cm und eine Scintillatordicke von 1 cm am günstigsten war.

Inzwischen sind viele solcher Kalorimeter* gebaut worden, wobei verschiedene Kombinationen von Absorbermaterial und Nachweisgerät gewählt wurden, um die Eigenschaften des Nachweisgerätes zu verbessern. Beispiele für eine Sandwichstruktur sind Uranplatten mit flüssigem Argon oder organischen Flüssigkeiten, in denen die Schauerionisation an Elektroden direkt gesammelt und gemessen werden kann.

Wenn man die Absorberplatten dünner wählt, kann man ein solches Kalorimeter natürlich auch zum Nachweis von elektromagnetischen Schauern benutzen. Häufig werden daher die beiden Arten von Kalorimetern kombiniert. – Die verschiedenen Sorten von Kalorimetern sind heute eines der wichtigsten Nachweisinstrumente geworden, die nicht nur zum Nachweis von elektrisch neutralen Teilchen, sondern auch für geladene Teilchen benutzt werden. Bei extrem hohen Energien sind sie besonders vorteilhaft für die Beobachtung von Quark-Jets.

Es gibt noch eine Sorte von etwas geheimnisvollen Teilchen, die *Neutrinos*. Das sind Teilchen, die keine elektrische Ladung und, soweit wir heute wissen, keine Masse besitzen (sie bewegen sich daher stets mit Lichtgeschwindigkeit). Sie ähneln in mancher Hin-

* Der Ausdruck Kalorimeter stammt aus einem vollkommen anderen Bereich der Physik, nämlich der Thermodynamik, wo man mit einem sogenannten Kalorimeter durch Messung der Temperaturerhöhung einer Materiemasse auf die zugeführte Wärmemenge schließen kann. Ich halte diese Bezeichnung für irreführend, da unsere Zähler weder etwas mit Wärme zu tun haben, noch wird eine Temperatur gemessen. Im Laborjargon hat sich der Name Sampling-Kalorimeter aber durchgesetzt.

sicht den Photonen, unterscheiden sich von diesen aber wesentlich, weil sie nur die sogenannte schwache Kernkraft fühlen, nicht dagegen die elektromagnetische Kraft. Ihre Wechselwirkung mit Materie ist so gering, daß sie mühelos die Erde durchqueren können, und sie werden heutzutage schon dazu benutzt, um uns Aufschlüsse über die Vorgänge tief im Innern von Sternen zu geben. Trotzdem gelang es, Neutrinos so weit zu beherrschen, daß es heute in Laboratorien wie CERN wohldefinierte Neutrinostrahlen gibt. Man erhält sie durch kontrollierten Zerfall von Pionen, aber auch von Kaonen.

Neutrinos werden auch bei Zusammenstößen, wie man sie in Speicherringen beobachtet, erzeugt. Weil sie so schwierig faßbar sind, ist es bis jetzt allerdings nicht gelungen, in Speicherringexperimenten Neutrinos direkt nachzuweisen. Man hilft sich mit einem Trick unter Ausnutzung der Tatsache, daß bei Teilchenzusammenstößen insgesamt weder Energie noch Impuls verlorengeht. Stellt man bei einem Ereignis fest (z. B. bei der Erzeugung der berühmten W-Teilchen, die in Elektron und Neutrino $W \rightarrow e + \nu$ zerfallen), daß scheinbar Energie (und Impuls) fehlt (die Summe der Energie aller beobachteten Teilchen entspricht nicht der Energie der beiden Teilchen vor dem Stoß), dann geht man davon aus, daß sie von einem Neutrino davongetragen wurde. Man versteht daher, wie wichtig es ist, bei Speicherringexperimenten den gesamten Raum um die Wechselwirkungszone herum mit Nachweisgeräten zu erfassen, da es nur auf diese Weise möglich ist, die davonfliegenden Neutrinos wenigstens indirekt nachzuweisen.

Obwohl es sich bei Neutrinos um Teilchen handelt, die sich nicht gern fassen lassen, gelang es doch, sie in Experimenten mit Neutrinostrahlen unmittelbar nachzuweisen. Um dies zu erreichen, verwendet man auch hier eine sandwichartige Anordnung aus etwa 10 cm dicken Platten, die Material für eine wenn auch seltene Wechselwirkung zwischen Neutrinos und Atomkernen bieten. In den meisten Experimenten benutzte man Eisenplatten, die ein Gesamtgewicht von mehreren 100 Tonnen besaßen, um die Chance für eine Neutrinoreaktion zu erhöhen. In einem Experiment bei CERN, das unter dem Namen CHARM (*C*ERN-*H*amburg-*A*achen-*R*om-*M*oskau-Kollaboration) lief, wurden aus physikalischen Gründen Platten aus Carrara-Marmor oder Glas verwendet (Abb. 10.8).

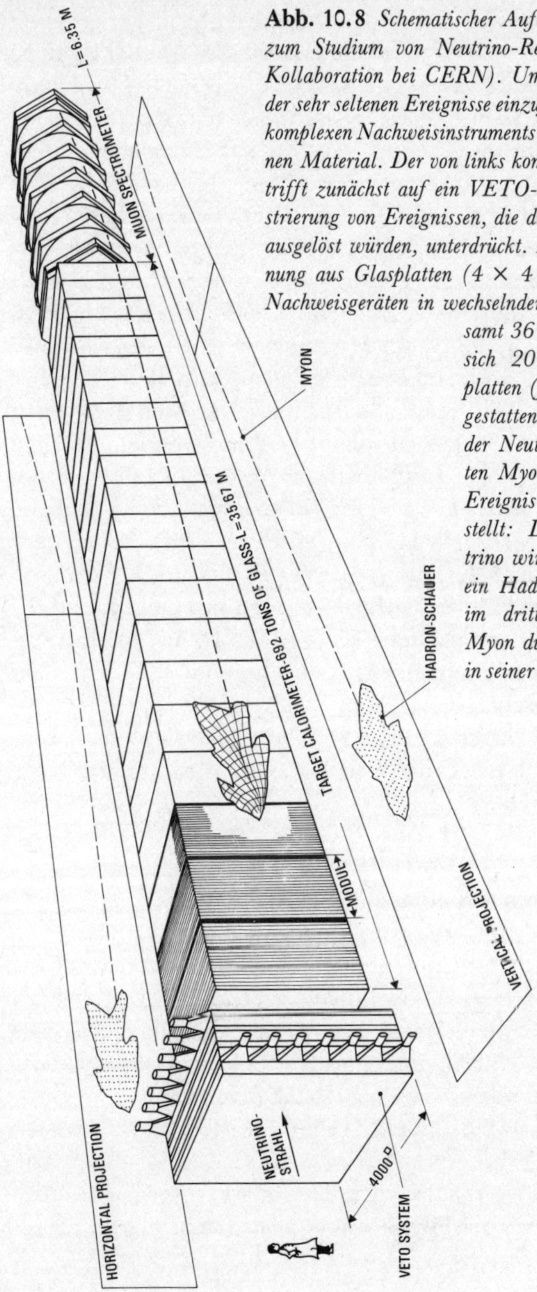

Abb. 10.8 *Schematischer Aufbau eines Experiments zum Studium von Neutrino-Reaktionen (CHARM-Kollaboration bei CERN). Um eine genügende Zahl der sehr seltenen Ereignisse einzufangen, bedarf es eines komplexen Nachweisinstruments mit mehr als 700 Tonnen Material. Der von links kommende Neutrinostrahl trifft zunächst auf ein VETO-System, das die Registrierung von Ereignissen, die durch geladene Teilchen ausgelöst würden, unterdrückt. Ihm folgt eine Anordnung aus Glasplatten (4 × 4 m, 4,8 cm dick) und Nachweisgeräten in wechselnder Folge (Länge insgesamt 36 m). Dahinter befinden sich 20 magnetisierte Eisenplatten (je 2,5 cm dick), die es gestatten, die Ladung des bei der Neutrino-Reaktion erzeugten Myons zu bestimmen. Ein Ereignis ist schematisch dargestellt: Das einlaufende Neutrino wird nicht nachgewiesen, ein Hadronen-Schauer beginnt im dritten Modul, und ein Myon durchläuft den Detektor in seiner ganzen Länge.*

Zwischen diesen Platten werden Nachweisgeräte für geladene Teilchen aufgestellt, z. B. Drahtkammern. Ein Neutrino-Ereignis ist nun dadurch gekennzeichnet, daß man kein Teilchen in den Detektor eintreten sieht, während in seinem Inneren eine Reaktion nachgewiesen wird: Ein unsichtbares Neutrino hat ein geladenes Teilchen, meist ein Myon, erzeugt, dessen Spur beobachtet werden kann. Da Myonen trotz ihrer elektrischen Ladung ein hohes Durchdringungsvermögen besitzen und viele Eisenplatten fast ungestört durchlaufen, kann man ihre Ladungsvorzeichen und ihre Energie bestimmen. Dazu werden die Eisenplatten magnetisiert, und man beobachtet eine Krümmung der Myonenspur, so als ob sie ein normales materiefreies Spektrometer durchliefen (Abb. 10.8).

Die Technik der Neutrinostrahlen und der Nachweis der Neutrinos ist in den letzten 20 Jahren so perfektioniert worden, daß man mit diesen Teilchen, die ursprünglich von Wolfgang Pauli als Hypothese eingeführt wurden, fast genauso gut experimentieren kann wie mit »gewöhnlichen« Teilchen. Neutrino-Experimente haben ganz wesentlich zu unseren Kenntnissen von der inneren Struktur von Proton und Neutron, über die Eigenschaften der Quarks und die Vereinigung der elektromagnetischen und schwachen Kraft beigetragen. Einige mit besonderer Phantasie ausgestattete Theoretiker haben sogar vorgeschlagen, mit Hilfe von Neutrinos und unter Ausnutzung ihrer unwahrscheinlichen Durchdringungskraft nach Erdöllagerstätten tief in der Erde zu suchen. Dies wird wohl für lange Zeit Science fiction bleiben!

Die Detektivarbeit der Experimentalphysiker

Die Entwicklung von Detektoren für die Hochenergiephysik und die dazugehörige Elektronik und Datenverarbeitung haben sich zu einem sehr interessanten eigenen Forschungsgebiet entwickelt. Die erzielten Ergebnisse finden nicht nur in der Elementarteilchenphysik Verwendung, sondern werden auch für viele praktische Anwendungen, z. B. in der Medizin und Technik, ja selbst im Bankwesen, eingesetzt.

Mit dem Nachweis von Teilchen und ihrer eventuellen Identifizierung ist die Arbeit der Physiker aber nicht getan, vielmehr fängt der interessante Teil jetzt erst an. Aus der Art der Ereignisse oder der Häufigkeit ihres Auftretens muß versucht werden, Informationen über neue Strukturen der Materie, neue Eigenschaften von Kräften oder die Bestätigung bzw. Widerlegung von theoretischen Vorstellungen zu gewinnen. Es würde hier zu weit führen, auf die große Zahl von Möglichkeiten einzugehen, aber es ist gerade die Auswertung und Interpretation der Daten, die die Physik so interessant, so aufregend – und manchmal auch enttäuschend macht. Taucht bei der Auswertung ein schwaches Signal auf, dann beginnen zunächst unter den beteiligten Physikern intensive Diskussionen. Verstärkt sich das Signal, so steigen die Hoffnungen, vielleicht etwas grundsätzlich Neues gefunden zu haben. Wie enttäuschend ist es aber, wenn man feststellt, daß die Arbeit vieler Tage und Nächte vergebens war, weil vielleicht ein kleiner Fehler in einem Nachweisgerät ein »Geistersignal« erzeugt hat. Wie groß dagegen die Befriedigung, wenn eine Entdeckung allen Kontrollen und kritischen Diskussionen standhält und man das wunderbare Gefühl hat, zum erstenmal etwas gefunden zu haben, was keinem Menschen zuvor bekannt war.

11. LEP, das größte von Menschenhand gebaute Forschungsinstrument

Die Baustelle

In meinen Ohren dröhnt noch das Rumpeln der letzten Explosion, und mich fröstelt noch von der Kälte, der wir bei der Tunneltemperatur von 14 Grad Celsius ausgesetzt waren. Wir haben heute den 8. Februar 1988, und ich komme gerade von einer kleinen Feier aus 140 m Tiefe, während der die letzten Meter des 27 km langen Ringtunnels durchbrochen wurden. In einer kurzen Ansprache hatte ich den Vertretern der lokalen Behörden, den Bauarbeitern der Tunnelbaufirmen und den Mitarbeitern von CERN zu diesem Erfolg

Abb. 11.1 *Der französische Staatspräsident François Mitterrand (links) und der Schweizer Bundespräsident Pierre Aubert legen den Grundstein von LEP am 13. September 1983. Rechts der Autor.*

gratuliert. Nach einer Rekordbauzeit von etwa viereinhalb Jahren war der längste Ringtunnel, der bislang für einen Beschleuniger gegraben worden ist, fertiggestellt. Am 13. September 1983 hatten die Staatschefs der beiden Sitzländer von CERN, François Mitterrand

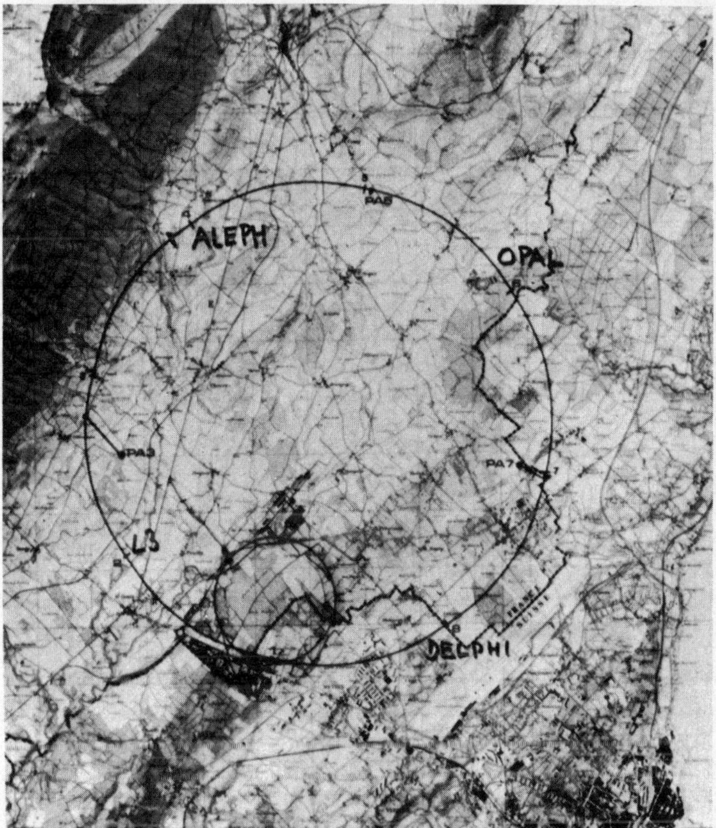

Abb. 11.2 *Die Lage von LEP zwischen Genfer See und Jura (oben links). Die Ziffern 1 bis 8 kennzeichnen acht gerade Tunnelsegmente. In den Segmenten mit geraden Ziffern sind die vier Experimente installiert (ALEPH, DELPHI, OPAL und L 3). In den Segmenten 2 und 6 befinden sich die Beschleunigungskavitäten. LEP liegt fast tangential am SPS (unten, zwischen L 3 und DELPHI), da dieses als Vorbeschleuniger dient, und überschreitet die französisch-schweizerische Grenze mehrere Male; rechts neben DELPHI ist der Genfer Flughafen zu erkennen. (Vgl. auch Abb. 11.6.)*

und Pierre Aubert, den ersten Spatenstich ausgeführt (Abb. 11.1). Mit der heutigen Feier war eine der größten Baustellen Europas zu einem erfolgreichen Abschluß gebracht worden.

Insgesamt waren etwa 1,4 Millionen Kubikmeter Bodenmaterial ausgehoben worden, wovon etwa die Hälfte auf den eigentlichen Tunnel, dessen Querschnittsdurchmesser knapp 4 Meter beträgt, entfiel. Der Rest stammte aus den 21 Zugangsschächten, die zusammen eine Tiefe von 2 km haben, und verschiedenen unterirdischen Hallen, besonders denjenigen, die für die Experimentiereinrichtungen bestimmt sind.

Beim Ausheben der Zugangsschächte mußten mehrere wasserführende Schichten durchquert werden. Dies konnte nur dadurch erreicht werden, daß vor den Ausschachtarbeiten der Boden bis zu einer Tiefe von etwa 40 Metern gefroren wurde.

Der Tunnel liegt zwischen dem Genfer See und der Jurakette (Abb. 11.2). Etwa 23 km befinden sich in einer Sandsteinart, sogenannter Molasse, die sich sehr gut für das Tunneln eignet. Dieser Teil des Tunnels wurde mit Hilfe von drei Bohrmaschinen, die

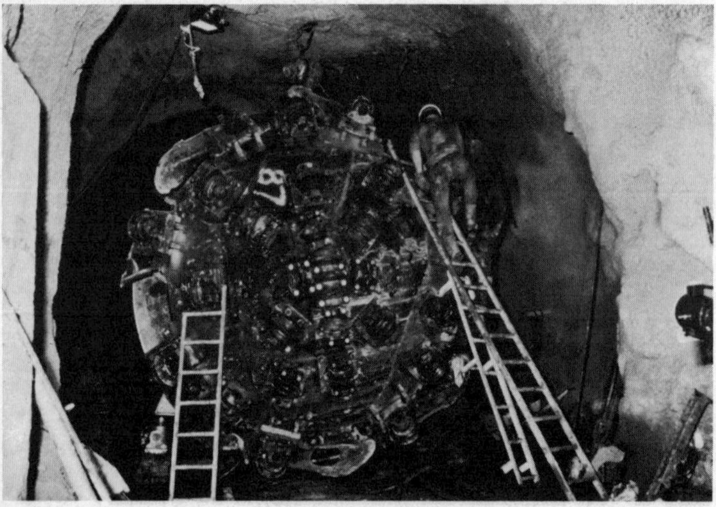

Abb. 11.3 *Der Bohrkopf einer der Bohrmaschinen beim Durchbruch am Ende eines Oktanten.*

Abb. 11.4 *Wassereinbruch im LEP-Tunnel.*

gleichzeitig an verschiedenen Stellen arbeiteten, ausgehoben (Abb. 11.3). Dabei konnte eine Maschine allein mit ihrem riesigen Bohrkopf bis zu 60 Meter pro Woche vorankommen. Die Bohrmaschinen wurden auf ihrer Bahn mit Hilfe von Kreiselkompassen und Laserstrahlen geführt, so daß die Abweichungen auch nach mehreren Kilometern maximal einige Dezimeter betrugen.

Viel größere Probleme gab es auf den etwa 4 km, die am Fuß des Jura ausgehoben werden mußten. In dem dort befindlichen Kalkstein können Bohrmaschinen nicht benutzt werden, so daß man sich mit Sprengladungen und Hacke und Pickel vorarbeiten mußte. Die besondere Gefahr bestand darin, daß der Kalkstein von Spalten und Verwerfungen durchzogen ist, und die geologischen Fachleute malten uns bei der Planung Schreckensbilder aus: unterirdische Kavernen, in denen die Maschinen verschwinden, und Wassereinbrüche, die den Tunnel überschwemmen würden. Die genaue Festlegung der Tunnellage bereitete uns daher einiges Kopfzerbrechen, da neben den geologischen Risiken eine Reihe von technischen Bedingungen und viele Umweltprobleme zu berücksichtigen waren.

Ganz so schlimm, wie die Experten es vorhergesagt hatten, wurde es zum Glück nicht, aber es gab doch einige Schwierigkeiten. In der Nähe einer geologischen Verwerfung durchquerte der Tunnel einige mit Wasser gefüllte Spalten, aus denen ein Wasser-Sand-Gemisch unter hohem Druck austrat (Abb. 11.4). Durch Beton-Injektionen mußten diese Spalten erst ausgefüllt werden, bevor der Tunnel vorangetrieben werden konnte. Das führte zu einigen Monaten Verzögerung. Nach der letzten Sprengung am 8. Februar 1988 fühlten sich daher alle am Projekt Beteiligten erleichtert, denn von nun an sollte alles, was noch zu tun blieb, etwa die noch an einigen Stellen unvollendete Betonauskleidung des Tunnels, planmäßig ablaufen. Die unvorhersehbaren Tücken des Berges waren endgültig überwunden.

Ein langer Anlauf

Es ist Tradition, daß in der Hochenergiephysik Projekte von langer Hand vorbereitet werden. Zunächst werden von den Physikern der Universitäten als auch der großen Labors alle diejenigen neuen Beschleunigeranlagen diskutiert, die technisch realisierbar und wissenschaftlich am interessantesten sind. So geschah es auch beim LEP-Projekt. Mitte der siebziger Jahre, als SPS bei CERN und PETRA bei DESY gerade ihren Betrieb aufnahmen, wurde von ECFA, dem Europäischen Komitee für Zukünftige Beschleuniger, überlegt, welche Art von Maschine in der nächsten Generation der Beschleuniger den besten wissenschaftlichen Ertrag bringen könnte.

Drei Möglichkeiten wurden in Betracht gezogen: eine Kollisionsmaschine für Protonen, die eine Fortsetzung des CERN-ISR-Speicherrings gewesen wäre; eine neuartige, bis dahin noch nirgends gebaute Kollisionsmaschine für Elektronen gegen Protonen; schließlich ein Speicherring für Elektron-Positron-Kollisionen. John Adams, damals Generaldirektor von CERN, tendierte zunächst mehr zu einer Maschine mit Protonen, da CERN große Erfahrung mit solchen Beschleunigern hatte. 1978 wurde ein Projekt mit dem Namen CHEEP in Erwägung gezogen, dessen Abkürzung für *CERN High Energy Electron Proton Facility* stand, also eine Elektron-Proton-Maschine.

Nach langen Diskussionen und mehreren Tagungen empfahl ECFA im Mai 1977, mit höchster Priorität einen Elektron-Positron-Speicherring bei CERN zu bauen. Die überraschenden Erfolge früherer Maschinen solcher Art hatten wohl diese Wahl bedingt. Das Projekt erhielt den Namen LEP, die Abkürzung für *Large Electron Positron Project* (Großes Elektron-Positron-Projekt).

Von ECFA wurde eine Studiengruppe unter Leitung des italienischen Physikers A. Zichichi eingesetzt, die das mögliche Physikprogramm und die technischen Parameter einer solchen Maschine genauer ausarbeiten sollte. Geplant wurde eine Strahlenergie von etwa 100 GeV, also etwa die fünffache Energie des bisher größten Rings dieser Art, PETRA bei DESY. Die physikalischen Gesetzmäßigkeiten hatten zur Folge, daß eine derartige Maschine einen Umfang von etwa 30 km haben mußte – eine Dimension, die bisher nirgends verwirklicht worden war. Die Physiker wünschten, daß die Anlage 1988 oder kurz danach in Betrieb gehen sollte – ein Wunsch, der tatsächlich erfüllt worden ist.

CERN freundete sich schließlich mit dem Gedanken an, daß es in ein neues Gebiet des Beschleunigerbaus und der Teilchenphysik eintreten sollte. Elektronenbeschleuniger zeigen ein wesentlich anderes Betriebsverhalten als Protonenmaschinen, was den Beschleunigerexperten bei CERN große Beweglichkeit abverlangte. Es wurde eine eigene Studiengruppe ins Leben gerufen, die mit viel Elan an die neue Aufgabe heranging. Schon im August 1978 konnte von CERN ein detaillierter Entwurf für eine Maschine mit einem Umfang von 22 km vorgelegt werden, der als »Blaubuch« bekannt wurde. Wegen einiger technischer Schwierigkeiten und der hohen Kosten war der Umfang der Maschine reduziert worden, was die maximale Energie zunächst auf 70 GeV pro Strahl beschränkt hätte. Der Entwurf wurde auf einer eigens dafür angesetzten ECFA-Arbeitstagung von den europäischen Hochenergiephysikern diskutiert und kritisiert. Man schlug vor, daß eine Strahlenergie von mindestens 85 GeV erreicht werden sollte.

Es dauerte ein Jahr, bis ein überarbeiteter Entwurf vorgelegt werden konnte. Im August 1979 erschien das »Rosabuch«, das einen Ringumfang von 30,6 km und eine Maximalenergie von 130 GeV pro Strahl vorsah, wobei in einer ersten Ausbaustufe 86 GeV erreicht werden sollten. Diese Projektbeschreibung enthält alle wesentlichen technischen Elemente des später genehmigten Projekts. Insbesondere wurde aus Ersparnisgründen eine Modifikation der existierenden Maschinen PS und SPS vorgesehen, so daß diese Beschleuniger auch für Elektronen und Positronen verwendbar sind und daher als Vorbeschleuniger für LEP verwendet werden können. Das *Scientific Policy Committee* (der wissenschaftliche Rat) von CERN, das den CERN-Rat in wissenschaftlichen Fragen berät, befaßte sich mit diesem Vorschlag und unterstützte ihn nachhaltig.

Das Ringen um den Ring

Im Februar 1980 hatte mich der Rat von CERN zum Generaldirektor mit Wirkung vom 1. Januar 1981 ernannt, und die wichtigste Aufgabe, die sich mir stellte, war, für das LEP-Projekt die Genehmigung der zwölf Mitgliedstaaten zu erhalten und die Bedingungen auszuhandeln, unter denen das Projekt zu realisieren wäre. Der Hochenergiephysik wird manchmal vorgeworfen, daß ihre Großprojekte unter Ausnutzung einer effizienten Lobby von den Politikern genehmigt werden, ohne daß eine demokratische Diskussion der Genehmigung vorausginge und ohne Rücksicht auf die Bedürfnisse anderer Wissenschaftszweige. Das LEP-Projekt ist ein gutes Beispiel, das für die meisten anderen Hochenergiephysikprojekte stehen kann und das zeigt, daß solche Vorwürfe nicht haltbar sind. Ich möchte daher auf sein Genehmigungsverfahren etwas näher eingehen.

Noch bevor das LEP-Projekt dem CERN-Rat zur Genehmigung vorgelegt wurde, begannen in den meisten Mitgliedstaaten Diskussionen über seine wissenschaftliche Bedeutung, die Kosten und über mögliche Rückwirkungen auf die übrige Grundlagenforschung. In der Bundesrepublik wurde vom Bundesminister für Forschung und Technologie ein Gutachterausschuß unter Vorsitz von Professor Klaus Pinkau, einem Plasma- und Astrophysiker, eingesetzt, der nach einer allgemeinen Umfrage im Jahre 1979 alle vorgeschlagenen oder ins Auge gefaßten Großprojekte der Grundlagenforschung in einem allgemeinen Rahmen beurteilen sollte. In diesem Ausschuß waren Wissenschaftler aus den verschiedenen Forschungsbereichen, aber auch ein Journalist als Repräsentant der öffentlichen

Meinung vertreten. Zu den insgesamt elf Projekten gehörten LEP und HERA aus dem Bereich der Hochenergiephysik, ein Programm für kontinentale Tiefbohrungen und ein Forschungsschiff für die Meeresforschung. Nach sorgfältiger Diskussion empfahl der Ausschuß den Bau von LEP ohne Einschränkungen. Erfreulicherweise konnten auch andere der genannten Vorhaben später genehmigt werden.

Im Laufe des Jahres 1980 hatte ich außer in der Pinkau-Kommission das LEP-Projekt auch in anderen Mitgliedstaaten zu präsentieren und zu verteidigen. Am schwierigsten waren die Diskussionen in England und Schweden. In beiden Ländern ist ein nationaler Wissenschaftsrat (*National Research Council*) für die Förderung der Grundlagenforschung zuständig, und die Finanzierung des CERN-Beitrags hatte aus den Budgets dieser Organisationen zu erfolgen. Es bestanden große Bedenken, daß bei Genehmigung des LEP-Projekts internationale Verpflichtungen eingegangen würden, die bei einer Überschreitung der Projektkosten und bei konstanten nationalen Budgets zum Nachteil der übrigen Wissenschaftsgebiete führen würden. Ich mußte große Anstrengungen unternehmen, um die verschiedenen Komitees davon zu überzeugen, daß die LEP-Kosten realistisch abgeschätzt waren und daß unvorhersehbare Kostenerhöhungen zu einer Verlängerung der Bauzeit, aber nicht zu einer Erhöhung des jährlichen Budgets führen würden. Am längsten zögerte der schwedische Forschungsrat. In einer Sitzung bemerkte der Vorsitzende, daß Schweden wegen seiner Bedenken gegen LEP sehr viel Aufmerksamkeit in Europa fände – ein Zustand, wie er seit dem Dreißigjährigen Krieg nicht mehr erreicht worden sei. Schweden wollte daher diese Stellung im Rampenlicht noch einige Zeit genießen.

Im Sommer 1981 konnte ich dem CERN-Rat das LEP-Projekt endlich formell zur Genehmigung vorschlagen. Bevor das Projekt seine endgültige Gestalt annahm, hatte ich aber noch einige schlaflose Nächte zu verbringen. Einige sehr wichtige Kollegen, darunter mein Vorgänger als Generaldirektor, John Adams, legten mir nahe, das Projekt zu verkleinern und den Umfang auf etwa 20 km zu reduzieren, da andernfalls eine Genehmigung nicht zu erreichen sei. Ich gab diesem Drängen aber nicht nach, da ich der Meinung war, daß LEP und insbesondere der Tunnel für lange Zeit die Zukunft von CERN garantieren würden.

In Übereinstimmung mit Emilio Picasso, den ich inzwischen als Projektleiter gewinnen konnte, wurde daher beschlossen, den Umfang des Tunnels bei etwa 30 km zu belassen und den Tunnelquerschnitt so weit zu machen, daß in fernerer Zukunft außer dem Magnetring für LEP noch ein zweiter Ring, eventuell für Protonen, im Tunnel Platz hätte (eine Option, die inzwischen als sehr attraktiv angesehen wird; vgl. Kap. 12). Um das Projekt trotzdem für die Mitgliedstaaten finanziell akzeptabel zu machen, erfand ich die sogenannte »stripped down«-Version von LEP. Dies bedeutet, daß in einer ersten Phase nur die unbedingt erforderlichen Komponenten installiert werden sollten, die notwendig sind, um eine Strahlenergie von maximal 60 GeV zu erreichen. Eine solche Energie stellt eine wichtige Schwelle dar, da sie es gestattet, Z^0-Teilchen (Kap. 14) in großer Zahl zu erzeugen, wodurch sich ein weites Forschungsprogramm öffnet. Erst in weiteren Etappen sollte dann die Strahlenergie durch Hinzufügen von Beschleunigungsstrecken auf die Sollenergie von etwa 100 GeV erhöht werden. Obwohl durch die »stripped down«-Version die Projektkosten von ursprünglich etwa 1,3 Milliarden Schweizer Franken auf 910 Millionen gesenkt werden konnten, waren die Mitgliedstaaten immer noch nicht zu einer Genehmigung zu bewegen.

Um ein Scheitern des Projekts zu verhindern, blieb mir schließlich nichts anderes übrig, als vorzuschlagen, LEP innerhalb des bestehenden Budgetniveaus, d. h. ohne zusätzliche Mittel und ohne eine Personalvermehrung, zu bauen. Ich war mir voll bewußt, daß damit eine Menge Ärger vorprogrammiert war, da es nichts anderes bedeutete, als daß mehrere laufende Programme von CERN reduziert oder sogar eingestellt und daß besondere Anforderungen an die Beweglichkeit und die Einsatzbereitschaft des CERN-Personals gestellt werden mußten. Trotzdem schien es mir gerechtfertigt, diese Herausforderung anzunehmen, wenn es gelänge, ein einmaliges Forschungsinstrument zu verwirklichen. Es dürfte wohl das erste Mal sein, daß ein so großes Projekt ohne zusätzliche Mittel und Mitarbeiter verwirklicht wurde. Das Niveau des konstanten Budgets wurde aber sogar noch gesenkt, was nicht ohne Konsequenzen bleiben konnte.

Um die personellen und materiellen Ressourcen für LEP zu finden, war es unumgänglich, die übrigen Programme von CERN unter Berücksichtigung von wissenschaftlichen Prioritäten zu reduzieren. So mußte das ISR nach zwölf erfolgreichen Jahren 1984 stillgelegt werden. Das gleiche Schicksal erlitt die Große Europäische Blasenkammer BEBC (*Big European Bubble Chamber*). Die Zahl der Experimente und der Experimentier-Strahlen des SPS (»fixed target physics«) wurde eingeschränkt, und mehrere kleine Aktivitäten wurden beendet oder reduziert. Um das wissenschaftliche Programm möglichst wenig zu beeinträchtigen, begannen wir aber gleichzeitig intern mit einer Mehrzahl von Spar- und Rationalisierungsmaßnahmen, die zu einer beträchtlichen »Abspeckkur« führten. Kein Wunder, daß dies viele Klagen von innen und außen zur Folge hatte, denn den Gürtel enger zu schnallen stößt immer auf Widerstand. Mir fiel die unangenehme Aufgabe zu, das Ungemach und die notwendigen Einschränkungen so gleichmäßig und gerecht wie möglich zu verteilen.

Trotz aller Priorität war es unumgänglich, daß auch LEP selbst leiden mußte. Es wurde beschlossen, die Bauzeit um ein Jahr zu verlängern, um die Finanzierung über einen größeren Zeitraum zu verteilen. Während LEP ursprünglich Ende 1987 fertiggestellt sein sollte, mußte der Termin nun auf Ende 1988 verschoben werden. Diese Entscheidung, die schon bei der Genehmigung getroffen werden mußte, wurde später von Leuten, die die Umstände nicht kannten oder kennen wollten, als eine unvorhergesehene Verzögerung ausgelegt. In Wirklichkeit konnten die Verzögerungen, die durch die späte lokale Baugenehmigung und durch die geologischen Schwierigkeiten unter dem Jura bedingt waren, durch besondere Maßnahmen auf einige Monate reduziert werden.

Der Hürdenlauf für die Genehmigung von LEP wurde zunächst fortgesetzt, indem der Rat den Beschluß faßte, daß das LEP-Projekt einer einstimmigen Entscheidung bedürfe, während sonst wichtige Beschlüsse mit Zweidrittelmehrheit getroffen werden. Der Grund lag natürlich darin, daß der Bau von LEP eine langfristige Verpflichtung bedeutete und daß wesentliche Einschnitte in die übrigen Programme von CERN unvermeidlich waren. Daher wollte man sicherstellen, daß keines der Mitgliedsländer vorzeitig abspringen könnte.

Am 25./26. Juli 1981 sollte endlich die Entscheidung fallen, als ich dem CERN-Rat, der unter dem Vorsitz von Jean Teillac (Hoher

Kommissar der französischen Atomenergiebehörde und ein Verteidiger des LEP-Projekts) tagte, LEP zur Bewilligung vorschlug. Als es zur Abstimmung kam, konnten neun Mitgliedstaaten dem Projektvorschlag zustimmen. Drei Länder sprachen sich zwar nicht gegen das Projekt aus, aber sie teilten mit, daß der Entscheidungsprozeß in ihren Ländern noch nicht abgeschlossen sei und sie daher zu einer Stimmabgabe noch nicht ermächtigt seien. Das Zittern ging also weiter, bis schließlich in einer Sondersitzung des Rates am 30. Oktober 1981 auch die letzten drei Ja-Stimmen eingesammelt werden konnten.

Die Ratsentscheidung gab uns nun die Möglichkeit, mit der Schweiz und Frankreich über die Implementierung des Rings auf beiden Seiten der Grenze zu verhandeln. In Frankreich, wo sich etwa drei Viertel des LEP-Rings befinden, gehört einem Grundbesitzer der Boden bis zum Mittelpunkt der Erde (wobei allerdings Bodenschätze vom Staat in Anspruch genommen werden). Etwa 2000 Eigentümer waren vom unterirdischen Bau des LEP-Tunnels wenigstens formal betroffen. Obwohl wir hofften, von der überwiegenden Zahl der Grundbesitzer eine gütliche Zustimmung zu erreichen, war nicht auszuschließen, daß es einige auf ein Enteignungsverfahren ankommen lassen würden. Dies hätte eine Gefahr für das Projekt bedeuten können, da die Form des Rings festgelegt ist und er nicht »verbogen« werden kann, um ein spezielles Grundstück zu umfahren. Wir mußten daher vom Conseil d'État, dem höchsten französischen Gericht, eine Erklärung über das öffentliche Interesse für das LEP-Projekt erhalten, wodurch zwangsweise Baustopps abgewendet werden können. Dazu wurden aber die örtlichen Behörden und die Gemeinden angehört. Das Schicksal wollte es, daß 1983 in Frankreich ein Regierungswechsel mit anschließender Dezentralisation der Machtbefugnisse stattfand. Die Stimme jedes Bürgermeisters hatte nun großes Gewicht. Worüber wir uns besondere Sorgen machten, war die Tatsache, daß jeder Lokalpolitiker sofort größte Publizität in den Medien erhielt, wenn er sich gegen LEP aussprach. Mancher Funktionär, der im Grund ein Freund von CERN war, konnte dieser Versuchung zunächst nicht widerstehen. Nach einigem Hin und Her erhielten wir aber die formelle Baugenehmigung im Mai 1983.

Auf Schweizer Seite war das Verfahren etwas einfacher. In der Schweiz gehört einem Eigentümer der Grund und Boden bis zu einer Tiefe, die seine Interessen berührt. Diese ist nicht genau festgelegt, aber wenn man etwa an Tiefgaragen oder Brunnen denkt, dann entspricht sie einer Tiefe von 30 bis 40 Metern. Da der LEP-Tunnel wesentlich tiefer vorgesehen war, gab es keine allzugroßen Schwierigkeiten. Die Schweizer Baugenehmigung konnten wir daher schon im Juni 1982 erhalten.

Im Oktober und November 1981 hatte ich eine Reihe von Besprechungen mit Emilio Picasso, deren Ergebnisse wir zunächst streng geheim behandelten. Ich hatte Picasso zum Projektleiter von LEP ernannt, obwohl er eigentlich gar kein Beschleunigerexperte ist. (Er hat im übrigen mit der Familie desselben berühmten Namens nichts gemein, außer daß beide Familien aus Genua stammen.) Picasso ist ein ausgezeichneter Experimentalphysiker, der seit vielen Jahren bei CERN angestellt ist und sich eines ausgezeichneten Renommees in seinem Arbeitsgebiet erfreut. Außerdem genießt er den Ruf eines leutseligen, verständnisvollen und umgänglichen Menschen. Da LEP innerhalb eines konstanten Budgets, ohne zusätzliche Mittel und ohne zusätzliches Personal, gebaut werden mußte, war es meiner Meinung nach notwendig, einen etwas anderen Stil als bei den vorher gebauten Beschleunigerprojekten einzuführen. Früher war es möglich, für gut begründete Forderungen die nötigen Mittel zu finden. Jetzt dagegen kam es darauf an, in einem fest vorgegebenen Rahmen das ehrgeizige LEP-Projekt so gut wie möglich zu realisieren.

Da es für die Realisierung des LEP-Projekts kein zusätzliches Personal gab, mußte etwa ein Drittel des CERN-Personals intern umgesetzt werden, was erhebliche menschliche und psychologische Schwierigkeiten erwarten ließ. Um sie zu beheben, schien mir der sehr ausgleichend wirkende Picasso bestens geeignet. In der Tat gelang es ihm, viele personelle Probleme bei einer Tasse Kaffee oder einem Glas Wein ohne großes Aufheben zu regeln.

Bei unseren »Geheimbesprechungen« ging es aber zunächst darum, die genaue Lage des LEP-Tunnels unter Berücksichtigung von technischen, politischen und Umweltbedingungen zu bestimmen. Der LEP-Ring mußte eine bestimmte Lage bezüglich des SPS haben, da dieses als Vorbeschleuniger benutzt werden sollte. Es mußten aber auch geschützte Grundwasserzonen vermieden werden, und es ging um die Fragen, ob es ratsam sei, die kleine Stadt Ferney-Voltaire, die den Franzosen so sehr am Herzen liegt (Voltaire lebte von 1759 bis 1778 in Ferney), mit einem Tunnel zu unterfahren, oder ob die nahe der Grenze gelegenen Zugangsschächte auf Schweizer oder französischem Territorium liegen sollten. Es war auch nicht zu verhindern, daß einige Zugangsschächte vor landschaftlich schönen Villengegenden zu liegen kamen. Wir hielten die verschiedenen ins Auge gefaßten Tunnellagen zunächst vertraulich, um nicht unnötige Gegenreaktionen auszulösen, und gaben die endgültige Lage erst bekannt, nachdem die betroffenen Gemeinden genügend darauf vorbereitet waren.

Wir mußten noch weitere Entscheidungen treffen. Probebohrungen hatten ergeben, daß in der Nähe des Flugplatzes Genf sich der günstige Sandstein von der Oberfläche entfernt und in der Tiefe verschwindet. Auf der gegenüberliegenden Seite, unter dem Fuß des Jura, wollten wir möglichst nahe an der Oberfläche bleiben, um den Wasserdruck in möglichen Spalten nicht allzusehr ansteigen zu lassen. Wir beschlossen daher, LEP auf eine schiefe Ebene zu legen, die vom Flugplatz bis zum Jura mit etwa 1,4 % ansteigt (Abb. 11.5).

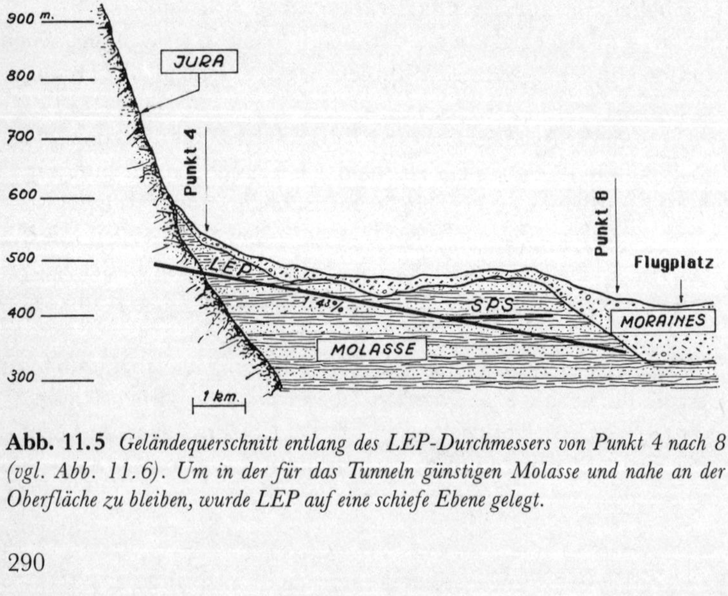

Abb. 11.5 *Geländequerschnitt entlang des LEP-Durchmessers von Punkt 4 nach 8 (vgl. Abb. 11.6). Um in der für das Tunneln günstigen Molasse und nahe an der Oberfläche zu bleiben, wurde LEP auf eine schiefe Ebene gelegt.*

Dies erscheint als nicht besonders erheblich, bedeutet aber bei einem Durchmesser des Rings von 10 km einen Höhenunterschied an den gegenüberliegenden Enden der Diagonale von 140 Metern. Dies mußte bei dem Druckunterschied für verschiedene Kühlwasserkreise natürlich berücksichtigt werden. Auf der anderen Seite bedeutete es keine besonderen zusätzlichen Erschwernisse bei der Vermessung des Rings und der Aufstellung der Maschine. Bei der Größe des Rings spielte die Waagerechte sowieso keine allzu große Rolle mehr, da die Erdkrümmung bei der geforderten Genauigkeit mit berücksichtigt werden muß. Auch ein einfaches Lot konnte nicht ohne weiteres benutzt werden, da die Masse des nahen Jura zu einer Ablenkung des Lotes von der Richtung zum Erdmittelpunkt führt. Zur Vermessung mußten daher optische Methoden unter Benützung von speziellen Lasergeräten und auch Satellitensignale angewendet werden.

LEP – das »achte Weltwunder«?

LEP, die »philosophische Maschine«, wie Friedrich Dürrenmatt sie bei seinem Besuch von CERN im Juni 1988 nannte, ist als Speicherring konzipiert, der es ermöglichen soll, Elektronen-Positron-Stöße bis zu 100 GeV pro Strahl – dreimal mehr als die höchsten bisher erreichten Energien – zu liefern. Die Vorteile, die sich bieten, wenn man den Mikrokosmos mit Hilfe von Elektronenwechselwirkungen untersucht, habe ich an anderer Stelle erläutert (Kap. 4). Wie bei jedem neuen Beschleuniger will man einige konkrete Fragen beantworten, z. B.: Gibt es das vorausgesagte sechste Quark (Top-Quark)? Gibt es das mysteriöse Higgs-Teilchen, mit dessen Hilfe man verstehen könnte, warum Teilchen Masse besitzen? Ist es möglich, eine weitere Vereinigung von Kräften zu erzielen (was z. B. mit der Existenz von sogenannten supersymmetrischen Teilchen zusammenhängt)? Wie viele Neutrinosorten gibt es? ... Aber das wirklich Aufregende ist die Hoffnung, auf neue, unerwartete Phänomene zu stoßen. Jedesmal, wenn man mit einem Beschleuniger in ein neues Energiegebiet vorgedrungen war, war man auch auf Überraschungen gestoßen. Warum sollte es bei LEP nicht so sein?

Wie ich in Kapitel 3 erläutert habe, wird bei einer kreisförmigen Elektronenmaschine die maximale Energie durch die Aussendung von sogenannter Synchrotronstrahlung begrenzt. Die Verluste steigen mit der Energie der Teilchen äußerst rasch an, und das einzige Mittel, sie in erträglichen Grenzen zu halten, besteht darin, den Krümmungsradius der Maschine möglichst groß zu wählen. Eine detaillierte Optimierung ergab, daß bei einer gewünschten Strahlenergie von etwa 100 GeV die Maschine einen Umfang von etwa 30 km haben müßte. Dies führte dazu, daß LEP das größte bisher von Menschenhand gebaute Forschungsinstrument ist. Von einigen Medien wurde es daher als das »achte Weltwunder« apostrophiert. Uns ist gelegentlich vorgeworfen worden, daß wir uns an Gigantismus berauschen. Dem ist durchaus nicht so; wir sind uns der vielfältigen Nachteile so großer Projekte durchaus bewußt. Die Naturgesetze und die technischen Möglichkeiten lassen jedoch keinen anderen Weg zu.

Für LEP wählten wir eine achtfache Symmetrie, d. h. der Ring besteht aus acht Kreisbögen, zwischen denen sich etwa 500 m lange gerade Stücke befinden, die zur Aufnahme der Experimente, der Hochfrequenzbeschleunigungskavitäten und für die Injektion des Strahles erforderlich sind. Von den acht möglichen Experimentierpunkten wurden zunächst nur vier freigegeben (Abb. 11.6).

Technisch ist es nicht günstig, die Teilchen von der Anfangsenergie bis zur Endenergie in einer einzigen Maschine zu beschleunigen. Es ist vorteilhaft, die Beschleunigung in Stufen vorzunehmen, ähnlich wie bei Raketen. Ein Unterschied besteht darin, daß man bei Raketen mit einer großen Stufe anfängt und die folgenden Stufen immer kleiner werden. Bei den Beschleunigern ist es umgekehrt: Hier fängt man klein an, und bei jedem Schritt wird mit der erreichten Energie auch die Beschleunigeranlage größer. Um Mittel zu

---

Abb. 11.6 (S. 293): *Schema der LEP-Schachtanlagen und des Injektionssystems. Die Vorbeschleunigungskette besteht aus zwei Linearbeschleunigern, dem Speicherring EPA, dem PS und dem SPS, die durch mehrere Kilometer lange Transfertunnels verbunden sind. Der Einschub zeigt die Impulsfolge des SPS während der Injektion in LEP. Je zwei kurze Impulse zur Beschleunigung von Elektronen und Positronen werden gefolgt von dem normalen Protonenzyklus. Dadurch kann während der Injektion in LEP das Protonenprogramm weitergeführt werden.*

LEP INJECTION SCHEME

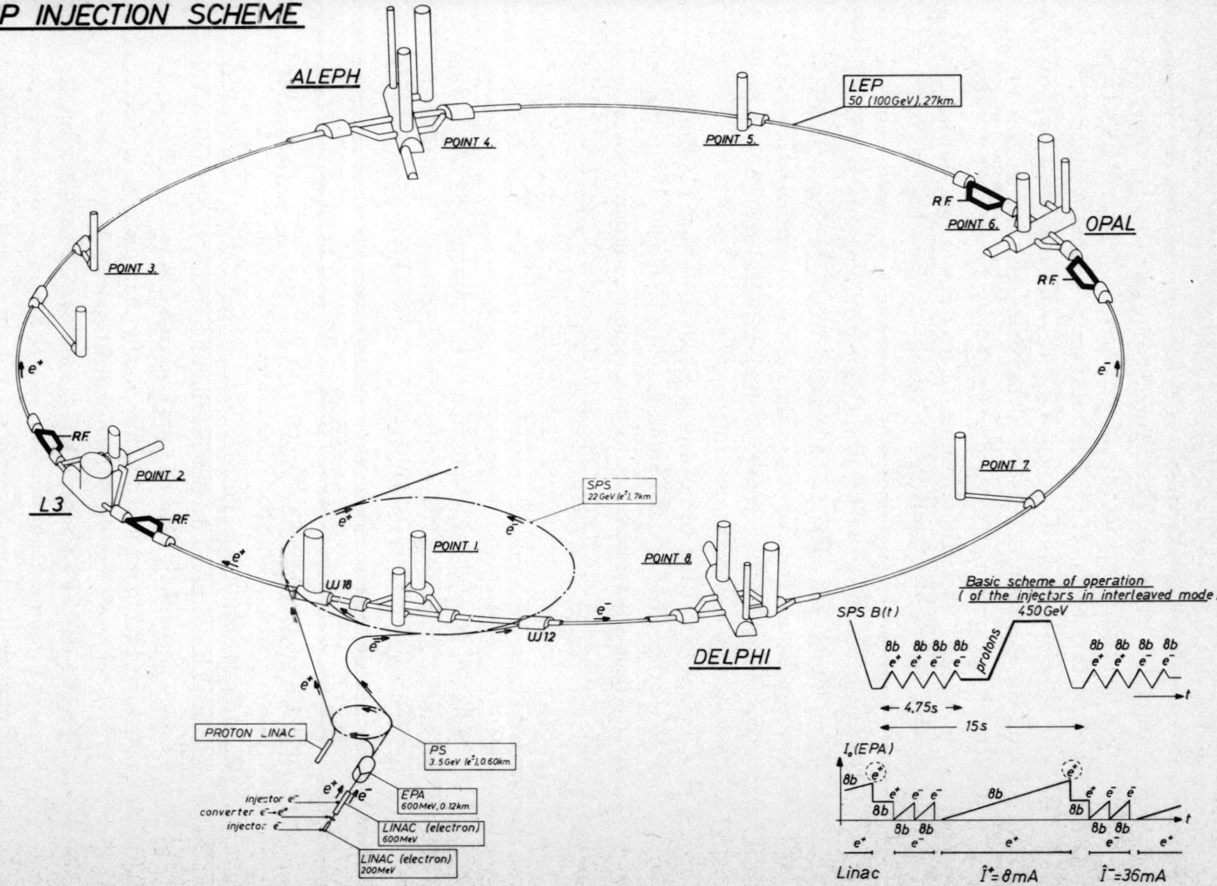

sparen, werden für LEP die bei CERN existierenden Beschleuniger als Vorstufen benutzt werden.

Ganz am Anfang der Beschleunigerkette mußten aber einige Anlagen neu gebaut werden: zwei Linearbeschleuniger und ein kleiner Speicherring (Abb. 11.6). Die Elektronen werden in einer Glühkathode erzeugt und in einem Linearbeschleuniger auf 600 MeV gebracht. Der kontinuierliche Teilchenstrahl wird in einem anschließenden Speicherring (EPA, *Electron Positron Accumulator*) in einzelnen Teilchenpaketen angesammelt. Die Positronen als Antiteilchen der Materie werden mit Hilfe eines zweiten, vorgeschalteten Linearbeschleunigers erzeugt, indem man intensive Elektronenströme mit Energien von etwa 200 MeV auf eine Wolframplatte treffen läßt, wobei durch die elektromagnetische Wechselwirkung Elektron-Positron-Paare erzeugt werden. Die Positronen werden mittels eines magnetischen Feldes herausgefischt und dann in gleicher Weise wie die Elektronen weiterbeschleunigt.

Die im EPA-Ring vorgeformten Elektronen- und Positronenpakete werden dann in das PS und anschließend zum SPS transportiert, wo sie auf 3,5 bzw. 20 GeV beschleunigt werden. Dazu war es notwendig, das alte PS und das SPS, die in der Vergangenheit nur schwere Teilchen, insbesondere Protonen, beschleunigt hatten, so umzubauen, daß sie auch in der Lage sind, Elektronen zu beschleunigen.

Schließlich werden Elektronen und Positronen in den LEP-Ring bei einer Energie von 20 GeV injiziert und dort auf die gewünschte Energie von zunächst etwa 50 GeV und später bis nahe an 100 GeV beschleunigt und gespeichert.

Um die Experimente, die Protonenstrahlen benutzen, nicht zu beeinträchtigen, werden PS und SPS in einer sehr komplizierten Weise betrieben. Im SPS werden unmittelbar nacheinander zwei Elektronen-, dann zwei Positronenpakete auf 20 GeV beschleunigt, woran sich der normale Beschleunigungszyklus für Protonen von 400 GeV anschließt (Abb. 11.6). Dadurch können das Physikprogramm mit Protonen und die Injektion in LEP »gleichzeitig« ablaufen. Das einzige, was die Protonen-Benutzer merken, ist eine Verlängerung des SPS-»Superzyklus« von etwa 12 auf 14 Sekunden, d. h. ein Protonenstrahl steht nur alle 14 Sekunden zur Verfügung. Wie man sieht, ist das Injektionssystem, bestehend aus einer Kette von Beschleunigern, sehr komplex. Sein Betrieb erfordert äußerste Zuverlässigkeit der einzelnen Komponenten.

Der Einschuß von Elektronen und Positronen in LEP erfolgt in entgegengesetzter Richtung, so daß die Teilchenpakete in entgegengesetztem Sinn umlaufen. Sie werden zeitlich so gesteuert, daß sie an den Stellen, wo die Detektoren stehen, zur Kollision gebracht werden. Der Betrieb kann mit zwei oder vier Positron- bzw. Elektronenpaketen durchgeführt werden. Die Teilchen, die praktisch mit Lichtgeschwindigkeit umlaufen, benötigen für die 27 km des Umfangs etwa 89 μs (1 μs = 1 Millionstelsekunde). Da sie mehr als 10 000 mal pro Sekunde umlaufen, wird die Wahrscheinlichkeit für einen Zusammenstoß ernorm erhöht. Um die Stoßzahl weiter zu verbessern, werden kurz vor den Stellen, an denen die Experimente sitzen, die Strahlquerschnitte mit Hilfe von supraleitenden Magneten eng zusammengepreßt. Die Strahlhöhe bei der Kollision beträgt einige 1/100 mm, während ihre horizontale Breite, bedingt durch die Synchrotronstrahlung, etwa 20mal größer ist. Die Teilchenpakete sind etwa 2 cm lang.

Um die Teilchenpakete im richtigen zeitlichen Abstand in LEP

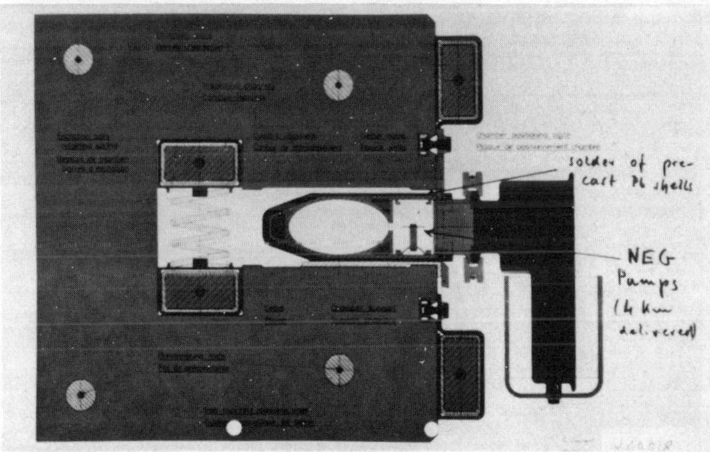

Abb. 11.7 *Querschnitt durch den Dipolmagneten von LEP. Man erkennt im Zentrum die Vakuumkammer mit Kühlkanälen und der Nebenkammer für die Getterpumpen. Die Vakuumkammer trägt eine Bleiabschirmung für die Synchrotronstrahlung.*

einschießen zu können, muß der Umfang von LEP und SPS in einem bestimmten Zahlenverhältnis zueinander stehen. Eine detaillierte Analyse zeigte, daß das günstigste Verhältnis für den Umfang der beiden Maschinen $^{27}/_{7}$ beträgt, was zu einem rechnerischen Wert für den Umfang von LEP von 26658,88 m führt. Hier treffen wir auf eine Eigenschaft, die für ein Projekt wie LEP kennzeichnend ist. Jeder Eisenbahn- oder Straßentunnel ist viel imposanter als LEP, die Besonderheit bei LEP besteht jedoch in der Kombination von Größe und Genauigkeit. Damit LEP gut funktioniert, ist es notwendig, daß die Länge der Teilchenbahn bei einem Umlauf nicht mehr als 2,5 cm von der berechneten Länge abweicht. Dies erfordert eine große Präzision bei der Aufstellung der Magnete und eine genaue Kontrolle der Strahllage.

Vom Prinzip her gesehen ist LEP eine ähnliche Maschine wie PETRA (in Hamburg bei DESY), aber mit etwa 5fach höherer Energie. Die schiere Größe des Projekts mit den erwähnten Genauigkeitsansprüchen erforderte jedoch eine Reihe von neuen technischen Lösungen, die zum Teil auf unkonventionellen Ideen basieren. Dafür einige Beispiele:

Um die Elektronen auf ihrer kreisförmigen Bahn zu halten, verwendet man Dipolmagnete. Bei einer Länge von knapp 6 m werden für LEP 3304 solcher Magnete benötigt (Abb. 11.7). Da die Maximalenergie der Teilchen jedoch nicht durch die Stärke des Führungsfeldes, sondern durch die Synchrotronstrahlungsverluste bestimmt ist, braucht man nur ein relativ niedriges magnetisches Feld (selbst bei Maximalenergie nur etwa 0,12 Tesla). Würde man diese Elektromagnete wie üblich aus Eisen bauen, so wären die Kosten relativ hoch. Man kam daher auf die Idee, sogenannte »Betonmagnete« zu entwickeln. Diese enthalten natürlich immer noch Eisen, aber sie bestehen aus Eisenlamellen mit einer Dicke von 1,4 mm, die von einem 4 mm großen Zwischenraum getrennt sind. Auf diese Weise wird das benötigte Eisen auf etwa ein Drittel reduziert, was die Kosten entsprechend senkt. Ein solcher Magnet mit »Zwischenraum« ist allerdings mechanisch gegen Durchbiegung oder Verdrehung nicht genügend stabil, um die benötigte Feldgenauigkeit von einem Drittel Promille zu gewährleisten. Es wurde daher vorgeschlagen, die Zwischenräume mit Beton auszufüllen, was zu einem Gebilde aus armiertem Stahlbeton führt, dessen mechanische Eigenschaften vom Hochbau her gut bekannt sind. Im einzelnen waren aber viele Untersuchungen notwendig, um die gewünschten Eigenschaften zu garantieren.

Von CERN wurde eine Reihe von Prototypen solcher Magnete gebaut und vermessen. Zur Großproduktion der Magnete haben wir dann zwei Baufirmen ausgewählt, die von CERN angelernt wurden, die Betonfüllungen herzustellen. Ich glaube, es war das erstemal, daß Elektromagnete nicht von einer elektrotechnischen, sondern von einer Baufirma hergestellt wurden. Durch diese Entwicklung, die von vielen außenstehenden Fachleuten zunächst mit großer Skepsis betrachtet wurde, konnten viele Millionen Schweizer Franken eingespart werden.

Bei einer kleineren Maschine kann man es sich durchaus leisten, für einzelne Elemente einen etwas höheren Preis in Kauf zu nehmen. Bei einer so großen Maschine wie LEP muß dagegen jeder Einheitspreis sofort mit der Länge des Umfangs multipliziert werden. Dieses Problem stellte sich, als es darum ging, die »Betonmagnete« mit Spulen zur magnetischen Erregung zu versehen. Normalerweise wird hierzu ein Draht in mehreren Windungen um den Eisenkern gelegt. Wegen des geringen benötigten Magnetfeldes hätte es bei LEP im Prinzip genügt, alle Ablenkmagnete mit einer einzigen gemeinsamen Windung zu erregen. Dieser einzelne Draht muß allerdings einige tausend Ampère Strom tragen, so daß es sich in Wirklichkeit um eine rechteckige Aluminiumstange handelt, die in ihrem Innern von durchströmendem Wasser gekühlt wird (Abb. 11.7).

Eine einzelne Windung mit einem Durchmesser von 10 km erzeugt aber ein sehr großflächiges Magnetfeld. Es wurde ausgerechnet, daß selbst 100 m oberhalb des LEP-Rings an der Erdoberfläche das Magnetfeld der Erde um etwa 50% abgeändert würde. Dies hätte zu möglichen Beeinträchtigungen des Fernsehempfangs und auch der Navigationssysteme der auf dem nahen Flugplatz landenden und startenden Flugzeuge geführt. Wir mußten uns daher entscheiden, eine Gegenwindung anzubringen, die auf das im LEP-Ring herrschende Magnetfeld keinen großen Einfluß hat, aber das nach außen im großen Abstand erzeugte Feld vollständig unterdrückt. Mehr als 20 km Aluminiumleiter kosteten allerdings ein schönes Stück Geld.

Wie ich oben (Kap. 4) beschrieben habe, muß man mit Hilfe von Fokussierungsmagneten verhindern, daß die ja für eine lange Zeit kreisenden Teilchen nicht auf die Wand der Vakuumröhre treffen. Bei LEP werden dazu 776 Quadrupolmagnete, jeder 1,55 m lang und 2,8 t schwer, benötigt, und zur Korrektur der »Farbfehler« 504 Sextupolmagnete, je 73 cm lang und 530 kg schwer. Die Aufstellung dieser Magnete fordert besondere Präzision, da sie im wesentlichen die Lage des Strahls im Innern der Vakuumkammer bestimmen. Sie werden daher zuerst installiert, und erst danach folgen die 3300 Dipol-Ablenkmagnete, jeder ungefähr 6 m lang und 4,5 t schwer. Weitere Steuermagnete sind notwendig, um die Teilchen während 4 bis 5 Stunden innerhalb der Vakuumkammer, die 13 cm breit und 7 cm hoch ist (Abb. 11.7), umlaufen zu lassen.

Wie schwierig das Steuerungsproblem ist, wird am besten klar, wenn man bedenkt, daß während einer solchen Speicherzeit die praktisch mit Lichtgeschwindigkeit umlaufenden Teilchen etwa 5 Milliarden Kilometer, das ist etwa 14000mal die Entfernung Erde–Mond, zurücklegen. Verwirklicht werden kann ein Steuerungssystem, das sich um die richtige Einstellung von vielen tausend Komponenten kümmern muß, nur mit Hilfe eines umfangreichen Computersystems, das durch Netzwerke verbunden ist.

Die Schwierigkeiten werden in einer Hinsicht von Nicht-Experten sehr überschätzt. Die meisten Besucher von CERN glauben, daß es besonders schwer sein müsse, die entgegengesetzt umlaufenden Teilchenpakete mit ihren kleinen Dimensionen zur Kollision zu bringen, also »Treffer« zu erzielen. Hier ist die Natur aber einmal freundlich gesinnt und hilft uns mit ihren Gesetzen. Das sogenannte Prinzip der »Zeitumkehrbarkeit« besagt, daß Teilchen und Antiteilchen, hier also Elektronen und Positronen, die in einem Magnetfeld entgegengesetzt umlaufen, genau dieselbe Bahn beschreiben. Dieses Prinzip garantiert also, daß sich die Teilchen automatisch treffen. Allerdings muß man darauf achten, daß die in entgegengesetzter Richtung umlaufenden Teilchenpakete jeweils zum richtigen Zeitpunkt in den Ring eingeschossen werden, und zwar so, daß sie am Ort der Nachweisgeräte zusammenkommen. Schon geringe zeitliche Abweichungen würden dazu führen, daß die Kollisionen in Strahlrichtung weiter vorn bzw. weiter hinten erfolgen würden, was für die Experimente nicht akzeptabel wäre. Bei der Steuerung müssen Zeitabstände von weniger als einer Milliardstelsekunde beherrscht werden.

Damit die kreisenden Teilchen Milliarden von Kilometern ungestört auf ihrer vorgeschriebenen Bahn zurücklegen können, muß dafür gesorgt sein, daß sie nicht mit Luftmolekülen zusammenstoßen und dadurch aus ihrer Bahn geworfen werden. Die Teilchen müssen daher in einer hochevakuierten Röhre umlaufen. Man kann sich leicht denken, daß die langen Umlaufzeiten einen extrem niedrigen Luftdruck erfordern (etwa 10^{-9} Torr und weniger), wie er sonst nur im Weltraum anzutreffen ist. Dies bedingt eine absolute Dichtigkeit der 27 km langen Röhre mit ihren vielen Hunderten von Verbindungsstücken und elektrischen bzw. mechanischen Durchführungen. Wegen der Größe von LEP mußte nach besonders kostengünstigen Lösungen gesucht werden, die weitere technologische Innovationen erforderten.

Als Beispiel sei erwähnt, daß die eigentliche Ultrahochvakuumpumpe bei LEP einfach ein etwa 20 km langer Metallstreifen ist, einige Zentimeter breit und einige Zehntelmillimeter dick (Abb. 11.7). Er besteht aus einer besonderen Metallegierung, die mit der Industrie entwickelt wurde und die die Luftmoleküle besonders gierig aufsaugt; die Legierung enthält vor allem das Metall Zirkonium. Man spricht hier auch von einer Getterpumpe. Um diesen »Schwamm« nicht zu früh zu sättigen, wird ein Vorvakuum mit konventionellen Pumpen erzeugt. Nach einer Pumpzeit von etwa 1 bis 2 Jahren wird der Getterstreifen kurzfristig ausgeheizt, wobei er das absorbierte Gas wieder abgibt und dann für den neuerlichen Pumpeinsatz zur Verfügung steht. Im Gegensatz zu früheren Getterpumpen wird bei LEP kein Magnetfeld benötigt.

In einem Elektronenspeicherring erfordert die Synchrotronstrahlung, die die Vakuumkammer durchdringt, besondere Vorkehrungen. Um diese Röntgenstrahlung sofort unschädlich zu machen, wurde auf die Aluminium-Vakuumkammer ein Bleimantel aufgebracht. Ein besonderes Verfahren wurde entwickelt, um eine gute Verbindung zwischen Bleimantel und Aluminium-Vakuumkammer herzustellen, damit die vorgesehenen drei Kühlkanäle der Vakuumkammer auch aus dem Bleimantel die dort von der Synchrotronstrahlung erzeugte Wärme abführen (Abb. 11.7).

Ein besonders wichtiger Teil von LEP ist das Beschleunigungssystem. Es hat die Aufgabe, die Elektronen von der Einschußenergie (20 GeV) auf die gewünschte Energie von über 50 GeV zu bringen.

Wegen der Synchrotronstrahlungsverluste muß den Teilchen aber auch laufend Energie zugeführt werden, um sie bei *konstanter* Energie kreisen zu lassen. Die Synchrotronstrahlungsverluste nehmen mit steigender Energie sehr rasch zu, so daß die maximal erreichbare Energie durch die Leistungsfähigkeit des Beschleunigungssystems begrenzt wird. Die für die Beschleunigung erforderlichen elektrischen Felder werden in sogenannten Kavitäten erzeugt.

Wie in Kapitel 4 erläutert wurde, kann man zur Beschleunigung keine elektrostatischen Felder verwenden, sondern benötigt dazu ihre Richtung ständig ändernde elektrische Felder, wobei die Richtungsänderung synchron mit der Umlaufzeit der Teilchen erfolgen muß. Um diese hochfrequenten Felder, deren Wechselfrequenzen etwa den beim Fernsehen benutzten entsprechen, zu erzeugen, bedarf es besonders leistungsfähiger Senderöhren. Im Auftrag von CERN wurden bei zwei europäischen Firmen solche sogenannte Klystrons entwickelt, mit einer Leistung, die es vorher noch nicht gab. Für technisch versierte Leser sei angemerkt, daß jedes Klystron eine Dauerstrichleistung von etwa 1 Megawatt mit einem Wirkungsgrad von rd. 70% bei einer Frequenz von 350 MHz erzeugt. Am Beginn des Betriebs von LEP werden 16 dieser Klystrons benötigt, die 128 Kupferkavitäten mit der nötigen Hochfrequenzleistung zu versorgen haben.

Die Größe von LEP zwang auch hier dazu, mit neuen Ideen nach kostengünstigen Lösungen zu suchen. Der Durchgang eines Teilchenpakets durch die Beschleunigungskavitäten dauert nur einen kurzen Augenblick (etwa 10 Milliardstelsekunden). Wegen der Größe von LEP vergeht demgegenüber eine relativ lange Zeit, bis das nächste Teilchenpaket bei den Beschleunigungskavitäten eintrifft (etwa 10 Millionstelsekunden). Die meiste Zeit arbeiten also die Beschleunigungskavitäten vor sich hin und erzeugen ein Beschleunigungsfeld, obwohl gar keine Teilchen vorhanden sind. Die elektrische Energie, die benötigt wird, um das Beschleunigungsfeld aufrechtzuerhalten, geht zum größten Teil in Form von Wärme in den Beschleunigungskavitäten verloren. Man hatte daher zunächt die Idee, Energie zu sparen, indem man die Beschleunigungskavitäten erst kurz vor Eintreffen eines Teilchenpaketes einschaltete. Dieser Schaltvorgang müßte allerdings in weniger als 1 Millionstelsekunde erfolgen. Da es darum geht, Hochfrequenzleistungen von vielen Megawatt zu schalten, wurde kein technisches Verfahren gefunden, das dies ermöglicht hätte.

Mitarbeiter von CERN kamen aber auf eine andere geniale Idee: die eigentliche Beschleunigungskavität mit einer Speicherkavität mit geringen Verlusten zu koppeln (Abb. 11.8). Das ganze System funktioniert dann wie zwei gekoppelte Pendel, die aus dem Schulunterricht bekannt sind. Dabei wird die Schwingungsenergie laufend von dem einen auf das andere Pendel und zurück übertragen, und man erhält sogenannte Schwebungen. Genau dies passiert bei der Koppelung von Beschleunigungs- und Speicherkavität. Das System wurde so dimensioniert, daß beim Durchgang eines Teilchenpakets durch die Beschleunigungskavität die volle Leistung sich in der Beschleunigungskavität befindet, während sie anschließend in die Speicherkavität fließt und rechtzeitig vor dem Eintreffen des näch-

Abb. 11.8 *Die LEP-Beschleunigungskavitäten mit den aufgesetzten kugelförmigen Speicherkavitäten. (Photo: CERN)*

Abb. 11.9 *Supraleitende Beschleunigungskavität mit vier Zellen aus massivem Niob-Metall. (Photo: CERN)*

sten Teilchenpakets wieder in die Beschleunigungskavität »zurückpendelt«. Wegen der geringen Verluste in der Speicherkavität können fast 50 % an elektrischer Leistung eingespart werden, was sich im jährlichen Betriebsbudget in mehreren Millionen Schweizer Franken ausdrückt. Das System wurde verwirklicht, getestet und funktioniert sehr gut.

Für die weitere Ausbaustufe von LEP ist aber eine noch revolutionierendere Technologie vorgesehen. In den geraden Stücken, in denen sich die Kupferkavitäten befinden, wurde etwa ein Drittel der Länge freigelassen, um später supraleitende Kavitäten aufzunehmen. Bei supraleitenden Kavitäten besteht die Wand aus dem Metall Niob, das bei sehr tiefen Temperaturen (9 °C oberhalb des absoluten Nullpunkts) den elektrischen Widerstand praktisch verliert, so daß die Beschleunigungsfelder mit einer nur sehr geringen elektrischen Leistung aufrechterhalten werden können.

In den letzten Jahren wurde bei CERN wie auch in verschiedenen anderen Laboratorien und Universitäten ein engagiertes Forschungs- und Entwicklungsprogramm für den Einsatz solcher supraleitenden Kavitäten durchgeführt. Anhand von verschiedenen Prototypen konnte man nachweisen, daß diese Technik einsetzbar ist, und von CERN wurden inzwischen Serienprototypen bei der Industrie bestellt (Abb. 11.9). Durch Auffüllen der freien Plätze in den langen geraden Stücken 2 und 6 (Abb. 11.6 und 11.10) sollen bis 1992 64 supraleitende Kavitäten installiert werden, die die Strahlenergie von LEP bis auf annähernd 80 GeV bringen würden. Wenn die supraleitenden Kavitäten die Erwartungen erfüllen, dann könnte später entschieden werden, die 128 Kupferkavitäten durch supraleitende Kavitäten zu ersetzen. Die LEP-Strahlenergie ließe sich dann bis auf die geplante Höchstenergie von etwa 100 GeV bringen. Das Ersetzen der Kupferkavitäten durch die supraleitenden Kavitäten wurde von Anfang an vorgesehen und erleichtert, indem die gleiche Frequenz für beide Sorten von Kavitäten vorgesehen ist. Dadurch können die Klystrons und andere Teile der Hochfrequenzinfrastruktur für beide Typen benutzt werden.

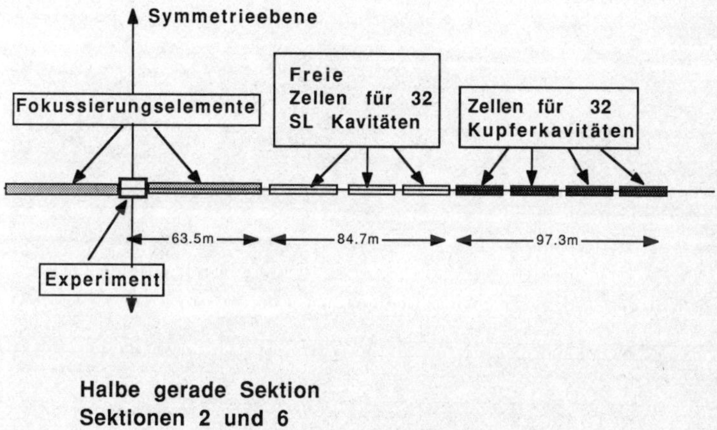

Abb. 11.10 *Die eine Hälfte einer geraden Sektion mit Beschleunigungsstrecken. Rechts und links vom Experiment erkennt man die Fokussierungselemente, anschließend den freien Platz für die Aufstellung von supraleitenden Kavitäten für die Energieerhöhung.*

Ich möchte hier nicht auf die vielen weiteren Bestandteile eingehen, die für einen Speicherring wie LEP notwendig sind. Es sei nur erwähnt, daß etwa 30 000 Komponenten mit einem Gesamtgewicht von 60 000 Tonnen im Tunnel installiert werden müssen. Die Logistik von LEP stellte eine der schwierigsten Herausforderungen dar: All dies Material muß in relativ kurzer Zeit durch einige wenige Zugangsschächte in den Tunnel und an Ort und Stelle transportiert werden – aber nicht allein das Material, sondern auch die Mannschaft, die die Teile installieren soll. Zeitweise arbeiteten mehr als 1000 Menschen gleichzeitig im Tunnel. Bis zu den Arbeitsplätzen müssen oft Entfernungen von mehreren Kilometern zurückgelegt werden, und es ist nicht möglich, daß der einzelne Arbeiter zu Fuß an seine Arbeitsstelle geht.

Die Frage, wie der Transport im Tunnel zu organisieren sei, hat uns viel Kopfzerbrechen bereitet. Am Schluß fiel die Entscheidung zugunsten einer Einschienenbahn, die von der Decke des Tunnels herabhängt (Abb. 11.11). Um sicher zu sein, daß dieses System ein-

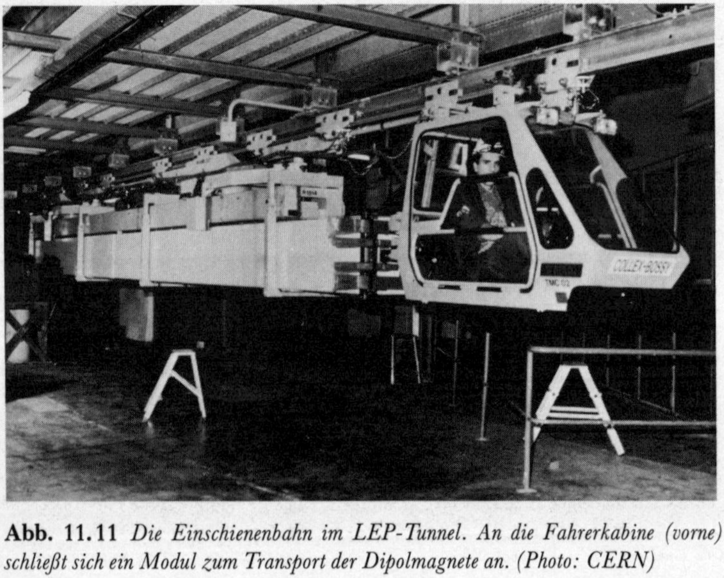

Abb. 11.11 *Die Einschienenbahn im LEP-Tunnel. An die Fahrerkabine (vorne) schließt sich ein Modul zum Transport der Dipolmagnete an. (Photo: CERN)*

schließlich seiner Weichen im Tunnel funktionieren würde, hatten wir an der Oberfläche ein Probesystem aufgebaut. Inzwischen hat die Einschienenbahn nach einem strikten Fahrplan sowohl Menschen als auch Material an die erforderlichen Stellen im Tunnel transportiert. Um die Installation zu beschleunigen, wurden in einer großen Halle an der Oberfläche Teilsysteme vormontiert, die dann als Ganzes installiert worden sind.

Ende 1988 waren 7 von den 8 Oktanten und die geraden Stücke einschließlich der Beschleunigungsstrecken fertiggestellt. Bis zur endgültigen Inbetriebnahme von LEP im Sommer 1989 blieb dann nur noch das Stück zwischen den Punkten 3 und 4 unter dem Jura fertigzustellen, das wegen der Wassereinbrüche eine Verzögerung von mehreren Monaten erlitten hatte. Am 26. 5. 1989 wurde in einer kleinen Zeremonie der letzte Magnet installiert.

Um sicher zu sein, daß LEP schnell in Betrieb gehen kann, wurden im Juli 1988 Teilchen in den bereits fertiggestellten ersten Oktanten (1 nach 2) eingeschossen. Dabei konnten das ganze Vorbeschleunigungssystem (bestehend aus zwei Linearbeschleunigern, dem Speicherring EPA, dem PS und dem SPS), die Strahltransfersysteme zwischen SPS und LEP, die magnetischen Komponenten von LEP und die Strahlbeobachtungselemente überprüft werden.

Um 16.30 Uhr am 14. 7. 1989, einen Tag früher als geplant, hatten Positronen ihren ersten Umlauf im LEP vollendet, und wenige Tage danach kreisten auch Elektronen. Nach Justier- und Abstimmarbeiten wird das Experimentierprogramm im September 1989 anlaufen. Dies ist ein großer Erfolg und eine neuerliche Bestätigung für die große Kompetenz der Ingenieure und Techniker von CERN.

Ich möchte dieses Kapitel mit einigen Bemerkungen über LEP und die *Umwelt* abschließen. Anläßlich der Genehmigung von LEP hatten wir mit großen Widerständen aus den Reihen von Umweltschützern zu kämpfen. Ihre Einwände basierten zum größten Teil auf falschen Informationen, zum kleineren Teil wurden sie auch gegen besseres Wissen vorgebracht, im wesentlichen, um den Autoren gute Publizität in den Medien zu verschaffen. Die Einwände überdeckten einen weiten Bereich von Problemen, so daß ich hier nur auf einige exemplarisch eingehen kann.

Große Schwierigkeiten brachte die Tatsache mit sich, daß CERN in seiner Abkürzung das N für Nuklear enthält. Zu meiner Überraschung stellte ich fest, daß in vielen Dörfern in der Umgebung von CERN die Bevölkerung sich nicht darüber im klaren war, daß es sich bei CERN um eine Einrichtung für die Grundlagenforschung und nicht um ein Unternehmen zur Kernenergieerzeugung handelt. Die damit verknüpften Ängste konnten durch eine Reihe von Vorträgen und Ausstellungen beseitigt werden.

Eine andere Sorge betraf den angeblich exzessiven Stromverbrauch von CERN, der es nötig machen würde, eine in der Schweiz heiß umstrittene Hochspannungsleitung zu bauen. Hier handelte es sich zum Teil um vorgeschobene Argumente. Der Leitungsanschluß von CERN liegt bei etwa 75 MW, wobei CERN zum Teil vom Schweizer und zum Teil vom französischen Netz versorgt wird. Auf französischer Seite besteht eine 400-kV-Leitung zu dem großen europäischen Knoten Génissiat, eine Leitung, die ein Vielfaches gegenüber dem, was CERN an Energie benötigt, transportieren kann. LEP wird hauptsächlich von dieser Leitung versorgt werden. Der jährliche Stromverbrauch von CERN vor der Inbetriebnahme von LEP lag bei etwa 670 GWh und wird nach Inbetriebnahme von LEP auf etwa 750 bis 800 GWh steigen. Dieser Verbrauch entspricht etwa 0,8 % des Schweizer und 0,15 % des französischen Stromverbrauchs. Gegenüber dem gesamten Energieverbrauch in den zwölf Mitgliedstaaten von CERN sind die Bedürfnisse des Laboratoriums daher völlig vernachlässigbar. Dies zeigt ein anderer Vergleich: Der jährliche Energieverbrauch eines einzigen Jumbo-Jets entspricht etwa demjenigen von CERN.

Ein anderes Thema, das besonders emotionsgeladen war, betraf die Strahlungsgefahr. Hier war zunächst leicht nachzuweisen, daß die Gefahr durch ionisierende Teilchen bei einem Speicherring wie LEP vernachlässigbar ist. Ein Speicherring erfüllt seine Funktion ja nur dann gut, wenn die Teilchen in der Vakuumkammer für viele Stunden kreisen, wobei sie nicht mit Materie in Berührung kommen und daher auch keine Strahlenwirkung ausüben können.

Nachdem diese Furcht ausgeräumt war, kamen einige Umweltschützer und behaupteten, daß die in LEP erzeugte Synchrotronstrahlung beim Durchgang durch die Luft Stickoxide und andere schädliche Gase erzeugen würde, die der Luftverseuchung von etwa

1 Million Autos entsprächen. Sie sagten voraus, daß alle Bäume in der Umgebung von LEP entlaubt und daß die Ernteerträge drastisch zurückgehen würden. Bei den Berechnungen, die die Umweltschützer anstellten, hatten sie allerdings übersehen, daß, wie bei solchen Speicherringen üblich, die Vakuumkammer unmittelbar mit einem mehrere Millimeter dicken Bleimantel umgeben wird, der die Synchrotronstrahlung schon an ihrem Entstehungsort und bevor sie einige Meter durch Luft laufen kann, absorbiert, so daß sie gar nicht wirksam werden kann. Mit Hilfe von Gutachten verschiedener Schweizer und französischer Behörden konnten wir auch diese Bedenken bei den lokalen Behörden und dem größten Teil der Bevölkerung beschwichtigen.

Der Transport und die Lagerung des meist auf französischem Gebiet anfallenden Aushubs von etwa 1,4 Millionen m^3 bereitete eine weitere ernst zu nehmende Sorge. In sehr sachlichen und erfolgreichen Gesprächen, besonders mit den betroffenen Bürgermeistern, konnten wir Deponien finden, die in der Nähe der Schachtausgänge lagen, wodurch der Transportweg verkürzt wurde, und ein Teil des Aushubs wurde dazu benutzt, um sumpfiges Gelände aufzufüllen. Die Transportbelästigung fiel daher weitaus geringer aus, als ursprünglich befürchtet.

Gewisse Schwierigkeiten gab es, als beim Wassereinbruch in den Tunnel größere Wassermengen, die stark mit Sand vermischt waren, in einen in der Nähe vorbeifließenden Bach gepumpt werden mußten. Der Sand, obwohl keine Verschmutzung im eigentlichen Sinn, setzte sich in dem Bach ab und erstickte zum Teil die Fauna, was die Fische ihrer Nahrung beraubte. Fischer und Jäger stellen in Frankreich eine politische Macht dar, so daß wir alles taten, um wieder ein gutes Einvernehmen herzustellen. Fische wurden »ausquartiert« und wieder zurückgebracht, eine Entschädigung gezahlt, und nach einigen Regengüssen nahm der Bach auch wieder seine alte Form an.

Als ich vor einiger Zeit die örtlichen Bürgermeister traf, wurde mir allseits versichert, daß es nun, nach sechs Jahren, wegen LEP keine wesentlichen Probleme mehr gebe, ja im Gegenteil, daß man inzwischen erkannt habe, daß es Arbeitsplätze (von der Hotellerie bis zum Bauwesen) schaffe und für die Region eine Reihe von weiteren Vorteilen mit sich bringe. Die lokale Bevölkerung ist zum großen

Teil sogar stolz darauf, ein so bedeutendes Projekt vor der Haustür zu haben.

Eine neue Generation von Detektoren

Eine Maschine wie LEP, die beim Zusammenstoß von Materie und Antimaterie kleine Urknälle im Labor erzeugt, ist zwar eine notwendige Voraussetzung für die Erforschung des Mikrokosmos, aber die Erzeugung der Zusammenstöße allein reicht nicht aus. Man muß ja auch beobachten, was aus diesen hochenergetischen »Feuerbällen« herauskommt. Da wir mit unseren Sinnen diese Vorgänge nicht direkt wahrnehmen können, bedarf es sehr raffinierter Nachweisgeräte, um die im Urknall geschaffenen neuen Teilchen zu erkennen, zu identifizieren, ihre Energien zu messen usw. Darauf, wie diese Nachweisgeräte im Prinzip funktionieren, bin ich bereits an anderer Stelle (Kap. 10) eingegangen. Hier möchte ich daher mehr auf einige spezifische Gesichtspunkte, die die LEP-Experimente betreffen, zu sprechen kommen, wobei ich auch die menschlichen und sozialen Probleme, die bei der Organisation so großer Kollaborationen auftreten, erwähnen werde.

Die LEP-Maschine besitzt acht gerade Stücke, in denen Zusammenstöße erzeugt und Nachweisgeräte aufgebaut werden können. Es bestand aber von vornherein Übereinstimmung, daß, um unvorhersehbare physikalische und technische Entwicklungen später berücksichtigen zu können, zunächst nur vier dieser Wechselwirkungszonen mit Experimenten belegt werden sollten. Da es sich bei LEP um eine in der Welt einmalige Anlage handelt, war ein großer Andrang zu erwarten, und es galt, das Auswahlverfahren so zu steuern, daß einerseits die wissenschaftlich besten Vorschläge zum Zuge kämen, andererseits aber nicht durch zu schroffe Ablehnungen (»shoot out«, wie es die Amerikaner nennen) hervorragende Wissenschaftler CERN den Rücken kehren würden.

Als erster Schritt sollte den Gruppen aus verschiedenen Ländern die Möglichkeit gegeben werden, sich informell zu treffen und so den Grundstock zu künftigen internationalen Kollaborationen zu legen. Beim Kaffeetrinken oder bei den Mahlzeiten in den drei CERN-Restaurants bieten sich dafür zwar viele Gelegenheiten, aber es sollten auch Wissenschaftler, die bisher nicht bei CERN arbeiteten, eine Chance bekommen, an LEP zu experimentieren.

Ich wandte mich daher 1980 an den damaligen Vorsitzenden des Europäischen Komitees für Zukünftige Beschleuniger ECFA, den Franzosen Professor M. Vivargent, und regte an, eine kleine informelle Tagung unter Mitwirkung von ECFA zu organisieren. Er stimmte zu und schlug als Tagungsort Villars-sur-Ollon in den Schweizer Alpen vor. Die Tagung war ein voller Erfolg, da sie etwa 350 Wissenschaftler anzog, und sie wurde die Wiege der späteren vier LEP-Experimente. Enttäuscht waren lediglich die Angestellten des Club Méditerranée (in dessen Hotel wir uns einlogiert hatten) – sie waren gewöhnt, die Gäste abends durch allerlei Veranstaltungen zu unterhalten, wozu es ja sog. »Animateure« gibt. Statt sich diesen Vergnügungen hinzugeben, saßen die Physiker bis spät in der Nacht in der Bar und diskutierten über mögliche Physik an LEP. Der Leiter des Clubs sagte mir, etwas Derartiges hätte er noch nie erlebt. Der dänische Physiker Hans Bøggild dichtete sogar einen Spottvers:

There once was a place called Villars,
A palace with more than one star.
They talked about LEP,
The future for HEP,
*But decisions were made in the bar.**

In der Tat wurden bei diesem Treffen viele Grundideen der späteren LEP-Experimente festgelegt. Manche Dinge wurden richtig vorhergesehen, während bei einigen anderen Gegebenheiten unsere Vorstellungskraft nicht ganz der späteren Wirklichkeit entsprach. So schätzten wir, daß insgesamt etwa 500 bis 800 Wissenschaftler an den LEP-Experimenten arbeiten würden, während es gegenwärtig mehr als 1300 sind. Für die Kosten der vier großen Detektoren schätzten wir damals jeweils einen Bedarf von 30 bis 40 Millionen Schweizer Franken, während sich die Kosten tatsächlich etwa verdoppelt haben. Vollkommen unterschätzt worden ist der Bedarf an

* Frei übersetzt: »Es gibt einen Ort mit Namen Villars, einen Palast mit mehr als einem Stern. Sie sprachen über LEP, die Zukunft von HEP (Hochenergiephysik), Entscheidungen aber fielen in der Bar.«

Rechenzeit, um die Daten zu analysieren, eine Schwierigkeit, die aber inzwischen dank der enormen Fortschritte in der Computertechnologie gelöst werden konnte.

Während der Tagung in Villars wurde klar, daß die LEP-Detektoren eine neue Generation von Nachweisgeräten darstellen und alles Bisherige an Größe und Komplexität, Präzision und Verwendung von neuen Techniken in den Schatten stellen würden (der größte vorher gebaute Detektor war das UA1-Experiment bei CERN, mit dem die W- und Z-Teilchen entdeckt wurden). Die Realisierung dieser technischen Großprojekte würde mehrere Jahre in Anspruch nehmen und mußte daher unmittelbar in die Wege geleitet werden. Ich gab deshalb am Ende der Tagung bekannt, daß Absichtserklärungen für Experimente (»letters of intent«) bis Anfang 1982 eingereicht werden sollten, daß dann ein eigenes Komitee ins Leben gerufen würde, um diese Vorschläge zu prüfen, und daß Entscheidungen bald danach getroffen werden könnten. So würden dann den Experimenten vier bis fünf Jahre zur Verfügung stehen, um neue Detektoren zu entwickeln und zu bauen.

Die Tagung von Villars erfüllte ihren Zweck als eine Art Heiratsmarkt recht gut, und wir erhielten schließlich sechs Absichtserklärungen. Das LEP-Experimente-Komitee unter Vorsitz des deutschen Physikers Günther Wolf von DESY diskutierte und kritisierte diese Vorschläge im einzelnen und empfahl vier Vorschläge zur Genehmigung. Vor einer endgültigen Entscheidung versuchten wir noch in Gesprächen, die Gruppen, deren Vorschläge nicht angenommen werden sollten, in die anderen Experimente zu integrieren, was zu einem großen Teil auch gelang.

Ich hatte die Gruppen vorher gebeten, für die Experimentieranordnungen doch möglichst wohlklingende Namen anstelle von unaussprechlichen Konsonanten-Abkürzungen zu wählen. Die Experimentiervorschläge, die angenommen wurden, laufen unter den Namen ALEPH (Apparat für LEP Physik), DELPHI (Detektor für Leptonen, Photonen und Hadronidentifikation), OPAL (Omni Purpose Apparat für LEP) und L3. Bei der Namensfindung für das vierte Experiment gab es Schwierigkeiten.

Trotz meiner Bitten schlug der Leiter dieses Experiments, Samuel Ting, ein Amerikaner chinesischer Abstammung, Professor am berühmten MIT in Boston und Nobelpreisträger, keinen ansprechenden Namen vor. Als ich nicht nachließ, präsentierte er mir schließlich »Magellan«. Der Name dieses Weltumseglers sollte zum Ausdruck bringen, daß es sich hier um eine wirklich weltumspannende Kollaboration handelte. Aber einige Tage später zog Ting den Vorschlag mit dem Argument zurück, sie hätten inzwischen herausgefunden, daß Magellan auf den Philippinen Schiffbruch erlitten habe und 1521 von den Eingeborenen erschlagen worden sei. Dies wurde nicht als gutes Omen für die Kollaboration angesehen. Als Ting mit dem zweiten Vorschlag »SAM« kam, wies ich ihn darauf hin, daß es doch nicht gutem Geschmack entspräche, seinen eigenen Vornamen für das Experiment zu benutzen. Er erwiderte, daß die Abkürzung keineswegs etwas mit seinem Vornamen zu tun hätte,

Abb. 11.12 *Sam Ting (links) und A. Zichichi (rechts) zeigen dem italienischen Minister Galloni (zweiter von rechts) den LEP-Tunnel.*

sondern für »Schopper Approves Me« (Schopper genehmigt mich) stünde. Da gab ich auf. Das Experiment wurde L3 genannt, weil es der dritte »letter of intent« war, den wir erhalten hatten (Abb. 11.12).

Die vier Experimente haben gewisse Züge gemeinsam. Alle versuchen, den Kollisionsort möglichst vollständig zu umschließen, um alle erzeugten Teilchen zu erfassen. Im Zentrum des Detektors befindet sich ein Spurendetektor, der es gestattet, die Bahn der geladenen Teilchen zu verfolgen. Er wird überlagert von einem Magnetfeld, das die Teilchenspuren krümmt, und aus der Krümmung läßt sich ihre Energie und ihre elektrische Ladung bestimmen. Der zentrale Spurendetektor wird dann nach der Art von Zwiebelschalen von weiteren Nachweisgeräten umgeben, in denen die verschiedenen Durchdringungseigenschaften der Teilchen ausgenutzt werden, um sie zu identifizieren oder auch die Energie von nichtgeladenen Teilchen wie Neutronen und Photonen zu bestimmen. Auch die Eisenjoche, die notwendig sind, um das Magnetfeld zu formen, sind segmentiert, um als Absorber dienen zu können. Sie sind dick genug (etwa 1 m), um alle Teilchen zu stoppen, ausgenommen Myonen, die ein außergewöhnliches Durchdringungsvermögen haben und mit speziellen Kammern außerhalb des Eisenjochs nachgewiesen werden.

Im einzelnen unterscheiden und ergänzen sich die Detektoren, um verschiedene physikalische Probleme besser untersuchen zu können. Auf die Einzelheiten einzugehen würde hier jedoch zu weit führen. Um die verschiedenen Anforderungen zu erreichen, war es nötig, zum Teil vollkommen neue Technologien zu entwickeln oder bekannte Technologien über ihre jetzigen Grenzen hinaus weiter voranzutreiben. Dafür einige Beispiele:

In ALEPH und DELPHI wird das Magnetfeld von zwei supraleitenden Solenoiden erzeugt, bei denen es sich mit einem Durchmesser von 6,2 m und einer Länge von 7,4 m um die bisher größten supraleitenden Spulen handelt (Tafel IV). Sie wurden in Zusammenarbeit mit CERN beim Rutherford-Appleton-Laboratorium in England und im französischen Laboratorium in Saclay hergestellt. Der Transport dieser Spulen von ihrem Herstellungsort zu CERN bereitete gewisse Probleme. Autobahnen mit zu niedrigen Brücken mußten vermieden werden, und auf kleinen Landstraßen mußten manchmal Hindernisse, z. B. eine Hausecke, beseitigt werden (Abb. 11.13).

ALEPH benutzt in seinem Zentrum eine sogenannte *Time Projection Chamber* (Zeitprojektionskammer), die es gestattet, die Spuren von Teilchen unmittelbar dreidimensional zu erfassen. OPAL, eine Weiterentwicklung des ehemaligen JADE-Experiments an PETRA und DESY, benutzt Tausende von Bleiglaskristallen zum Nachweis von Gamma-Quanten (Quanten). Diese wurden von der Universität Tokio bereitgestellt. Das DELPHI-Experiment zeichnet sich dadurch aus, daß es dank eines besonderen Nachweisgeräts, des sogenannten RICH (*Ring Imaging Cherenkov*)-Zählers, in der Lage ist, verschiedene Teilchensorten zu unterscheiden. In diesem Zähler wird das Licht der Cherenkov-Strahlung, die je nach Geschwindigkeit der Teilchen in einem mehr oder weniger großen Kegel abgestrahlt wird, nachgewiesen[30]. Für das gleiche Experiment wurde ein spezieller Vertex-Detektor entwickelt, der es mit Hilfe der Halbleitertechnologie von Mikrochips ermöglicht, in der Nähe des Kollisionsortes den Ort von Teilchen mit einer Genauigkeit von bis zu 3000stel mm zu messen.

Abb. 11.13 *Der Transport der Spule des DELPHI-Detektors. Es handelt sich um das größte bisher gebaute supraleitende Solenoid (entwickelt und hergestellt am Rutherford Appleton Laboratory, Großbritannien). (Photo: CERN)*

Für den L3-Detektor wurde ein neues Material zum Nachweis von Elektronen und Gammastrahlen eingesetzt, das es ermöglichen soll, die Energie dieser Teilchen auch bei niederen Energien mit großer Genauigkeit zu messen. Bei dem Material handelt es sich um Wismuth-Germanium-Oxid, abgekürzt BGO (B für das englische *bismuth*). Um den Kollisionsort vollständig zu erfassen, sind etwa 12000 pyramidenstumpfförmige Kristalle aus diesem Material erforderlich, die ungefähr 20 cm lang sind und einen Querschnitt von ca. 3 × 3 cm besitzen (Abb. 10.6). Wegen ihrer unübertroffenen Energieauflösung werden sie auch Anwendung im medizinischen Bereich, z. B. in der Tomographie, finden.

Die Entwicklung und Produktion der BGO-Kristalle ist nicht nur ein Beispiel für eine bemerkenswerte technologische Entwicklung, sondern stellt auch ein gutes Beispiel für die weltweite internationale Zusammenarbeit dar. Die Kristalle besitzen insgesamt ein Gewicht von mehreren Tonnen, entsprechend viel Ausgangsmaterial muß zur Verfügung stehen. Um den Kristallen die gewünschten Eigenschaften zu geben, zeigte sich, daß dieses Ausgangsmaterial äußerst rein sein muß. Da es sich als schwierig herausstellte, genügende Mengen von hochreinem Germaniumoxid in westlichen Ländern zu finden, war Ting sehr froh, als es ihm gelang, aus der Sowjetunion mehrere Tonnen des Materials zu erhalten. Das Germaniumoxid wurde zunächst nach England und in die Schweiz gebracht, wo es wiederum unter Beachtung größter Reinheitsvorschriften mit Wismuthoxid im richtigen Verhältnis gemischt wurde. Dieses Material ließ man dann nach Shanghai transportieren, wo in dem Institut für Keramik, das über besondere Erfahrungen im Züchten von Einkristallen verfügt, eine kleine Fabrik errichtet wurde, in der inzwischen mehrere tausend Kristalle mit den gewünschten Eigenschaften und geometrischen Abmessungen mit besser als 0,05 mm Genauigkeit erfolgreich hergestellt worden sind. Die Technologie dafür wurde teilweise im französischen Annecy entwickelt. Die Halterung für die Kristalle aus kohlefaserverstärktem Kunst-

---

Abb. 11.14 (S. 315): *Schema einer Kaverne für Detektoren am LEP. Man erkennt die »Garagen«-Position, in der der Detektor zusammengebaut wurde, und die Strahlposition, in die der Detektor auf Schienen gerollt wird.*

LEP-Experimentier-Station

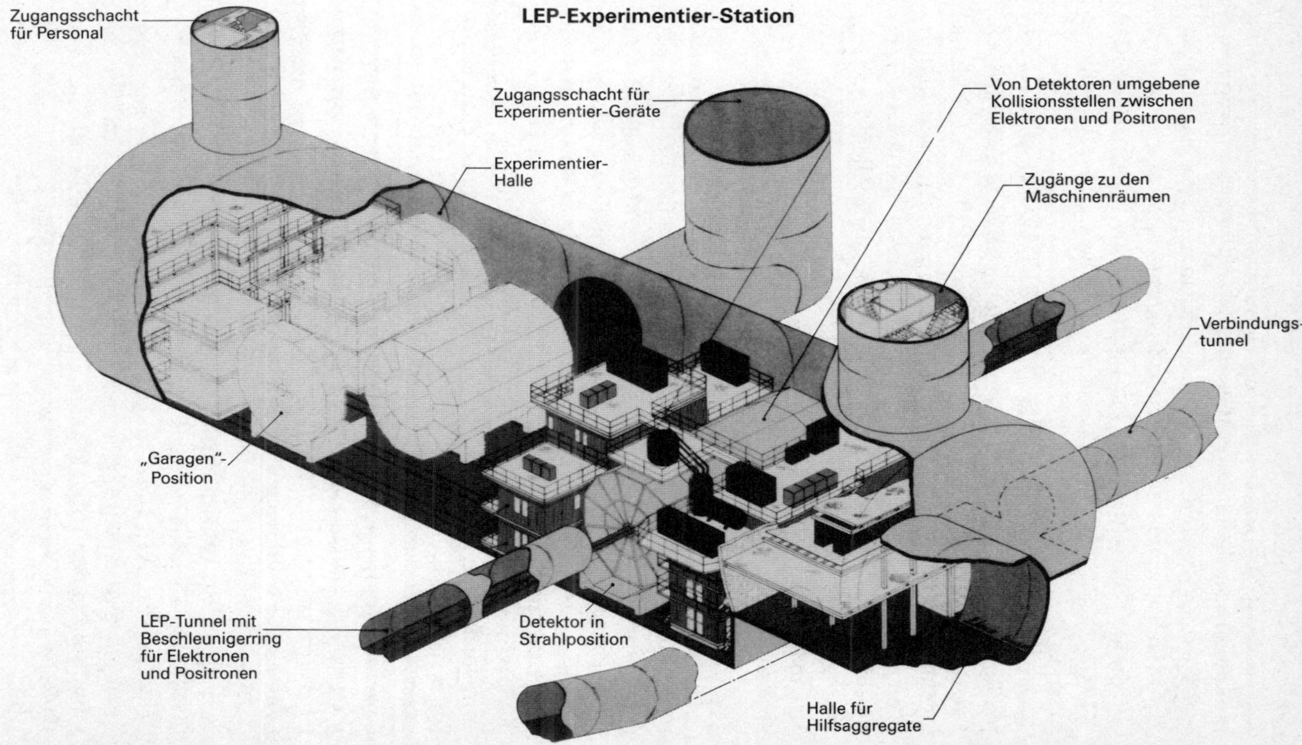

harz kommt aus Italien, und der Kran, um das Experiment zu montieren, wurde von der DDR beigesteuert. Ein großer Teil dieser Operation wird aus US-Quellen finanziert. Hier erweist sich also, daß weltweite internationale Zusammenarbeit nicht nur beim Austausch von Gedanken und Informationen, sondern auch bei konkreten technischen Projekten ausgezeichnet funktionieren kann.

Die drei Detektoren ALEPH, DELPHI und OPAL sind trotz ihres Gewichts von mehreren tausend Tonnen beweglich auf Schienen aufgestellt. Dies hat den Vorteil, daß sie außerhalb des LEP-Strahls in einer sogenannten Garagenposition zusammengebaut und geprüft werden können (Abb. 11.14). Erst danach werden sie in die Strahlposition gerollt. Bei L3 ist das nicht möglich. Allein der riesige Magnet mit einer oktogonalen Zylinderform ist 14 m lang und 15,8 m hoch bei einem Gewicht von etwa 8500 t – das ist mehr Stahl, als sich im Eiffelturm befindet. Das Nachweisgerät L3 mußte daher ortsfest im LEP-Strahl aufgebaut werden (Tafel V a).

In den Hochenergiephysiklaboratorien ist es üblich, daß die Beschleuniger vom Labor selbst konzipiert, gebaut und betrieben werden, während die Nachweisgeräte weitgehend von den auswärtigen Gruppen eingebracht werden. In der engen Symbiose zwischen auswärtigen Universitäten und Zentrallabor muß das Bestreben darin bestehen, möglichst viele Aktivitäten an die Universitäten zu verlagern, damit diese für die Lehre und Forschung, aber auch für ihre Infrastruktur (z. B. Datennetze) profitieren. Im Ablauf eines Experiments findet daher die Vorbereitungsphase mit der Entwicklung von neuen Nachweismethoden und dem Bau und der Erprobung einzelner Komponenten und die letzte Phase, nämlich die Auswertung der auf Datenbändern registrierten Daten, an den Universitäten statt. Der Aufbau der Detektoren und die eigentliche Datennahme am Beschleuniger muß natürlich im Zentrallabor erfolgen.

Dieses Prinzip wurde auch bei den LEP-Experimenten, ja sogar in bisher nicht bekanntem Maße, befolgt. Von den Komponenten für alle vier Experimente im Gesamtwert von nahezu 500 Millionen Schweizer Franken wurde nur ein Drittel von CERN beigetragen. Etwa ein Drittel wurde von den Gruppen aus Universitäten und Laboratorien der Mitgliedstaaten erstellt, während ein Drittel von Physikern aus Nichtmitgliedstaaten, insbesondere den USA, der

UdSSR, Japan, Kanada und China, eingebracht wurde. Dabei ist der finanzielle Wert nur ein unzulängliches Maß für die Beiträge an Ideen und technischen Entwicklungen, die von verschiedenen auswärtigen Gruppen beigesteuert wurden. Auf CERN fiel dabei die wichtige Aufgabe und große Verantwortung, diese Aktivitäten so zu koordinieren, daß alle gelieferten Komponenten rechtzeitig eintreffen, am Ende zusammenpassen und die Eigenschaften besitzen, die von ihnen erwartet werden.

In dieser Aufgabe wurden wir unterstützt von zwei Komitees. Beim ersten handelt es sich um ein wissenschaftlich-technisches, dessen Vorsitzender und Mitglieder auswärtige Wissenschaftler sind. Dieses Komitee hat während mehrerer Jahre den Bau der Komponenten sorgfältig verfolgt, wobei gewisse »Meilensteine« für die Entwicklung vorgeschrieben wurden, um den Zeitplan gut einzuhalten. Für jedes Experiment wurde auch ein Finanzkomitee eingesetzt, dessen Mitglieder Vertreter der für die Hochenergiephysik zuständigen Behörden sind. Dort wurden die Beteiligungen ausgehandelt, Kostenüberschreitungen und ihr Ausgleich diskutiert, und auch Währungsschwierigkeiten zwischen West und Ost kamen zur Sprache.

Als die LEP-Experimente genehmigt wurden, äußerten viele Wissenschaftler und Verwaltungsfachleute Zweifel, ob ein solches Unternehmen, bei dem das zentrale Labor eine nur relativ geringe Kontrolle über den Ablauf so großer technischer Projekte hat, erfolgreich sein würde. Bei Inbetriebnahme von LEP – im Juli 1989 – waren alle vier Nachweisgeräte installiert und betriebsbereit, womit dieses wissenschaftliche und administrative Abenteuer (das »LEP-Modell«) voll geglückt ist. Obwohl die Beiträge in vorher nie erlebter Art und Weise von vielen Instituten aus verschiedenen Ländern mit verschiedenen politischen, wirtschaftlichen und finanziellen Systemen stammen, gelang es, die vier technischen Großprojekte dank des ausgezeichneten Willens zur internationalen Zusammenarbeit im vorgesehenen zeitlichen und finanziellen Rahmen zu verwirklichen.

12. Ein Blick in die Zukunft

Die Fortschritte in der Elementarteilchenphysik sind eng verknüpft mit der Weiterentwicklung von Beschleunigern und Detektoren, da nur sie ein tieferes Eindringen in den Mikrokosmos ermöglichen. Es entspricht der Tradition in der Hochenergiephysik, daß neue Projekte langfristig geplant und sorgfältig vorbereitet werden; nur auf diese Weise können die Projekte im vorgesehenen zeitlichen und finanziellen Rahmen verwirklicht werden. Daher ist nicht erstaunlich, daß schon jetzt die nächste Generation von Beschleunigern in Diskussion oder Vorbereitung ist.

In den letzten zehn bis fünfzehn Jahren konnte man eine immer stärkere Konzentration auf wenige große Anlagen feststellen. Es erhebt sich also die Frage, ob die zukünftige Entwicklung auf einen einzigen »Weltbeschleuniger« zuläuft. Der Riesenbeschleuniger SSC, der gegenwärtig in den USA vorbereitet wird (vgl. S. 320), wäre mit seinem Tunnelumfang von 83 km *der* Kandidat dafür. Ich glaube aber nicht, daß ein einziger Beschleuniger eine optimale Lösung wäre. Die Komplexität des Mikrokosmos erfordert verschiedene, zueinander komplementäre Geräte. Mehrere sich ergänzende Anlagen in verschiedenen Kontinenten erschienen mir als eine erfolgversprechendere Strategie. Auf eine Reihe möglicher Szenarien werden wir noch zu sprechen kommen. Zunächst wollen wir uns aber der nahen Zukunft zuwenden.

Für die *nächste Phase*, die bis zum Ende der 90er Jahre reicht, wird sich die Elementarteilchenphysik auf vier große Maschinen stützen: Das Tevatron in den USA wird die höchsten Energien für *Proton-Antiproton*-Kollisionen zur Verfügung stellen (mit zwei Detektoren), während LEP bei CERN der größte Speicherring für *Elektron-Positron*-Zusammenstöße (mit vier Detektoren) ist. HERA bei DESY wird die erste »hybride« Anlage sein (zwei Detektoren), die *Elektron-Proton*-Kollisionen liefern wird. Schließlich wird UNK in der Sowjetunion in seiner ersten Phase (ab 1995) die energiereichsten Strahlen von Protonen für die sogenannte »fixed target«-Physik liefern (und soll später zu einem Proton-Proton-Collider ausgebaut werden). Diese vier Großanlagen sind weitgehend komplementär zueinander und ergänzen sich in vorzüglicher Weise. Ihre Nutzung steht allen Physikern der Welt offen, und alle Experimente werden in internationaler Zusammenarbeit ausgeführt. Durch die Komplementarität der Beschleuniger wird eine sehr kosteneffektive Auswertung der Ressourcen erreicht.

Diese großen Anlagen werden ergänzt durch mehrere kleinere Elektron-Positron-Collider, nämlich DORIS bei DESY, CESR an der Cornell-Universität im Staat New York, SLC in Stanford / Kalifornien und schließlich durch den einmaligen LEAR-Ring bei CERN für Antiprotonen bei sehr niedrigen Energien. Es werden zur Zeit an verschiedenen Orten Pläne für eine neue Generation von Maschinen ausgearbeitet, die bei verhältnismäßig niederen Energien hohe Teilchenströme liefern sollen, um bestimmte instabile Teilchen in großer Zahl zu erzeugen. Dazu gehören die sogenannten K-Meson-Fabriken, Protonenbeschleuniger im Bereich von 500 MeV bis 1 GeV, aber mit enormen Stromstärken von 100 μA bis 1 mA. Solche Projekte werden in Kanada (am TRIUMF-Laboratorium in Vancouver), in USA (für Los Alamos) und auch in Europa diskutiert. Elektronenbeschleuniger, die besonders dafür ausgelegt sind, Teilchen mit einem Beauty-Quark (B-Mesonen-Fabriken) zu produzieren, werden unter anderem am Paul-Scherrer-Institut (früher SIN) in der Schweiz, bei DESY und in Frascati bei Rom in Erwägung gezogen. Diese »Teilchenfabriken« bei niederen Energien stellen eine konsequente Fortsetzung der älteren kleineren Maschinen dar; sie werden ihre »großen Brüder« sicher gut ergänzen.

Alle erwähnten Maschinen sollten ein reichhaltiges Experimentierprogramm ermöglichen, und insbesondere der Vorstoß in neue Energiebereiche wird bis zum Ende dieses Jahrhunderts zur Beantwortung einer Reihe von Fragen über die Struktur der Materie führen.

Welche Möglichkeiten ergeben sich für die *fernere Zukunft*?

Protonen-Kollisionsmaschinen

Technisch gesehen ist es am einfachsten, mit Hilfe von Protonen zu noch höheren Energien vorzustoßen. Da bei hohen Energien die Häufigkeit für interessante Ereignisse abnimmt, ist es aber gleichzeitig notwendig, höhere Stoßraten zu erzeugen. Da Proton-Antiproton-Speicherringe selbst bei Verbesserungen der Antiprotonenquellen beschränkte Stoßraten liefern, sind bevorzugt Proton-Proton-Collider im Gespräch. Solche Maschinen erfordern zwei getrennte Vakuumkammern für die beiden Protonenstrahlen (die sich an einigen Stellen überkreuzen müssen), was die Kosten gegenüber Proton-Antiproton-Maschinen allerdings erhöht.

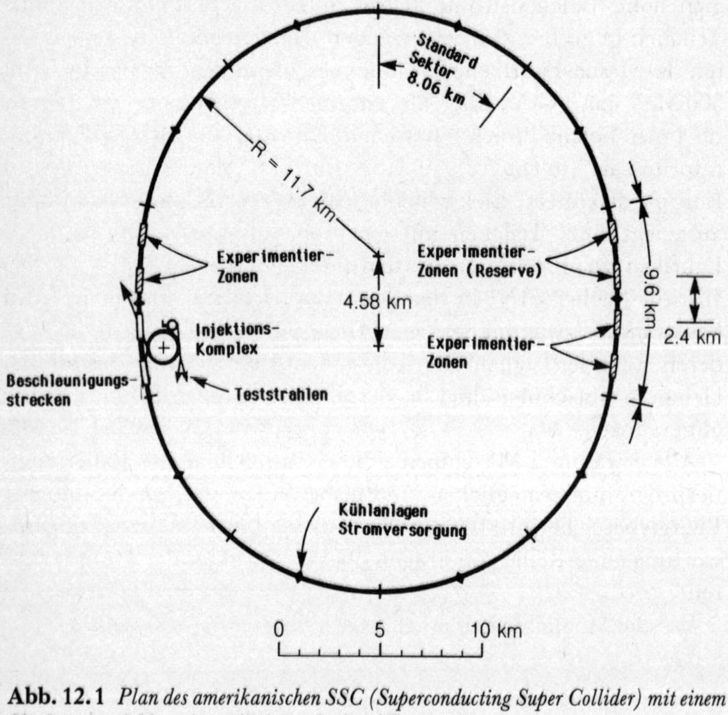

Abb. 12.1 *Plan des amerikanischen SSC (Superconducting Super Collider) mit einem Umfang von 83 km, der südlich von Dallas/Texas gebaut wird.*

In den USA neigt man in den letzten Jahren zu der Meinung, daß die langjährige Führung in der Elementarteilchenphysik an Europa verlorengegangen sei. Entsprechend der amerikanischen Mentalität, die nur »winner and loser«, aber kaum etwas dazwischen kennt, wurde ein kühner Vorschlag unterbreitet, der die amerikanische Führung wiederherstellen soll. Es handelt sich um das SSC-Projekt (*Superconducting Super Collider*), einen Proton-Proton-Collider mit einer Strahlenergie von 20000 GeV (= 20 TeV), 20mal mehr, als gegenwärtig an Protonenenergien beim Tevatron zur Verfügung steht. Der Tunnel soll einen Umfang von 83 km besitzen (Abb. 12.1), zur Strahlführung sollen supraleitende Magnete (8000 Dipolmagnete, je 17 m lang, und 1600 Quadrupolmagnete) eingesetzt werden. Die endgültigen Kosten dürften bei etwa 6 Milliarden US-Dollar liegen. Dieses Projekt wurde von Präsident Reagan genehmigt und liegt dem Kongreß und Senat zur Entscheidung vor. Für das Haushaltsjahr 1989 wurden 100 Millionen Dollar für technische Entwicklung zur Verfügung gestellt.

Inzwischen ist die Entscheidung über den Standort getroffen worden. Am 18. 1. 1989, unmittelbar vor Ende der Amtszeit von Präsident Reagan, verkündete »Energy Secretary« John Herrington, daß das Projekt in der Nähe der texanischen Kleinstadt Waxahachie südlich von Dallas gebaut werden soll. Damit endete ein langes Tauziehen, das mit 30 Standortvorschlägen verschiedener amerikanischer Bundesstaaten begonnen hatte. Das Laboratorium soll den Namen »Ronald-Reagan-Zentrum für Hochenergiephysik« tragen. Zum Direktor dieses ehrgeizigen Projekts wurde der Harvard-Professor Roy F. Schwitters ernannt.

Ursprünglich war 1996 als Jahr der Inbetriebnahme vorgesehen, was mir nicht mehr als realistisch erscheint. Die Finanzierung wird vermutlich eine Streckung der Bauphase verlangen, die technische Entwicklung der supraleitenden Magnete ist noch nicht abgeschlossen, und es fehlt an qualifiziertem Personal, um sowohl den großen Ring als auch das ganze Vorbeschleunigersystem zu bauen. Eine Inbetriebnahme um das Jahr 2000 dürfte daher wahrscheinlicher sein.

Das SSC-Projekt wird von der amerikanischen Regierung (genauer: von dem dafür zuständigen Department of Energy) mit ambivalenten Argumenten vertreten. Auf der einen Seite wird es mit

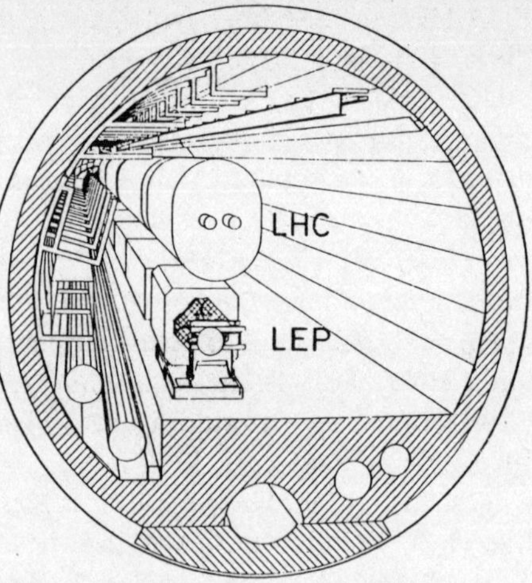

Abb. 12.2 *Mögliche Anordnung eines Doppelringes für einen Proton-Proton-Collider (LHC) oberhalb des LEP-Magnetrings.*

nationalen Gründen gerechtfertigt, da es die wissenschaftliche Führung der USA wiederherstellen und der amerikanischen Industrie einen Anstoß zu technischen Neuentwicklungen geben soll. Auf der anderen Seite werden interessierte Länder aufgefordert, sich an dem Projekt zu beteiligen und es zu einem gemeinsamen internationalen Vorhaben zu machen, wobei die USA sich einen Zuschuß von etwa 2 Mrd. Dollar, d. h. etwa ein Drittel der Projektkosten, erhoffen.

Bei verschiedenen Gelegenheiten (wenn amerikanische Politiker CERN einen Besuch abstatteten oder bei Hearings im amerikanischen Kongreß-Ausschuß) habe ich stets die Meinung vertreten, daß nationale Argumente eine untergeordnete Rolle spielen sollten, daß aber vor einer Entscheidung über die Beteiligung anderer Länder zunächst eine gemeinsame internationale Absprache für die nächste Generation von Hochenergiephysik-Beschleunigern angestrebt werden sollte. Internationale Konkurrenz ist schon bei der jetzigen Generation von Beschleunigern ein altmodisches Relikt. Die eigentliche Konkurrenz findet zwischen den Experimenten an ein und demselben Beschleuniger statt. Der Standort des Beschleunigers spielt eine immer weniger wichtige Rolle. Das beste Beispiel dafür ist CERN, dessen Erfolge sich alle Mitgliedstaaten und nicht nur das Sitzland Schweiz zuschreiben. Eine Koordinierung scheint mir auch deshalb notwendig zu sein, weil selbst ein nur zehnprozentiger Beitrag zum SSC fast alle europäischen Ressourcen für die Hochenergiephysik in Anspruch nehmen würde.

Ein Proton-Proton-Collider (allerdings mit niedrigerer Energie) könnte zu einem Bruchteil der Kosten des SSC im LEP-Tunnel realisiert werden. Als LEP vorgeschlagen wurde, war ich der Ansicht, daß die großen Investitionen, insbesondere für den Tunnel, so kosteneffektiv wie möglich ausgenutzt werden sollten. Daher wurde der Tunnelquerschnitt weit genug gewählt, um auf die LEP-Magnete einen zweiten Ring supraleitender Magnete für einen Proton-Proton-Beschleuniger zu installieren (Abb. 12.2). Ein solches Projekt unter dem Namen LHC (*Large Hadron Collider*) ist inzwischen im Detail ausgearbeitet worden und gilt als technisch realisierbar. Es ist vorgesehen, die supraleitenden Magnete bis zu Feldstärken von etwa 10 Tesla weiterzuentwickeln, was Strahlenergien von ungefähr

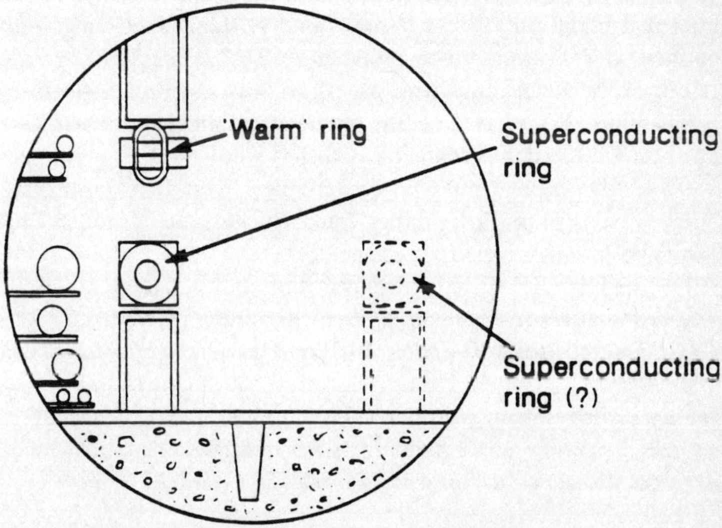

Abb. 12.3 *Querschnitt durch den Tunnel von UNK in Serpuchov. Man erkennt den 400-GeV-Vorbeschleuniger (»warmer« Ring), den im Bau befindlichen supraleitenden Ring für 3-TeV-Protonen und die für später vorgesehene Aufstellung eines zweiten Protonenrings (gestrichelt).*

8000 bis 9000 GeV liefern würde. Das sind Energien, die zwar etwa einen Faktor 2 niedriger liegen als diejenigen vom SSC; das Forschungspotential würde aber nur um einen kleineren Faktor (etwa 1,4) reduziert sein, da wegen der Eigenbewegung der Quarks im Proton die Energie für Quark-Quark-Zusammenstöße ohnehin nicht scharf definiert ist und geringere Energie zum Teil durch höhere Kollisionsraten ausgeglichen werden kann. Ein weiterer Vorteil von LHC bestünde darin, daß das Probelm der Nachweisgeräte bei den niedrigeren Energien leichter zu lösen wäre, denn bisher hat man noch keine Lösung für Detektoren im Energiebereich des SSC gefunden, für den mindestens 1000mal höhere Stoßraten als bei den jetzt existierenden Proton-Collidern erforderlich sind. Der LHC könnte daher eine sinnvolle Vorstufe für das SSC sein, insbesondere wenn sich dieses in der zeitlichen Realisierung verzögern sollte.

In der Sowjetunion ist im Hochenergiephysik-Institut bei Serpuchov (120 km südlich von Moskau) der Beschleunigerkomplex UNK im Bau, der ab 1995 Protonen mit einer Energie von 3 TeV für »fixed target«-Physik liefern soll. Anschließend soll in dem 22 km langen Tunnel ein zweiter supraleitender Magnetring aufgestellt werden, der Proton-Proton-Stöße bei 6 TeV ermöglichen würde (Abb. 12.3). Neuerdings wird als Alternative ein Proton-Antiproton-Collider diskutiert. Er käme mit dem im Bau befindlichen Ring aus und könnte daher schneller realisiert werden. Die Energie des UNK-Colliders läge aber unter derjenigen von LHC und SSC. Seine Realisierung dürfte daher vom Schicksal dieser beiden Projekte und ihrem Zeitplan abhängen.

Der Vollständigkeit halber sei erwähnt, daß sich die italienische Regierung auf Initiative von A. Zichichi mit dem Gedanken trägt, einen Proton-Proton-Collider mit einer Strahlenergie von etwa 100 000 GeV und einem Umfang von etwa 300 km für Italien vorzuschlagen, also eine noch größere Maschine als das SSC. Auch dieses Projekt, das unter dem Namen *Eloisatron* läuft, könnte natürlich nur in internationaler Zusammenarbeit realisiert werden.

Elektronen-Collider

Während man bei Protonenmaschinen keine wesentlichen technischen Schwierigkeiten kennt (wohl aber bei den Nachweisgeräten), um die nächste, ja vielleicht sogar die übernächste Generation von Beschleunigern zu bauen, ist die Situation bei Elektronen-Collidern ganz anders. Wegen der Synchrotronstrahlungsverluste, die mit einer Erhöhung der Energie überproportional steigen, nimmt die Größe einer kreisförmigen Maschine etwa mit dem Quadrat der Energie zu. Wollte man etwa einen Faktor 5 gegenüber LEP gewinnen, so müßte man einen 25mal größeren Ring als LEP bauen, was mit einem Umfang von 600 bis 700 km natürlich vollkommen außer jeder Diskussion steht.

Hier kann nur eine neue Technik weiterhelfen, indem man die Strahlen von zwei geraden Linearbeschleunigern (dabei tritt keine Synchrotronstrahlung auf) gegeneinander schießt. Die Teilchen haben dann allerdings nur eine einzige Chance, miteinander zu kollidieren. Um eine genügende Zahl von Kollisionen pro Zeiteinheit zu erhalten, muß man sehr hohe Strahlströme benutzen und die Strahlquerschnitte auf unglaublich kleine Strahldimensionen zusammenpressen (Strahlen mit einer Höhe von weniger als 1 millionstel mm). Bei hohen Stromdichten treten bei der Strahlwechselwirkung aber neue Phänomene auf, die noch nicht völlig verstanden werden. Um diese Phänomene zu studieren, werden im SLC-Projekt bei SLAC unter Benutzung des 2-Meilen-Linearbeschleunigers in raffinierter Weise Kollisionen von zwei solchen Beschleunigern simuliert (Abb. 12.4). Außerdem möchte man mit möglichst kurzen Linearbeschleunigern auskommen (nicht länger als etwa 10 km). Man studiert daher neue Beschleunigungstechniken, die einen höheren Energiegewinn pro Meter gestatten.

Solche Entwicklungen für Elektronen-Linearbeschleuniger laufen derzeit in mehreren Laboratorien, vor allem bei SLAC in Stanford, in Novosibirsk in der UdSSR, in Europa bei CERN und DESY und bei KEK in Japan. Das Fernziel sind Strahlenergien von 1000 bis 2000 GeV. Als erste Stufe wird voraussichtlich eine Anlage von etwa 2 × 500 GeV realisiert werden, d. h. der fünffachen Energie von LEP. Schon recht konkrete Pläne dafür gibt es bei SLAC, wo man von einem NLC (*Next Linear Collider*) spricht.

Im Sommer 1987 wurden in der Sowjetunion an höchster Stelle überraschende Beschlüsse gefaßt. Erstens erhielt der oben erwähnte Proton-Beschleuniger UNK hohe Priorität, wobei es anscheinend darum geht, nicht nur eine neue Anlage für die Hochenergiephysik, sondern auch ein Modell für die effektive Durchführung künftiger Industrieprojekte zu schaffen. Völlig unerwartet kam zweitens die Entscheidung, zusätzlich zu UNK einen Elektronen-Linear-Collider VLEPP zu bauen. Hinzu kam als weitere Überraschung, daß auch diese Maschine im Forschungszentrum bei Serpuchov errichtet werden soll. Die Entwicklung für Elektronenbeschleuniger war jahrzehntelang die Domäne des Instituts in Novosibirsk gewesen; daher konnte man erwarten, daß eine solche Maschine auch dort realisiert werden würde.

Lange Zeit gab es eine gewisse Konkurrenz zwischen dem Institut bei Serpuchov, das dem Staatlichen Komitee für Atomenergie untersteht, und demjenigen in Novosibirsk, das zur sibirischen Akademie für Wissenschaften gehört. Unter dem Einfluß von Glasnost besteht offenbar der starke Wille, alle Kräfte zusammenzufassen und zu demonstrieren, daß technische Großprojekte vom Gesichtspunkt der Technik, des Managements und des zeitlichen Ablaufs effizient realisiert werden können. Als treibende Kräfte stehen hinter dieser Entwicklung die Physiker A. A. Logunov, Gründer des Serpuchov-Labors, Mitglied des Zentralkomitees der KPdSU und Vize-Präsident der Sowjetischen Akademie der Wissenschaften. Immer stärkeren Einfluß hat auch der Nachfolger von Gersh Budker (des Gründers und Direktors des Instituts für Hochenergiephysik von Novosibirsk), S. Skrinsky, der kürzlich mit einer wichtigen Aufgabe in der Sowjetischen Akademie der Wissenschaften betraut worden ist. Um das Institut bei Serpuchov zum Schwerpunkt der sowjetischen Hochenergiephysik auszubauen, wurde beschlossen, daß mehr als 100 Wissenschaftler und Ingenieure von Novosibirsk in das Wissenschaftsstädtchen Protvino bei Serpuchov umziehen werden, um dort beim Bau von VLEPP mitzuarbeiten.

VLEPP soll in einer ersten Phase Strahlenergien von je 500 GeV für Elektronen und Positronen liefern. Dazu sollen Beschleunigungsfelder von 100 Megavolt pro Meter benutzt werden, was zu einer Gesamtlänge von etwa 10 km führen würde. In einer zweiten Stufe soll die Energie auf 2×1000 GeV (= 2 TeV) verdoppelt werden. Die detaillierte technische Auslegung soll bis 1991 vorliegen. Die Verwirklichung dieses avantgardistischen Projekts wird einige Zeit in Anspruch nehmen.

Der Tunnel für UNK wurde von den Firmen ausgeschachtet, die die Moskauer U-Bahn bauten. Da sie gegenwärtig in Protvino bei der Arbeit sind, sollen sie nach Fertigstellung des UNK-Ringtunnels gleich mit der Ausschachtung des Tunnels für den Linearbeschleuniger fortfahren. Die Lage dieses Tunnels wurde so gewählt, daß der Linearbeschleuniger fast tangential auf den UNK-Ring zielt. Dadurch ergäbe sich auch die Möglichkeit, die Elektronen des Linearbeschleunigers mit den 3-TeV-Protonen im UNK zur Kollision zu bringen, wobei sich Stoßenergien von etwa 3,5 TeV erzielen ließen, dem Zehnfachen von HERA.

Die sowjetischen Anstrengungen für diese beiden sehr ehrgeizigen Projekte, UNK und VLEPP, sind eindrucksvoll. Es wird spannend sein, ihren Ablauf in den nächsten Jahren zu verfolgen.

Experimente ohne Beschleuniger

Der Vorstoß zu höheren Energien wird auch in der nächsten Zukunft das Hauptinteresse bei der Erforschung des Mikrokosmos beanspruchen. Daneben erfreuen sich aber auch Experimente, die ohne Beschleuniger durchgeführt werden können, steigender Beliebtheit. Hierfür gibt es mehrere Gründe. Erstens stellt uns die Natur in der kosmischen Höhenstrahlung Teilchenenergien zur Verfügung, die in absehbarer Zeit mit Hilfe irdischer Mittel nicht erzeugbar sein werden. Andererseits liefert die Suche nach seltenen Zerfällen von Teilchen, z. B. des Protons oder des Neutrons, sehr interessante Ergebnisse. Seit der Beobachtung der Supernova-Explosion im Februar 1987 hat auch die sogenannte Neutrino-Astronomie, d. h. die Beobachtung von Sternen nicht mit Hilfe des Lichts, sondern durch Nachweis der von ihnen ausgesandten Neutrinos, an Bedeutung gewonnen.

Alle diese Experimente haben zum Ziel, sehr geringe Ereignisraten nachzuweisen. Um störende Untergrundereignisse soweit wie möglich auszuschalten, stellt man die Detektoren möglichst tief in

Bergwerken oder Straßentunnels auf. Die energiereichen kosmischen Strahlen und Neutrinos haben keine Schwierigkeit, auch mehrere tausend Meter Gestein zu durchdringen. Um die Empfindlichkeit der Nachweisgeräte zu erhöhen und wenigstens einige interessante Ereignisse pro Jahr zu beobachten, müssen diese Nachweisgeräte sehr groß sein, bzw. sie müssen eine große Masse enthalten. Die größten Anlagen bestehen aus mehreren tausend Tonnen Material, in das man aber sozusagen hineinsehen muß, um die Ereignisse zu beobachten. Eine Möglichkeit besteht darin, daß man nach Sandwichart abwechselnd Schichten aus inaktivem Material (meistens Eisen) mit aktiven Nachweiselementen (meistens Drahtkammern) aufeinanderpackt. Eine andere Möglichkeit ist die, Ereignisse in großen Wassertanks zu beobachten, wobei man die durch die ionisierenden Teilchen erzeugten Lichtblitze mit Hilfe von photoelektrischen Elementen nachweist.

Da es in Europa keine sehr tiefen Bergwerke gibt, benutzt man hier seitliche Kavernen von Autotunnels. Das erste unterirdische Labor wurde im Mont-Blanc-Tunnel eingerichtet, ein anderes im Fréjus-Tunnel (gleichfalls in den französischen Alpen). Ein besonders großes Labor wird z. Zt. im Gran-Sasso-Tunnel im Appenin (Italien) angelegt.

In den USA, Japan und Indien wurden große Detektoren in tiefen Bergwerken (2000 bis 3000 m Tiefe) installiert. Für einige Vorhaben sollen natürliche Wassermassen ausgenutzt werden. Sowjetische Gruppen beabsichtigen, Photoelemente in den Baikalsee, der durch die Klarheit seines Wassers berühmt ist, einzubringen. Eine amerikanische Gruppe auf Hawaii plant ein Nachweisgerät, in dem man Photodetektoren einfach in das klare Meerwasser bringt.

Der technische Aufwand und die Kosten für derartige Nachweisgeräte entsprechen denjenigen von großen Detektoren an Beschleunigern. Bei künftigen Planungen wird daher eine Diskussion über die Prioritäten zwischen Beschleuniger- und Nichtbeschleuniger-Experimenten nicht mehr zu vermeiden sein.

Ein Weltprogramm

Die Zukunft der Elementarteilchenphysik wird zu einem nicht geringen Teil davon abhängen, ob es gelingt, die bereits sehr gute internationale Zusammenarbeit weiterzuentwickeln und zu verstärken. Nationalstolz und nationale Wettläufe sollten weitgehend der Vergangenheit angehören. Die Elementarteilchenphysik könnte wie in der Vergangenheit die Plattform für weitere Schritte zu internationaler, weltweiter Zusammenarbeit sein.

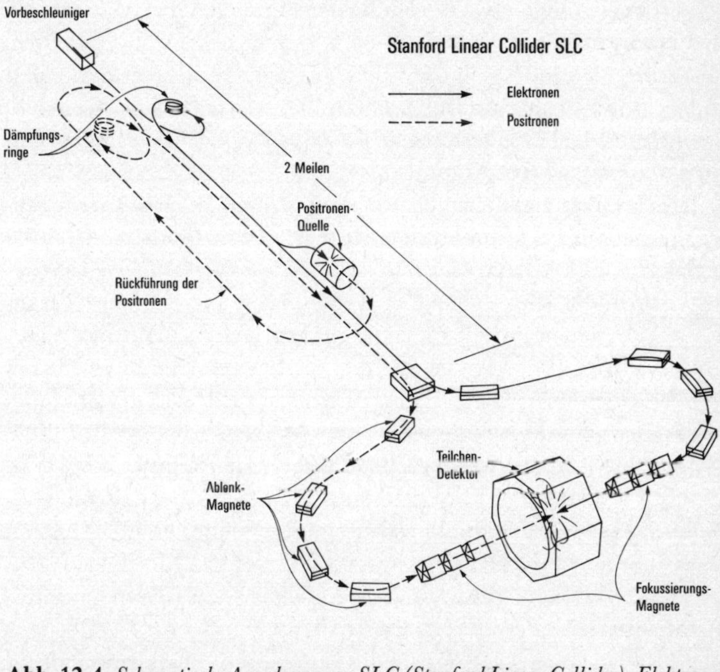

Abb. 12.4 *Schematische Anordnung von SLC (Stanford Linear Collider). Elektronen und Positronen werden kurz hintereinander beschleunigt und mit Hilfe von zwei Halbbögen zur Kollision gebracht. In zwei Dämpfungsringen werden zunächst Teilchenpakete hergestellt.*

Die Anlagen sind zu groß und zu aufwendig, als daß eine weitere Duplizierung in verschiedenen Teilen der Welt noch zu rechtfertigen wäre.

Die Ausnutzung der Anlagen funktioniert bereits in einer fast idealen Weise, da alle Anlagen unabhängig von ihrem Standort allen Wissenschaftlern der Welt zugänglich sind, was auch für Staaten aus dem Ostblock gilt. Die großen Nachweisgeräte werden gemeinsam international geplant, gebaut, finanziert und genutzt. Hier ist ein weiterer Ausbau der Zusammenarbeit kaum mehr möglich.

Ein gewisses Defizit besteht bei der *Planung*, beim *Bau* und *Betrieb von Beschleunigern*. Fortschritte wurden beim HERA-Projekt in Hamburg erzielt, wo zum erstenmal andere Staaten Beiträge zum Beschleuniger selbst leisten. Dies geschieht zwar nicht durch direkte finanzielle Beiträge, aber durch Lieferungen von Komponenten. So steuert z. B. Italien etwa die Hälfte der supraleitenden Magnete bei – ein ermutigender, wenn auch noch kleiner Schritt in die richtige Richtung. Leider spielt bei Beschleuniger-Projekten nationaler Stolz immer noch eine Rolle, aber auch wirtschaftliche Gesichtspunkte und insbesondere regionale Entwicklungsforderungen sind für Politiker wichtige Argumente.

Die Physiker versuchen bereits seit längerem, eine weltweite Abstimmung der Programme zu erreichen. Vor mehr als zehn Jahren wurde das ICFA-Komitee (*International Committee for Future Accelerators*) gegründet, das regelmäßig Konferenzen und Seminare veranstaltet, auf denen Physiker aus der ganzen Welt das Für und Wider verschiedener Projekte diskutieren. Vor einigen Jahren wurde ein Weltbeschleuniger VBA (*Very Big Accelerator*) befürwortet, wobei man zunächst an eine Maschine wie LEP dachte. Neuerdings stellt sich die Frage, ob SSC dieser Weltbeschleuniger werden könnte.

ICFA hat keinerlei Entscheidungsfunktionen, aber es genügt ohnehin nicht, daß sich die Physiker einigen, sondern die Diskussion muß auf die politische Ebene ausgedehnt werden. Ein Ansatz dazu ergab sich, als vom Weltwirtschaftsgipfel der sechs führenden Industriestaaten (Bundesrepublik Deutschland, Frankreich, Großbritannien, Italien, Japan, USA) und der Europäischen Gemeinschaft ein Unterkomitee für Hochenergiephysik eingesetzt wurde mit dem Ziel, einen möglichst kosteneffektiven Einsatz der Ressourcen zu erreichen. In diesem Komitee sind sowohl Regierungsvertreter als auch

Wissenschaftler vertreten. Ein Ergebnis konnten wir trotz mehrjähriger Diskussionen bisher allerdings nicht erzielen, da die noch offene endgültige Entscheidung über das amerikanische SSC-Projekt weitergehende gemeinsame Pläne blockierte. Die Vertreter der europäischen Regierungen, aber auch Japans und Kanadas tendieren zu verstärkter internationaler Abstimmung und Beteiligung bei den Projekten. Japan und Kanada haben keinen Ehrgeiz, eigene Großprojekte für höchste Energien vorzuschlagen, sondern wollen sich auf kleinere nationale Beschleuniger für spezielle Aufgaben beschränken.

Neuerdings hat auch die Sowjetunion zu erkennen gegeben, daß sie an internationaler Zusammenarbeit bei der Realisierung von Beschleuniger-Großprojekten interessiert ist. Im Dezember 1987 wurde ich nach Moskau eingeladen, um eine gegenseitige Beteiligung an den Entwicklungsprogrammen für UNK und LHC, aber auch für die Linearbeschleuniger zu diskutieren. Als erster Schritt wurde ein Austausch von Experten vereinbart.

Wie könnte ein weltweites, sich gegenseitig ergänzendes Beschleunigerprogramm aussehen? Die zeitliche Staffelung der einzelnen Projekte ist hier eine entscheidende Frage, die durch technische, politische und finanzielle Gegebenheiten bestimmt wird. Es ist daher sehr schwierig, Vorhersagen zu machen, aber ein Szenario könnte etwa so aussehen:

Als nächster Schritt erscheint der Bau eines Proton-Proton-Colliders im LEP-Tunnel (LHC) als Zwischenschritt zum SSC angebracht. Die Energie könnte dabei von der maximal möglichen (8 bis 9 TeV) auf etwa 5 bis 6 TeV reduziert werden. Dadurch würde aus der Konkurrenz zwischen SSC und LHC ein sinnvoller Stufenplan. Gegenüber dem größten existierenden Proton-Collider (Tevatron) ergäbe der LHC eine interessante Energieerhöhung um den Faktor 5 bis 6 und würde die Erprobung neuer Nachweistechniken bei den erforderlichen hohen Kollisionsraten erlauben. LHC könnte vor dem SSC in Betrieb gehen, da der LEP-Tunnel mit seiner Infrastruktur, den Vorbeschleunigern und der Erfahrung bei CERN voll zur Verfügung stünde. Außerdem könnte bei den niedrigeren Energien die bei HERA erprobte Technik für supraleitende Magnete verwendet werden, wodurch sich Entwicklungsarbeiten erübrigten. All dies führte zu relativ geringen Kosten, die einen Bruchteil derjenigen des SSC betragen würden.

Das SSC würde einige Jahre darauf folgen und einen weiteren Faktor 4 bis 5 an Protonenenergien bringen. Unter Ausnutzung der laufenden Weiterentwicklung für supraleitende Magnete könnte die Energie sogar noch etwas erhöht werden. Vor allem aber würde das Experimentierprogramm am SSC von den Erfahrungen am LHC hinsichtlich der Erzeugung von hohen Kollisionsraten und der dafür geeigneten Detektoren profitieren.

Bei einem solchen Szenario würde allerdings der LHC schon nach einigen Betriebsjahren vom SSC überholt werden. Dies ist aber durchaus vertretbar, da der LHC dann ohne großen zusätzlichen Aufwand für Elektron-Proton-Stöße verwendet werden kann. Elektronen sind ja im LEP-Tunnel schon vorhanden. Dies würde Stoßenergien von etwa dem Fünffachen gegenüber HERA liefern. Eine weitere Möglichkeit bestünde in der Überführung von schweren Atomkernen, wie sie bereits im SPS beschleunigt wurden, in den LHC, was die einzigartige Gelegenheit von Kollisionen zwischen z. B. Blei-Atomkernen bei Tausenden von GeV ergeben würde. Für CERN eröffnen sich eine Reihe von Varianten, die unter Verwendung der existierenden Anlagen zu einem außerordentlich günstigen Kosten-Nutzen-Verhältnis führen.

Für Elektron-Positron-Collider kann es sich beim nächsten Schritt nach LEP nur um Linearbeschleuniger handeln, wie früher erklärt wurde. Diese erfordern eine erhebliche technische Entwicklung. Eine Anlage mit etwa 500 GeV pro Strahl, also dem Fünffachen von LEP, erscheint eine vernünftige nächste Etappe zu sein. Ihr könnte eine Anlage mit einer noch etwa dreimal höheren Energie folgen. Wie bereits erwähnt, gibt es konkrete Vorarbeiten dafür in Serpuchov, bei SLAC und in Japan. Wegen der noch erforderlichen technischen Entwicklungsarbeiten wird es aber noch einige Jahre dauern, bis definitive Projektvorschläge vorgelegt werden können.

Dieses Szenario soll nur als Beispiel dafür dienen, daß es durchaus möglich wäre, ein abgestimmtes Programm für Europa, die USA, Japan und die Sowjetunion zu entwickeln. Natürlich sollten andere Länder sich bei der Verwirklichung dieser Projekte soviel als möglich beteiligen. Vielleicht ist ein solches Szenario nur ein Wunschtraum. Die Beschränkung der finanziellen Mittel und, vor allem, der notwendigen Fachleute wird aber vielleicht doch ein gemeinsames Programm erzwingen. Warum sollte auch beim Bau von Beschleunigern nicht das funktionieren, was bei den Detektoren gang und gäbe ist?

Die spektakulären Anlagen der Hochenergiephysik bringen ein gewisses Prestigedenken mit sich, und sie haben natürlich auch beträchtliche wirtschaftliche Bedeutung für die Region. Dies steht einer engeren interkontinentalen Zusammenarbeit im Weg. Um solche Schwierigkeiten zu überwinden, wird in Zukunft eine noch engere Zusammenarbeit zwischen Wissenschaft und Politik erforderlich sein. Die weltweite Zusammenarbeit an konkreten technischen Projekten hat andererseits sehr positive Auswirkungen auf das Zusammenleben der Völker verschiedener politischer Systeme, da sie zu einem besseren gegenseitigen Verstehen und zur Vertrauensbildung führt.

Nachdem wir versucht haben, einen Blick in die fernere Zukunft zu werfen, wobei die Aspekte einer noch engeren weltweiten Zusammenarbeit beim Beschleunigerbau zur Sprache kamen, wollen wir zu den Ergebnissen der Elementarteilchenphysik zurückkehren. Einige Grundgedanken und allgemeine Fragestellungen haben wir bereits in Kapitel 2 dargelegt. Im folgenden werden wir uns den neuesten Erkenntnissen über die Struktur der Materie und ihren Auswirkungen auf unser physikalisches Weltbild zuwenden. Die Zusammenhänge zwischen Mikrokosmos und Makrokosmos, d. h. zwischen Elementarteilchenphysik und Astrophysik bzw. Kosmologie, sollen dabei unser besonderes Interesse finden.

13. Ist alles Symmetrie?

Was ich an der Elementarteilchenphysik so faszinierend finde, ist der tiefe Begriffswandel, den wir durchlaufen. Wir reden zwar immer noch von letzten Grundbausteinen der Materie, wie Quarks und Leptonen, oder sogar noch kleineren Teilen davon, tatsächlich sind die Theoretiker aber dabei, ganz andere *first principles* zur Naturerklärung heranzuziehen. Liest man heutzutage theoretische Arbeiten, dann taucht immer wieder ein Begriff auf: Symmetrie.

Bei oberflächlicher Naturbetrachtung finden wir zwar Symmetrien, jedoch scheinen diese mehr die Rolle von Kuriositäten als von fundamentalen Elementen zu bilden. Am schönsten ausgeprägt sind Symmetrien in der Natur etwa bei Schneeflocken oder bei Mineralien. Auch beim Menschen und anderen Lebewesen stellen wir eine Symmetrie fest, meist eine Links-rechts-Symmetrie. Merkwürdigerweise finden wir aber, daß diese Symmetrien in der Natur meistens nicht vollkommen sind. Kristallformen weichen fast immer etwas von der idealen Gestalt ab, und auch die linke und rechte Gesichtshälfte eines Menschen sind bekanntlich nicht gleich.

In der Entwicklung der menschlichen Kultur spielt die Symmetrie seit vielen tausend Jahren eine große Rolle. Von prähistorischen Keramikgefäßen bis zur modernen abstrakten Kunst werden Symmetrie-Elemente benutzt, die offenbar die Ästhetik der Menschen besonders befriedigen. Bemerkenswert ist allerdings, daß eine allzu vollkommene Symmetrie eher eintönig und steril wirkt, so daß sie von Künstlern manchmal absichtlich gestört wird. Man weiß, daß persische Teppichknüpfer absichtlich Fehler in die wunderschönen symmetrischen Muster einfügen, um eine leichte, fast unmerkliche Störung der Symmetrie zu erzeugen.

Es ist doch sehr eigenartig, daß die Symmetrie und ihre »Brechung« die Basis für alle Erklärungen der Naturphänomene sein soll. Die Frage, ob »die Natur dies verlangt« oder ob hier ein starkes anthropomorphes Element in die Naturelemente einfließt, kann ich an dieser Stelle leider nicht diskutieren.

Was verstehen wir unter Symmetrie, und welche verschiedenen Symmetrien finden wir in der Natur? Betrachten wir einen Kristall, der aus einer sechskantigen Säule besteht (Abb. 13.1). Zwei gegen-

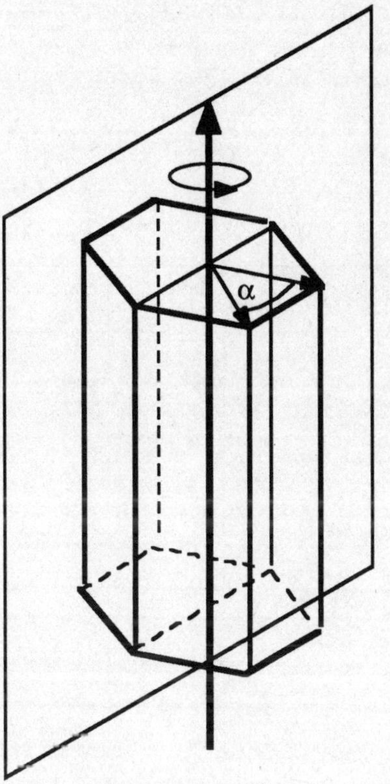

Abb. 13.1 *Ein Kristall geht durch verschiedene Symmetrieoperationen in sich selbst über: Spiegelung an einer Ebene oder Drehung um einen bestimmten Winkel.*

überliegende Kanten spannen jeweils eine Ebene auf, die den Kristall in zwei gleiche Hälften teilt. Wir sagen: Der Kristall besitzt eine Spiegelebene. Davon gibt es aber offensichtlich nicht nur eine, sondern drei, jeweils um 120° versetzt. Wenn wir den Kristall jeweils an einer solchen Ebene spiegeln, geht er in sich selbst über. Eine andere Operation, nach der der Kristall genauso wie vorher aussieht, ist eine Drehung um die zentrale Achse des Kristalls um einen Drehwinkel von 60°. Somit haben wir zwei Beispiele von Symmetrien kennengelernt: die Spiegelungs- und die Drehsymmetrie. Ganz allgemein verstehen wir in der Physik unter Symmetrie eine Operation, nach der ein System in sich selbst übergeht.

Die Anwendung von Symmetrien auf Objekte mag zwar ganz interessant sein, sie hat aber dennoch keine allgemeine Bedeutung, da die Eigenschaften von Objekten stark vom Zufall abhängen können. Wichtiger ist, daß wir die Symmetrieprinzipien in der Physik auch auf die Naturgesetze selbst anwenden. Was soll dies bedeuten?

Tabelle 13.1
Symmetrien und Erhaltungssätze
Jeder Symmetrie entspricht die Erhaltung einer physikalischen Größe.

Symmetrie	*Erhaltene Größe*	*Art der Symmetrie*	*Gültigkeitsbereich*
Homogenität des Raumes	Impuls	kontinuierlich	klassische Physik
Isotropie des Raumes	Drehimpuls		
Homogenität der Zeit	Energie		
Räumliche Spiegelung	Parität	diskontinuierlich	Quantenmechanik
Ladungsspiegelung	Ladungsparität		
Zeitumkehr	Detailliertes Gleichgewicht		
Eichtransformation des elektromagn. Feldes	Elektrische Ladung	abstrakt	Quantentechnik
Eichtransformationen anderer Felder	Andere Ladungen, z. B. für Baryonen, Leptonen		
Eichtransformation der Wellenfunktion	Gesamtwahrscheinlichkeit		

Eine unserer tief eingefleischten apriorischen Voraussetzungen für die Naturbeobachtung besteht darin, daß wir daran glauben, die Natur »wisse nicht«, wie wir sie beobachten (die Tatsache, daß der Beobachter bzw. der Meßvorgang in der Quantentechnik eine besondere Rolle spielt, ändert daran im Grunde nichts). Wenn ich die Flugbahn eines Steines beobachte, dann muß ich seine Höhe und seine Entfernung von einem willkürlich gewählten Ausgangspunkt messen, d. h. ich muß ein Koordinatensystem zur Beschreibung dieser Bahn wählen. Aus vielen derartigen Beobachtungen kann ich ein Naturgesetz ableiten, das die Bewegung von Körpern unter dem Einfluß der Schwerkraft beschreibt. Kein Mensch würde nun im Ernst daran denken, daß die allgemeine Formulierung des Schwerkraftgesetzes, die ich aus solchen Beobachtungen ableiten kann, davon abhängt, welchen speziellen Bezugspunkt ich gewählt habe. Wir glauben also – und die Erfahrung bestätigt dies –, daß die Naturgesetze unabhängig von einer Verschiebung, aber auch einer Drehung des gewählten Koordinatensystems sein müssen.

Die Flugbahn des Steines beschreibt man durch seine Höhe und Entfernung als Funktion der Zeit. Dazu kann ich eine Stoppuhr in dem Augenblick, in dem der Stein geworfen wird, auslösen. Ich kann die Stoppuhr aber auch schon früher auslösen, was zur Folge hat, daß der Stein nicht bei der Zeit Null, sondern nach einer bestimmten Zahl von Sekunden losfliegt. Auch die Wahl des Zeitnullpunktes darf auf die Formulierung der Naturgesetze keinen Einfluß ausüben, da jeder Beobachter ja seine Uhr zu einem beliebigen Zeitpunkt starten kann. Wir folgern daraus, daß die Naturgesetze auch gegen eine Verschiebung des Zeitnullpunktes unveränderlich – »invariant«, wie man in der Physik sagt – sein müssen.

Implizit enthalten diese Aussagen eine wichtige Feststellung über die *Struktur des Raumes*. Sie bedeuten nämlich, daß im Raum kein Punkt und keine Richtung und daß im Ablauf der Zeit kein Augenblick irgendwie ausgezeichnet sind. Wäre dies nämlich der Fall, dann würde die Wahl des raumzeitlichen Koordinatensystems nicht beliebig erfolgen dürfen.

Das hat ganz außergewöhnliche Folgen. Als Robert Julius Mayer 1840 das Gesetz von der Erhaltung der Energie entdeckte, wurde er zunächst scharf angegriffen, und erst nach einem langen Streit fand er die gebührende Anerkennung (und wurde schließlich geadelt). Von unserem heutigen Standpunkt aus würden wir dagegen sagen: Das Gesetz von der Erhaltung der Energie ist fast eine Trivialität. Warum?

Man fand, daß in der Natur zu jeder Symmetrie-Operation eine physikalische Größe gehört, deren Gesamtwert sich bei irgendwelchen Vorgängen im Lauf der Zeit nicht ändert: Sie bleibt erhalten. Mit ein wenig Mathematik läßt sich relativ leicht zeigen, daß die Invarianz gegenüber einer Verschiebung des Zeitnullpunktes die Erhaltung der Gesamtenergie zur Folge hat. In ähnlicher Weise bedeutet die Symmetrie gegenüber einer Verschiebung des Koordinatensystems die Erhaltung des Linearimpulses, und die Invarianz gegenüber einer Drehung bedeutet die Erhaltung des Drehimpulses (Tab. 13.1).

Wir erkennen also, daß die »Ursache« für die drei wichtigsten Gesetze der klassischen Physik – nämlich die Erhaltung von Energie, Linearimpuls und Drehimpuls – nichts anderes als ein Ausdruck für die Struktur von Raum und Zeit ist. Die Homogenität und Isotropie von Raum und Zeit, d. h. ihre Symmetriestruktur, bestimmen die wichtigsten Gesetze der klassischen Physik.

Die drei bisher betrachteten Operationen, nämlich Verschiebung des Bezugspunktes, Drehung des Koordinatensystems und Verschiebung des Zeitnullpunktes, zeichnen sich dadurch aus, daß sie in beliebig kleinen Schritten vollzogen werden können. Wir sagen: Es handelt sich um kontinuierliche Operationen. Wir kennen daneben aber auch Operationen, die nicht in beliebig kleinen Schritten, sondern nur als Entweder-Oder durchgeführt werden können; diese nennen wir »diskontinuierliche Operationen«. Am Anfang dieses Kapitels haben wir ein Beispiel kennengelernt: Eine Spiegelung kann entweder durchgeführt werden oder nicht, aber sie kann nicht in kleinen Schritten vollzogen werden.

Außer der räumlichen Spiegelung kennen wir in der Physik nun andere *Spiegelungsoperationen.* Man kann nicht nur Raumrichtungen spiegeln, sondern man kann auch die Zeitrichtung umkehren. Das erscheint sehr merkwürdig und kann nicht ohne weiteres außerhalb der Physik angewandt werden. (So ist es leider nicht möglich, unseren Zeitpfeil umzukehren und jünger statt älter zu werden.) In der Physik ist eine Zeitumkehr aber in folgendem Sinn möglich: Die Planeten laufen in einer bestimmten Richtung um die Sonne. Würde man von einem anderen Fixstern aus ihren Umlauf auf einem Film aufnehmen und diesen einem Kepler oder Newton vorführen, dann würden sie daraus die Gesetze der Himmelsmechanik ableiten. Wenn man nun diese Physiker ein wenig zum Narren hielte und den Film verkehrt herum ablaufen ließe – würden sie dies merken? Nein!

Sie würden dieselben Keplerschen und Newtonschen Gesetze finden wie vorher.

Die Natur »weiß« nicht, ob wir sie direkt beobachten oder ob wir uns einen Spiegel vors Gesicht binden und sie nur indirekt betrachten, ob wir die Abfolge von Ereignissen direkt oder in einem verkehrt ablaufenden Film studieren. Wir erwarten daher, daß die Naturgesetze sowohl gegen eine Raum- als auch eine Zeitspiegelung invariant sein sollen.

Wir finden in der Natur weitere »Spiegelungen«. Wir kennen positive und negative elektrische Ladungen. Welche Ladungen wir als positiv und welche wir als negativ bezeichnen, ist natürlich willkürlich. Die Natur weiß von unserer Wahl nichts, und die Naturgesetze müssen daher von ihr unabhängig sein. Anders ausgedrückt: Wenn wir im ganzen Kosmos alle positiven elektrischen Ladungen durch negative ersetzen würden und umgekehrt, würde sich nichts ändern.

Eine weitere Symmetrie sollte zwischen Materie und Antimaterie bestehen. Was wir Materie und was wir Antimaterie nennen, ist wieder unserer Willkür überlassen. Ein Antimensch in einer Antigalaxie würde seine Materieform als Materie und die unsrige als Antimaterie bezeichnen. Wiederum »weiß« die Natur nichts von unserer Wahl, und eine Ersetzung aller Teilchen im Kosmos durch ihre Antiteilchen und umgekehrt dürfte an den Naturgesetzen nichts ändern.

Da bei einem Übergang vom Teilchen zum Antiteilchen alle elektrischen und magnetischen Größen ihr Vorzeichen ändern, ist die Ladungsspiegelung mit der Teilchen-Antiteilchen-Spiegelung eng verknüpft. Eine ähnliche Symmetrie gibt es für die Farbladungen der Quarks, wobei allerdings eine Spiegelung nicht ausreicht, sondern man muß die Farben im Kreis herum austauschen, um wieder zum Ausgangspunkt zurückzukommen.

Der Existenz von Symmetrien bezüglich dieser Spiegelungsoperationen entsprechen wiederum physikalische Größen, für die Erhaltungssätze gelten. Es zeigt sich allerdings, daß diskontinuierliche Operationen keine Größen der klassischen Physik liefern; sie spielen nur in der Quantenmechanik eine Rolle. Ich möchte darauf hier nicht weiter eingehen, sondern mich darauf beschränken zu erwähnen, daß der Raumspiegelung eine Quantenzahl, die man als Parität bezeichnet, entspricht.

Symmetrien stürzen

Das Jahr 1957 spielte in der Geschichte der Physik eine merkwürdige Rolle: Damals wurde eine der Grundfesten unseres Naturverständnisses erschüttert. Aber nach einigen Jahren Wirbel und Aufregung wird diese Tatsache heute zum größten Teil verdrängt, indem man sie zwar in alle modernen Theorien einbaut, über ihre Ursachen aber kaum mehr spricht. Der Grund: Man versteht sie nicht.

Im Sommer 1956 veröffentlichten die beiden chinesischen, in den USA lebenden Theoretiker Lee Tsung-Dao und Yang Chen-Ning eine Arbeit, in der sie eine kühne Idee vortrugen. Das merkwürdige und damals nicht recht verständliche Verhalten beim Zerfall von einigen Elementarteilchen glaubten sie dadurch erklären zu können, daß sie eine Verletzung der Spiegelsymmetrie bei nur einer der Kräfte in der Natur, nämlich der schwachen Kernkraft, forderten. Kühnheit allein nützt in der Physik nicht sehr viel, wenn sie nicht durch experimentelle Daten bestätigt wird. Deshalb schlugen Lee und Yang drei Experimente vor, um ihre Hypothese zu überprüfen.

Der Gedanke, daß die Natur doch zwischen dem Objekt und seinem Spiegelbild unterscheiden könne und also sozusagen wisse, ob wir sie direkt oder mit Hilfe eines Spiegels betrachten, war so ungeheuerlich, daß zunächst nur wenige diese Arbeit ernst nahmen. Chien-shiung Wu an der Columbia-Universität in New York machte sich in aller Stille daran, mit ihrer Gruppe eines dieser Experimente durchzuführen. Im Herbst 1956 sickerten die ersten Gerüchte über ein positives Ergebnis durch. Da Frau Wu als außerordentlich sorgfältige und zuverlässige Experimentatorin galt, fing man an, die Sache ernst zu nehmen, obwohl viele Theoretiker dem Ganzen immer noch sehr skeptisch gegenüberstanden.

Auch einige andere experimentelle Gruppen hatten begonnen, die weiteren von Lee und Yang vorgeschlagenen Experimente durchzuführen, und erzielten im Januar 1957 gleichfalls positive Resultate. Ich befand mich damals zu einem einjährigen Gastaufenthalt an dem berühmten Cavendish-Laboratorium in Cambridge (England) bei Otto Robert Frisch, einem Neffen von Lise Meitner. Gehört hatte ich von der ganzen Problematik zum erstenmal während eines Seminarvortrags im Dezember 1956 am Harwell-Laboratorium in der Nähe von Oxford. Sogleich stürzte ich mich auf eines der von Lee und Yang vorgeschlagenen, aber von ihnen für praktisch nicht durchführbar gehaltenen Experimente und konnte im Januar 1957 bestätigen, daß beim radioaktiven β-Zerfall der Atomkerne die Parität verletzt ist. Darüber hinaus gelang es mir, zum erstenmal zu zeigen, daß bei der Aussendung von Elektronen bzw. Positronen entgegengesetzte Schraubensinne im Spiel sind.

Ein anderer Theoretiker, der in London lehrende Pakistani Abdus Salam, hat unabhängig von Lee und Yang gleichfalls eine Theorie mit Paritätsverletzung entwickelt. Er hatte sie dem berühmten Theoretiker Wolfgang Pauli vorgelegt, der sie als völligen Unsinn abtat, da sie allen Grundprinzipien der Physik widerspräche. In dem oben erwähnten Seminar im Dezember 1956 trug Salam seine Theorie vor (den Vorsitz dieser Veranstaltung führte Pauli). Am Ende des Vortrags von Salam entschuldigte sich Pauli in aller Öffentlichkeit dafür, daß er Salam abgeraten hatte, die Theorie zu veröffentlichen. (Salam wurde aber für dieses Unrecht 1979 entschädigt, als er den Nobelpreis für eine Theorie zur Vereinigung der schwachen und elektromagnetischen Kraft erhielt.)

In unserer alltäglichen Anschauung würden wir sagen: Eine Spiegelsymmetrie gilt, oder sie gilt nicht. In der Quantenmechanik dagegen sind die Verhältnisse um einiges komplizierter, und es ist möglich zu quantifizieren, wie stark eine Spiegelungssymmetrie verletzt ist. Die experimentellen Ergebnisse zeigten, daß beim Zerfall von Atomkernen oder von Elementarteilchen, die aufgrund der schwachen Kernkraft stattfinden, die räumliche Spiegelungssymmetrie vollständig verletzt ist. Die Experimente zeigten weiterhin, daß auch die zweite Spiegelungssymmetrie – die Ersetzung von Teilchen durch Antiteilchen und umgekehrt – vollständig verletzt ist. Bei gleichzeitiger Ausführung beider Operationen – einer Raumspiegelung, verknüpft mit der Ersetzung von Materie durch Antimaterie – schien jedoch alles wieder in Ordnung zu sein. Das heißt, die Naturgesetze sind invariant gegenüber einer solchen Doppeloperation.

Der holländische Maler Maurits Cornelis Escher hat in systematischer Weise Graphiken hergestellt, die gewissen Symmetrien gehorchen. So gibt es Bilder, die in sich übergehen, wenn man zwei Operationen gleichzeitig durchführt, z. B. eine Spiegelung und einen Vertausch der Farben (Abb. 13.2). Dies veranschaulicht in schöner

Weise die Gültigkeit der Symmetrie der Naturgesetze gegenüber einer gleichzeitigen Spiegelung und einem Ladungsaustausch.

Bei einer Raumspiegelung geht eine rechtshändige Schraube in eine linkshändige Schraube über. Die vollständige Brechung dieser Spiegelungssymmetrie bedeutet, daß gewisse Teilchen, z. B. die Neutrinos, nur mit *einem* Schraubensinn auftreten. Man findet, daß ihr Spin, also ihr Drall, immer entgegengesetzt zu ihrer Flugrich-

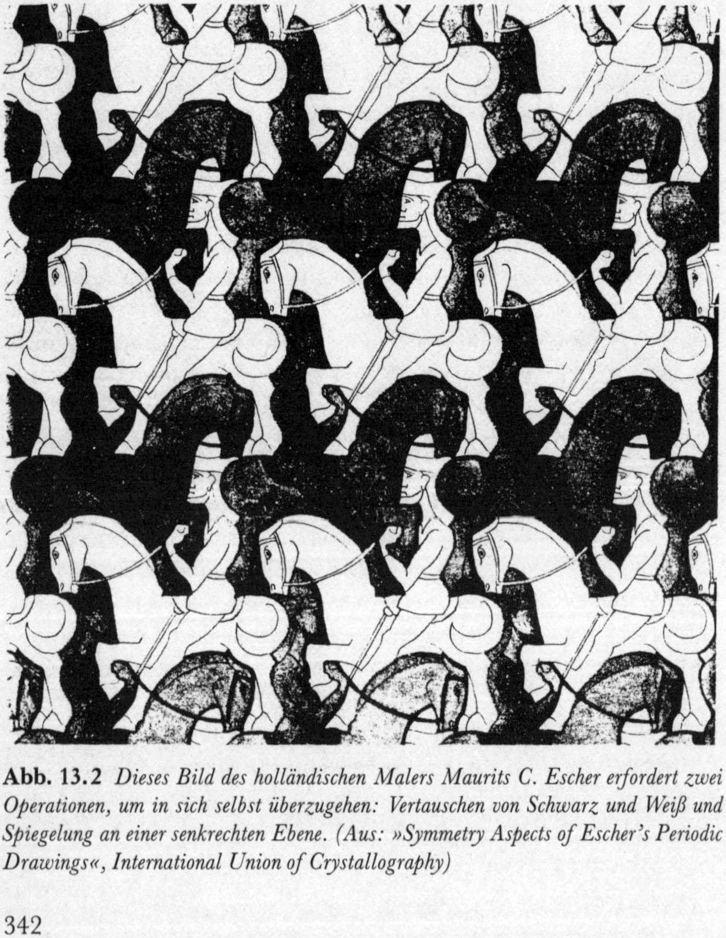

Abb. 13.2 *Dieses Bild des holländischen Malers Maurits C. Escher erfordert zwei Operationen, um in sich selbst überzugehen: Vertauschen von Schwarz und Weiß und Spiegelung an einer senkrechten Ebene. (Aus: »Symmetry Aspects of Escher's Periodic Drawings«, International Union of Crystallography)*

tung steht, d. h. sie entsprechen einer Linksschraube. Ihre Antiteilchen, die Antineutrinos, verhalten sich dagegen stets wie eine Rechtsschraube.

Wie schon dargelegt, entspricht die Gültigkeit einer Symmetrie stets der Erhaltung einer physikalischen Größe. Im Fall der Raumspiegelung ist es die Parität. Die Brechung der Spiegelungssymmetrie ist daher gleichbedeutend damit, daß bei Umwandlungen oder Stoßprozessen die Paritätsquantenzahl nicht mehr erhalten bleibt, sondern sich ändert. Daher war 1957 auch viel die Rede vom »Sturz der Parität«.

Die Erkenntnis, daß die Spiegelungssymmetrie von den Naturgesetzen nicht befolgt wird, hat eine tiefe Konsequenz für unser Verständnis der Naturbeschreibung. Da die Natur »nicht weiß«, ob wir für ihre Beschreibung ein rechtshändiges oder ein linkshändiges Koordinatensystem benutzen, hätte Kant gesagt: »Es ist a priori notwendig, daß diese Symmetrie gelten muß.« Warum das aber nicht so ist und warum die Verletzung nur bei einer der uns bekannten Kräfte auftritt, bleibt bis jetzt ein Rätsel. Das Experiment beweist jedoch, daß apriorische »Denknotwendigkeiten« nicht notwendig sind, sondern sogar falsch sein können.

Die Verletzung der Spiegelungssymmetrie hat eine interessante Konsequenz. Wenn die Spiegelungssymmetrie gelten würde und alle Naturgesetze nicht zwischen einer Rechts- bzw. Linksschraube unterscheiden könnten, dann wäre es nicht möglich, einem anderen Menschen oder den Lebewesen eines anderen Sterns brieflich oder durch Funksignale mitzuteilen, was wir unter einer Rechtsschraube verstehen. Nur durch Übersenden einer solchen Schraube könnte ihm unsere Definition mitgeteilt werden. Jetzt ist dies anders. Man kann dem Empfänger Anweisungen geben, eine Wu-Apparatur zu bauen, und das Meßergebnis würde den Schraubensinn festlegen. Dies geht aber nur, wenn wir wissen, daß unser Partner auch aus Materie und nicht aus Antimaterie besteht, denn für die kombinierte Raum-Ladungs-Spiegelung gilt ja zunächst noch das Symmetrieprinzip.

Eine andere – die Entstehung unseres Lebens betreffende – Frage erhielt durch den Sturz der Parität neue Aspekte. Zuckermoleküle besitzen einen Schraubensinn. Das allein verletzt nicht die Spiegelungssymmetrie, weil man feststellt, daß bei allen chemischen Reaktionen dieselbe Zahl von Rechts- und Linksmolekülen erzeugt wird (»Razemische Gemische«). Alle Zuckerarten jedoch, die von Pflanzen erzeugt werden, bestehen nur aus Rechtsmolekülen. Man könnte dies dadurch erklären, daß alle Zuckermoleküle Kopien von einem einzigen Molekül sind, welches vor langer Zeit als erstes erzeugt wurde und zufällig ein Rechtsmolekül war – was bedeuten würde, daß das Leben nur an einer einzigen Stelle der Erde entstand. Eine andere Möglichkeit wäre, daß die Verletzung der Spiegelungssymmetrie durch die schwache Kraft bei der Entstehung der Zuckermoleküle eine Rolle spielte. Schließlich gäbe es noch die Möglichkeit, daß im Laufe der Evolution die Rechtsmoleküle alle Linksmoleküle »aufgefressen« hätten. Welche Erklärung zutrifft, ist noch nicht geklärt.

Die Natur hält aber eine weitere Überraschung bereit. Es handelt sich um einen winzigen Effekt, und man könnte fragen, ob er hier überhaupt von Interesse ist. Er bietet ein gutes Beispiel dafür, daß ein neues, zunächst nur für Spezialisten interessantes Phänomen weitreichende Folgen zu haben vermag.

Zunächst schien es, als ob bei gleichzeitiger Ausführung einer Raumspiegelung und einer Materie-Antimaterie-Spiegelung die Symmetrie der Natur erhalten sei. Aber 1964 stellten Val Logsdon Fitch und James Watson Cronin mit zwei weiteren Mitarbeitern fest, daß auch diese kombinierte Symmetrie beim Zerfall der sogenannten K_0-Teilchen verletzt ist. Diesmal allerdings ist die Verletzung nicht vollständig, sondern nur ganz schwach; sie erfolgt nur zu etwa 2 Promille. Diese schwache Verletzung war von keiner Theorie vorausgesagt worden und wird bis heute nicht verstanden. Fitch und Cronin fanden sie bei sehr genauem Experimentieren. Bis man von der Richtigkeit ihres Experiments und seiner Bedeutung überzeugt war, dauerte es allerdings einige Zeit (so daß Cronin und Fitch den Nobelpreis erst 1980 erhielten).

Um das merkwürdige Phänomen einer geringen Asymmetrie bei der Spiegelungs-Ladungsspiegelung zu erklären, wurde von Theoretikern eine fünfte Kraft, eine »superschwache Kraft«, postuliert. Ein sehr schwieriges Experiment an K_0-Zerfällen lieferte kürzlich bei CERN zum erstenmal Resultate, die die Verletzung der kombinierten Symmetrie bestätigen, die Erklärung durch eine fünfte Kraft aber ausschließen (diese fünfte Kraft darf nicht mit der gleichfalls als fünfte Kraft bezeichneten Korrektur zur Schwerkraft verwechselt werden; vgl. Kap. 2). Die Ursache für die genannte Symmetriebrechung bleibt daher weiter völlig im dunkeln.

Die Brechung der kombinierten PC-Symmetrie (P für Parität, C für *charge conjugation* = Ladungsumkehr) hat eine für Raumfahrer interessante Konsequenz. Es gibt keine Möglichkeit festzustellen, ob außergalaktische Objekte aus Materie oder Antimaterie bestehen. Licht- oder Radiosignale (d. h. Photonen) lassen nicht erkennen, ob sie von einem Atom oder einem Antiatom ausgesandt wurden. Begegnet man einem fremden Raumschiff, dann ist größte Vorsicht angebracht. Besteht es aus Materie, wie unser Fahrzeug, dann steht einem freundichen Kontakt nichts im Weg. Sollte es jedoch aus Antimaterie gebaut sein, dann würde schon die geringste Berührung zu einer Materie-Antimaterie-Explosion führen. Dies läßt sich nun verhindern: Bitten wir die fremden Raumfahrer, das Fitch- und Cronin-Experiment auszuführen und uns das Vorzeichen der Asymmetrie mitzuteilen, so können wir daraus sofort ablesen, ob es sich um Menschen unserer Sorte oder um Antimenschen handelt.

Die PC-Verletzung führt noch zu einem anderen merkwürdigen Umstand, nämlich zu einer Brechung der Symmetrie gegenüber der Zeitumkehr. Der deutsche Theoretiker G. Lüders zeigte 1957, daß die Naturgesetze invariant gegenüber der dreifachen Spiegelung PCT (P = Raum-, C = Ladungs-, T = Zeitspiegelung) sein müßten. Dies entspricht etwa einem Escherschen Bild, bei dem man eine Raumspiegelung, eine Farbspiegelung und eine Drehung hintereinander vornehmen muß, um zum Ausgangspunkt zurückzukehren.

In der Tat wurde bisher nirgends eine Verletzung der PCT-Symmetrie experimentell beobachtet. (Übrigens ist die Reihenfolge der drei Symbole gleichgültig. Um 1960 gab es in den USA ein bekanntes Additiv zum Autobenzin, das als TCP bekannt war, und damals zog man daher diese Reihenfolge vor.)

Falls die CPT-Symmetrie gilt und die CP-Symmetrie schwach verletzt ist, folgt, daß auch die T-Symmetrie gering gebrochen sein muß, um damit die CP-Verletzung zu kompensieren. Man könnte hoffen, daß dies einen Hinweis dafür liefert, warum unsere Zeit nur in einer Richtung abläuft, warum wir alle älter werden und nicht etwa die Zukunft eines Menschen mit der Vergangenheit eines anderen Menschen zusammenfällt. Eine genauere Diskussion aber zeigt, daß auch die Verletzung der Zeitspiegelung keinen Schlüssel für diesen uns selbstverständlich erscheinenden, aber nicht begreiflichen Umstand liefert. Bisher ist es nicht gelungen, aus physikalischen Gesetzen die Richtung des Zeitpfeils abzuleiten.

Die PC-Verletzung hat überraschende Zusammenhänge zwischen Raum, Materie und Zeit aufgedeckt. Die wichtigste Rolle spielte diese winzige Symmetrieverletzung aber bei der *Evolution des Kosmos*. Ohne sie hätte eine vollständige Zerstrahlung von Materie und Antimaterie stattgefunden, und es gäbe nur Strahlung, aber keine Galaxien, keine Sterne und keine Lebewesen. Ich werde dies im Zusammenhang mit kosmologischen Modellen näher erklären (Kap. 14; vgl. auch Kap. 8).

Gebrochene Eichsymmetrien als Schlüssel zum Naturverständnis

Während die Brechung der Spiegelsymmetrien uns nach wie vor große Rätsel aufgibt, gewinnt eine andere Art von Symmetrien für die Naturerklärung immer mehr an Bedeutung. Es handelt sich um die sogenannten *Eichsymmetrien*. Das sind sehr abstrakte Gesellen, und zu ihrer detaillierten Erklärung wäre viel Mathematik notwendig (die ich dem Leser nicht zumuten möchte). Sollen wir daher lieber ganz die Finger davon lassen? Nein, das geht auch nicht, denn die Eichsymmetrien sind der Schlüssel für das Verständnis der Kräfte, ihrer Vereinigung, für die Erklärung der Teilcheneigenschaften. Sie sind unsere *first principles* für das Naturverständnis geworden.

Versuchen wir also, die wichtigsten Gedanken, die den Eichsymmetrien und ihrer Brechung zugrunde liegen, zu verstehen.

Im wesentlichen geht es bei Eichsymmetrien darum, den Nullpunkt von Größen, die physikalisch nicht direkt beobachtbar sind, willkürlich zu wählen, d. h. sie verschieden zu »eichen«, wobei sich an den Naturgesetzen nichts ändern soll.

Nehmen wir als Beispiel die Temperatur. In der Celsius- und Fahrenheitskala sind sowohl die Nullpunkte verschieden als auch die Größe der einzelnen Gradschritte. Dies erschwert zwar manchmal die Kommunikation zwischen Europäern und Amerikanern, im Prinzip ist die Umrechnung jedoch leicht möglich. Wie man ein

Thermometer eicht, hat keinen Einfluß auf die Naturgesetze. (Hier endet dieses Beispiel aber, da es in der Natur einen absoluten Nullpunkt gibt, der bei -273 °C liegt und nicht verlegbar ist. Die Physiker bevorzugen daher die sogenannte Kelvin-Skala, die bei diesem absoluten Nullpunkt beginnt. Die Größe der Gradschritte ist aber nach wie vor willkürlich.)

Ein besseres Beispiel bietet die Elektrizitätslehre. Dort benutzt man das elektrische Potential, das z. B. in Volt gemessen wird, wobei es willkürlich ist, wohin man den Nullpunkt legt. Der Elektrotechniker erdet seine Apparatur und setzt das Erdpotential mit dem Nullpotential gleich. Er zählt von da aus positive und negative Potentiale. Man kann den Nullpunkt beliebig verschieben – worauf es nur ankommt und was man mit einem Voltmeter mißt, sind Potentialdifferenzen, die man als elektrische Spannungen bezeichnet. Da es der Natur gleichgültig ist, wie wir den Nullpunkt wählen, müssen die Naturgesetze gegen eine Verschiebung des Potentialnullpunktes invariant sein. Das ist eine Eichsymmetrie. In der elektromagnetischen Theorie sind die elektrischen und magnetischen Felder eng verkoppelt. Es überrascht daher nicht, daß es eine Eichsymmetrie auch für das Potential des magnetischen Feldes gibt, wobei die Manipulation, die man vornehmen kann, komplizierter als eine einfache Nullpunktverschiebung ist.

Man fragt natürlich, wozu diese Manipulationen an den elektromagnetischen Potentialen (die man selbst gar nicht beobachten kann, sondern nur die daraus abgeleiteten elektrischen und magnetischen Felder) eigentlich nütze sind. Handelt es sich nur um abstrakte Spielereien? Ganz und gar nicht. Die Tatsache, daß man an den Potentialen Änderungen vornehmen kann, ohne daß die Naturgesetze (in unserem Beispiel die Maxwellschen Gleichungen) dadurch beeinflußt werden (Gültigkeit der Eichsymmetrie), hat überraschende und weitreichende Folgen.

Nach der Entdeckung der Elektrizität bürgerte sich die Vorstellung ein, daß die elektrische Ladung eine stoffliche Quantität ist, die weder verlorengeht noch sich vermehrt. Unzählige Experimente haben bewiesen, daß die Erhaltung der elektrischen Ladung eines der am strengsten gültigen Naturgesetze ist. Müssen wir diesen Umstand einfach als empirische Tatsache hinnehmen, oder liegt ein allgemeineres Prinzip dahinter?

Wie ich weiter oben erläutert habe, entspricht jedem Erhaltungssatz einer physikalischen Größe eine Symmetrie. Es läßt sich nun relativ einfach zeigen, daß die Eichsymmetrie der elektromagnetischen Potentiale zur Ladungserhaltung führt. Die elektromagnetischen Felder pflanzen sich in Raum und Zeit fort, so daß die Eichsymmetrien letzten Endes durch die Eigenschaften der Raum-Zeit-Struktur bestimmt werden.

Wir haben es hier mit einem ersten Beispiel zu tun, welches zeigt, daß mit Hilfe von Symmetrien ein fundamentales Naturgesetz – in diesem Fall die Erhaltung der elektrischen Ladung – auf die Grundelemente unserer Anschauung, auf Raum und Zeit, zurückgeführt wird.

Die Felder, die den in der Natur bekannten vier Kräften entsprechen, bekunden nun ein sehr verschiedenes Verhalten. Sie werden durch verschiedene Arten von Ladungen erzeugt; die Feldquanten haben unterschiedliche Eigenschaften; ihre Stärke ist verschieden; und auch die Entfernung, die sie in den Raum hinausreichen, ist sehr unterschiedlich (Kap. 2). Dies bedeutet aber, daß wir zur Beschreibung jeder Kraft eine spezielle Eichsymmetrie brauchen, die das Feldverhalten bestimmt. Das ist unbefriedigend, denn die Eichsymmetrie wird durch die Struktur von Raum und Zeit bestimmt. Wir müßten daher jeder Kraft ihre eigene Raum-Zeit-Struktur zuordnen.

Nun leben wir aber nur in einer einzigen Raum-Zeit, so daß wir auch von diesem Gesichtspunkt her einen starken Antrieb erhalten, alle Kräfte zu einer einzigen Urkraft zu vereinigen. Die Eigenschaften dieser Urkraft würden durch eine einzige übergeordnete Symmetrie festgelegt werden, die durch »die« Raum-Zeit-Struktur bestimmt wird.

Um von der allumfassenden Urkraft zu den einzelnen uns bekannten Kräften zu gelangen, muß man einen Mechanismus erfinden, wie man von der übergeordneten höchsten Symmetrie durch Verletzungen der Symmetrie (oder Brechungen, wie der Physiker sagt) zu den niederen Symmetrien, die jeweils die einzelnen Kräfte beherrschen, kommt. Die Grundlage unseres Naturverstehens basiert daher immer stärker auf dem Zusammenspiel zwischen der Gültigkeit von Symmetrien und ihrer Brechung, wobei durch die Brechungen eine Hierarchie innerhalb der Symmetrien eingeführt wird.

Für das Verständnis der Naturvorgänge bemühen wir uns, die Naturgesetze aus einigen wenigen fundamentalen Prinzipien abzuleiten, wobei Willkür soweit als möglich ausgeschaltet sein soll. Wie kann man nun Eichsymmetrien in »natürlicher«, sich sozusagen von selbst ergebender Weise brechen? Die Lösung heißt: *spontane Symmetriebrechung*.

Was man darunter versteht, soll an zwei Beispielen erläutert werden. Man nehme eine Schale, deren Boden demjenigen einer Champagnerflasche entspricht (Abb. 13.3). Legen wir einen Ball genau in die Mitte des Gefäßes, dann herrscht perfekte Rotationssymmetrie. Auf dem Gipfel der Bodenerhebung befindet sich der Ball allerdings in einer extrem instabilen Situation, und die kleinste Störung wird ausreichen, ihn nach einer Seite herunterrollen zu lassen. Nach welcher Seite er rollt, ist nicht vorherzusagen, aber wir finden ihn schließlich an einer bestimmten Stelle in der Bodenrille. Durch diese exzentrische Lage des Balles ist die Rotationssymmetrie gebrochen, obwohl sich an der symmetrischen Form des Gefäßes nichts geändert hat. Da wir nicht voraussehen konnten, an welcher Stelle der Ball zur Ruhe kommen wird, sagt man: Die Symmetrie wurde spontan gebrochen.

Wir können uns an diesem Beispiel noch einen anderen wesentlichen Punkt klarmachen. Wenn es sich bei dem Ball und dem Gefäß

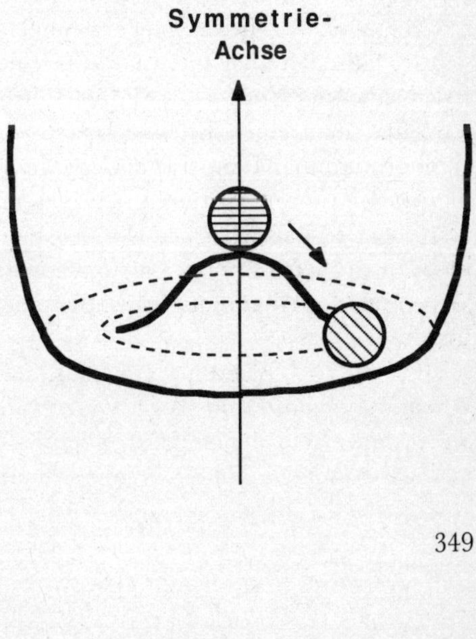

Abb. 13.3 *Eine (Potential-) Mulde in Form des Bodens einer Champagnerflasche ist um die senkrechte Achse drehsymmetrisch. Eine Kugel in der Mitte befindet sich in einem labilen Gleichgewicht und rollt nach einer vorher nicht festgelegten Seite. Danach ist das Potential zwar immer noch symmetrisch, aber die Lage der Kugel nicht: »spontane Symmetriebrechung«.*

um Gegenstände des täglichen Gebrauchs handelt, dann wird eine Temperaturerhöhung nicht viel ändern, es sei denn, wir erhitzen Ball und Gefäß, bis sie schmelzen, wodurch die Symmetrie im Schmelzgut wiederhergestellt werden könnte. Wenn es sich dagegen beim Ball um ein Atom handelt, das sich in einem Kristall befindet, dann reicht eine Temperaturerhöhung aus, um dieses Atom hin und her hüpfen zu lassen, so daß es an keinem bestimmten Ort anzutreffen, sondern im Mittel sich überall in der Potentialrille gleich oft aufhält. Die Symmetrie ist dann wiederhergestellt. Wir sehen an diesem Beispiel, daß der Übergang zu einer niedrigeren Temperatur, d. h. zu einer niedrigeren Energie, dazu führen kann, daß die Symmetrie spontan gebrochen wird, während sie durch eine Erwärmung wiederhergestellt werden kann.

Dieser Umstand ist von einem anderen physikalischen Phänomen her gut bekannt. Nehmen wir ein Stück Eisen. Es ist zunächst unmagnetisch, d. h. die kleinen Elementarmagnete im Innern des Eisens, die durch kreisende Elektronen erzeugt werden, sind vollkommen ungeordnet. Keine Richtung ist ausgezeichnet, es herrscht vollständige Symmetrie. Bekanntlich kann aber eine spontane Magnetisierung des Eisens dadurch eintreten, daß sich einige dieser Elementarmagnete parallel ausrichten – ein Prozeß, an den sich immer mehr Magnetchen anschließen, so daß der Magnet schließlich eine spontane Magnetisierung erhält. Eine Raumrichtung ist nun ausgezeichnet, die Symmetrie ist gebrochen. Bei Abwesenheit eines äußeren Magnetfeldes, das zu einer erzwungenen Magnetisierung führen würde, läßt sich aber nicht voraussagen, an welchem Ende eines Eisenstabes der Nord- bzw. Südpol auftreten wird.

Erhitzt man einen Eisenmagneten, dann geht bekanntlich bei einer bestimmten Temperatur, der sogenannten Curie-Temperatur, die Magnetisierung verloren. An diesem tatsächlich in der Natur existierenden Beispiel sehen wir also, daß bei größeren Temperaturen, d. h. größeren Energien, vollkommene Symmetrie herrscht, daß jedoch bei der Abkühlung eine spontane Symmetriebrechung eintritt.

Dies ist der Grundmechanismus, mit dessen Hilfe aus einer Ursymmetrie durch eine Kette von Symmetriebrechungen nacheinander die verschiedenen Kräfte abgespalten werden sollen. Mathematisch benutzt man zur Kennzeichnung von gewissen Symmetriearten die Gruppentheorie, die ursprünglich dazu benutzt wurde, die verschiedenen Kristallstrukturen der Mineralien zu charakterisieren. Je mehr Symmetrieoperationen bei einem Kristall dazu führen, daß er in sich selbst übergeht, um so höher ist die Symmetrie. Eine Struktur, der ein Würfel zugrunde liegt, hat eine höhere Symmetrieklasse als ein Quader. Mathematische Bezeichnungen für solche Symmetriegruppen sind recht verwirrend, und ich möchte daher nicht näher darauf eingehen. Man findet Bezeichnungen wie SU, SO, E, U, wobei dahinter jeweils in Klammern eine Zahl angegeben wird. Je höher diese Zahl, um so höher ist die Symmetriegruppe. In Abbildung 13.9 findet man einige dieser Bezeichnungen.

Für das Verständnis der Naturerscheinungen geht es nun darum, herauszufinden, welche Symmetrien eine Rolle spielen und bei welchen Energien eine spontane Symmetriebrechung auftritt. Wir sind noch weit davon entfernt, die letzte Symmetrie gefunden zu haben, von der alle anderen einfach durch Deduktion abgeleitet werden können. In der praktischen Forschung muß man umgekehrt vorgehen. Zunächst hatte man experimentell nur die Möglichkeit, die Naturvorgänge bei niederen Energien zu untersuchen. Durch den Bau immer größerer Beschleuniger gelang es, zu höheren Energien vorzudringen und sozusagen von unten nach oben die Natur von niederen zu immer höheren Symmetrien abzutasten. Jede Entdeckung einer spontanen Symmetriebrechung bzw. der darüber existierenden höheren Symmetrie entspricht dabei der Vereinigung von zwei Kräften zu einer gemeinsamen Wechselwirkung (Abb. 13.9).

Das Standardmodell

Die Entdeckung von Hans Christian Oersted, Wilhelm Eduard Weber und Michael Faraday im vergangenen Jahrhundert, daß elektrische Ströme von magnetischen Erscheinungen begleitet sind, war die experimentelle Basis für die theoretische Vereinigung der elektrischen und der magnetischen Kraft. Bei sehr niederen Energien sind die beiden Kräfte getrennt (Elektrostatik und Magnetismus); mit steigender Energie fließen sie immer mehr zusammen. Die Vereinigung ist vollständig bei elektromagnetischen Wellen. Charakteristisch ist in diesem Fall die Frequenz der Welle und die nach der

Quantenmechanik daraus abgeleitete Energie für das Feldquant, das Photon. Eine Fernsehwelle mit einer Frequenz von 100 MHz besitzt eine Photonenergie von $E = h\nu = 0{,}4 \cdot 10^{-6}$ eV (h = Plancksche Konstante), d. h. weniger als ein millionstel eV. Die Vereinigung der beiden Wechselwirkungen kommt also schon bei sehr kleinen Energien zum Tragen.

Die volle Vereinigung von elektrischer und magnetischer Kraft wird beschrieben mit Hilfe der Maxwellschen Gleichungen, die nicht nur alle elektromagnetischen Erscheinungen in der Physik und der Technik exakt wiedergeben, sondern auch eine große mathematische Schönheit aufweisen. Daß die Vereinigung vollkommen gelungen ist, zeigt sich daran, daß in der Maxwellschen Theorie nur noch *eine* (elektrische) Elementar-Ladung vorkommt, während eine magnetische Ladung (Monopol) nicht mehr auftritt. Die Symmetrie, die der Maxwellschen Theorie (für den Mikrokosmos modifiziert durch die Regeln der Quantenmechanik) zugrunde liegt, ist die U(1)-Gruppe, wobei die 1 darauf hinweist, daß es nur eine Ladung (und ihre Antiladung) gibt.

Die Größe der Elementarladung e (Ladung des Elektrons) ist dabei ein Maß für die Stärke der Kraft oder, wie die Physiker lieber sagen, für die Kopplungsstärke zwischen Ladung und Feld. Sie gibt an, wie stark das Feld ist, mit dem sich eine Ladung umgibt. Die Größe von e hängt von den willkürlich gewählten Maßeinheiten ab. Teilt man e^2 durch die Naturkonstanten $\hbar = h/2\pi$ (Plancksche Konstante) und c (Lichtgeschwindigkeit), dann erhält man eine dimensionslose Größe mit dem universell gültigen Zahlenwert $\alpha = e^2/\hbar c \approx 1/137$.

Man bezeichnet diese wichtige Naturkonstante als Feinstrukturkonstante, weil sie zum erstenmal bei der Erklärung von Feinheiten der Atomspektren eine Rolle spielte. Sie ist für jeden Physiker eine Art »heilige« Zahl (die Nummern von Hotelzimmern oder von Autos, die die Zahl 137 enthalten, lassen sich von Physikern leicht im Gedächtnis behalten).

Mit der Entdeckung des Kern-ß-Zerfalls und des Neutrinos in den 30er Jahren tat sich die neue Welt der *schwachen Kraft* auf, die zunächst völlig beziehungslos neben der elektromagnetischen Kraft ihr Dasein behauptete. Das umfangreiche experimentelle Material, das in der Kernphysik angesammelt wurde, konnte durch eine von

Enrico Fermi in ihren Grundzügen entwickelte Theorie beschrieben werden. Die darin auftretende »schwache Elementarladung« zeigt, daß diese Kraft sehr viel schwächer als die elektromagnetische zu sein scheint, und man sah daher zunächst keinen direkten Zusammenhang zwischen beiden Kräften. Eine Reihe von experimentellen Ergebnissen ergab aber gewisse Analogien zwischen der elektromagnetischen und der schwachen Kraft, so daß man versuchte, auch eine Eichtheorie für die schwache Kraft zu entwickeln. Als Symmetriegruppe, die die Eigenschaften des »schwachen Feldes« festlegen sollte, erwies sich SU(2) als geeignet; die 2 steht dabei in engem Zusammenhang mit der Tatsache, daß Quarks und Leptonen bezüglich der schwachen Kraft stets in Paaren betrachtet werden müssen und daß sie Teilchen, die in Abbildung 2.1 übereinanderstehen, ineinander umwandeln kann.

Parallel mit der Entwicklung einer Theorie für die schwache Kraft allein regten sich aber auch schon Ideen für eine Vereinigung dieser Kraft mit der elektromagnetischen. Die wichtigsten Beiträge wurden im Laufe der 60er Jahre unabhängig von Glashow, Salam und Weinberg geliefert.

Die Theorie, die heute unter dem Namen »elektroschwaches Standardmodell« läuft, geht von der Symmetriegruppe SU(2) × U(1) aus. Hier werden die beiden Gruppen, die die einzelnen Kräfte beschreiben, multiplikativ zusammengefaßt. Dadurch wird die Symmetrie zwar erweitert, aber das einfache »Zusammenkleben« der beiden Symmetrien ist gewissermaßen nur eine Notmaßnahme. Schöner wäre es, wenn beide Gruppen in eine gemeinsame höhere Symmetriegruppe eingebettet werden könnten. Darauf werden wir bei der »großen« Vereinigung noch zurückkommen.

In phänomenologischer Hinsicht war dieses Standardmodell außerordentlich erfolgreich, denn es beschreibt eine ungeheure Fülle von Beobachtungen. Viele Experimente wurden durchgeführt, um eine Abweichung von dem Modell zu finden, aber selbst genaueste Messungen haben nicht die geringste Diskrepanz ergeben. Allerdings muß gesagt werden, daß das Modell je nach Zählart zwischen 18 und 27 frei wählbare Parameter enthält (wenn es mehr als drei Quark- bzw. Lepton-Familien gäbe, würde sich diese Zahl weiter erhöhen), deren Werte anhand von Experimenten bestimmt werden müssen. Dadurch erhält dieses Modell eine große Anpassungsfähigkeit, und viele aufsehenerregende Berichte neuer Meßresultate auf zahlreichen Konferenzen bedeuten lediglich eine Neubestimmung der Parameter.

Der größte Erfolg des Standardmodells besteht darin, daß es die Existenz und die Massen der W- und Z-Teilchen – W^+, W^- und Z^0 –, der Träger der schwachen Wechselwirkung, voraussagen konnte. Besonders interessant ist das Z^0-Teilchen, da es für die Vereinigung der elektromagnetischen und schwachen Kraft benötigt wird. Es trägt wie das Photon keine elektrische Ladung und ist daher sozusagen der schwere Bruder des Photons. Es wird deshalb gelegentlich auch als »schweres Licht« bezeichnet.

Die Kraftübertragung durch das Z-Teilchen ermöglicht Prozesse ohne Änderung der elektrischen Ladung. Der Prozeß $\nu + e \rightarrow \nu + e$, d. h. die Streuung eines Neutrinos an einem Elektron unter Austausch von Z^0-Teilchen, ist das klassische Beispiel dafür. Man spricht von Prozessen mit »neutralem Strom«, da das Z^0-Teilchen keine Ladung transportiert.

Der erste Beweis für die Existenz der neutralen Ströme und damit indirekt für die Existenz des Z^0-Teilchen wurde 1973 in der Blasenkammer Gargamelle bei CERN erbracht.

Ein französischer Physiker, A. Lagarrigue, hatte sich mit großer Zähigkeit und gegen viele Widerstände für den Bau einer großen Blasenkammer, die mit 12 m^3 Freon gefüllt wurde, eingesetzt. Die Kammer wurde benannt nach der Mutter von Gargantua, einem Riesen, der in einer Satire von François Rabelais eine große Rolle spielt. Ein Team aus 50 Physikern (aus Frankreich, Deutschland, Belgien, Italien, England und von CERN) untersuchte die Streuung von Antineutrinos, die mit Hilfe des PS bei CERN erzeugt worden waren, in der Flüssigkeit der Kammer. Während der ersten Wochen des Jahres 1973 erregte die Aufnahme eines Ereignisses in dieser Kammer die Aufmerksamkeit der Elementarteilchenphysiker (Abb. 13.4). Nach der Durchmusterung von mehr als einer halben Million Aufnahmen war ein Ereignis entdeckt worden, das die oben erwähnte Neutrino-Elektron-Streuung zeigte und damit das Tor zu einer neuen Ära der Teilchenphysik öffnete. Später wurden noch einige weitere Ereignisse dieser Art gefunden, und ein genaueres Studium der neutralen Ströme wurde schließlich durch andere von Neutrinos ausgelöste Prozesse ermöglicht. – Lagarrigue starb leider wenige Jahre nach dieser Entdeckung, die die erste experimentelle Stütze für das Salam-Weinberg-Modell oder Standardmodell lieferte. (Ich halte es für außer Zweifel, daß Lagarrigue den Nobelpreis erhalten hätte, der aber nicht posthum verliehen werden darf.)

Für eine volle Bestätigung dieser Theorie muß man die W- und Z-Teilchen aber wirklich erzeugen und ihre Massen bestimmen. Der Entdeckung dieser Teilchen stand indessen eine praktische Schwierigkeit entgegen. Das Standardmodell hatte für die Masse der W-Teilchen etwa das 80fache der Protonmasse und für das Z-Teilchen sogar etwa das 90fache vorausgesagt. Dies bedeutet, daß die

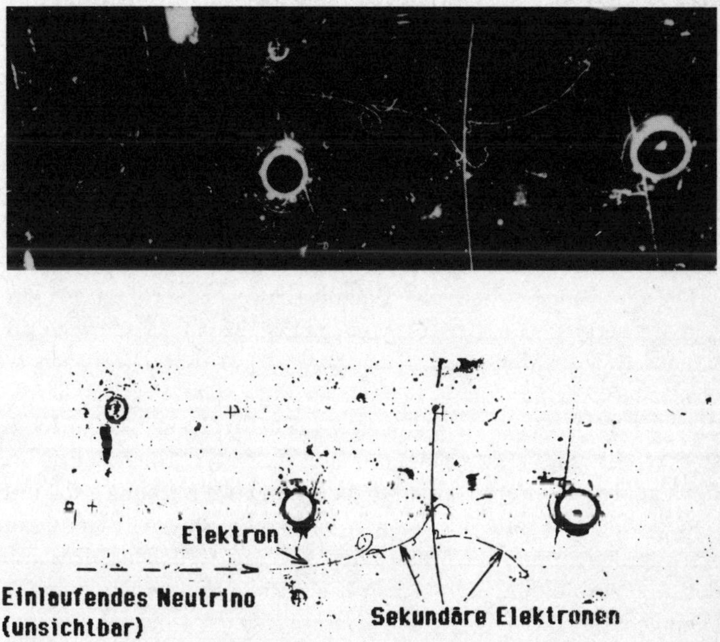

Abb. 13.4 *Beobachtung der Streuung eines Neutrinos an einem Elektron (Aufnahme in der Blasenkammer Gargamelle). Das von links einlaufende Neutrino hinterläßt keine Spur, und man beobachtet nur die Spur des Rückstoßelektrons. Es wird als Elektron dadurch identifiziert, daß es Röntgenstrahlung aussendet, die ihrerseits Sekundärelektronen erzeugt (erste Beobachtung der »neutralen Ströme« der schwachen Kraft).*

betreffenden Teilchen das Gewicht von etwa mittelschweren Atomkernen besitzen. Es gab vor 1980 keinen Beschleuniger, dessen Energie ausgereicht hätte, um so schwere Teilchen zu erzeugen.

Wie bei CERN das SPS in einen Proton-Antiproton-Collider umgebaut wurde und wie damit die W- und Z-Teilchen entdeckt wurden, habe ich schon geschildert (Kap. 9, S. 233).

Trotz der Triumphe, die das Standardmodell feiern konnte, besitzt es eine Reihe von erheblichen Unzulänglichkeiten. Die Tatsache, daß die beiden Symmetriegruppen SU(2) × U(1) mehr oder weniger »zusammengeklebt« werden, bedeutet, daß eine echte Vereinigung der elektromagnetischen und der schwachen Kraft noch nicht erreicht worden ist. Dies äußert sich darin, daß in dem Standardmodell nach wie vor zwei Elementarladungen auftreten: e für die elektrische Kraft, g für die schwache Kraft. Über die Größe des Verhältnisses e/g kann die Theorie keine Aussage machen, es muß experimentell bestimmt werden. Sein bester Wert liegt gegenwärtig bei $e/g = 0{,}480 \pm 0{,}002$. Ein Ergebnis, das sehr erstaunlich ist! Es bedeutet nichts anderes, als daß die Elementarladung der schwachen Kraft und damit ihre Stärke annähernd zweimal so groß ist wie diejenige der elektromagnetischen Kraft. Ist die schwache Kraft also gar nicht schwach, haben wir es hier mit einem Widerspruch zu tun?

Die genauere Analyse zeigt, daß die schwache Kernkraft bei niederen Energien (im Bereich von einigen MeV) so schwach erscheint, weil die Massen der Kraftträger, der W- und Z-Teilchen, so groß sind. Bei Energien im Bereich von etwa 100 GeV, dort, wo die SU(2) × U(1)-Symmetrie gilt, ist in der Tat die schwache Kraft stärker als die elektromagnetische. Erst bei Übergängen zu 10000mal niederen Energien, wo die Symmetriebrechung erfolgt ist und die beiden Kräfte sich trennen, verliert die schwache Kernkraft stark an Bedeutung. Die Massen der W- und Z-Teilchen liefern also den Maßstab dafür, bei welchen Energien eine spontane Symmetriebrechung von SU(2) × U(1) einsetzt.

Wir müssen uns nun einem fundamentalen Problem zuwenden, bei dem die Elementarteilchenphysik trotz aller Fortschritte noch völlig im dunkeln tappt. Es geht um die Frage, warum Teilchen eine *Masse* besitzen und welche Gesetzmäßigkeiten die genauen Massenzahlen bestimmen. Das Standardmodell liefert uns hier einen Hinweis, welche Fragen wir experimentell an die Natur stellen müssen, um Fortschritte zu erzielen.

Eine strenge Gültigkeit der SU(2) × U(1)-Symmetrie hätte zur Folge, daß alle Teilchen masselos sind. Dies gilt sowohl für Quarks und Leptonen als auch für die Kräfteträger wie das Photon und die W- und Z-Teilchen, was offenbar im krassen Widerspruch mit den Experimenten steht. Die Schwierigkeit wird durch eine spontane Symmetriebrechung beseitigt. Um das dafür notwendige »Champagnerflaschen«-Potential (Abb. 13.3) zu erhalten, wird die Existenz eines neuen Feldes postuliert, dessen Feldquanten nach dem englischen Physiker Peter W. Higgs (einem sehr netten, bescheidenen und zurückgezogen lebenden mathematischen Theoretiker) als *Higgs-Teilchen* bezeichnet werden.

Im einfachsten Fall handelt es sich bei den Higgs-Teilchen um elektrisch neutrale Feldquanten, aber man besitzt genügende Freiheiten, so daß auch Theorien mit elektrisch geladenen Higgs-Teilchen diskutiert werden. Alle Higgs-Teilchen müssen aber eine gemeinsame Besonderheit besitzen. Was wir bisher kennenlernten, waren Teilchen mit dem Spin ½ (Quarks und Leptonen) und dem Spin 1 (Photonen, W- und Z-Teilchen und Gluonen); es begegnete uns jedoch kein fundamentales Teilchen, das *keinen* Eigendrall besaß. Diese Lücke wird von den Higgs-Teilchen geschlossen, denn ob geladen oder ungeladen, sie müssen den Spin 0 besitzen. Durch die spontane Symmetriebrechung erhalten nicht nur die W- und Z-Teilchen eine von 0 verschiedene Masse, sondern auch die Quarks und Leptonen.

Ein praktisches Problem bei dieser Art der spontanen Symmetriebrechung besteht darin, daß die Theorie keinerlei Angabe über die zu erwartende Masse der Higgs-Teilchen machen kann, und so weiß man nicht recht, wo man nach ihnen suchen soll. Aufgrund von eher spekulativen Ideen kann man sehr große Massen, etwa oberhalb von 600 GeV / c^2, ausschließen.

Die Suche nach dem Higgs-Teilchen ist daher gegenwärtig eines der aufregendsten und wichtigsten Unternehmen der Elementarteilchenphysik. Die Angelegenheit wird daher so spannend, weil der in Frage kommende Massenbereich so riesig ist, daß fast überall eine Chance besteht, »Gold« zu finden. Vielleicht wird es erst mit

Hilfe von neuen Beschleunigern wie LEP, HERA oder dem Tevatron gelingen, das Higgs-Teilchen zu finden; es könnte aber auch sein, daß irgendeiner der längst als veraltet geltenden Beschleuniger die große Entdeckung macht. Auf diesem Gebiet ist alles möglich – vielleicht sogar, daß es das Higgs-Teilchen gar nicht gibt und die SU(2) × U(1)-Symmetrie auf ganz andere Weise spontan gebrochen wird.

Bisher behandelten wir das sogenannte elektroschwache Standardmodell, d. h. die phänomenologische Theorie, die die elektromagnetische und die schwache Kraft vereinigt. Dieses Modell wurde nun so erweitert, daß es auch die starke Kernkraft mit einschließt. In Analogie zur Eichfeldtheorie für die elektromagnetische Wechselwirkung, die unter dem Namen Quantenelektrodynamik (QED) bekannt ist, wurde eine Eichfeldtheorie auch für die Kernkraft entwickelt. Wie ich weiter oben beschrieben habe (Kap. 2), besteht ein wesentlicher Unterschied zwischen diesen beiden Kräften darin, daß die Ladungsstruktur der Kernkraft völlig anders ist als bei der elektromagnetischen Kraft. Wir haben es hier mit drei verschiedenen Ladungen bzw. ihren Antiladungen zu tun, die man mit Farben bezeichnet (Abb. 2.5). Die Symmetrie, die die Eigenschaften des Eichfeldes festlegt, ist daher die SU(3), wobei die Zahl 3 auf die drei Farbladungen hinweist. Die betreffende Theorie nennt man *Quantenchromodynamik* (QCD).

Ähnlich wie die Stärke der elektromagnetischen Kraft durch die elektrische Elementarladung bzw. die daraus abgeleitete dimensionslose Feinstrukturkonstante α bestimmt wird, so gibt es auch bei der Kernkraft eine entsprechende Kopplungskonstante α_s. Im Energiebereich, der bisher Experimenten zugänglich ist, findet man für α_s einen Wert von etwa 0,2. Vergleicht man diesen Wert mit demjenigen der Kopplungskonstante der elektromagnetischen Wechselwirkung von 1/137, dann stellt man fest, daß die Kernkraft etwa 30mal stärker ist als die elektromagnetische Kraft.

Mit der Kopplungskonstante α_s hat es allerdings noch eine besondere Bewandtnis. Die QCD sagt voraus, daß diese Zahl keine Naturkonstante ist, sondern sich mit der Energie ändern soll. Je höher die Wechselwirkungsenergie, d. h. je näher sich zwei Teilchen kommen, um so kleiner soll α_s sein, während bei niedrigen Energien, also großem Abstand von Teilchen, die Kopplung stärker wird.

Dieses merkwürdige Verhalten der »laufenden Kopplungskonstanten« hat eine fundamentale Konsequenz. Sie besagt nämlich nichts anderes, als daß es prinzipiell nicht möglich ist, Quarks als freie Teilchen herzustellen. Zieht man zwei Quarks auseinander, dann muß dazu immer mehr Energie aufgewendet werden, weil die Bindekraft wegen der mit größerer Entfernung ansteigenden Kopplungskonstanten zunimmt. Die zugeführte Energie reicht schließlich aus, ein neues Teilchen-Antiteilchen-Paar zu erzeugen, wobei neue gebundene Quark-Systeme entstehen (Abb. 13.5). Etwas ganz Ähnliches geschieht, wenn wir einen Stabmagneten zerbrechen: Statt eines einzelnen Nord- bzw. Südpols erhalten wir wieder je ein Polpaar.

Diese »Einschließung« der Quarks ist nicht nur für das Verständnis der Kernkraft wichtig, sondern sie ist ein Hinweis darauf, daß die immer weitere Unterteilung der Materie an eine prinzipielle Grenze stößt.

Die strenge Gültigkeit der Symmetrie SU(3) führt dazu, daß die Träger der starken Kraft, die Gluonen, keine Masse besitzen. Alle bisherigen Experimente sind damit im Einklang, so daß eine Brechung dieser Symmetrie nicht notwendig erscheint.

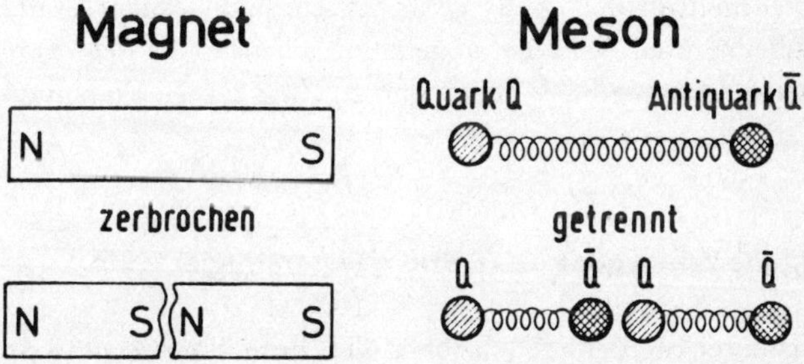

Abb. 13.5 *Die Befreiung eines Quarks (z.B. von einem Antiquark) gelingt nicht (»Quark-Einschluß«). An der »Bruchstelle« bildet sich ein neues Quark-Antiquark-Paar. In ähnlicher Weise entstehen beim Zerbrechen eines Stabmagneten keine einzelnen Magnetpole, sondern Dipole mit je einem Nord- und einem Südpol.*

In dem verallgemeinerten Standardmodell »klebt« man nun die SU(3)-Gruppe an die SU(2) × U(1)-Gruppe des elektroschwachen Standardmodells an und erhält damit die übergeordnete Symmetrie SU(3) × SU(2) × U(1).

Mit diesem verallgemeinerten Standardmodell befindet sich die Elementarteilchenphysik gegenwärtig in einer sehr merkwürdigen Situation. Auf der einen Seite steht der fast unglaubliche Erfolg dieses Modells, das bisher alle experimentell gewonnenen Daten von Energien von Bruchteilen von eV bis 1000 GeV exakt beschreibt. Das Modell konnte spektakuläre Vorhersagen machen. Es faßt das Verhalten sowohl der elektromagnetischen als auch der schwachen und der starken Kernkraft zusammen. Die einzige Wechselwirkung, die es nicht mit abdeckt, ist die Gravitation. Die Tatsache, daß das Top-Quark bisher nicht gefunden wurde, gilt nur als Schönheitsfehler, denn niemand zweifelt an seiner Existenz, und man erwartet, daß es mit der nächsten Generation von Beschleunigern gefunden wird.

Den Erfolgen steht aber die Tatsache gegenüber, daß es sich beim Standardmodell, wie der Name schon sagt, nicht um eine aus *first principles* abgeleitete Theorie handelt, sondern um ein phänomenologisches, ad hoc erfundenes Modell. Darauf deuten die vielen willkürlich wählbaren Parameter hin. Eine echte Vereinigung der drei Kräfte wurde noch nicht erreicht. Dies erkennt man daran, daß die Elementarladungen, die die Stärke der Kräfte bestimmen, von dem Modell nicht in Beziehung gebracht werden. Gesucht ist also eine aus allgemeinen Axiomen abgeleitete Theorie, die dem Standardmodell eine solide Basis geben und zu einer echten Vereinigung der Kräfte führen würde.

Die große Vereinigung (GUT, SUSY, Superstrings)

An früherer Stelle habe ich schon den Besuch des Dalai Lama bei CERN und die von dem hohen Gast gewünschte Diskussion mit unseren Theoretikern erwähnt. Thema waren die Beziehungen, die Ähnlichkeiten und die Verschiedenheiten des Vakuums in der Physik und der »vacuity« im Buddhismus. Der Dalai Lama, dem man seine etwa fünfzig Jahre nicht ansieht, erwies sich als ein sehr lebhafter Gesprächspartner, wobei Sprachschwierigkeiten während der Diskussion, die in Englisch geführt wurde, keine große Rolle spielten. Das Ergebnis der etwa dreistündigen Unterhaltung war die Feststellung, daß weder das Vakuum in der Physik noch die »vacuity« im Buddhismus wirklich leer sind. Beide sind erfüllt von nicht direkt wahrnehmbaren Phänomenen, die aber eine Schlüsselrolle bei einer einheitlichen Darstellung des Weltgeschehens einnehmen.

In der Tat spielt das *Vakuum* in der modernen Physik eine immer wichtigere Rolle. Vom »horror vacui« vergangener Jahrhunderte – der Furcht vor dem Vakuum – kann keine Rede mehr sein, sondern die relativistische Quantenfeldtheorie (Kap. 8) lehrte uns, daß im Vakuum, aus dem Nichts sozusagen, Paare von Teilchen und Antiteilchen, z. B. Elektronen-Positronen oder Quark-Antiquark-Paare, erzeugt werden können, die für eine äußerst kurze Zeit existieren und sich dann wieder neutralisieren[31]. Man könnte sagen: Das Vakuum szintilliert – im Fachjargon spricht man von der »Polarisation des Vakuums«. Einen absolut leeren Raum gibt es also nirgendwo im Kosmos, sondern überall finden die mit unseren groben Sinnen nicht wahrnehmbaren submikroskopischen Prozesse statt. Diese Vakuumfluktuationen sind letzten Endes auch die Träger der verschiedenen Kraftfelder und ersetzen insofern in gewisser Hinsicht den alten Lichtäther. Bei den folgenden Betrachtungen wird sich zeigen, daß diese Vakuumerscheinungen eine wichtige Rolle bei der Vereinigung der Kräfte spielen.

Wie wir im vorigen Abschnitt sahen, hat das Standardmodell trotz seiner großen Beiträge zu einem besseren Verständnis der starken, elektromagnetischen und schwachen Kraft nicht zu ihrer endgültigen Vereinigung geführt. Weitere fundamentale Fragen blieben offen: Warum gibt es die beiden Teilchenfamilien Quarks und Leptonen? Warum ist die elektrische Ladung gequantelt? Warum sind die drei Kräfte in ihrer Stärke so verschieden? Man versucht daher, die »zusammengekittete« Symmetrie $SU(3) \times SU(2) \times U(1)$ des Standardmodells in eine höhere Symmetriegruppe einzubauen, die eine echte Vereinigung dieser Kräfte ergeben und auch die anderen Fragen beantworten würde.

Die Hoffnung, daß es möglich sei, die auf den ersten Blick so verschiedenen Kräfte zu vereinigen, wird gestützt durch folgende Beobachtung: Die Stärke der Kräfte wird bestimmt durch die Elementarladungen bzw. Kopplungskonstanten, die bei niederen Energien sehr unterschiedlich sind (Kap. 2). Nun wurde bei der Diskussion der Kernkraft darauf hingewiesen, daß die Stärke dieser Kraft davon abhängt, bei welcher Energie ein Prozeß stattfindet. Genauere Untersuchungen zeigten, daß auch die Feinstrukturkonstante (d. h. die Kopplungsgröße für die elektromagnetische Wechselwirkung) und die Elementarladung der schwachen Kraft strenggenommen nicht Naturkonstanten sind, sondern sich, wenn auch weit weniger als die starke Kopplungskonstante, gleichfalls mit der Wechselwirkungsenergie ändern. Als tiefere Ursache für diese Änderungen der Kraftstärke wurden die oben erwähnten flüchtigen Vakuumeffekte ausfindig gemacht (Renormierungs-Theorie).

Benutzt man nun die bei sehr niedrigen Energien experimentell bestimmten Kopplungsstärken und die theoretisch vorhergesagten Änderungen mit den Wechselwirkungsenergien, so kommt man zu einem sehr überraschenden Ergebnis (Abb. 13.6). Es zeigt sich nämlich, daß die von den niedersten Energien zu immer höheren Energien extrapolierten Kopplungsstärken der drei Kräfte sich an-

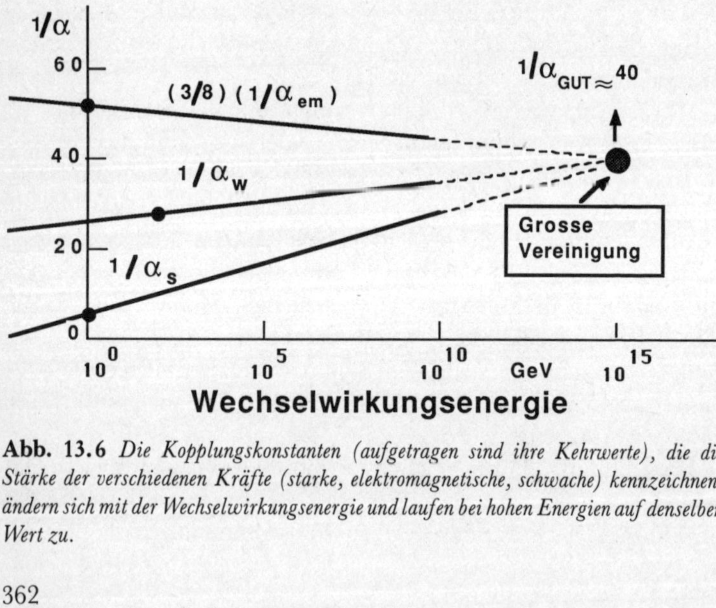

Abb. 13.6 *Die Kopplungskonstanten (aufgetragen sind ihre Kehrwerte), die die Stärke der verschiedenen Kräfte (starke, elektromagnetische, schwache) kennzeichnen, ändern sich mit der Wechselwirkungsenergie und laufen bei hohen Energien auf denselben Wert zu.*

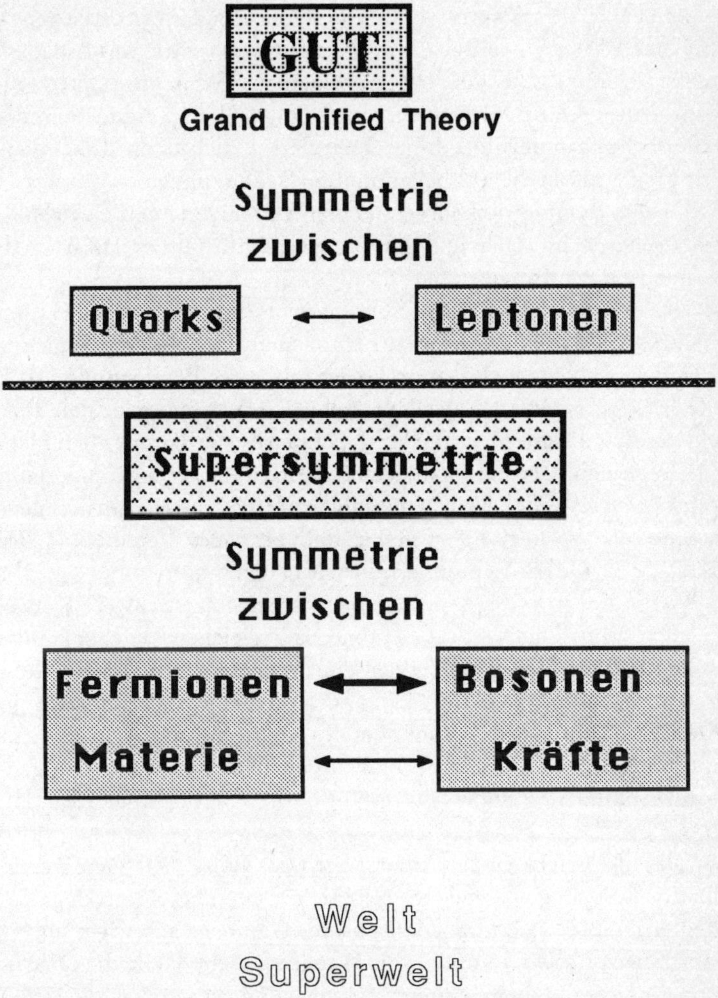

Abb. 13.7 *»Große Vereinigung« GUT (Grand Unified Theory): Symmetrie zwischen Quarks und Leptonen.*
»Supersymmetrie« SUSY: Symmetrie zwischen Fermionen und Bosonen.

nähernd in einem gemeinsamen Punkt treffen, der bei einer enorm hohen Energie (etwa 10^{15} GeV) liegt. Sie ist so hoch, daß man nie hoffen kann, sie jemals mit Hilfe von Beschleunigern zu erreichen[32]. Bei dieser Energie werden die drei Kräfte gleich stark, was Anlaß zu der Vorstellung gab, daß dort eine allgemeine Symmetrie gelten soll, die die drei Kräfte wirklich vereinigt. Durch eine spontane Symmetriebrechung unterhalb dieser Energie soll sich dann diese »vereinigte« Kraft in die uns bekannten Teilkräfte spalten.

Welche Symmetrie könnte zu einer Vereinigung von elektromagnetischer, schwacher und starker Kernkraft führen? Da ist man zunächst darauf angewiesen zu raten.

Der erste Versuch geht von einer Symmetrie zwischen den Quarks auf der einen und den Leptonen auf der anderen Seite aus (Abb. 13.7). Solche Theorien laufen unter der Bezeichnung GUT (*Grand Unified Theory*). Der Unterschied zwischen den beiden Teilchenfamilien besteht ja darin, daß Quarks die Kernkraft fühlen, die Leptonen dagegen nicht. Wenn die Kräfte vereinigt sind, dann müssen diese beiden Teilchenfamilien zu einer einzigen zusammenschmelzen. Es liegt daher nahe, daß bei einer Vereinigung der Kräfte eine Quark-Lepton-Symmetrie gelten müßte.

Wenn dies so wäre, dann ergäbe sich eine folgenschwere Konsequenz. Wenn Quarks und Leptonen zur gleichen Teilchenfamilie gehören, dann müßte es möglich sein, zwischen ihnen Umwandlungen herbeizuführen, d. h. es kann auch passieren, daß sich etwa ein Quark im Innern des Protons oder des Neutrons spontan in ein Lepton umwandelt, z. B. ein d-Quark in ein Positron, wobei das Proton zu bestehen aufhört. Es zerfällt dann z. B. nach der Reaktion $p \rightarrow e^+ + \pi^0$.

Diese Möglichkeit hat Anfang der 80er Jahre viele Gemüter in heftige Erregung versetzt. Die Richtigkeit der Theorie würde ja bedeuten, daß die letzte Bastion unseres Glaubens an ewige, unzerstörbare Materiebestandteile ins Wanken geriete. Wenn die Quarks und die daraus aufgebauten Protonen und Neutronen als Urbestandteile der Atomkerne von allein spontan zerfallen können, dann stirbt die Materie im Kosmos allmählich aus, und sein Ende wäre abzusehen. Nun, ängstliche Gemüter können zunächst beruhigt werden, denn die Zeiten, innerhalb deren die Protonen allmählich zerfallen sollen, sind ungeheuer lang. Die erste GUT-Theorie wurde

1974 von H. Georgi und S. Glashow publiziert, wobei sie als übergeordnete Symmetrie die sogenannte SU(5)-Gruppe wählten. Ihre Theorie sagte eine Lebensdauer des Protons von ungefähr 10^{30} Jahren voraus. Da wir wissen, daß unser Kosmos seit mehr als 10 Milliarden (= 10^{10}) Jahren existiert, bedeutet dies, daß unser Weltall noch viel länger als milliardenmal milliardenmal länger leben müßte als bisher, bevor von einem Aussterben der Materie etwas Wesentliches zu bemerken wäre.

Man könnte daraus schließen, daß es experimentell ausgeschlossen ist, über so geringe Zerfallswahrscheinlichkeiten für das Proton eine Aussage zu erhalten. Es muß als Triumph der modernen Experimentierkunst angesehen werden, daß es im Lauf der letzten zehn Jahre gelang, diese Vorhersage der Theorie als falsch zu erweisen.

Man kann sich natürlich nicht ins Laboratorium setzen und ein einzelnes Proton über so ungeheure Zeiträume beobachten und auf seinen Zerfall warten. Die Gesetze der Statistik ermöglichen jedoch einen anderen Weg. Nimmt man statt nur eines Protons sehr, sehr viele (etwa 10^{30}), dann besteht eine wenn auch geringe Chance, innerhalb sagen wir eines Jahres den Zerfall eines dieser Protonen zu beobachten. Man hat daher riesige Detektoren mit mehreren hundert Tonnen Masse gebaut, die allerdings so beschaffen sein mußten, daß der Zerfall eines einzelnen Protons im Innern des Detektors beobachtet werden kann. Dazu kann man z. B. große Wassertanks benutzen, in denen der Zerfall einen winzigen Lichtblitz erzeugt, den man dann mit geeigneten Fotoelementen nachweist. Mehrere solche Detektoren in den Vereinigten Staaten, in Europa, in Indien und Japan, die im allgemeinen in tiefen Bergwerken aufgestellt wurden, um Störereignisse von außen weitgehend abzuschirmen, haben bisher keinen einzigen Protonenzerfall nachgewiesen. Vorübergehend gab es Aufregung, als einige Ereignisse tatsächlich auf einen derartigen Zerfall hinzuweisen schienen, aber nach genauer Analyse konnten sie jeweils als Störereignisse identifiziert werden.

Als Ergebnis all dieser Experimente läßt sich feststellen, daß das Proton mindestens tausendmal länger lebt, als von der Theorie vorausgesagt wurde. In Japan wird ein neuer Detektor mit einer Masse von 32000 t Wasser diskutiert, der es gestatten würde, eine noch 10mal längere Protonenlebensdauer (bis zu 10^{34} Jahren) zu messen.

Gegenwärtig kann man sagen, daß die GUT-Theorie in ihrer einfachsten Form, nämlich als SU(5)-Symmetrie, mit einiger Sicherheit von den Experimenten widerlegt ist. Einige grundsätzliche Ideen, wie die Zusammenfassung der Quarks und Leptonen in einer gemeinsamen Familie, werden aber erhalten bleiben und in anderen Theorien wieder auftauchen. Die interessante Frage, ob die Materie ewig stabil ist oder ob das Proton und das Neutron spontan zerfallen, wird uns daher noch weiter beschäftigen, wenn es sich auch mehr um eine Frage des Prinzips und weniger um unmittelbare Auswirkungen handelt. Die theoretisch vorhergesagten Lebensdauern und noch mehr die experimentell gefundenen Grenzen liegen so hoch, daß sie selbst für die Entwicklung des Kosmos praktisch keine Auswirkung haben.

Ein anderer Versuch, zu einer großen Vereinigung, d. h. zu einer Zusammenfassung der Kernkraft, der elektromagnetischen und der schwachen Kraft, zu kommen, läuft unter dem Namen *Supersymmetrie*, abgekürzt SUSY. Bei den GUT-Theorien ging man davon aus, daß volle Symmetrie zwischen der Teilchenfamilie der Quarks und der Leptonen besteht. Bei der Supersymmetrie stellt man eine noch weitere Symmetrie zwischen Teilchensorten an den Anfang (Abb. 13.7).

Wir haben gehört, daß die Materieteilchen (Quarks und Leptonen) den Spin ½ besitzen (Fermionen). Die Überträger der Kräfte (das Photon, die W- und Z-Teilchen und die Gluonen) dagegen besitzen den ganzzahligen Spin 1 (Bosonen). Bei der Supersymmetrie geht man nun davon aus, daß eine Symmetrie zwischen Bosonen und Fermionen gelten soll. Dazu wird gefordert, daß es auch Materieteilchen mit ganzzahligem Spin (Spin 0) und Kräfteträger mit Spin ½ geben soll, d. h. es wird der Spin jeweils um eine halbe Einheit erniedrigt. Es wird also nicht weniger postuliert, als daß es neben der uns bekannten Welt eine »Superwelt« geben soll, in der die Rolle von Fermionen und Bosonen vertauscht sei (Abb. 13.8). Solche Supersymmetrien wurden 1974 zum erstenmal von J. Wess an der Universität Karlsruhe und B. Zumino bei CERN vorgeschlagen.

Die supersymmetrischen Quarks und Leptonen mit Spin 0 kennzeichnet man durch ein vorgesetztes S und spricht daher von Squarks und Sleptonen. Die supersymmetrischen Kräfteträger mit halbzahligem Spin werden dagegen durch ein angehängtes -ino kenntlich gemacht, man spricht von Photinos, Gluinos und Winos.

Auch bei dieser Theorie soll die spontane Symmetriebrechung wieder eine Rolle spielen, und von der Stärke dieser Brechung hängen die Massen der supersymmetrischen Partnerteilchen ab. Das interessante Ergebnis lautet, daß zumindest einige von ihnen sehr leicht sein können und sehr wohl mit heutigen Beschleunigern nachgewiesen werden könnten. Das leichteste SUSY-Teilchen soll sogar stabil sein; mit größter Wahrscheinlichkeit trifft dies für das Photino, das Partnerteilchen des Photons, zu.

Welt	Superwelt	
Spin 1	**Spin 1/2**	
Gluonen Photon W , Z	Gluinos Photino Wino,Zino	Kräfte- über- träger
Spin 1/2	**Spin 0**	
Quark Leptonen	Squark Sleptonen	Materie- bausteine
Spin 0	**Spin 1/2**	
Higgs	Shiggs	Massen- erzeuger

Abb. 13.8 *Die SUSY-Symmetrie erfordert die Existenz einer supersymmetrischen neben der normalen Materie.*

Es ist daher nicht verwunderlich, daß seit einigen Jahren fast an allen größeren Beschleunigern eine eifrige Jagd nach solchen supersymmetrischen Teilchen im Gange ist, bisher konnte aber noch kein edles Wild erlegt werden. Bis vor kurzem wurden die besten unteren Grenzen für die Massen einiger supersymmetrischer Teilchen von dem Proton-Antiproton-Collider bei CERN geliefert. Sie lagen bei etwa 40 bis 50 Protonenmassen. Auf einer internationalen Tagung in München wurden im Sommer 1988 die ersten Ergebnisse vom Proton-Collider am Fermilab bekanntgegeben, die diese Grenze auf etwa 80 bis 90 Protonenmassen hochschoben. Die Frage, ob die Superwelt in der Natur realisiert ist oder ein Traum bleiben wird, ist also noch völlig offen.

Während wir auf neue experimentelle Ergebnisse von Beschleunigern, die laufen oder demnächst in Gang kommen, warten und während viele Theoretiker unermüdlich versuchen, in enger Anlehnung an die experimentellen Ergebnisse neue Theorien zu entwickeln, gibt es einen anderen Kreis von Theoretikern, die das Problem sozusagen von oben her zu lösen versuchen. Hierbei will man sich nicht sosehr durch die experimentellen Tatsachen leiten lassen, sondern man sucht aufgrund allgemeiner Annahmen und mathematischer Prinzipien eine »TOE«, eine *Theory of Everything*, eine allumfassende Theorie, zu entwickeln. Man versucht also auf mehr spekulativem Weg die Probleme anzugehen, wobei erst in einem zweiten Schritt die Verbindung zu den Tatsachen hergestellt wird.

Die bisher beschriebene große Vereinigung bezog sich auf jene drei Kräfte, die im Mikrokosmos eine Rolle spielen, nämlich die Kernkraft, die elektromagnetische Kraft und die schwache Kernkraft. Die vierte uns bekannte Wechselwirkung, die Gravitation, ist so schwach, daß sie gegenüber den genannten Kräften in der subnuklearen Welt keine Rolle spielt. Nur wenn sehr große Massen, d. h. Himmelskörper, im Spiel sind, wird die Schwerkraft merkbar. Die Gravitation ist so schwach, daß es bisher weder im Laboratorium noch im Weltraum gelang, Quanteneffekte, z. B. Gravitationswellen, nachzuweisen. Trotzdem ist die Idee bestechend, daß auch die Gravitation, wie alle anderen Kräfte, aus einem Eichfeld, dessen Eigenschaften durch eine übergeordnete Symmetrie bestimmt sind, abgeleitet werden kann. Das heißt, die Kraftübertragung würde wieder durch den Austausch von Teilchen erfolgen, die man in diesem Fall Gravitonen nennt (Kap. 2). Sie würden den Spin 2 besitzen müssen, was damit zusammenhängt, daß es nur eine Massenanziehung, aber keine Massenabstoßung gibt.

Würde die Gravitation in diesem Sinn dem gleichen Schema wie die anderen Kräfte folgen, dann könnte man daran denken, alle Kräfte zusammenzuführen.

Man kann sich natürlich fragen, warum die Physiker so besessen davon sind, alle Erscheinungen auf eine einzige Urkraft zurückzuführen. Für manche ist dies vielleicht deshalb so faszinierend, weil es einem tiefen menschlichen Bedürfnis zu entsprechen scheint, das vielfältige Geschehen im Mikro- bzw. Makrokosmos auf eine einzige Wurzel zurückzuführen. Im Wappen der Vereinigten Staaten heißt es: »E pluribus unum« – aus den vielen der eine. Wenn auch in einem etwas anderen Sinn, so streben doch die Physiker seit vielen Jahrhunderten in dieselbe Richtung.

Die Zusammenfassung aller Kräfte, einschließlich der Gravitation, und ihre Beschreibung durch eine einzige Symmetriegruppe würde, wie ich oben erläutert habe, die Existenz von mehreren Raum-Zeit-Welten überflüssig machen und den Ablauf des Weltgeschehens in einer einzigen Struktur ermöglichen. Diese Raum-Zeit-Struktur besitzt allerdings recht merkwürdige Eigenschaften, deren Zusammenhang mit der dreidimensionalen Raumstruktur und der eindimensionalen Zeitstruktur unserer Alltagserfahrung erst noch hergestellt werden muß.

Wenn wir das bei den anderen Kräften angewandte Schema auf die Gravitation übertragen, dann stellt sich die Frage, ab welcher Energie die übergeordnete Symmetrie, die die Gravitation mit einschließt, gelten würde. Einen Anhaltspunkt gewinnen wir aus der Stärke der Schwerkraft.

Mit einer sehr empfindlichen sogenannten Gravitationswaage ist es möglich, die Massenanziehung zwischen zwei Bleikugeln im Labor zu messen. Man findet, daß die Massenanziehung proportional jeder der beteiligten Massen und umgekehrt zu ihrem Abstand ist. Es geht aber noch eine Größe ein, die sogenannte Newtonsche Gravitationskonstante, die die eigentliche Stärke der Kraft bestimmt[33]. Ihr Zahlenwert interessiert uns hier nicht weiter, da er von den jeweils gewählten Einheiten abhängt. Durch Multiplikation mit den universellen Naturkonstanten h (Plancksche Konstante) und c (Lichtgeschwindigkeit) läßt sich daraus eine Energie ableiten, die man als Planck-Energie bezeichnet. Man findet, daß sie ungefähr 10^{19} GeV beträgt, also noch etwa 10000mal größer ist als die Energie, bei der die Vereinigung der übrigen drei Kräfte erfolgen soll. Ein direkter experimenteller Zugang zu diesem Energiebereich mit Hilfe von Beschleunigerexperimenten ist daher in absehbarer Zukunft völlig ausgeschlossen. Ob solche Theorien in indirekter Weise, z. B. durch Präzisionsmessungen bei niederen Energien, überprüft werden können, ist noch nicht klar.

Die zur Zeit gängigste dieser Theorien möchte ich kurz beschreiben, da sie eine Reihe von faszinierenden Gesichtspunkten enthält. Sie hat den Namen *Superstring-Theorie*, wobei das englische Wort *string* am besten mit Faden übersetzt wird. Besonders interessant finde ich an dieser Theorie, daß man hier zum erstenmal nicht von der Wechselwirkung zwischen punktförmigen Objekten wie Quarks oder Leptonen ausgeht, sondern von Einheiten, die in einer Dimension ausgedehnt sind, also von Fäden, die sowohl zwei Enden haben als auch zu einer Schlinge geschlossen sein können. Die Länge dieser Fäden ist durch die Newtonsche Gravitationskonstante G_N gegeben und beträgt etwa 10^{-33} cm. Diese Länge ist etwa eine milliardemal eine milliardemal kleiner als die kleinsten Objekte, die man heute untersuchen kann.

Die Fäden stellen die Urobjekte dar, aus denen sich alles zusammensetzt. Sie unterliegen wie etwa die Saiten eines Musikinstruments einer Spannung, und die Fadenspannung stellt die universelle Konstante dar, aus der sich alle anderen Eigenschaften der Kräfte und Teilchen ableiten lassen sollen. Die verschiedenen Elementarteilchen stellen unterschiedliche Schwingungszustände der Fäden dar, vergleichbar den Obertönen bei der Schwingung einer Saite.

Worum es aber zunächst ging, war folgendes: Man mußte feststellen, ob es überhaupt eine Theorie gibt, die die klassische Physik, die Quantenmechanik, die spezielle und die allgemeine Relativitätstheorie vereinigt und die einige allgemeine mathematische Voraussetzungen erfüllt. In früheren Theorien trat die Schwierigkeit auf, daß punktförmige Objekte, z. B. ein punktförmiges Elektron, zu mathematischen Schwierigkeiten (sogenannten Singularitäten) füh-

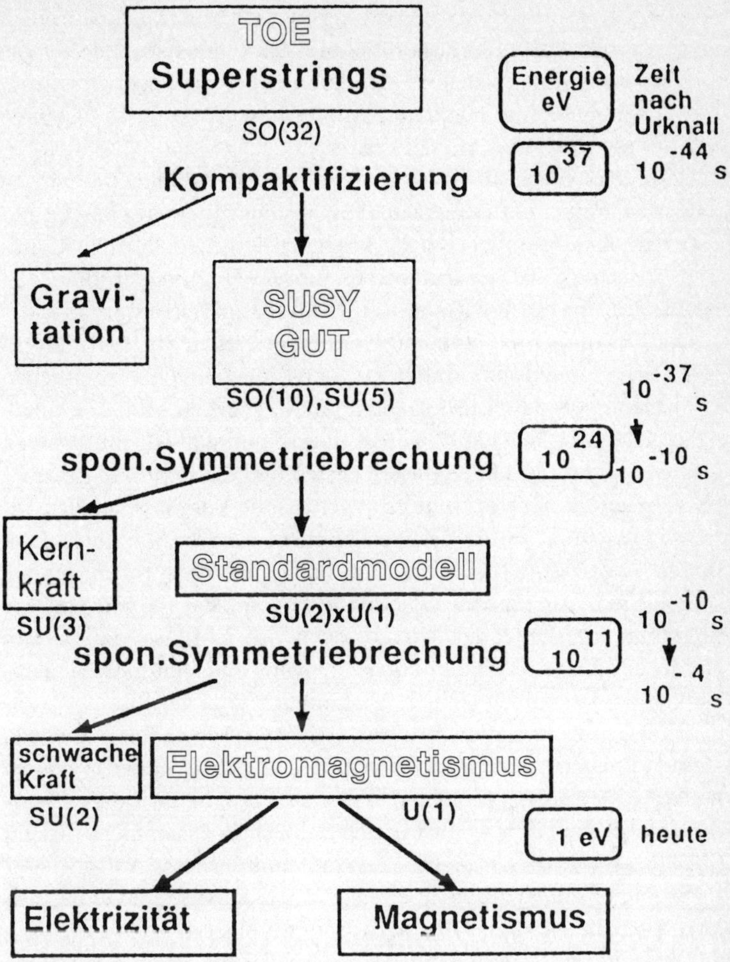

Abb. 13.9 *Hierarchie der Symmetrien. Aus einer höchsten Symmetrie (TOE = Theory of Everything, Superstrings), die eine Vereinigung aller Kräfte zu einer Urkraft beinhaltet, werden durch aufeinanderfolgende spontane Symmetriebrechungen bei jeweils niederen Energien die einzelnen Kräfte abgespalten. Diese verschiedenen Stadien wurden vom Kosmos bei seiner Abkühlung nach dem Urknall sukzessive durchlaufen. Die ungefähren Zeiten, bei denen die einzelnen Schritte erfolgten, sind in der rechten Spalte angegeben.*

ren, da man ja die elektrische Ladung oder die Masse nicht auf einen mathematischen Punkt zusammenpressen kann. Es wurde als Erfolg gewertet, daß gezeigt werden konnte: Solche Theorien existieren tatsächlich. Als mögliche Symmetrie wurde z. B. die Gruppe SO(32) identifiziert.

Besonders merkwürdig war allerdings der Befund, daß solche Theorien nur in mindestens zehn Dimensionen (neun räumliche und eine zeitliche) formuliert werden können. Diese merkwürdige Raum-Zeit-Struktur würde aber immerhin unsere Hoffnung erfüllen, alle Kräfte auf eine einzige Raum-Zeit-Struktur zurückzuführen.

Der Zusammenhang dieser zehndimensionalen Struktur mit unseren bekannten drei räumlichen Dimensionen und einer zeitlichen Dimension soll dabei in folgender Weise gegeben sein: Die ungeheure Kleinheit der Fäden deutet darauf hin, daß wir mit unseren groben Sinnen (und auch unsere besten und feinsten Meßapparate müssen immer noch als sehr grob gelten) die Vorgänge in allen Dimensionen nicht direkt erfassen können, sondern nur ihre allgemeine Auswirkung registrieren. Sechs Dimensionen rollen sich bei sehr kleinen Abständen auf (wobei man im Fachjargon von der »Kompaktifizierung der Dimensionen« spricht), so daß unsere wohlbekannten drei Raumdimensionen und eine Zeitdimension übrigbleiben. Bei winzig kleinen Abständen besitzt der Raum sozusagen eine schwammartige Struktur. Bei einem Schwamm mit winzig kleinen Löchern merken wir auch nicht, welche Vorgänge in seinem Innern im einzelnen vorgehen. Wir wissen nur, daß wir damit Wasser aufnehmen oder, wenn wir den Schwamm zusammendrücken, das Wasser wieder herauspressen können. Für dieses Aufrollen der sechs Dimensionen gibt es aber viele Möglichkeiten, und es hat sich noch keine bevorzugte Theorie herauskristallisiert.

Trotz aller noch bestehenden Schwierigkeiten besitzt der großartige Entwurf der Superstring-Theorie eine faszinierende Anziehungskraft. Aus einer großen, allumfassenden Symmetrie sollen sich durch aufeinanderfolgende spontane Symmetriebrechungen nach und nach alle Kräfte und daraus alle Elementarteilchen mit ihren Eigenschaften ableiten lassen (Abb. 13.9). Diese Theorie stellt eine konsistente, logische Erweiterung der bisherigen Begriffsstruktur unseres Denkens dar. Sie enthält alle Ingredienzien, um eine umfassende Beschreibung der realen Welt zu liefern. Als Nachteil steht diesen Vorteilen gegenüber, daß man, wörtlich genommen, Millionen von verschiedenen Lösungen gefunden hat und es bisher keine Kriterien gibt, eine davon besonders zu bevorzugen. Dies liegt wohl auch daran, daß man bisher nicht das hinter den Superstrings liegende allgemeine Prinzip wirklich versteht.

Ob abstraktes Glasperlenspiel, das keine Beziehung zur Realität besitzt, oder allumfassende Theorie sämtlicher Erscheinungen – einige allgemeine Gesichtspunkte werden, unabhängig von der künftigen Entwicklung, Bestand haben. Dazu gehört die hierarchische Ordnung der Naturkräfte (Abb. 13.9). Oberhalb der Planck-Energie (etwa 10^{19} GeV) scheinen die Kräfte irgendwie zu einer Urkraft verschmolzen zu sein. Beim Übergang zu etwa 10000mal niedrigeren Energien spaltet sich die Gravitation ab, während die übrigen drei Kräfte zunächst noch vereinigt sind. Überspringen wir einen weiteren Energiebereich von vielen, vielen Größenordnungen (manchmal auch als »große Wüste« bezeichnet), dann trennen sich bei Energien von unterhalb 300 GeV die schwache und die elektromagnetische Kraft. Ein weiterer großer Sprung bringt uns in den Bereich von e-Volts, wo sich schließlich die elektrische und die elektromagnetische Kraft voneinander absondern.

Mit der Symmetrie als Urelement der Naturbeschreibung und der spontanen Symmetriebrechung bietet sich also ein grandioses Bild für ein einheitliches Verständnis der vielfältigen Erscheinungen im Mikro- und Makrokosmos. Wenn dieses Bild auch erst in groben Strichen oder sogar nur im Umriß sichtbar wird, enthält es doch Aspekte, die unsere Grundanschauung von der Natur stark modifizieren werden.

14. Das Weltbild der Physik

Die drei wichtigsten Probleme, die sich nach meiner Auffassung den Naturwissenschaften stellen, sind die Fragen: Was ist Materie (einschließlich der Frage, wie sie entstanden ist)? Was ist Leben? Was ist unser Bewußtsein? Die Beantwortung einer dieser Fragen muß auf die Beantwortung der vorhergehenden Frage zurückgreifen, denn Materie ist der Träger des Lebens, und ohne Leben gibt es kein Bewußtsein.

Wie lassen sich unsere Vorstellungen über die Materie zusammenfassen?

Die Struktur der Materie

Eine der größten gedanklichen »Revolutionen« betrifft unsere Auffassung von der Struktur der Materie. (Vielleicht sollte man eher von einer Evolution sprechen, denn das, was ich meine, vollzieht sich nicht in einem einzigen großen Ansturm, sondern in kleinen Schritten und ist selbst vielen Wissenschaftlern noch nicht bewußt geworden.) Die uralte Frage, ob sich die Materie in immer kleinere und kleinere Bausteine zerlegen läßt, hat eine Antwort gefunden. Letzte unzerstörbare, undurchdringliche Materieklötzchen, wie sie Newton in die Physik eingeführt hat, gibt es nicht. Wir sprechen zwar von Quarks und Leptonen und vielleicht sogar noch kleineren Teilchen, aber diese Worte haben, wie ich zeigte, sehr wenig zu tun mit unserer Vorstellung von freien, unabhängigen Teilchen. Die jeweiligen Bezeichnungen sind vielmehr Symbole für einen äußerst komplexen Materiezustand, der durch das Wirken der Kräfte bestimmt wird.

Man hat erkannt, daß die Kräfte die alles bestimmenden Elemente für die Naturbeschreibung sind. Die Kräfte verursachen nicht nur den ewigen Wandel in der Natur, sondern aus der Struktur der Kräfte ergeben sich auch die Eigenschaften der Elementarteilchen: das, was man früher als das ewig Beständige angesehen hat (wobei eine der wichtigsten heute noch offenen Fragen sich darauf bezieht, wie die Massen der Teilchen zustande kommen).

Die Kräfte werden beschrieben mit Hilfe sogenannter Eichfelder, deren Struktur durch die Symmetrie der Raum-Zeit-Mannigfaltigkeit festgelegt wird. Die vier in der Natur bekannten Kräfte würden dabei jede ihre eigene Raum-Zeit-Struktur erfordern. Um diese auf eine einzige Raum-Zeit zurückführen zu können, versucht man diese vier Kräfte zu einer einzigen Urkraft zu vereinigen. Dabei konnten in den letzten Jahren beträchtliche Erfolge erzielt werden. Ein weiter Weg liegt aber noch vor uns, und wir können nicht sicher sein, ob wir das Ziel jemals erreichen werden.

Die vielleicht wichtigste Erkenntnis der modernen Elementarteilchenphysik besteht wohl darin, daß wir Abschied nehmen müssen von einem materialistischen Weltbild, das, ich wiederhole, auf letzten, unzerstörbaren Materiebausteinen basieren soll, den Atomen, wie sie Demokrit erstmals postuliert hatte und wie sie von der Physik des 19. Jahrhunderts im Atomismus gefeiert worden sind. An ihre Stelle sind als *first principles* die Symmetrien getreten, abstrakte Operationen, die den Ideen, welche Platon als letzte Realitäten angesehen hat, sehr viel näher stehen. Wir sind hier erst an einem Anfang, und es wird noch einige Zeit dauern, bis diese Gedanken über die Physik hinaus in die Philosophie und andere Geistesbereiche Einzug halten werden.

Was heißt Verstehen?

Man hört oft Kritik daran, daß sich die Elementarteilchenphysik in Bereichen bewegt, die so weit von unserem Alltag entfernt sind und so abstrakte Gedankengänge zur Folge haben, daß sie dem Normalbürger nicht mehr verständlich sind. Es wird gesagt, daß sie nur noch ein Glasperlenspiel für eine kleine Zahl von Eingeweihten sei, aber zum Weltbild des Mannes auf der Straße nicht mehr beitragen könne. Natürlich ist es nicht leicht, einem größeren Personenkreis die Ergebnisse der modernen Physik verständlich zu machen, da zu ihrer Beschreibung oft ein Fachjargon benötigt wird, der dem Nicht-

Fachmann wie Chinesisch klingt. Es ist aber auch gar nicht nötig, einer breiteren Öffentlichkeit alle Details der Forschungstätigkeit zu erläutern. Worauf es ankommt, ist, sie an den großen Entwicklungslinien, die das eigentliche geistige Abenteuer darstellen, teilhaben zu lassen.

Dabei stoßen wir auf ein fundamentales Problem. Das moderne Leben erfordert eine immer stärkere Spezialisierung. Fachleute werden heute überall benötigt, nicht nur in Wissenschaft und Technik, sondern auch in Wirtschaft, Verwaltung und Justiz. Auch ein Universalgenie wäre nicht mehr in der Lage, alles bis ins einzelne zu begreifen. Man sollte aber von einem gebildeten Menschen erwarten, daß er wenigstens die grundlegenden Zusammenhänge versteht. Ich selbst bin auch nicht mehr in der Lage, den Vergaser meines Autos einzustellen oder mein Fernsehgerät zu reparieren, aber ich verstehe die prinzipiellen Zusammenhänge und glaube nicht an Wunder, wenn ich abends auf der Flimmerscheibe Bilder aus fernen Teilen der Erde sehe. Das deutsche Bildungssystem z. B. hat hier in der Vergangenheit arg versagt, indem es seit dem frühen 19. Jahrhundert die beiden Kulturen – hier Humanismus, dort Wissenschaft und Technik – verschieden bewertete und trennte. Bei gesellschaftlichen Ereignissen treffe ich immer noch ältere Damen und Herren, die Verlegenheit zeigen, wenn sie z. B. nicht im einzelnen um die verschiedenen Italienreisen Goethes wissen, aber fast stolz darauf sind, die Newtonschen Gesetze überhaupt nicht zu kennen. Bei der jüngeren Generation und ihrer Erziehung scheint ein besseres Gleichgewicht zwischen Geistes- und Naturwissenschaften angestrebt zu werden.

Verstehen heißt letzten Endes: Unbekanntes auf Bekanntes zurückführen, wobei das Bekannte durch Erziehung und schon Erfahrenes bestimmt ist. Im 19. Jahrhundert bedeutete in den Naturwissenschaften Verstehen schlichtweg soviel wie Zurückführen auf mechanische Modelle, d. h. auf Hebel, Schrauben und schiefe Ebene. Lord Kelvin, der berühmte englische Physiker, nach dem die absolute Temperaturskala benannt ist, hat dies einmal so ausgedrückt: »Ich bin niemals zufrieden, ehe ich nicht ein mechanisches Modell für eine Sache entwickelt habe, dann erst habe ich ein Phänomen richtig verstanden.« Selbst Maxwell unternahm noch große Anstrengungen, den Lichtäther mittels mechanischer Modelle zu erklären.

Gerade mit den Maxwellschen Gleichungen begann aber ein neues Zeitalter, denn von nun an waren es Differentialgleichungen, die als *first principles*, als neue Paradigmen angesehen wurden. Zu Ende des letzten und in der ersten Hälfte unseres Jahrhunderts galt in der Physik ein Phänomen dann als erklärt, wenn es auf eine Differentialgleichung zurückgeführt werden konnte. Dies war ganz besonders der Fall für die Quantenmechanik, wo die Schrödinger-Gleichung für die klassische Quantenmechanik und die Dirac-Gleichung für die relativistische Quantenmechanik als Ausgangsaxiome gelten. Die berühmten Einsteinschen Gleichungen der allgemeinen Relativitätstheorie zur Erklärung der Schwerkraft sind ein weiteres Beispiel für diese Grundhaltung.

Neuerdings sind es die *Symmetrien*, die der Physik als Ausgangspunkt für ihre Erklärungen dienen: sei es die dem Standardmodell zugrunde liegende Symmetrie $SU(3) \times SU(2) \times U(1)$, die einen ungeheuren experimentellen Bereich von Erfahrungen zusammenfaßt, oder die mysteriöse Supersymmetrie, die der *Theory of Everything* zugrunde liegen soll und aus der alle Naturgesetze abgeleitet werden sollen.

Hierbei treffen wir auf ein weiteres Element, das für das Verstehen wichtig ist. Es scheint ein tiefes Bedürfnis des Menschen zu sein, unsichtbare Zusammenhänge erkennbar zu machen und die Vielheit der Erfahrungen auf wenige Grundprinzipien zurückzuführen. In der Tat geht eine der großen Faszinationen der Physik davon aus, daß sie Erscheinungen, die vollkommen verschiedenen Erfahrungsbereichen angehören, auf gemeinsame Wurzeln zurückführt. (Ähnliche Entwicklungen kann man auch auf anderen Gebieten feststellen, z. B. in der Religion, wo die Entwicklung von der Vielgötterei zu einem einzigen Gott tendiert. Wir halten pantheistische Religionen für weniger wertvoll und relativ naiv im Vergleich zu hochentwikkelten, monotheistischen Religionen.)

Die Naturwissenschaft stößt stets in neue Bereiche vor und entdeckt dabei nicht nur neue Naturphänomene, sondern muß zu ihrer Beschreibung neue Begriffe und Denkweisen entwickeln. Die Konsequenz ist natürlich, daß es sehr schwierig ist, diese neuen Gedankengänge, die noch keine unmittelbare Beziehung zum Alltagsleben besitzen, anderen nahezubringen – selbst unter Wissenschaftlern bedarf es manchmal eines Generationenwechsels, um neue Denkweisen durchzusetzen. Viele Dinge, die mir während des Studiums noch äußerst abstrakt erschienen, werden von den heutigen Studenten als selbstverständlich, ja sogar als anschaulich akzeptiert. Was als verständlich und anschaulich gilt, unterliegt eben auch einem starken Wandel der Zeit.

Die spezielle Relativitätstheorie und die Quantenmechanik werden häufig als die beiden großen Revolutionen der Physik in diesem Jahrhundert bezeichnet; manchmal wird hinzugefügt, daß es seither keine großen Neuerungen mehr gegeben habe. Nun, die beiden genannten Theorien haben in der Tat große Umwälzungen in unserem Denken verursacht. Auf der anderen Seite geben beide in gewissem Sinn nur den Rahmen für die Physik ab, sie beschreiben die Spielregeln, denen die Naturgesetze bei Annäherung an die Lichtgeschwindigkeit bzw. im atomaren Bereich gehorchen müssen. Sie sagen jedoch nichts über die eigentliche Physik aus, d. h. die spezielle Dynamik, die Kräfte und die Teilchen, die in der Natur vorkommen. In dieser Hinsicht sind beide Theorien »leer«. Was aber den *Inhalt* angeht, so hat es ungeheure Fortschritte gegeben: Die materialistische Geisteshaltung der klassischen Physik, die auf Dingen, Substanz und »realen« Objekten basierte (Newton bezeichnete die Schwerkraft als eine »Eigenschaft« der Materie), wurde ersetzt durch eine Physik, in der Form, Gestalt, Relationen, Symmetrien dominieren und nicht mehr bloß Eigenschaften von materiellen Gebilden.

Vom Anfang und Ende der Welt

Es war eine der genialen Ideen Newtons, daß er davon ausging, daß die Kraft, die den Apfel vom Baum zu Boden fallen läßt, dieselbe ist wie diejenige, die die Bewegung der Himmelskörper bestimmt. Wie alle großen Ideen erscheint sie, nachdem sie einmal ausgesprochen wurde, als fast selbstverständlich. Als skeptischer Naturwissenschaftler möchte man eine solche Hypothese natürlich experimentell überprüft sehen. Alle astronomischen und astrophysikalischen Beobachtungen sprechen nun in der Tat dafür, daß überall im Kosmos »unsere« Physik gilt.

Eine andere, vielleicht nicht mehr ganz so selbstverständlich erscheinende Hypothese betrifft die *Unveränderbarkeit der Naturgesetze* im Ablauf der Zeit. Angesichts der enormen kosmologischen Zeiten können wir nicht einfach warten und überprüfen, ob ein Naturgesetz sich ändert. Andererseits wurde das Licht, das uns von fernen Sternen erreicht, vor Millionen, ja sogar Milliarden von Jahren ausgesandt, so daß uns hier ein Blick in die Vergangenheit ermöglicht wird. Auch in diesem Fall finden wir keine Anzeichen für eine Änderung der Naturgesetze.

Überall und zu jeder Zeit im Kosmos – von subatomaren Abständen bis zu kosmischen Entfernungen, von winzigen Bruchteilen einer Sekunde bei Prozessen in der Welt der Elementarteilchen bis zu den kosmischen Dimensionen von Milliarden von Jahren – scheinen dieselben Gesetze den Lauf der Entwicklung zu bestimmen und zeugen von der wunderbaren Einheit unserer Welt.

Die allumfassende Gültigkeit der Naturgesetze liefert uns die Möglichkeit, Kenntnisse, die wir etwa im Mikrokosmos gewinnen, auf Vorgänge im Makrokosmos anzuwenden und umgekehrt. Dieser merkwürdige Zusammenhang zwischen dem unendlich Kleinen und dem unendlich Großen manifestiert sich am eindrucksvollsten in unseren heutigen Vorstellungen über Entstehung und Entwicklung des Kosmos. Vieles spricht dafür, daß es vor etwa 15 Milliarden Jahren einen *Urknall* gegeben hat, bei dem sozusagen durch Kondensation von Energie in Materie ein zunächst außerordentlich kleiner, aber extrem heißer Kosmos geschaffen wurde. Von einer Größe von weniger als einem Staubkorn dehnte sich dieser Kosmos aus (und diese Ausdehnung hält immer noch an), wobei er sich ähnlich wie ein expandierendes Gas ständig abkühlt. Dabei durchlief er einen Bereich von Energien, die denjenigen entsprechen, die wir in dem Kapitel über die Kräfte und ihre Symmetrien betrachtet haben (Kap. 13).

Den Übergang von einer allumfassenden Urkraft in die einzelnen Kräfte führte uns der Kosmos in zeitlicher Abfolge vor, indem er während der Abkühlung die verschiedenen Stadien der Symmetriebrechung durchlaufen hat. Da im Rahmen der kosmologischen Modelle den verschiedenen Energieniveaus bestimmte Zeiten nach dem Urknall entsprechen (Abb. 13.9), können wir jedes Stadium einer Symmetriebrechung einer bestimmten Periode in der Entwicklung des Kosmos zuordnen.

Wenn wir in unseren Laboratorien versuchen, mit Hilfe von Beschleunigern immer höhere Energien zu erreichen, dann dringen wir damit nicht nur tiefer in den Mikrokosmos ein, sondern können die Entstehung des Kosmos auch immer weiter rückwärts verfolgen. Erzeugen wir etwa mit Hilfe einer Teilchen-Antiteilchen-Vernichtung einen kleinen »Feuerball«, aus dem neue Teilchen geboren werden, dann wiederholen wir gewissermaßen im Labormaßstab den Urknall (Abb. 14.1 und 14.2).

Da die bisher erreichten Energien allerdings noch sehr weit unterhalb der im Urknall herrschenden Energiedichten liegen, spreche ich gern von »Mini-Urknällen« (englisch *mini big bangs*). Die höchsten in den Laboratorien der Teilchenphysiker erreichten Energien bringen uns aber immerhin schon bis auf ungefähr 10^{-12} Sekunden, d. h. ein Tausendstel einer Milliardstelsekunde, an den Urknall heran.

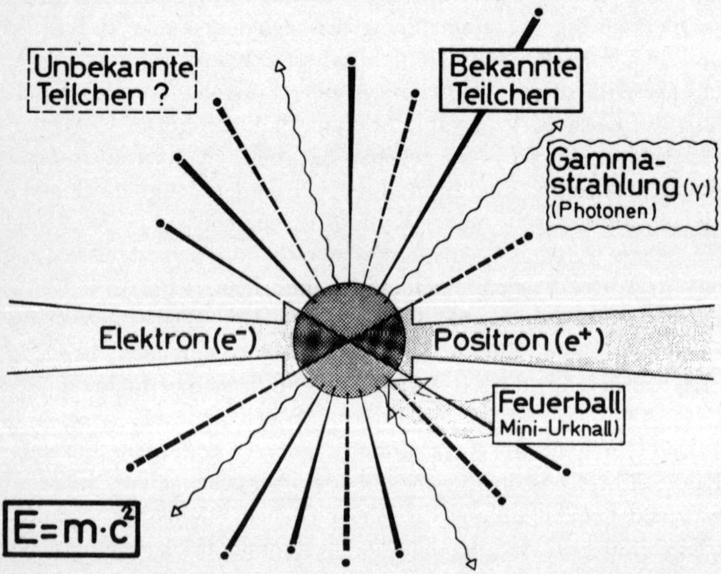

Abb. 14.1 *Beim Zusammentreffen von Materie und Antimaterie entsteht eine hohe Konzentration von »reiner« (d.h. masseloser) Energie, die wiederum zu Materie kondensiert: Es werden viele neue Teilchen ausgesandt.*

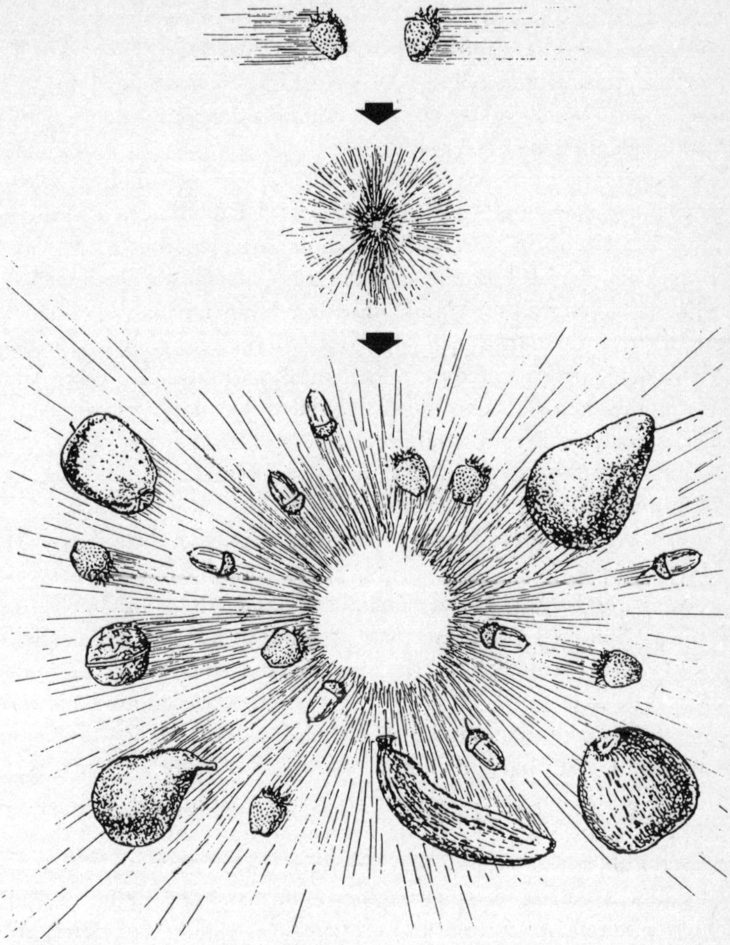

Abb. 14.2 *Überträgt man den in Abb. 14.1. gezeigten Vorgang ins Alltagsleben, dann würden z. B. beim Zusammenstoß von zwei Erdbeeren nicht deren Teile, sondern ganz unbeschädigte, neue Früchte erscheinen.*

Wie Abbildung 13.9 zeigt, ist der Weg bis zum Urknall noch sehr weit, denn im Grunde genommen wäre eine logarithmische Zeitskala angebracht. Bereits in den ersten milliardstelmilliardstel Milliardstelsekunden spielten sich entscheidende Vorgänge für die Entstehung des Kosmos ab. Es würde den Rahmen dieses Buches sprengen, wenn ich auf die Beziehungen zwischen Elementarteilchenphysik und Kosmologie im Detail eingehen wollte. Ich muß mich darauf beschränken, einige besonders interessante neuere Entwicklungslinien kurz zu erwähnen.

Eine wichtige Frage ist die nach dem *Gleichgewicht zwischen Materie und Antimaterie* im Kosmos. Aufgrund der Symmetrie zwischen Materie und Antimaterie sollte man erwarten, daß es in der Ursuppe nach dem Big Bang genauso viele Teilchen wie Antiteilchen gegeben haben müßte. Man könnte daher annehmen, daß es heute im Weltraum genauso viele Galaxien, Sterne und vielleicht sogar Menschen aus Antimaterie geben müßte wie aus Materie. Alle astronomischen Beobachtungen scheinen aber dafür zu sprechen, daß es keine größeren Ansammlungen von Antimaterie gibt. (Dies ist für Raumfahrer ein Glücksfall, denn dadurch wird die Begegnung mit einem Antimaterieraumschiff relativ unwahrscheinlich.) Woher kommt aber dieses Ungleichgewicht zwischen den zwei Materieformen?

Wie wir in Kapitel 13 gesehen haben, verletzt die schwache Kernkraft die Symmetrie zwischen Materie und Antimaterie (PC-Verletzung). Diese Symmetrie-Verletzung bestand auch zu der Zeit, als die Kräfte noch zur Urkraft vereinigt waren. Als sich die Ursuppe etwa 10^{-33} Sekunden nach dem Urknall auf eine Temperatur von etwa 10^{28} Grad abgekühlt hatte, bildete sich in ihr wegen dieser Unsymmetrie ein winzig kleiner Überschuß an Quarks. Aufgrund unserer Kenntnisse der Kräfte kann man ausrechnen, daß dieser Überschuß nur etwa ein überschüssiges Quark auf eine Milliarde Antiquarks betrug; er spielte daher zunächst keine Rolle. Erst in einer späteren Epoche der kosmischen Entwicklung, ungefähr eine Millionstelsekunde nach dem Urknall, bekam dieser geringe Überschuß plötzlich eine enorme Bedeutung – ohne ihn gäbe es vermutlich uns Menschen nicht. In dieser Zeit setzte nämlich eine massenhafte Vernichtung zwischen Quarks und Antiquarks ein, wodurch die Materie in Photonen (vorübergehend auch Elektron-Positron-Paare) zerstrahlte. Ohne den kleinen Quark-Überschuß wäre vermutlich die gesamte Materie verschwunden und hätte sich in Strahlung aufgelöst[34]. Wohl gäbe es einen Kosmos, erfüllt von Photonen und Neutrinos (die bei der späteren Zerstrahlung von Elektronen und Positronen entstanden), aber es gäbe keine Milchstraßen, keine Sterne, keine Lebewesen. Wir haben hier ein Beispiel dafür, wie eine minimale Ursache große Folgen haben kann. Ein winziger Effekt beim Zerfall von Elementarteilchen, der nur mit großer Mühe in Präzisionsexperimenten nachgewiesen werden konnte, stellt sich als wesentliches Element in der Entwicklung des Kosmos heraus.

Die wenigen nach der Zerstrahlung übriggebliebenen Quarks konnten sich nun aufgrund der Kernkraft zu Protonen und Neutronen zusammenfinden, diese vereinigten sich in einem späteren Stadium zu Atomkernen, und es folgte die Bildung von Milchstraßen und Sternen.

Es ist allgemein bekannt, daß wir eine *Expansion* des Universums beobachten. Die Astronomen haben gefunden, daß die von Sternen ausgesandten Spektrallinien zu etwas niederen Frequenzen, nämlich zum Rot hin, verschoben sind, und aus dieser sogenannten Hubble-Verschiebung läßt sich die Geschwindigkeit der Ausdehnung berechnen. Aus der heutigen Größe des Universums (Radius etwa 10 Milliarden Lichtjahre) und seiner Ausdehnungsgeschwindigkeit kann man dann zurückrechnen, zu welchem Zeitpunkt die Expansion ihren Anfang nahm. Aufgrund gewisser Unstimmigkeiten in den Messungen, die bis heute nicht restlos beseitigt werden konnten, liegt der Beginn der Ausdehnung und damit vermutlich auch der Beginn des Weltalls vor etwa 10 bis 20 Milliarden Jahren. Als Mittel wird meist davon ausgegangen, daß das Weltall etwa 15 Milliarden Jahre alt ist.

Nun stellt sich die Frage: Hat das Universum tatsächlich mit einem Urknall vor 15 Milliarden Jahren begonnen? Und: Dehnt es sich unter ständiger Abkühlung ewig weiter aus, bis es eines Tages einen Kältetod stirbt? Eine andere Möglichkeit bestünde darin, daß nach der Urknallexplosion das Universum zunächst auseinanderstrebt, daß aber nach einiger Zeit die Gravitationsanziehung die Ausdehnung abbremst und schließlich sogar umkehrt, so daß das Universum auf seinen Ausgangspunkt in sich zusammenstürzen würde. Die dabei auftretende ungeheure Verdichtung der Materie könnte zu einem neuen Urknall führen, so daß sich das Ganze in einem ewigen Wechselspiel wiederholen würde.

Haben wir eine Möglichkeit, experimentell diese beiden kosmologischen Modelle zu unterscheiden? Im Prinzip ja, wenn es heute auch noch nicht möglich ist, eine endgültige Antwort zu geben. Ob wir es mit einem *offenen*, d. h. ewig expandierenden, oder einem *geschlossenen* Universum zu tun haben, hängt davon ab, wieviel Materie im Kosmos vorhanden ist. Man kann eine kritische Masse angeben, welche die Grenze zwischen den beiden Möglichkeiten darstellt. Ist die Gesamtmasse im Kosmos größer als die kritische Masse, dann wird er sich wieder zusammenziehen; ist sie kleiner, dann wird er sich ewig ausdehnen. Statt einer kritischen Masse gibt man im allgemeinen eine kritische Dichte, d. h. Masse pro Volumeneinheit, an und geht davon aus, daß die gesamte Masse gleichmäßig im ganzen Universum verteilt ist. Diese kritische Dichte läßt sich relativ leicht berechnen, ist aber wegen der noch nicht genau bekannten Hubble-Verschiebung wieder mit einer Unsicherheit behaftet. Die *kritische Dichte* ist äußerst gering und liegt bei etwa 10 Wasserstoffatomen pro m^3.

Aus astronomischen Beobachtungen läßt sich nun die *mittlere Dichte* im Weltraum abschätzen. Zu unserer Überraschung liegt sie relativ nahe bei der kritischen Dichte. Ein bißchen mehr oder ein bißchen weniger Masse im Weltraum kann also darüber entscheiden, ob sich der Kosmos ewig ausdehnt oder ob er sich wieder zusammenziehen wird.

Auch hier haben wir wieder ein Beispiel dafür, wie Ergebnisse der Elementarteilchenphysik und der Astrophysik bzw. Kosmologie eng zusammenspielen. Ich habe oben erwähnt, daß es ein Zeitalter gab, in dem der größte Teil der Materie im Kosmos zerstrahlte, wobei Photonen und Neutrinos übrigblieben. Diese schwirren nun durch den Weltraum und tragen einen großen Teil der insgesamt vorhandenen Energie. Das Photon besitzt keine Masse und transportiert daher nur Bewegungsenergie. Die Neutrinos könnten dagegen eine wenn auch nur kleine Masse besitzen. Diese für die Teilchenphysik selbst sehr interessante Frage erweist sich nun auch als enorm wichtig für die kosmologische Entwicklung. Abschätzungen zeigen, daß schon winzige Neutrinomassen (etwa 10 bis 25 eV/c^2) ausreichen würden, um das Universum zu »schließen«, d. h. es würde sich schließlich wieder zusammenziehen.

An vielen Laboratorien wird eifrig daran gearbeitet, die *Neutrinomassen* zu messen oder wenigstens einen oberen Grenzwert festzulegen. Ein sowjetisches Experiment führte vor einiger Zeit zu einem

Wert von etwa 30 eV / c^2 für die Masse des Elektron-Neutrinos. Die besten Messungen, die inzwischen an anderen Laboratorien vorgenommen wurden, ergaben einen relativ gesicherten oberen Grenzwert für die Masse dieses Neutrinos, der bei etwa 18 eV / c^2 liegt. Die Experimente liefern also Grenzwerte, die etwa denen entsprechen, die in der Astrophysik diskutiert werden. Doch reichen die erzielten Genauigkeiten für eine endgültige Festlegung zur Zeit noch nicht aus.

An dieser Stelle sei auch erwähnt, daß die *Zahl der Lepton-Familien* und damit die Zahl der verschiedenen Neutrino-Arten ganz wesentlich in kosmologische Modelle eingehen. Die Astrophysiker sind sogar in der Lage, eine ungefähre Grenze für die Zahl der verschiedenen Lepton-Paare anzugeben. Sie stimmt mit den in der Teilchenphysik erhaltenen Ergebnissen überraschend gut überein und besagt, daß es außer den bekannten drei Lepton- bzw. Quark-Familien höchstens noch eine oder zwei weitere Familien dieser Teilchen geben kann.

Ein anderes merkwürdiges Phänomen zeigt gleichfalls die engen Beziehungen zwischen Elementarteilchenphysik und kosmologischen Problemen. Bei der Beobachtung der Bewegung von Sternen innerhalb der Galaxien stellte man fest, daß ein großer Teil der Materie nicht in glühenden Sternen enthalten ist, sondern daß etwa 90 % der Materie nicht sichtbar sind. Woraus diese *dunkle Materie* besteht, ist ein bisher noch nicht restlos gelöstes Rätsel.

Es wurde eine Reihe von Vorschlägen für die Zusammensetzung der dunklen Materie gemacht. Schwere Neutrinos mit Massen von ungefähr 20 eV / c^2 könnten Kandidaten dafür sein. Andere Teilchen mit besonderen Eigenschaften, sogenannte Axionen, wurden postuliert, aber die Suche im Labor nach ihnen blieb bisher erfolglos. Sehr schwere Leptonen (schwerer als ein Proton) mit dem Namen WIMP (*Weakly Interacting Massive Particles*) wurden erfunden, um das Masseproblem zu lösen, aber auch sie wurden bisher nirgendwo gesichtet.

Auch Schwarze Löcher wurden mit herangezogen, um die fehlende Masse zu erklären, obwohl eine solche Deutung nicht sehr wahrscheinlich ist.

Vielleicht sind Milchstraßen aber auch in einem Halo aus kalter normaler Materie eingebettet, die in Form von Gas, Staub oder größeren Objekten (etwa so groß wie Tennisbälle oder von der Art unseres Jupiters) vorliegen könnte. Solche normale Materie können wir in anderen Galaxien nicht ohne weiteres wahrnehmen, aber sie könnte dort beträchtliche Massen in sich vereinigen. Es gibt jedoch Beobachtungen, die dagegen sprechen, daß die dunkle Materie aus normalen Protonen, Neutronen und den daraus gebildeten Atomkernen besteht. Wenn diese Ergebnisse bestätigt werden, dann hätten wir es fast mit einer weiteren kopernikanischen Wende zu tun: Nicht nur befindet sich die Erde *nicht* im Zentrum des Weltalls, sondern der größte Teil der Materie im Weltall bestünde *nicht* aus derselben Art von Teilchen wie die uns bekannten.

Die Zusammenarbeit zwischen Teilchenphysikern und Astrophysikern hat uns erstaunliche Kenntnisse über die Entwicklung des Kosmos von Zeiten etwa 10^{-33} Sekunden nach dem Urknall geliefert. Es ist wirklich fast ein Wunder, wie der Mensch, »festgenagelt« auf das winzige Staubkorn Erde in einem unermeßlichen Kosmos, mit einer menschlichen Lebensspanne, die verschwindend kurz gegenüber kosmischen Zeitskalen ist, die Geschehnisse im Lauf von 15 Milliarden Jahren im Detail rekonstruieren kann.

Ob es in absehbarer Zukunft gelingen wird, die aufgezählten Fragen – Gesamtmasse im Universum oberhalb oder unterhalb der kritischen Masse, Umwandlung der Expansion des Universums in einen Kollaps oder Fortgang der Expansion für immer – mit Sicherheit zu beantworten, wage ich nicht abzuschätzen.

Ein ewiger Kosmos?

Das inzwischen klassische Modell des Urknalls hat einen großen Haken: Gab es den Urknall wirklich, und was bestand davor? Zunächst muß klargestellt werden, daß der Urknall – wenn es ihn gab – nicht eine Explosion in Raum und Zeit war. Vor dem Urknall gab es weder Raum noch Zeit. Wenn man so will, dann müßte der Urknall eine Explosion *von Raum und Zeit* gewesen sein. Beide wurden im Augenblick des Urknalls erst geschaffen.

Es galt deshalb bisher als sinnlose, »verbotene« Frage, darüber zu spekulieren, was vor der Zeit Null passierte. Für viele erschien dies als neue Möglichkeit, einen Schöpfer eingreifen zu lassen, und wir können nicht ausschließen, daß die Welt durch einen Schöpfungsakt zu jener Zeit entstanden ist. Aber selbst vom religiösen Standpunkt aus würde man es vielleicht vorziehen, wenn das Universum ewig bestünde und nicht durch einen willkürlichen Anfang bzw. ein absehbares Ende begrenzt wäre.

Das Urknall-Modell war allgemein akzeptiert bis etwa 1980. Dann setzte eine neue Entwicklung ein, die vor allem durch sowjetische Physiker ausgelöst wurde.

Naturwissenschaftler sind recht wenig davon angetan, wenn sie mit »nicht-sinnvollen« Fragen konfrontiert werden, besonders dann, wenn die in Frage stehende Theorie auch wissenschaftliche Unzulänglichkeiten aufweist. Das Urknall-Modell enthält neben anderen vor allem zwei Schwierigkeiten: das sogenannte »Horizontproblem« und das »Flachheitsproblem«.

Zum *Horizontproblem* muß ich etwas ausholen. Man stellte durch Beobachtungen fest, daß das Universum als Ganzes sehr homogen mit Materie gefüllt ist. Betrachtet man Raumgebiete, die nicht wesentlich kleiner als der Radius des Universums (10^{10} Lichtjahre) sind, dann betragen die Fluktuationen der Materiedichte weniger als ein Promill (innerhalb kleinerer Abstände ist das Universum allerdings nicht homogen gefüllt, denn dann findet man Materiekonzentrationen in Galaxien und Sternen). Auch die sogenannte Radio-Hintergrundstrahlung hat dieselben Eigenschaften, gleichgültig, aus welcher Richtung sie auf die Erde einfällt. Diese »Homogenitäten« sind aber schwierig zu erklären. Wir hörten in Kapitel 5, daß die Lichtgeschwindigkeit die größte Geschwindigkeit ist, mit der Kräfte übertragen werden können. Das Licht, das uns aus entgegengesetzten Richtungen erreicht, stammt also aus Gebieten des Weltalls, die untereinander keine schnellere physikalische Wechselwirkung austauschen und sich daher früher in keiner Weise beeinflussen konnten – kein Gebiet konnte sozusagen über seinen Horizont in ein anderes Gebiet hineinsehen, um zu erfahren, was dort vor sich geht. Es ist deshalb schwer zu verstehen, daß die physikalischen Gegebenheiten überall dieselben sein sollen.

Das *Flachheitsproblem* ergibt sich aus dem Umstand, daß, wie oben geschildert, die beobachtete Gesamtmasse im Universum nicht allzu verschieden von der kritischen Masse ist, die die Grenze zwischen einem offenen und einem geschlossenen Universum darstellt. Ein »flaches« Universum besitzt keine Raumkrümmungen, ist eben, so wie der euklidische Raum unserer Anschauung. Es gibt im Rahmen des Urknall-Modells keinen Grund, warum das Universum so nahe an der idealen Flachheit sein sollte. Der Zufall müßte hier eine große Rolle spielen.

Verschiedene Theorien wurden entwickelt, mit deren Hilfe die Schwierigkeiten des Urknall-Modells behoben werden sollen. Zu Beginn der 80er Jahre hat man ein Modell vorgestellt, das sich gegenwärtig größter Beliebtheit erfreut und unter der Bezeichnung »inflationäres Universum« bekannt ist. Die Grundannahme besteht darin, daß sich das Universum vom Anfang bis zu den ersten 10^{-35} Sekunden ungeheuer schnell ausgedehnt hat (um den unvorstellbaren und durch Vergleiche nicht anschaulich zu machenden Faktor 10^{10^8}, d. h. eine 1 mit 100 Millionen Nullen). Der Name »inflationäres Universum« soll wohl auf die bei einer starken Geldinflation schnell zunehmenden Nullen hinter der ersten Stelle hindeuten, obwohl keine bisherige oder künftige Inflation es an Tempo mit dem Universum in seiner ersten Phase aufnehmen kann.

Da zu jener Zeit das Universum winzig klein war, müssen wir bei seiner Erklärung die physikalischen Regeln des Mikrokosmos anwenden, d. h. die Quantenmechanik. Die verschiedenen Modelle gehen davon aus, daß dieses frühe Universum durch ein skalares Feld (d. h. seine Feldquanten besitzen den Spin 0, genauso wie das mysteriöse Higgs-Teilchen) beschrieben wird. Die Expansion wird durch die im quantenmechanischen Vakuum stets vorhandene Energie gespeist (»Vakuumszintillieren«; vgl. Kap. 13). Das Universum ist dabei in einem noch kalten Zustand. Nach etwa 10^{-33} Sekunden beginnt das skalare Feld sehr stark zu fluktuieren, wodurch an manchen Stellen genügend Energie konzentriert wird, so daß Teilchen-Antiteilchen-Paare erzeugt werden. Diese ihrerseits vernichten sich unter Aussendung von Strahlung, und infolgedessen wird das Universum stark aufgeheizt. Nach der Aufheizung verläuft alles so, wie es das alte Urknall-Modell postuliert. Die inflationäre Expansion ersetzt also den Urknall selbst, aber nach etwa 10^{-33} Sekunden unterscheiden sich die beiden kosmischen Szenarien nicht mehr (Abb. 14.3).

Mit der »Inflation« des Universums läßt sich nun sowohl das Horizontproblem als auch das Flachheitsproblem erklären. Ohne im einzelnen darauf einzugehen, möchte ich nur erwähnen, daß während der raschen anfänglichen Expansionsphase verschiedene, heute weit auseinanderliegende Bereiche des Weltalls sehr wohl in Wechselwirkung getreten sein können; damit konnte die Homogenität des Universums erreicht werden. Durch die Expansion werden aber nicht nur die Inhomogenitäten sozusagen beiseite geschoben, sondern die Inflation reduziert auch etwa auftretende Raumkrümmungen und bewirkt, daß das Weltall nahezu »flach« ist.

Durch diese Vorstellungen, die stark von Gedanken aus der Elementarteilchenphysik beeinflußt sind, hat sich zunächst nichts daran geändert, daß das Universum einen Anfang besitzen soll. Allerdings ist der Urknall durch die inflationäre Expansion ersetzt worden. Besteht der Kosmos nach allem doch nicht von ewig her, besitzt er einen Anfang?

Die an sich schon kühnen Ideen des inflationären Weltalls wurden vor kurzem durch noch kühnere Gedanken ergänzt, deren Entwicklung allerdings noch in vollem Fluß ist. Es erscheint nämlich als durchaus möglich, daß mehrere Welten nebeneinander existieren, die sich nicht gegenseitig beeinträchtigen. Nach diesen Theorien kann es so sein, daß in einer Zelle des Kosmos eine inflationäre Expansion mit anschließender Entstehung einer »heißen« Welt ab-

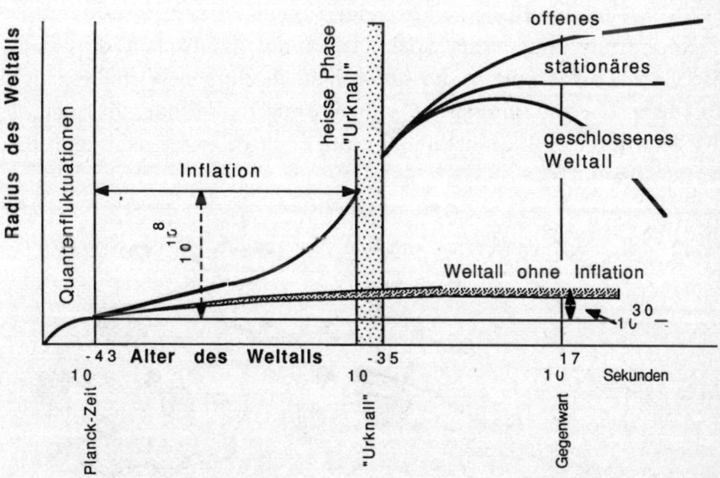

Abb. 14.3 *Schematische Darstellung der Entwicklung des Universums. (Nach A. Linde)*

läuft, die z. B. eine unterkritische Masse hat und sich daher ewig weiter ausdehnt. In einer anderen Zelle des Kosmos kann zu einer anderen Zeit ein ähnlicher Vorgang beginnen, aber diesmal vielleicht mit einer überkritischen Masse, so daß dort die Welt nach anfänglicher Ausdehnung schließlich wieder in sich zusammenstürzt. Es wäre also keineswegs ausgeschlossen, daß expandierende und kollabierende Welten gleichzeitig nebeneinander bestehen. Vielleicht enthält der Kosmos sogar eine große Zahl solcher verschiedener Zellen; man spricht darum auch von einem »Blasenkosmos«. Das Universum würde also aus einer Anhäufung von vielen derartigen Zellen (oder Blasen) zusammengesetzt sein, die wie in einer kochenden Flüssigkeit ständig im Entstehen und Vergehen begriffen wären (Abb. 14.4). Dies bedeutet, daß sich das Gesamtuniversum laufend selbst reproduzieren würde.

Derartige Vorstellungen haben eine wesentliche Konsequenz: Die Beobachtung der Blase, in der wir gerade leben, läßt keinen endgültigen Schluß auf das Weltall als Ganzes zu. Insbesondere der Umstand, daß unsere Blase vor etwa 15 Milliarden Jahren durch eine inflationäre Expansion entstanden ist und eines Tages vielleicht wieder in sich zusammenstürzt, darf nicht auf das Weltall als Ganzes übertragen werden. Der Kosmos mit seinen vielen entstehenden und vergehenden Blasen wäre ewig!

Neuerdings hat eine Spekulation des englischen Physikers Stephen W. Hawking in der Öffentlichkeit einigen Wirbel erzeugt. In seiner Theorie untersucht er die kosmische Periode, die noch *vor* der inflationären Expansion liegt und etwa 10^{-43} sec nach dem Be-

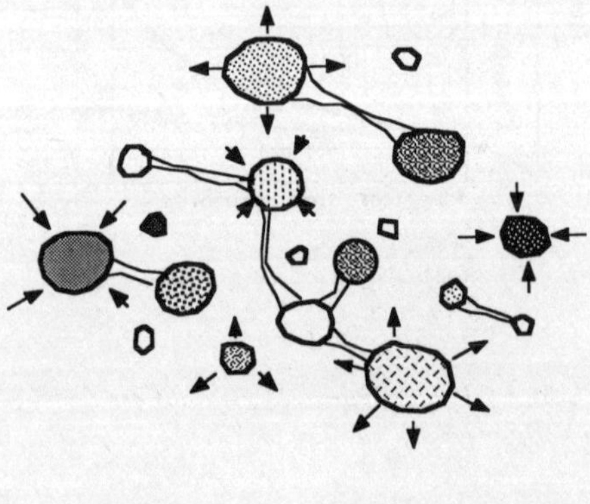

Abb. 14.4 *Der zeitliche Ablauf eines stationären »Blasenuniversums«: Lokale Blasen entstehen, expandieren, kontraktieren nach einiger Zeit und verschwinden. (Nach A. Linde)*

ginn der Zeit endet. Auch hier muß das Universum wieder als Quantensystem behandelt werden, da seine Größe zu jenen Zeiten eine milliardemal eine milliardemal kleiner als ein Atomkern war. Aber auch die Relativitätstheorie muß herangezogen werden, und dies führt zu sehr abstrakten Vorstellungen. Die Entstehung des Universums wird von Hawking als Quantenfluktuation gedeutet, wobei sich die Vorgänge im relativistischen Raum-Zeit-Kontinuum abspielen. Ein quantenmechanischer »Tunneleffekt« in der imaginären* Zeit als Beginn unseres Universums erlaubt aber kaum noch, von einer Schöpfung im gewöhnlichen Sinn zu sprechen.

Die Ideen Hawkings finden, wie mir scheint, auch deshalb so viel Aufmerksamkeit, weil er selbst sagt, daß es auch um Gott geht, um die Erforschung seines Geistes oder aber um seine Nichtexistenz. (Die menschliche Tragödie Hawkings, der gelähmt ist und sich nur mit Hilfe eines sprechenden Computers verständigen kann, hat vermutlich auch zur Publizität seiner Vorstellungen beigetragen.) Man muß jedoch vorsichtig sein: Der Gott, um den es hier geht, ist wohl ein Gott von Atheisten; er hat wenig mit dem Gott von Gläubigen zu tun.

Zum größten Teil sind alle modernen kosmologischen Modelle noch spekulativ. Das Faszinierende bei diesen Gedankengängen liegt aber trotzdem darin, daß es sich um ernstzunehmende Wissenschaft und nicht um Phantastereien handelt – insofern, als sie in ein strenges mathematisches Gerüst eingebaut werden können – und daß sich manche Vorhersagen, sei es im Laboratorium oder durch Beobachtungen des Himmels, überprüfen lassen werden.

Heißer Urknall, kalte Inflation, Blasen-Universum: alle diese Theorien lassen ein Universum mit Anfang und Ende oder aber auch eine ewig fortbestehende Welt zu. Ob wir einen Schöpfer brauchen, der in einem bestimmten Augenblick eingegriffen hat, oder ob wir mit dem Kosmos in einen unser Vorstellungsvermögen übersteigenden ewigen Zeitfluß eingebettet sind – darauf werden wir aus den Naturwissenschaften vermutlich nie eine endgültige Antwort erhalten. Andererseits kann man ihre Ergebnisse nicht einfach ignorieren.

* »Imaginär« im mathematischen Sinn, wo eine komplexe Zahl aus Real- und Imaginärteil besteht.

Neue gegen alte Denkweisen

Die Erforschung der Natur wird oft metaphorisch dargestellt als das Wegziehen eines Vorhangs vor einem dahinter verborgenen fertigen Bild. Ich halte das für einen völlig falschen Vergleich. Die Naturforschung ist ein sehr viel kreativerer Akt; es ist von vornherein gar nicht so klar, welchen Bereich der Realität wir mit Hilfe der naturwissenschaftlichen Methoden untersuchen können. So gilt in der Naturwissenschaft nur das als wahr, was reproduziert werden kann. Wenn mir ein Mitarbeiter eine Entdeckung mitteilt und ich ihn bitte, sie mir vorzuführen, dann muß er dazu in der Lage sein; wenn nicht, dann gilt das Ergebnis nicht als wahr. Es gibt aber sicher große Bereiche der Wirklichkeit, für die diese Voraussetzungen nicht gelten.

Der entscheidende Prozeß beim Fortschritt der Physik besteht in der Bildung neuer Begriffe und der Einführung neuer Denkweisen. Die wirklich großen Revolutionen in der Physik betreffen nicht sosehr die Entdeckung eines Teilchens hier oder eines speziellen Phänomens dort. Die großen Schritte nach vorn waren verbunden mit der Erkenntnis, daß die Gültigkeit alter Normen eingeschränkt werden muß und daß ehemalige Denkmuster überholt sind, wobei frühere Erkenntnisse nicht als falsch entlarvt werden, sondern nur der Bereich ihrer Gültigkeit eingeschränkt wird. Die Relativitätstheorie und die Quantenmechanik sind Beispiele dafür, wie revolutionär diese Änderungen sein können, wie schwer sie aber auch akzeptiert werden. Ich glaube, daß die neuen Erkenntnisse über die Struktur der Materie gleichfalls in diese Kategorie fallen.

Zu den fundamentalen Problemen gehören die Fragen nach Raum und Zeit. Warum leben wir in *drei* Raumdimensionen? Warum läuft die Zeit in *eine* Richtung? Basieren diese Tatsachen auf tieferen Naturgesetzen, oder wurden sie uns durch die Evolution eingeprägt? Ist es denkbar, daß wir im Lauf der weiteren menschlichen Entwicklung »lernen«, in vier oder fünf Dimensionen zu denken und diese als anschaulich und intuitiv zu akzeptieren? In einem Fernsehvortrag äußerte der Verhaltensforscher Konrad Lorenz die Meinung, daß wir durchaus nicht am Ende der Evolution seien, und er stellte die Frage, welche Kräfte heutzutage die Evolution vorantreiben. Dies ist kaum mehr, wie vor Jahrmillionen, der Wettbewerb um Nahrung, Wärme und die Fortpflanzung. Die Selektion findet heute offenbar auf höherem, intellektuellem Niveau statt. Zu meinem Erstaunen führte Lorenz die Elementarteilchenphysik als eine der treibenden Kräfte der Evolution an. Er bemerkte, daß man in diesem Gebiet versuche, die Natur mit Hilfe von höheren Dimensionen darzustellen, und er hielt es für möglich, daß von daher Antriebe zur Überwindung des von der Evolution vorläufig bestimmten Anschauungsraumes aus drei räumlichen und einer zeitlichen Dimension kommen könnten.

Wenn die moderne Physik neuen Denkweisen gegenüber aufgeschlossen ist, ja sogar auf sie angewiesen ist, dann hat sie sich doch in einem Punkt nicht geändert: Sie versucht nach wie vor, komplexe Systeme und komplizierte Vorgänge dadurch zu verstehen, daß sie diese auf ihre einzelnen Teile zurückführt, sie sozusagen seziert. Das gilt nicht nur für die Elementarteilchenphysik mit ihren Quarks und Leptonen, sondern beispielsweise auch für die Genetik mit den Chromosomen oder die Neurophysiologie mit den Neuronen. Den Reduktionismus, der die Analyse von Systemen auf ihre konstituierenden Teile zurückführt, halte ich für eine der großen geistigen Leistungen des Abendlandes. Er ist die Basis der modernen Naturwissenschaft und wurde wegen deren Erfolgen inzwischen in allen Kulturkreisen der Welt übernommen.

Der Reduktionismus wird heute jedoch mehr und mehr zum Sündenbock für viele Schwierigkeiten der wissenschaftlich-technischen Welt abgestempelt. Ihm wird vorgeworfen, daß er die Gesamtschau vernachlässige, daß er die Ganzheit der Organismen ihren toten Teilen opfere. Der klassischen Naturwissenschaft wird daher oft ein sogenanntes »Neues Denken« gegenübergestellt, wobei die Inhalte dieses neuen Denkens in den verschiedensten Formen präsentiert werden.

Dem ist zunächst entgegenzuhalten, daß auch die Physik sich darum bemüht, große komplexe Systeme zu erklären und zu beschreiben, ohne auf die einzelnen »mikroskopischen« Elementarprozesse zurückzugreifen (was häufig gar nicht möglich ist). Die klassische Thermodynamik ist ein ausgezeichnetes Beispiel dafür. Aber selbst die modernen Elementarteilchentheorien, die es nicht mehr mit einzelnen Teilchen, sondern im Grunde mit einer unendlichen Zahl von Teilchen zu tun haben, liefern Ansätze zur Beschreibung komplexer Systeme. Ich möchte aber gar nicht behaupten, daß der Weg der Elementarteilchenphysik der einzige Weg zur Erforschung der Natur ist. Komplementäre Methoden sollten mit ähnlichem Nachdruck verfolgt werden, wobei es, wenn sie erfolgreich sind, sehr interessant sein wird, die Beziehungen zwischen den verschiedenen Forschungsmethoden zu untersuchen.

Ein alternativer Versuch, der in jüngster Zeit von sich reden macht, ist die sogenannte Chaos-Theorie. Die »Chaos-Jünger« (sie bezeichnen sich selbst gelegentlich so) nehmen für sich in Anspruch, den Blick auf das Ganze der Erscheinungen zu richten und die täglichen Erfahrungen und realen Anschauungen zu legitimen Themen wissenschaftlicher Erkenntnis zu machen. Die Chaos-Theorie ist ohne Zweifel einer der faszinierendsten neuen Wissenschaftszweige, der verschiedene Formen von Unregelmäßigkeit in Verbindung zu bringen sucht. Wolkenbildungen, Blutturbulenzen im menschlichen Herzen, der Auf- und der Niedergang von Schwammspinnerpopulationen bis zu den galaktischen Trauben der Gestirne werden mit denselben mathematischen Methoden beschrieben. Das ist alles sehr interessant und eröffnet neue Einblicke, aber einen Gegensatz zu der klassischen Wissenschaft zu konstruieren, halte ich für völlig verfehlt. Schon der Name »Theorie des Chaos« ist irreführend. Das Grundprinzip geht davon aus, daß in manchen Systemen eine geringe Störung zu ganz unterschiedlichem weiterem zeitlichem Verhalten führen kann. Dies wird illustriert durch den sogenannten Schmetterlingseffekt: daß der Flügelschlag eines einzelnen Schmetterlings in Peking einen Monat später einen Wirbelsturm über New York auslösen könne. Was aber im Prinzip nichts Neues ist, denn schon in der klassischen Physik ist bekannt, daß das Verhalten von manchen Systemen äußerst kritisch von den Ausgangsbedingungen abhängt. Neu ist die systematische Erfassung dieser Effekte mit Hilfe von wohldefinierten mathematischen Methoden, die im übrigen mit ihren Fraktalen, Bifurkationen, fremden Attraktoren usw. nicht weniger abstrakt sind als manche Theorien der Elementarteilchenphysik.

Eine andere interessante neue Form von Betrachtungsweisen liefert die Synergetik, die die Entstehung von Ordnung aus der Unordnung zu erklären versucht und dabei ebenfalls gemeinsame Gesetzmäßigkeiten für sehr verschiedene Phänomene findet. Sie ist in gewissem Sinn eine Erweiterung der klassischen Thermodynamik, indem sie offene Systeme (d. h. Systeme mit Energiezufuhr) betrachtet und dabei auch sogenannte nichtlineare Vorgänge berücksichtigt. Diese und weitere Versuche, Gesetzmäßigkeiten von komplexen Systemen zu erforschen, mögen durchaus neue Erkenntnisse beisteuern. In ihrer rationalen Basis unterscheiden sie sich jedoch nicht von den herkömmlichen Methoden.

Sehr skeptisch bin ich jedoch gegenüber gewissen Formen des »Neuen Denkens«, die sich von der konventionellen Naturwissenschaft vollkommen zu lösen versuchen und sich in transzendente und mystische Bereiche begeben. Natürlich gibt es Bereiche der Realität, die nicht wissenschaftlich zu erfassen sind und über die nur im Gleichnis gesprochen werden kann. Natürlich hat der Mensch das Bedürfnis, nicht nur mit Hilfe seines Verstandes die Welt zu erfassen. Aber es wäre ein Fehler und würde zu einer beträchtlichen Verarmung unserer menschlichen Kultur führen, wenn wir die auf rationales Denken und systematische Analyse gegründete Erforschung der Natur, die von der Renaissance bis in unsere Zeit so einzigartige Ergebnisse geliefert hat, einfach verteufeln und über Bord werfen würden. Das eine schließt das andere nicht aus, und ein »Religionskrieg« ist völlig überflüssig. Was ich für notwendig halte, ist eine saubere Trennung der Bereiche, eine klare Abgrenzung zwischen wissenschaftlicher Forschung und intuitiver, mystischer Welterfahrung.

Entscheidend ist, daß sich in der Naturwissenschaft die unanschauliche Welt auf einer höheren Abstraktionsstufe wieder in eine wohldefinierte mathematische Form kleiden läßt, die präzise Voraussagen über experimentelle Resultate ermöglicht und damit der wissenschaftlichen Beschreibung ein solides Fundament gibt. Das unterscheidet Wissenschaft von vagen Gedankengebäuden.

Ist das Ende der Physik in Sicht?

Im Laufe der Geschichte der Physik gab es immer einzelne Wissenschaftler, die glaubten, die Physik hätte ein Ende erreicht. Eines der eklatantesten Beispiele ist der Rat, den Max Planck von seinem Lehrer erhielt: Dieser empfahl ihm, ja nicht Physik zu studieren, denn mit der Entwicklung der Maxwellschen Gleichungen und der statistischen Mechanik seien alle prinzipiellen Fragen geklärt. Welche Ironie des Schicksals, daß Planck selbst das Tor zu einer neuen Welt, den Quanten, aufstoßen sollte. Auch Werner Heisenberg ließ am Ende seines Lebens in Gesprächen durchblicken, daß er glaube, seine Weltformel löse im Prinzip alle Rätsel. Neuerdings hat der theoretische Physiker und Kosmologe Stephen Hawking bei verschiedenen Gelegenheiten die Meinung zu erkennen gegeben, daß wir die physikalischen Gesetzmäßigkeiten, die allen Erscheinungen unserer Lebenswirklichkeit zugrunde liegen, bereits kennen. Um solche Äußerungen richtig zu werten, muß man berücksichtigen, daß selbst große Wissenschaftler auch nur Menschen sind. Persönliche positive Erfahrungen oder Enttäuschungen, Alter, Krankheit und andere menschliche Gegebenheiten spielen hier ohne Zweifel eine Rolle.

Daß wiederholte Aussagen über das Ende der Physik schlicht falsch waren, hat die Geschichte bewiesen, denn ungeachtet solcher Äußerungen konnten in der Physik immer wieder unerwartete Phänomene entdeckt und neue Theorien entwickelt werden. Dies ist kein Zufall. Wie ich oben zu schildern versuchte, gelingt es dem menschlichen Geist, durch Entwicklung neuer Begriffe und Denkweisen sich weitere, vorher unzugängliche Bereiche der Realität zu erschließen.

Die Vermutung, daß die Physik am Ende sei, wird aber auch von Kritikern außerhalb der Wissenschaft geäußert. So schreibt Sebastian Haffner in einem kritischen Aufsatz: »Ist auf dem Gebiet der Kernforschung ein echter Fortschritt heute überhaupt noch denkbar? Hat die Kernforschung noch ein Ziel, das sie anvisieren kann, darf sie noch hoffen, am Ende eine Wahrheit, gar *die* Wahrheit zu entdecken?«[35] Oder Robert Jungk im Nachwort zu seinem Buch über CERN *Die große Maschine*: »... aber nichts berechtigt zu der Annahme, daß man damit sozusagen auf Grund gestoßen ist. Im Gegenteil: alles beginnt jetzt eigentlich dafür zu sprechen, daß man nie auf Grund stoßen wird, daß es einen solchen Grund nicht gibt, daß vielmehr jedes kleinste und ultrakleinste Teilchen aus immer noch kleineren Unter- und Unterteilchen zusammengesetzt ist, zu deren Nachweis immer mehr ins Überdimensionale potenzierte Energien und Maschinen erforderlich sind, und so weiter ad infinitum.«[36]

Ich stimme der Meinung vollkommen zu, daß man nie auf den letzten Grund stoßen wird, und ich glaube, daß es diesen sogar nicht gibt. Die Teilchenforschung hat auch sicher kein Ziel, das sie »anvisieren« kann, denn es würde dem Geist der unvoreingenommenen Forschung widersprechen, wenn sie von vornherein schon das Ergebnis ihrer Untersuchungen kennen oder ahnen würde. Wir müssen für die Überraschungen, die die Natur für uns bereithält, aufgeschlossen sein, um unsere Denkstrukturen den neuen Realitäten anzupassen. In den vorangegangenen Kapiteln dieses Buches habe ich beschrieben, daß der Fortschritt der Teilchenphysik sicher nicht in einem »stupiden« immer weiteren Dividieren der Materie in kleinere und kleinere Teilchen besteht. Im Gegenteil, wir haben die Grenzen für diesen Prozeß erkannt, und neue Paradigmen, neue Prinzipien für das Verstehen der Natur sind aufgetaucht. Ich glaube, schon dieses eine Beispiel zeigt, daß die Kritik auf vielen Mißverständnissen beruht; ein Dialog könnte zu einem besseren gegenseitigen Verständnis führen.

Zu einer Zeit, wo wir nicht wissen,
– ob es eine einheitliche Urkraft gibt,
– welches die Symmetrien der Raumstruktur sind, die diese Urkraft und damit das Geschehen im Mikrokosmos, aber zum großen Teil auch im Makrokosmos bestimmen,
– wo wir nicht verstehen, wie die Teilchen eine Masse bekommen,
– was also das Wesen der Materie ist usw.,
scheint mir die Aussage sehr leichtsinnig zu sein, die Physik habe keine Fragen mehr zu beantworten und sei am Ende.

Damit will ich nicht behaupten, Elementarteilchenphysik müsse weiter für alle Zeiten betrieben werden. Das Ende wird aber nicht dadurch kommen, daß man auf den Urgrund gestoßen wäre und alle Rätsel gelöst hätte, sondern daß sich das Interesse der Menschen auf andere Wissenschaften verlagern wird. Ich bin der Meinung, daß dafür letzten Endes nicht politische oder finanzielle Gründe ausschlaggebend sein werden; das Ende der Elementarteilchenphysik wird vielmehr dann in Sicht kommen, wenn die junge Generation das Interesse daran verliert. Seit fast zwanzig Jahren höre ich von Kritikern, daß dieser Augenblick gekommen sei und sich die junge Generation der Biologie, der Umweltforschung und anderen, mehr praxisbezogenen Wissenschaften zuwende. Zum Teil hat sie dies auch getan, und das ist sicher gut so. Bisher stellen wir in der Hochenergiephysik aber keine Abnahme des Zustroms junger, fähiger, engagierter und begeisterter Physiker fest.

15. Wissenschaft – für wen und wozu?

Bei der Elementarteilchenphysik handelt es sich um ein Gebiet der Grundlagenforschung, die aufgrund der Naturgesetze große Anlagen benötigt. Sie muß daher in großen Forschungszentren organisiert werden, die erhebliche Mittel beanspruchen, während andererseits ein unmittelbarer Nutzen nicht zu erkennen ist. Die Elementarteilchenphysik sieht sich daher besonders häufig mit der Frage konfrontiert, ob der Personal- und Mittelaufwand gerechtfertigt sei und wem er letzten Endes diene. Bevor ich versuche, diese Fragen zu beantworten, sei angemerkt, daß die Hochenergiephysik in gewissem Sinn eine Vorreiterrolle spielt, denn auch in anderen Gebieten der Grundlagenforschung, wie der Astronomie, der Astrophysik, aber auch der Festkörperphysik und Biologie, geht häufig ein Trend zu großen Anlagen (große Teleskope, Satellitenbeobachtungsstationen, Reaktoren als starke Neutronenquellen oder Synchrotronstrahlungsquellen u. ä.). Manche der im folgenden vorgetragenen Argumente treffen daher auch für andere Bereiche der Grundlagenforschung zu, und dies wird künftig in noch stärkerem Maße gelten.

Grundlagenforschung als Grundlage der menschlichen Kultur

Wie es in Kapitel 14 schon einmal anklang, wehre ich mich dagegen, daß manchmal nur künstlerische Tätigkeiten – Musik, Malerei, Dichtkunst usw. – als Teile der menschlichen Kultur angesehen werden. Bestenfalls zählt man Wissenschaft und Technik noch zur »Zivilisation«. Die Erforschung der Natur ist in Wahrheit ein kreativer Akt *sui generis*, der sehr wenig mit der Zwangsläufigkeit gemein hat, mit der nach wie vor Mathematik und Physik in den Schulen unterrichtet werden. Der Zugang zur Schönheit der Naturgesetze ist allerdings nicht ganz leicht – aber wer versteht schon Goethes »Faust«

bei der ersten Lektüre, oder wer kann eine Bachsche Fuge beim ersten Hören voll genießen?

Von Besuchern bei CERN wurde ich oft gefragt: »Was ist eigentlich das Produkt Ihrer ›Fabrik‹?« Antwort: »In erster Linie Wissen.« Wissen, das dazu beiträgt, die Stellung des Menschen besser zu verstehen. Die Erkenntnis des Kopernikus, daß die Erde nicht im Mittelpunkt des Weltalls steht, sondern sich um die Sonne bewegt, war von praktischen Aspekten her gesehen vollkommen nutzlos. Dennoch führte sie zu einer gewaltigen geistigen Revolution. Unser Zeitalter basiert zu einem großen Teil auf den Gedankengängen des Materialismus in seinen verschiedenen Spielarten. Sollte daher eine neue Auffassung über das, was Materie ist, und eine Abkehr vom Glauben an letzte, unzerstörbare Materieklötzchen nicht auch starke geistige Einflüsse jenseits der Physik ausüben? Ein besseres Verständnis der auf Ergebnisse der Elementarteilchenphysik aufbauenden Kosmologie vermittelt dem Menschen ein besseres Verständnis seiner Bedeutung im Kosmos. Die Beschäftigung mit den Naturwissenschaften könnte nicht zuletzt ein Gegenmittel gegen das zunehmende Interesse für den Okkultismus sein.

Als Robert Wilson bei einem Hearing im amerikanischen Kongreß gefragt wurde, in welcher Weise der Beschleuniger im Fermilab zur Verteidigung beitrage, antwortete er: »In gar keiner.« Wenn es aber, so erklärte er weiter, keine Einrichtungen wie Fermilab mehr gäbe, dann gäbe es bald auch nicht mehr viel zu verteidigen. Wilson hat recht. Wenn eine Zivilisation nicht mehr neugierig ist, nicht mehr fragt, nicht mehr nach den Sternen greifen oder in die Geheimnisse des Mikrokosmos eindringen will, dann braucht sie keine Beschleuniger, keine Teleskope noch sonst irgendwelche Forschung. Eine solche Zivilisation ist bereits tot.

Wissenschaft von heute – Technik von morgen

Es gibt zwei Wege, auf denen die technische Entwicklung fortschreitet. Bei der *Innovation* geht man von bekannten wissenschaftlichen Grundlagen aus und versucht, ein vorher gestecktes Ziel zu erreichen. Als Beispiel möchte ich die Kernfusion erwähnen, deren Ziel eine neue, »saubere« Energiequelle ist. Die physikalischen Grund-

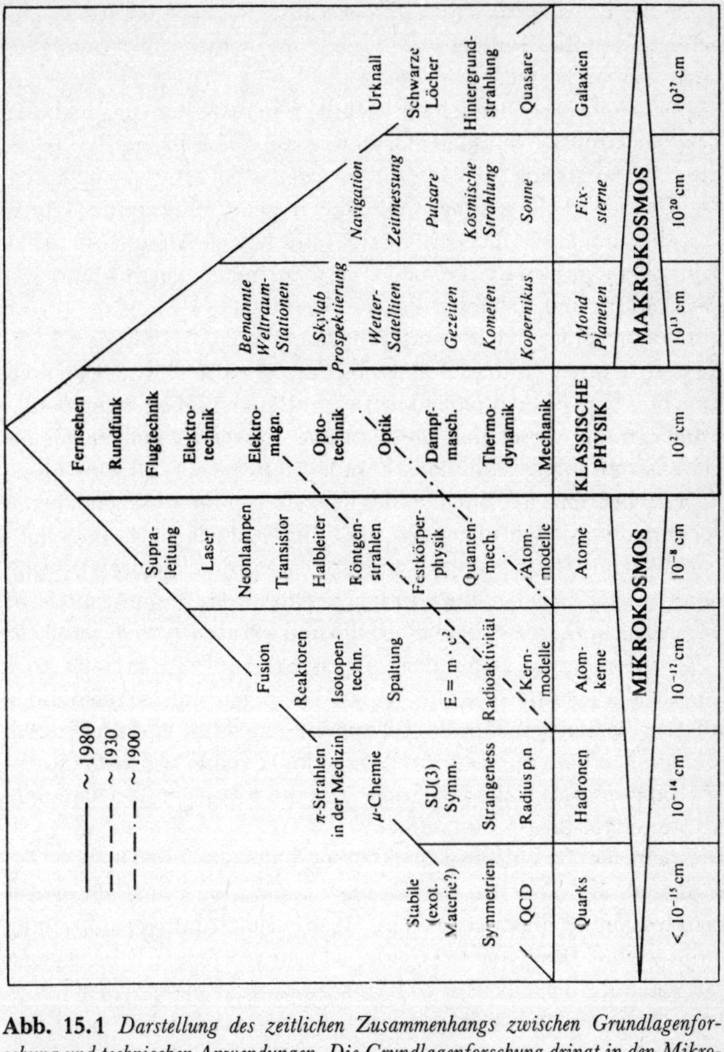

Abb. 15.1 *Darstellung des zeitlichen Zusammenhangs zwischen Grundlagenforschung und technischen Anwendungen. Die Grundlagenforschung dringt in den Mikro- und Makrokosmos vor (entlang der Basis der Pyramide). Im Laufe der Zeit entwickeln sich aus den neuen Phänomenen der Grundlagenforschung unerwartete Anwendungen: Die Pyramide wächst nach oben. Ihre ungefähre Größe ist in der Abbildung zu drei verschiedenen Zeiten (1900, 1930 und 1980) angedeutet.*

lagen der Kernphysik sind wohlbekannt, und es geht »nur« darum, genügend hohe Temperaturen und Gasdichten über genügend lange Zeiten zu erzeugen.

Der zweite Weg, den ich für wichtiger halte, besteht darin, daß in der zweckfreien Grundlagenforschung *neue Phänomene* entdeckt werden, die langfristig zu völlig unerwarteten Anwendungen führen. Die Grundlagenforschung stößt dabei in neue, unbekannte Gebiete vor, die zunächst sehr weit vom gegenwärtigen Alltag entfernt zu sein scheinen. Es dauert einige Zeit, manchmal 30 bis 40 Jahre, bis Anwendungsmöglichkeiten erkannt werden.

Darüber gibt es viele amüsante Geschichten. Als Michael Faraday, der unter anderem die elektromagnetische Induktion erforschte, den Besuch eines Vertreters des englischen Schatzamtes erhielt, fragte dieser ihn, ob denn alle diese Forschungen für die Gesellschaft interessant seien. Faraday antwortete, daß seine Phantasie zu begrenzt sei, um alle Möglichkeiten vorauszusehen, aber er sei trotzdem davon überzeugt, daß die Nachfolger des Besuchers einmal hohe Steuern darauf einnehmen würden. Er behielt recht, denn er trug dazu bei, die Grundlagen für unsere gesamte moderne Elektrotechnik, einschließlich Radio und Fernsehen, zu legen.

Lord Rutherford, einer der Väter der Kernphysik, erklärte noch Anfang der 30er Jahre in öffentlichen Vorträgen, daß es vollkommen ausgeschlossen sei, daß die Kernphysik jemals zu praktischen Anwendungen beitragen würde. Wenige Jahre später wurde die Kernspaltung entdeckt, die Grundlage für die Kernenergiegewinnung, aber auch für die »Atombombe«.

In einer schematischen Darstellung habe ich versucht, den Zusammenhang zwischen der Grundlagenforschung und ihren Anwendungen zu illustrieren (Abb. 15.1). Die Grundlagenforschung stößt an der Basis der Pyramide, von menschlichen Dimensionen ausgehend, einerseits in den Mikrokosmos, zum anderen in den Makrokosmos vor. Notwendigerweise befindet sie sich dabei stets in den äußersten Ecken, im noch unerforschten Neuland. Erst im Lauf der Zeit entwickeln sich aus den neuen, in der Grundlagenforschung entdeckten Phänomenen die Anwendungen. Aus der klassischen Physik gingen die Dampfmaschine und die Elektrotechnik mit Radio und Fernsehen hervor. Die zunächst unverständliche Welt der Atomphysik verhalf uns später zu Röntgenstrahlen, zur Festkörperphysik mit Transistoren, Lasern, Gasentladungslampen usw. Aus der von menschlichen Dimensionen gesehen noch ferneren Welt der Kernphysik findet die Isotopentechnik viele Anwendungen in der Technik, und in der medizinischen Diagnostik und Therapeutik werden zahlreiche Phänomene der Kernphysik ausgenutzt. Erwähnt seien Bestrahlungen mit Beschleunigern und Radioisotopen, die verschiedenen Arten von Tomographen und Scannern und neuerdings die NMR-Methoden und die Positronenkamera. Schließlich ist hier die Energiegewinnung mittels Kernspaltung und vielleicht einmal mit Hilfe der Kernverschmelzung zu nennen.

Ich sehe keinen Grund, warum die geschichtliche Entwicklung nicht weiter so ablaufen soll und eines Tages nicht auch aus den heute sehr abstrakt erscheinenden Fragestellungen der Elementarteilchenphysik prinzipiell neue Anwendungen hervorgehen sollten. Obwohl man in gewisse Richtungen spekulieren kann, muß man im allgemeinen sagen, daß wir heute genauso wenig Phantasie besitzen wie seinerzeit Faraday, um präzise Voraussagen zu machen. Hochenergiebeschleuniger finden bereits Anwendung als Synchrotronstrahlungsquellen (Kap. 7), nicht nur in der Technik, sondern auch in der Medizin. Hochenergetische Teilchenstrahlen werden in der Gehirnchirurgie eingesetzt, Pion-Strahlen zur Krebsbekämpfung erprobt. Ich halte die Tatsache, daß man gelernt hat, mit Antimaterie umzugehen, für einen Schlüssel zu neuen Möglichkeiten.

Die Technik wird heutzutage vielfach verteufelt, ihr wird die Schuld an vielen unserer heutigen Probleme angelastet. Man muß zugeben, daß an vielen Stellen Fehler begangen wurden, und es gibt auch keine Technik, die nur Vorteile und keinerlei Nachteile böte. Die Technikgegner vergessen aber, welche Vorteile die Technik in den letzten hundert Jahren für die Menschheit gebracht hat. Wenn heute große Teile der Gesellschaft nicht mehr 14 Stunden oder länger pro Tag schuften müssen, nur um ihre primitivsten Grundbedürfnisse an Nahrung, Kleidung und Energie zu befriedigen, so ist dies nicht neuen politischen oder sozialen Systemen zu verdanken, sondern der auf wissenschaftlich-technischem Fortschritt basierenden höheren Produktivität. Ohne sie wären die zahlreichen Annehmlichkeiten des Lebens und die Möglichkeit, sich kulturell zu betätigen, wie in vielen vergangenen Jahrhunderten nur einer kleinen Oberschicht vorbehalten. Es ist eine politische und gesellschaftliche Aufgabe, Übertreibungen zu verhindern und die Wissenschaft und Technik zum Wohle der Menschen einzusetzen.

Bei der Bewältigung der Menschheitsprobleme dürfte es in Zukunft im übrigen immer weniger darauf ankommen, welche Haltung die hochindustrialisierten Staaten einnehmen, sondern entscheidend wird das Schicksal der bevölkerungsreichen Länder wie China, Indien, Mexiko oder Brasilien sein. Sie hoffen auf ein besseres Leben durch Wissenschaft und Technik, und es wäre zynisch, ihnen »unverantwortlichen« Optimismus zu unterstellen. Die Probleme sind so ernst, schwierig und langwierig, daß verhältnismäßig kleine Fortschritte durch Innovationen, so wichtig sie auch sein mögen, nicht ausreichen werden. Nötig erscheinen vielmehr grundsätzlich neue Ansätze, die, wie wir hoffen, aus der Grundlagenforschung, vielleicht sogar aus der Elementarteilchenphysik, hervorgehen werden.

Internationale Zusammenarbeit

Internationale Zusammenarbeit wird oft gefordert und gepriesen, um den Fortschritt der Wissenschaften zu fördern (und manchmal auch, um die Kosten besser zu verteilen). Davon möchte ich hier nicht sprechen. Ich will darauf hinweisen, daß umgekehrt die wissenschaftliche internationale Zusammenarbeit Werte schafft, die für das Zusammenleben der Völker von größter Wichtigkeit sind.

Als Generaldirektor von CERN durfte ich lange Jahre eine (vielleicht die einzige) wissenschaftliche Institution leiten, bei der internationale Kooperation als Wert an sich und nicht nur als Mittel zum Zweck gepflegt wird. Diese Haltung von CERN geht schon auf seine Gründung zurück. Nach dem letzten Weltkrieg drängten nicht nur die Physiker, sondern auch weitsichtige Politiker darauf, ein Forschungszentrum ins Leben zu rufen, wo Wissenschaftler aus kurz zuvor noch verfeindeten Staaten gemeinsam an friedlichen Projekten arbeiten könnten. CERN wurde die älteste und erste europäische Institution und ist bis heute ein Symbol für das vereinigte Europa. Es gelang hier schon sehr früh, ein Klima zu schaffen, in dem nationale Eifersüchteleien und Eigeninteressen weitgehend unbekannt sind. Alle Experimente werden in internationalen Kooperationen durchgeführt, und es kommt in erster Linie auf die wissenschaftlichen oder technischen Kompetenzen der Mitarbeiter an, nicht auf ihre Nationalität. Ich habe oft im Scherz festgestellt, daß Streitereien meist unter Landsleuten, aber nicht unter Angehörigen verschiedener Nationen ausgetragen werden. Man hat gelernt, mit den Sprachschwierigkeiten fertig zu werden (*Broken English* ist die heutige Lingua franca der Wissenschaftler). Man berücksichtigt und toleriert die verschiedenen Mentalitäten und unterschiedlichen Temperamente.

Zunächst war das Hauptziel die internationale Zusammenarbeit in Europa. Wegen der Einzigartigkeit der Anlagen bei CERN findet man unter den mehr als 4000 hier arbeitenden Wissenschaftlern etwa ein Viertel aus anderen Kontinenten, vor allem Wissenschaftler von amerikanischen, sowjetischen, japanischen und chinesischen Universitäten und Laboratorien. Meines Wissens war CERN das erste Laboratorium, das nach dem Krieg ein Zusammenarbeitsabkommen mit der Sowjetregierung unterzeichnet hat. CERN leistete Pionierarbeit bei der Herstellung von Kontakten und der Zusammenarbeit mit der Volksrepublik China.

Bei den Kooperationen geht es nicht nur um den Austausch von Informationen oder Wissenschaftlern, sondern in den meisten Fällen um konkrete, komplexe technische Projekte. Am Beispiel des L3-Experiments am LEP habe ich gezeigt, wie diese Zusammenarbeit funktioniert (Kap. 11). Um solche und ähnliche Operationen erfolgreich durchzuführen, sind natürlich unzählige Verhandlungen mit allen möglichen Behörden und zum Teil hochrangigen Politikern nötig. Die Auswirkungen der Zusammenarbeit bleiben also nicht auf die Wissenschaftler beschränkt, sondern haben auch zu einer Annäherung und zum besseren Verständnis von politischen Instanzen und Verwaltungen geführt. Als besonders wichtig habe ich es dabei angesehen, daß nicht nur über die technisch-wissenschaftlichen Probleme verhandelt wurde, sondern daß den Arbeitsbedingungen der Wissenschaftler aus Staaten mit anderen politischen Systemen besondere Aufmerksamkeit gewidmet wurde. In vielen Fällen konnten Erleichterungen erreicht werden, die Präzedenzfälle darstellten und nachher auch in anderen Bereichen Wirkung zeigten. All dies geschah ohne viel Aufhebens in der Öffentlichkeit. Ich konnte feststellen, daß auf diese Weise oft mehr erlangt wurde als durch Pressionen in den Medien (die in manchen Fällen aber auch nötig sind). Dabei war es stets die Politik von CERN wie der meisten anderen Hochenergiephysiklaboratorien, nicht der Alltagspolitik mit ihren Eiszeiten und Tauwetterperioden zu folgen, sondern das Bestreben ging dahin, ein über Jahre verläßlicher und, wenn nötig, zäher Verhandlungspartner zu sein.

Die wissenschaftliche Zusammenarbeit in der Grundlagenforschung stellt ein wesentliches Element im Zusammenleben von Staaten mit verschiedenen politischen Systemen, unterschiedlichen Traditionen und Mentalitäten dar. Die enge Kooperation von Wissenschaftlern, Technikern und Verwaltungsleuten bei der Bewältigung komplexer Aufgaben und das gemeinsame Erleben von Enttäuschungen und Erfolgen führen zu einem besseren Begreifen der unterschiedlichen Auffassungen und (am wichtigsten) zu gegenseitigem Vertrauen. Ohne feste Vertrauensbasis kann nichts erreicht werden. Die schönsten Abrüstungsverträge wären nicht das Papier wert, auf dem sie stehen, wenn ihnen nicht ein Minimum an Vertrauen zugrunde läge.

Die Elementarteilchenphysik ist besonders geeignet, ein Katalysator für die völkerverbindende Zusammenarbeit zu sein. Dies nicht nur deswegen, weil die Naturgesetze in allen Staaten und in allen Orten der Welt gelten, sondern weil die Hochenergiephysik keine unmittelbare militärische oder industrielle Anwendung verspricht und daher Geheimhaltung keine Rolle spielt. Diese Aspekte der internationalen Zusammenarbeit rechtfertigen meiner Meinung nach allein schon die Aufwendungen für die Elementarteilchenphysik. »Wissenschaft ohne Grenzen und ohne Geheimnisse« wird in kaum einem anderen Bereich menschlicher Aktivität so erfolgreich praktiziert wie hier.

Wissenschaftliche und technische Ausbildung

Zentren wie CERN und DESY haben eine bemerkenswerte Symbiose zwischen einem Großforschungslaboratorium einerseits und Universitäten andererseits entwickelt. Wie bei jeder wahren Symbiose bietet dies beiden Teilen Vorteile. Wissenschaftler und Studenten der Universitäten erhalten Zugang zu Forschungseinrichtungen, die die Möglichkeit einer einzelnen Universität übersteigen; die Laboratorien haben einen laufenden Zustrom von jungen Wissenschaftlern, der einer Überalterung und Verkrustung entgegenwirkt.

Nur ein kleiner Teil der Studenten, die unter Anleitung ihrer Professoren bei CERN arbeiten und Daten für ihre Doktorarbeiten sammeln, bleibt nach Abschluß des Studiums in der Hochenergiephysik. Die meisten gehen zu Industriefirmen, anderen Wirtschaftsunternehmen oder zu staatlichen Institutionen. Man hört oft die Behauptung, daß die Hochenergiephysik für Industrietätigkeiten keinen geeigneten Ausbildungsplatz darstelle, da ihre Problemstellungen zu weit von praktischen Anwendungen entfernt seien. Das Gegenteil ist richtig, wie ich mit einer kleinen Geschichte zeigen möchte:

Vor Jahren bewarb sich einer meiner Studenten nach Abschluß der Doktorarbeit bei einer Automobilfirma. Zu seinem Erstaunen wurde ihm unter vielen anderen Kandidaten der Vorzug gegeben. Um den Grund herauszufinden, fragte er den Personalchef, warum ausgerechnet er ausgewählt worden sei, der doch nie etwas mit Autos zu tun gehabt hätte. Die Antwort lautete, daß das Thema der Doktorarbeit so gut wie keine Rolle gespielt habe, da in den meisten Fällen sowieso die Einarbeitung in ein neues Arbeitsgebiet erforderlich sei. Wichtig seien gewesen: daß der Bewerber Teamarbeit gelernt hatte; daß er sich in internationaler Umgebung durchsetzen mußte; daß er gezwungen war, nach einem festen Zeitplan und innerhalb eines vorgegebenen Budgets zu arbeiten; schließlich, daß er eine Reihe von nützlichen Techniken gelernt hatte wie praktische Verwendung von Klein- und Großcomputern, schnelle Elektronik, Vakuumtechnik usw.

Dies zeigt, daß der Arbeitsstil in der experimentellen Hochenergiephysik viel industrienäher ist als an manchen Hochschulinstituten, wo die Studenten allein vor sich hin forschen.

Aber selbst bei Theoretikern, die sich zunächst mit sehr abstrakten Fragen beschäftigten, habe ich es öfter erlebt, daß sie z. B. Management- oder Organisationsaufgaben übernahmen und dabei sehr erfolgreich waren. Sie hatten gelernt, komplexe Probleme rational zu analysieren, Alternativen abzuschätzen und nach ungewöhnlichen Lösungen zu suchen.

Die Hochenergiephysik-Laboratorien sind aber nicht nur wissenschaftliche Hochburgen, sondern sie konzentrieren auch moderne Spitzentechnologie. Wie ich geschildert habe, führte die Notwendigkeit, große Beschleuniger und Detektoren in eigener Verantwortung zu bauen, dazu, daß Hochenergiephysik-Laboratorien eine bemerkenswerte technische Kompetenz in den verschiedensten Gebieten angesammelt haben. Dies hatte z. B. bei CERN die Folge, daß die Installationen in immer stärkerem Maß auch für die Ausbildung von jungen Technikern und Ingenieuren genutzt werden.

Vor vielen Jahren wurde erörtert, ob CERN in eine europäische Technische Universität umgewandelt werden sollte – leider ohne Ergebnis. Vielleicht wäre es die Chance gewesen zu einer noch effektiveren Nutzung der bei CERN vorhandenen wissenschaftlichen bzw. technischen Kompetenz und Erfahrungen.

Epilog

Trotz der wissenschaftlichen Erfolge und der übrigen positiven Aspekte der Hochenergiephysik wird ihre Legitimität von Politikern und der Öffentlichkeit gelegentlich in Frage gestellt. Der Grund dafür liegt vor allem in den hohen Kosten dieses Wissenschaftszweiges. Es erweist sich als Nachteil, daß die Aktivitäten der Elementarteilchenphysik in wenigen großen Zentren konzentriert und damit äußerst sichtbar sind. Häufig wird der Fehler gemacht, daß die Aufwendungen für diese Zentren mit den Mitteln von Organisationen zur allgemeinen Forschungsförderung – z. B. Deutsche Forschungsgemeinschaft (DFG) in Deutschland, Science and Engineering Research Council (SERC) in Großbritannien oder National Science Foundation (NSF) in den USA – verglichen werden. Dies ergibt jedoch ein schiefes Bild, denn die Budgets der Laboratorien enthalten nicht nur die Aufwendungen für die eigentlich wissenschaftlich-technischen Tätigkeiten, sondern müssen auch die gesamte Infrastruktur (Gebäude und Erhaltung, Heizung, Bewachung, Straßen etc.) abdecken. Bei den von den Förderorganisationen finanzierten Projekten werden jedoch die Basiskosten zum größten Teil von Universitäten oder Laboratorien getragen.

Es scheint daher fairer, das Budget der Hochenergielaboratorien mit denjenigen von Universitäten zu vergleichen, die auch den gesamten Aufwand enthalten. Als Dr. Fischer-Apel, Präsident der Universität Hamburg, einmal CERN besuchte, diskutierten wir natürlich auch dieses Problem und stellten fest, daß die Universität Hamburg etwa über das gleiche Jahresbudget wie CERN verfügt. Selbst eine verhältnismäßig kleine Universität wie die in Genf hat noch etwa die Hälfte der Mittel von CERN. Die 14 Mitgliedstaaten des CERN unterhalten insgesamt etwa 250 Hochschulen; die Aufwendungen für CERN bedeuten, daß sie sich eine weitere akademische Forschungseinrichtung leisten.

Die Industriestaaten geben heute etwa 2,6 bis 2,7 Prozent ihres

Bruttosozialprodukts für allgemeine Forschung und technische Entwicklung aus, wovon etwa 10 Prozent auf die Grundlagenforschung, davon nur ein kleiner Teil auf die Hochenergiephysik entfallen. In Europa beanspruchen die gesamten Aufwendungen für die Elementarteilchenphysik etwa 0,03 Prozent des Bruttosozialprodukts.

In den späten 60er und frühen 70er Jahren hat die Hochenergiephysik weltweit eine starke Expansion erfahren. In den letzten zehn Jahren blieben die Gesamtaufwendungen in Europa etwa konstant. Diese Plafonierung habe ich bei CERN, selbst als LEP zur Diskussion stand, akzeptiert, da ein exponentielles Wachstum nicht über lange Zeit andauern kann. Die Prioritäten müssen ab und zu überprüft werden, und auch andere Forschungsgebiete haben ein Anrecht auf die noch vorhandenen Zuwachsraten.

Schließlich möchte ich noch auf die Frage eingehen, ob die Ergebnisse der Arbeiten in den Hochenergielaboratorien für militärische Zwecke verwendet werden können. Es wäre unehrlich zu behaupten, daß dies grundsätzlich ausgeschlossen sei. Fast alle Ergebnisse der Wissenschaft und Technik lassen sich sowohl für friedliche als auch für kriegerische Ziele einsetzen. Ob und in welchem Maße dies geschieht, ist eine moralische und politische Frage, zu der jeder einzelne seine eigene Stellung finden muß. Natürlich fällt den Wissenschaftlern dabei eine besondere Verantwortung zu.

Die Tatsache, daß wissenschaftliche und technische Errungenschaften für die Waffenproduktion benutzt werden können, hat in der Menschheitsgeschichte zum Glück nicht dazu geführt, daß Forschung verboten wurde. Den Erkenntnisdrang zu stoppen würde die Menschen nicht nur eines ihrer wesentlichen Kulturgüter berauben, ein solches Verbot wäre praktisch auch nicht zu kontrollieren und einzuhalten, besonders weil es in vielen Fällen von vornherein schwierig ist, festzustellen, welche Forschung für militärische Zwecke relevant sein kann und welche nicht.

Was CERN angeht, so ist in seiner Satzung verankert, daß sich CERN nur friedlicher Grundlagenforschung widmen darf. Das Kriterium dafür ist, daß alle Ergebnisse veröffentlicht werden und jedwedem zugänglich sind. Es gibt keine als geheim klassifizierten Arbeiten bei CERN, und keine Tür wird aus diesem Grund verschlossen. Dieses Prinzip wird strikt eingehalten, gleichgültig, ob an den

Forschungen europäische, amerikanische oder sowjetische Wissenschaftler beteiligt sind. In Europa befinden wir uns in der glücklichen Lage, daß die friedliche Forschung und die Verteidigungsforschung scharf voneinander getrennt sind. Keine Regierung hat bisher auch nur den geringsten Druck ausgeübt, CERN für nichtfriedliche Zwecke zu benutzen (dasselbe gilt für DESY).

Zu meiner großen Befriedigung hat sich CERN – und ich habe diese Entwicklung nach Kräften zu fördern gesucht – immer mehr zu einem Treffpunkt entfaltet, der dazu dient, die Beziehungen zwischen den Naturwissenschaften und anderen Bereichen des kulturellen Lebens zu stärken. Davon zeugen die Besuche hoher Vertreter der verschiedenen Religionen, von Monarchen, Staatspräsidenten, Regierungschefs, Philosophen und Schriftstellern.

Der deutsche Bundespräsident Richard von Weizsäcker besichtigt LEP bei CERN. Er wird begleitet von Carlo Rubbia (links) und dem Autor (rechts).

Die erste und wichtigste Rechtfertigung für die Existenz der Laboratorien der Hochenergiephysik bleibt ihr wissenschaftlich exzellenter Standard, der nie in Frage gestellt worden ist. Die Elementarteilchenphysik wird, davon bin ich überzeugt, noch lange Zeit eines der aufregendsten Abenteuer des menschlichen Geistes sein.

Unser gegenwärtiges und vielleicht sogar das nächste Jahrhundert werden in die Geschichte auch deshalb eingehen, weil in ihnen der Vorstoß in den Mikrokosmos und den Makrokosmos gelang, wobei sich zeigte, daß das unendlich Kleine und das unendlich Große einen wunderbaren Zusammenhang besitzen. Natürlich dürfen wir darüber nicht die brennenden Probleme vergessen, die uns alle bedrücken – aber so unwahrscheinlich es klingen mag, vielleicht werden gerade aus der zweckfreien Grundlagenforschung ganz neue Lösungsansätze hervorgehen, die uns einen neuen Handlungsfreiraum verschaffen. Pessimismus wegen der vielberufenen Zwangsläufigkeit, mit der wir auf Katastrophen zusteuern, ist nicht angebracht. Natürlich wäre es vermessen zu glauben, daß die Probleme der Menschheit allein mit Hilfe der Wissenschaft gelöst werden könnten, aber ohne sie wird es genausowenig möglich sein.

Die moderne Naturwissenschaft befaßt sich mit dem Verhalten der Forschungsobjekte unter bestimmten Bedingungen, wobei die Reproduzierbarkeit das wesentliche Element für die objektive allgemeine Gültigkeit der Gesetze bildet. Sie verzichtet bewußt darauf, nach dem Wesen und dem Sinngehalt ihrer Forschungsobjekte zu fragen. Sie kann daher keine Orientierungshilfen für unser ethisches Verhalten geben, und sie kann nicht letzte, endgültige Wahrheiten liefern. Dies wird ihr heute oft zum Vorwurf gemacht. Die Kritik geht wohl zurück auf eine Zeit, als man in naivem fortschrittsgläubigem Optimismus glaubte, daß die Naturwissenschaft alle Probleme lösen und sogar die Religion ersetzen könnte. Heute erkennt man die Grenzen, die schon von der Methode der Naturwissenschaft her gegeben sind, sehr klar. Es ist völlig verfehlt, wenn man von der Wissenschaft Antworten verlangt, die sie nicht zu geben vermag. Andererseits schließt dies nicht aus, daß sich aus der Art und Weise, wie Naturwissenschaft betrieben wird, Beiträge zu einer Verbesserung unseres ethischen Wertesystems ableiten ließen. Dazu scheint mir ein Dialog zwischen den Naturwissenschaften und den anderen Bereichen menschlicher Tätigkeit dringend geboten.

Anmerkungen

1 Das Auflösungsvermögen wird letzten Endes durch die Heisenbergsche Unschärferelation begrenzt. Diese sagt aus, daß für die kleinste Strecke x, die noch untersucht werden kann, gilt: $x \cdot p \geq h$,
wobei p der Impuls (bzw. $p \cdot c$ die Energie) der benutzten Teilchenstrahlen ist (c = Lichtgeschwindigkeit, h = Plancksche Konstante). Es folgt z. B., daß für die Untersuchung eines Bakteriums Photonenenergien von etwa 0,7 eV (sichtbares Licht) genügen, während für Atomkerne bereits Energien von einigen MeV benötigt werden. Um die Struktur der Protonen und Neutronen zu entschlüsseln, benützt man die gegenwärtig höchsten erreichbaren Energien von einigen 100 GeV.

2 Im Mikrokosmos benutzt man als Längeneinheit das cm bzw. negative Zehnerpotenzen: Atomgröße etwa 10^{-8} cm, Atomkern etwa 10^{-12} cm, Protonradius 10^{-13} cm, Elektronen- und Quarkradien kleiner als 10^{-16} cm.
Astronomen und Astrophysiker bevorzugen für ihre riesigen Abstände als Längeneinheit das Lichtjahr. Das ist die Entfernung, die das Licht im Vakuum in einem Jahr zurücklegt. Die Lichtgeschwindigkeit beträgt etwa $3 \cdot 10^{10}$ cm/s; hieraus errechnet sich für ein Lichtjahr folgende Distanz:

$$3 \cdot 10^{10} \cdot 365 \cdot 24 \cdot 60 \cdot 60\,\text{cm} = 9{,}5 \cdot 10^{18}\,\text{cm}$$

3 Wenn R der Radius des Beschleunigers, T_u und v die Umlaufzeit bzw. die Geschwindigkeit der Teilchen bedeuten, dann gilt offensichtlich:

$$2\pi R = v T_u$$

Die Synchrotronbedingung lautet $T_u = nT_f = n/f$, wobei T_f und f die Periode bzw. die Frequenz des Beschleunigungsfeldes angibt. In der Synchrotronbedingung wurde eine ganze Zahl $n = 1,2,\ldots$ eingeführt. Sie besagt, daß während des Umlaufs des Teilchens das Beschleunigungsfeld ohne weiteres mehrere Male seine Richtung ändern kann, ohne daß das Teilchen etwas davon merkt. Es kommt nur darauf an, daß beim Eintreffen des Teilchens an der Beschleunigungsstrecke das Feld wieder in die richtige Richtung zeigt. Aus technischen Gründen ist es günstiger, eine höhere Frequenz f (eine »Harmonische«) zu wählen, als der Umlaufzeit des Teilchens selbst entspricht.
Die Geschwindigkeit hängt für Elektronen und Protonen in verschiedener Weise von der Teilchenenergie ab, da sie verschiedene Massen besitzen. Ein Beschleuniger, bei dem die Werte für die Energie der Teilchen,

die Frequenz des Beschleunigerfeldes und das Magnetfeld (das die Teilchen auf dem Radius R hält) so gewählt sind, daß die Synchrotronbedingung für Protonen erfüllt ist, funktioniert daher nicht ohne weiteres auch für Elektronen und umgekehrt. Man hat daher Synchrotrone für Elektronen (z. B. DESY in Hamburg) und für Protonen (PS und SPS bei CERN) gebaut.

4 Es gilt die Beziehung $e \cdot B \cdot R = p$, wobei B die Magnetfeldinduktion, R den Radius der Kreisbahn, e die Ladung der Teilchen und $p = m \cdot v$ den Impuls der Teilchen angeben (Geschwindigkeit v, m = veränderliche Masse [vgl. Anm. 8]). Bei relativistischen Teilchen ($E = mc^2$) gilt in sehr guter Näherung $E = pc$, so daß man die Energie statt des Impulses benutzen kann, wenn man von der »Steifheit« des Teilchenstrahles spricht. Bei einem Protonenbeschleuniger, dessen Magnetring den Radius R hat, ist die Maximalenergie durch die größte erzielbare Magnetfeldstärke B_{max} gegeben. Bei Eisenmagneten ist diese durch die Eisensättigung mit etwa $B \approx 1{,}8$ Tesla gegeben. Bei supraleitenden Magneten benutzt man gegenwärtig Felder von etwa 6 Tesla und hofft, diese auf 10 Tesla steigern zu können.

5 Elektronen erzeugen beim Umlauf eine starke Synchrotronstrahlung, weil sie eine sehr kleine Masse m_0 besitzen und die Stärke der Strahlung proportional zu m_0^{-4} ist. Im Prinzip senden auch Protonen Synchrotronstrahlung aus, aber die Intensität ist um den Faktor $(m_e/m_p)^4 = 10^{-14}$ geringer gegenüber Elektronen gleicher Energie. Bei Protonen spielt die Synchrotronstrahlung praktisch erst oberhalb von Energien von 10 TeV eine Rolle. Die Abhängigkeit der Synchrotronstrahlungsverluste von der Teilchenenergie und dem Bahnradius ist durch die folgende Beziehung gegeben:

Strahlungsverlust pro Umlauf (in keV) $= 88{,}5 \cdot (E/\text{GeV})^4/(R/\text{m})$

Bei einem Radius von 100 m und einer Elektronenenergie von 10 GeV führt dies zu einem Verlust von 8,8 MeV pro Umlauf, was bei etwa ½ Million Umläufen pro Sekunde zu erheblichen Energieverlusten führt, die durch das Beschleunigungssystem ausgeglichen werden müssen. Summiert man über einen ganzen Beschleunigungszyklus, d. h. von Energie 0 bis zur Maximalenergie, dann findet man für das Verhältnis zwischen gesamtem Strahlungsverlust zur Energie, die im Teilchenstrahl bleibt, die Zahlen 2, 4 und 15 für die Maximalenergien 8, 10 und 15 GeV. Dies bedeutet, daß von der zugeführten Energie nur ein kleiner Bruchteil nutzbar in den Teilchen bleibt, während der überwiegende Teil als Synchrotronstrahlung verlorengeht.

6 Erst später stellte sich heraus, daß dasselbe Prinzip bereits 1950 von dem griechischen Ingenieur N. C. Christophilos entdeckt worden war. Er hatte seine Idee zum US-Patent angemeldet und sich nicht mehr weiter darum gekümmert. Als Folge davon blieb sie ohne Wirkung, bis sie zwei Jahre später neu entdeckt wurde. Das neue Fokussierungsprin-

zip ist äußerst genial und wird seither in allen Synchrotrons angewendet. Ein Nobelpreis dafür wäre angebracht gewesen, wurde aber vermutlich deshalb nicht verliehen, weil die Regeln nur höchstens drei Preisträger für eine Entdeckung zulassen. Schade und zu spät, da inzwischen zwei der Entdecker verstorben sind.

7 Vgl. Anmerkung 3.

8 Wenn die Teilchen mit der Geschwindigkeit v den Plattenabstand D in der Zeit der halben Schwingungsperiode T/2 durchlaufen sollen, dann muß gelten:

$$D = v \cdot T/2 \text{ oder } D = v/2f,$$

wenn f die Frequenz der angelegten Spannung bedeutet. Da man in der Hochfrequenztechnik auch gern die Wellenlänge λ benutzt, kann man diese Bedingung auch folgendermaßen schreiben:

$$D = \beta \cdot \lambda/2, \text{ mit } \beta = v/c \text{ und } \lambda = c \cdot T \text{ (c = Lichtgeschwindigkeit)}$$

Bei fester Wellenlänge muß der Plattenabstand proportional zur Geschwindigkeit zunehmen. Bei relativistischen Teilchen ($v \approx c$) gilt $D \approx \lambda/2$. Aus praktischen Gründen ist es dann aber günstiger, in mehreren nebeneinanderliegenden Zellen die gleiche Feldrichtung zu haben. Für Elektronenbeschleuniger wird häufig $D = \lambda/4$ gewählt, d.h. in zwei nebeneinanderliegenden Zellen zeigt das Feld in dieselbe Richtung. Man kann das Beschleunigungsfeld auch als eine Wanderwelle beschreiben, die mit der Geschwindigkeit der Teilchen die Beschleunigungsstruktur entlangläuft und für dauernde Beschleunigung sorgt. Für Radaranwendungen wurden sehr leistungsfähige Klystrons für Frequenzen von 3000 MHz ($\lambda = 10$ cm) entwickelt. Die meisten Elektronen-Linearbeschleuniger profitieren von dieser technologischen Entwicklung und benutzen diese Frequenz. Die Plattenabstände betragen dann etwa 2 cm, und der Durchmesser der Beschleunigungsstruktur beläuft sich auf etwa $\lambda \approx 10$ cm.

9 Für die Gesamtenergie E eines Körpers, die sich aus der Ruheenergie m_0c^2 (m_0 = Masse in Ruhe) und der Bewegungsenergie E_{kin} zusammensetzt, gilt in der Relativitätstheorie:

$$E = m_0c^2 + E_{kin} = \gamma m_0 c^0,$$

wobei die Abkürzung $\gamma = 1/\sqrt{1-\beta^2}$ mit $\beta = v/c$ eingeführt wurde.
Für die kinetische Energie erhält man:

$$E_{kin} = (\gamma - 1)m_0c^2$$

Es gilt auch der Zusammenhang $E^2 = (pc)^2 + (m_0c^2)^2$, wobei $p = mv = m_0\gamma \cdot v$ den Impuls und $m = \gamma m_0$ die mit der Geschwindigkeit veränderliche Masse bedeuten.
Für masselose Teilchen (Photonen, Neutrinos) folgt mit $m_0 = 0$ sofort $E = pc$ und daraus: $E/pc = mc^2/mvc = v/c = \beta = 1$.
Ein masseloses Teilchen bewegt sich daher stets mit Lichtgeschwindigkeit, und seine gesamte Energie besteht aus Bewegungsenergie. Hier haben wir es mit dem Extremfall relativistischer Bewegung zu tun.

Gehen wir zu Geschwindigkeiten über, die klein gegen die Lichtgeschwindigkeit c sind, dann lassen sich höhere Potenzen von $(v/c)^2$ vernachlässigen, und man kann in guter Näherung setzen:

$$\gamma = 1/\sqrt{1-\beta^2} \approx 1-\beta^2/2$$

Damit erhält man:

$$E_{kin} = (\gamma - 1)m_0c^2 \approx \beta^2 m_0 c^2/2 = m_0 v^2/2,$$

also genau den Zusammenhang zwischen der kinetischen Energie und der Geschwindigkeit in der klassischen Physik. Die Newtonsche Physik ergibt sich also als Grenzfall der Relativitätstheorie für Geschwindigkeiten, die klein gegenüber der Lichtgeschwindigkeit sind. Die klassische Physik bleibt daher weiterhin gültig, wenn auch nur für kleine Geschwindigkeiten.

10 Vgl. Anmerkung 9.

11 Protonen mit einer kinetischen Energie von 450 GeV besitzen eine Geschwindigkeit von $\beta = 1 - 2{,}16 \cdot 10^{-6}$ und ein $\gamma = 481$. Wird eine Stahlkugel von 1 g Masse auf dieselbe Geschwindigkeit gebracht, dann bewegt sie sich mit einer kinetischen Energie von

$$E_{kin} = (\gamma - 1)m_0c^2 = 480 \cdot 10^{-3}\,\text{kg} \cdot (3 \cdot 10^8\,\text{m/s})^2 = 4{,}3 \times 10^{16}\,\text{Joule}$$

(wobei 1 Joule = 1 Ws). Ein großes Kraftwerk hat eine Leistung von etwa 1000 Megawatt. Um eine Energie von $4{,}3 \cdot 10^{16}$ Ws zu produzieren, braucht es daher

$$4{,}3 \cdot 10^{16}\,\text{Ws}/1000 \cdot 10^6\,\text{W} = 4{,}3 \cdot 10^7\,\text{s}$$

Ein 1000-Megawatt-Kraftwerk brauchte also mehr als ein Jahr, um die Stahlkugel auf nahezu Lichtgeschwindigkeit zu bringen.

12 Vgl. Anmerkung 9.

13 Bei Autogeschwindigkeiten wäre selbst mit den besten Waagen nichts zu merken, und sogar das Gewicht eines Jumbo-Jets, von der Erde aus beobachtet, gäbe eine winzige Massenänderung von nur 0,000000000005 %. Das Gewicht eines 300-Tonnen-Jets nimmt danach etwa nur um 0,15 Milligramm zu.

14 Um die Bewegung eines Körpers zu beschreiben, benutzt man räumliche Koordinaten x, y, z und die Zeit. Der Einfachheit halber betrachten wir nur Bewegungen in einer Dimension, nämlich in x-Richtung. Die gleichförmige Fahrt eines Zuges wird dann beschrieben durch die raumzeitliche Beziehung $x = x_0 + vt$, wobei x entlang den Schienen auf dem festen Boden gemessen wird. Wenn in dem Zug eine Kaffeetasse auf einem Tisch steht, dann entfernt sie sich entsprechend der gleichen Beziehung von dem stillstehenden Beobachter in der Station.

Beschreibt man dasselbe Geschehen vom Zug aus, so stellt der Fahrgast fest, daß die Kaffeetasse unverändert auf dem Tisch steht, so daß für ihren Ort gilt $x' = x_0'$. Der Strich bedeutet, daß die Ortsmessung relativ zum Zug erfolgt.

Wie kann man die Ortsbeschreibung auf der festen Erde umrechnen in diejenige im Zug? Dazu stellen wir fest, daß $x - vt = x_0$ eine konstante Größe ist, genauso wie x_0'. In der klassischen Physik setzt man die beiden Größen gleich und erhält die »Transformation«:

$$x' = x - vt$$

Sie setzt stillschweigend voraus, daß die Zeit in beiden Systemen gleich schnell abläuft. Läßt man jedoch zu, daß die Zeit in den beiden Systemen (Erde, fahrender Zug) unterschiedlich abläuft, aber so, daß die Lichtgeschwindigkeit in beiden Systemen gleich ist, dann läßt sich zeigen, daß $x - vt$ und x' einander proportional sind:

$$x' = \gamma (x - vt),$$

und Einstein findet:

$$\gamma = 1/\sqrt{1 - \beta^2}, \text{ mit } \beta = v/c$$

Eine *Längenmessung* bedeutet eine Abstandsbestimmung zwischen zwei Punkten. Der Durchmesser der Kaffeetasse, gemessen vom Fahrgast, sei $D' = x_2' - x_1'$. Mißt man diesen Durchmesser vom festen Boden aus, dann müssen die Orte x_2 und x_1 zum selben Zeitpunkt ($t_2 = t_1$) gemessen werden, da sonst ein Fehler Δx wegen der Bewegung des Zuges $\Delta x = v(t_2 - t_1)$ auftritt. Man findet dann:

$$D = x_2 - x_1 = (x_2' - x_1')/\gamma = D'/\gamma,$$

und da stets $\gamma > 1$, ist $D < D'$. Vom festen Boden aus gesehen erscheint daher die Tasse in Fahrtrichtung des Zuges zusammengequetscht. Wie man leicht sehen kann, ist die Situation völlig symmetrisch. Dem Fahrgast erscheint der runde Kopf des Beobachters in der Station leicht abgeplattet. Wie Einstein verlangt, darf keines der beiden Systeme ausgezeichnet sein.

Die beiden Einsteinschen Postulate erfordern, daß die Zeit in beiden Systemen verschieden schnell abläuft. Es läßt sich zeigen, daß die Umwandlung von dem ruhenden zum bewegten System durch die Formel $t' = \gamma(t - v \cdot x/c^2)$ bestimmt wird. Ein »Herzschlag«, im Zug $\Delta t' = t_2' - t_1'$, scheint länger zu dauern als am Boden gemessen:

$$\Delta t' = t_2' - t_1' = \gamma(t_2' - t_1') = \gamma \Delta t$$

Man spricht hier von Zeitdilatation. Eine Uhr im fahrenden Zug scheint, vom Boden betrachtet, langsamer zu gehen. Ein Elementarteilchen, das im Ruhesystem die Lebensdauer t_0 besitzt, lebt in einem bewegten System $t = \gamma t_0$.

Sowohl die Lorentz-Kontraktion als auch die Zeitdilatation ergeben sich aus der relativistischen Betrachtungsweise; sie verursachen keine Änderung der physikalischen Realität. So haben sie auch keinen Einfluß auf die Beziehung zwischen Ursache und Wirkung, ändern also nicht kausale Zusammenhänge.

Der Vollständigkeit halber seien auch die Formeln für die Addition von Geschwindigkeiten angegeben, wobei u die im ruhenden System und u' die im bewegten System gemessenen Geschwindigkeiten eines Körpers sind. Die beiden Systeme bewegen sich mit v gegeneinander:

$$u' = (u - v) / (1 - u \cdot v / c^2)$$

oder umgekehrt

$$u = (u' + v) / (1 - u' \cdot v / c^2)$$

Ist u oder v klein gegenüber der Lichtgeschwindigkeit c, dann geht die Formel über in die klassische Beziehung $u' = u - v$. Für schnell fliegende Teilchen sorgt die Formel dafür, daß c nie überschritten wird.

Beispiel: Ein Teilchen fliege mit $v = 0{,}7\,c$ und sende in Vorwärtsrichtung einen Lichtstrahl mit $u' = c$ aus. Dann folgt:

$$u = (1 + 0{,}7) / (1 + 0{,}7) c = c$$

In beiden Systemen besitzen die Lichtquanten die Geschwindigkeit c.

Ein anderes Beispiel: Zwei in einer Kernreaktion erzeugte Teilchen fliegen in entgegengesetzten Richtungen auseinander mit der Geschwindigkeit $u = 0{,}7\,c$ und $v = 0{,}9\,c$. Setzt man sich auf ein Teilchen und fragt, mit welcher Geschwindigkeit sich das andere entfernt, so findet man mit der klassischen Physik die Relativ-Geschwindigkeit $(0{,}7 + 0{,}9)c = 1{,}6\,c$. Mit der relativistischen Geschwindigkeitsaddition erhält man dagegen:

$$u = c(0{,}7 + 0{,}9) / (1 + 0{,}7 \cdot 0{,}9) = 0{,}982\,c,$$

die Lichtgeschwindigkeit wird also nicht überschritten.

15 Vgl. Anmerkung 14.

16 Vgl. Anmerkung 14.

17 Ives und Stilwell verglichen die Frequenz des Lichts von Atomen, die einmal ruhten und zum anderen Mal mit Hilfe von elektrischen Spannungen auf 3 % der Lichtgeschwindigkeit gebracht wurden. Sie konnten einwandfrei bestätigen, daß die »Uhr« der bewegten Atome langsamer ging. Dieses Experiment, das für die experimentelle Fundierung der Speziellen Relativitätstheorie genauso wichtig ist wie das Michelson-Morely-Experiment, führt bis heute ein Stiefmütterchendasein. Es wird in vielen Lehrbüchern nicht erwähnt und ist daher vielen jungen Physikern nicht bekannt. (Die Autoren erhielten auch nicht den Nobelpreis. Leider geht es manchmal selbst in der Wissenschaft zu wie im Show-Business: Auf das geschickte »Verkaufen« kommt es an!)

1963 konnte eine Gruppe von englischen Physikern in Birmingham dieses Experiment verbessern, indem sie als Uhr die inneren Schwingungen eines Atomkerns, die sich in der Frequenz der ausgesandten Gammastrahlung äußern, verwendeten. Um hohe Geschwindigkeiten zu erzielen, setzten sie die Atomkerne auf den Rand einer schnell umlaufenden Zentrifuge (2230 Umdrehungen/sec). Um die Frequenzänderung gegenüber dem Ruhezustand zu messen, benützten sie einen von Rudolf Mößbauer 1960 entdeckten Effekt, der eine unglaubliche Meßgenauigkeit ermöglicht. Eine erwartete Änderung der Ganggeschwindigkeit der »Atomuhr« von etwa 2 hundertstelmillionstel % konnten sie mit ausgezeichneter Genauigkeit nachweisen.

18 Nach der Relativitätstheorie nimmt die nutzbare Energie – die Schwerpunktenergie E_{SP}, wie die Physiker sie nennen – nur mit der Quadratwurzel der Beschleunigerenergie E zu, wenn die Teilchen auf ruhende Atomkerne geschossen werden. Denn bei hohen Energien gilt näherungsweise $E_{SP} \approx \sqrt{2Em}$ (m = Masse des ruhenden Teilchens). Bei frontalem Aufeinanderprallen in Speicherringen dagegen ist die Schwerpunktenergie einfach gleich dem Zweifachen der Energie E der Teilchenstrahlen der Kollisionsmaschine: $E_{SP} = 2E$. Baut man daher einen gewöhnlichen Beschleuniger mit zehnmal größerer Energie, dann gewinnt man an nutzbarer Energie etwa einen Faktor $\sqrt{10} = 3{,}2$, während man bei einer Kollisionsmaschine den vollen Faktor 10 gewinnt.

Manchmal benutzt man die Äquivalenzenergie. Dies ist diejenige Energie, die ein Beschleuniger haben müßte, um auf einem ruhenden Zielteilchen dieselbe Schwerpunktenergie wie ein Speicherring zu liefern:

$$E_{Aq} \approx 2E^2/m$$

Für Protonen ist der größte Speicherring das Tevatron in den USA mit einer Maximalenergie von 1000 GeV/Strahl. Um die Schwerpunktenergie von 2000 GeV mit einem normalen Beschleuniger zu erreichen, müßte er Protonen auf Energien von $E_{Aq} \approx \cdot 10^6$ GeV beschleunigen. Mit der besten heute verfügbaren Technologie müßte der Beschleuniger einen Durchmesser von etwa 2000 km haben und würde einen Kontinent füllen. Noch dramatischer ist es bei Elektronen: LEP wird eine Maximalenergie von etwa 100 GeV/Strahl erreichen. Ein äquivalenter Beschleuniger müßte eine Elektronenenergie von $4 \cdot 10^7$ GeV liefern – eine Maschine, die auf der Erde keinen Platz hätte.

19 Es ist unmittelbar einleuchtend, daß die Zahl der Zusammenstöße, d. h. die Luminosität L, proportional der Teilchenzahl N_i in jedem Strahl und zur Umlauffrequenz f der Teilchen im Ring ist. Die Stoßhäufigkeit wird außerdem erhöht, je kleiner der Strahlquerschnitt ist. Quantitativ findet man:

$$L = N_1 \cdot N_2 \cdot f/2\pi(a_1{}^2 + a_2{}^2),$$

wobei a_i die Strahlquerschnitte im Wechselwirkungspunkt sind (die Indizes beziehen sich auf die beiden gegenläufigen Strahlen). Der Ausdruck zeigt, daß L die Dimensionen Fläche^{-2} Zeit^{-1} besitzt. Sie wird meist in $cm^{-2}\,s^{-1}$ angegeben und ist allein durch die Eigenschaften der Maschine bestimmt.

Die Häufigkeit für einen bestimmten physikalischen Prozeß wird durch den sogenannten Wirkungsquerschnitt angegeben. Dabei wird den stoßenden Teilchen eine Fläche σ zugeschrieben (die nicht unbedingt durch den geometrischen Durchmesser der Teilchen bestimmt ist); je größer sie ist, um so größer ist die Chance, daß die Teilchen sich treffen.

Die Zahl der beobachteten Ereignisse erhält man einfach durch Multiplikation von L und σ:

$$\text{Zahl der Ereignisse / Zeiteinheit} = L \cdot \sigma$$

In der Praxis wird aus der beobachteten Ereignisrate und der aus den Maschinenparametern bestimmten Luminosität der Wirkungsquerschnitt berechnet. Er kann dann mit theoretischen Vorhersagen verglichen werden (vgl. Anm. 30).

20 Für zwei punktförmige Teilchen würde man naiverweise erwarten, daß sie sich nicht treffen können. Die Quantenmechanik, die jedem Teilchen eine Welle zuordnet, sagt jedoch voraus, daß es durchaus eine endliche Trefferwahrscheinlichkeit W gibt. Gegen jeden gesunden Menschenverstand ist sie sogar am größten, wenn die Teilchen punktförmig sind. Sie nimmt mit dem Quadrat der Stoßenergie im Schwerpunktsystem E_{SP} ab:

$$W \sim \text{const} / E_{SP}{}^2$$

Falls die Teilchen eine endliche Ausdehnung, die durch sogenannte Formfaktoren beschrieben wird, besitzen, ist die Stoßwahrscheinlichkeit sogar kleiner als für punktförmige Teilchen. Unabhängig von den detaillierten Vorgängen bei einem Stoß kann man daher sagen, daß die Stoßhäufigkeit mindestens mit $E_{SP}{}^2$ abnimmt.

Die einzige Möglichkeit, die zu einem größeren Wert führen kann, ist die Erzeugung von neuen Teilchen. Wenn für die Masse M eines Teilchens gerade $E_{SP} = Mc^2$ gilt, dann kann eine »Resonanzerzeugung« stattfinden. Dies gilt aber nur in einem engen Energiebereich in der Umgebung von Mc^2. In den 60er Jahren glaubte aber niemand recht, daß es langlebige Teilchen mit Massen höher als 1 bis 2 GeV/c^2 geben könnte. Das J/ψ- und später das Y-Teilchen brachten die große Überraschung. Insbesondere aber wird das Z^0-Teilchen bei LEP bei Strahlenergie von 46 GeV, d. h. $E_{SP} = 92$ GeV, zu besonders hohen Stoßraten führen.

21 Wolfgang Panofsky, der damalige Direktor von SLAC, hatte mich zu entmutigen versucht. Er argumentierte, daß, wie es der Fall SPEAR gegen DORIS gezeigt habe, die europäischen Verfahrensweisen wesentlich langsamer seien als in den Vereinigten Staaten und daß daher diesmal, wo das amerikanische Projekt sogar früher gestartet würde, keine Chancen bestünden, mit PETRA vor PEP fertig zu werden. Obwohl PEP später einige sehr interessante physikalische Ergebnisse erzielen konnte, blieb es doch stets im Schatten von PETRA. Dies führte unter anderem dazu, daß nicht versucht wurde, die Energie von PEP von dem ursprünglich geplanten Wert von 15 GeV zu erhöhen, während die PETRA-Energie von den anfänglichen 19 GeV bis zum Rekordwert von 23,3 GeV hochgetrieben wurde.

Das Wettrennen zwischen PETRA und PEP gab Anlaß zu verschiedenen Wetten und anderen Albernheiten. So wettete Viktor Weisskopf gegen Samuel Ting, daß PEP früher in Betrieb gehen würde als PETRA.

Als er die Wette verloren hatte, gab er Ting einen Scheck über 20 Dollar, den dieser allerdings nicht einlöste, sondern mir zum 60. Geburtstag schenkte.

22 In der klassischen Physik gilt für ein Teilchen:

$$E_{kin} = \frac{m_0 v^2}{2} = \frac{p_1{}^2 + p_2{}^2 + p_3{}^2}{2m_0},$$

wobei E_{kin} die kinetische Energie, m_0 die Ruhemasse, v die Geschwindigkeit und $p = mv$ der Impuls des Teilchens (bzw. p_i seine drei Raumkomponenten) bedeuten. In der speziellen Relativitätstheorie gilt dagegen:

$$E/c = \sqrt{m_0{}^2c^2 + p_1{}^2 + p_2{}^2 + p_3{}^2},$$

wobei E die Gesamtenergie des Teilchens bedeutet mit E = Ruheenergie + kinetischer Energie. Die Wurzel kann ein positives oder negatives Vorzeichen annehmen. In der klassischen Quantenmechanik werden die Impulskomponenten durch Differentialoperatoren ersetzt, die auf die Wellenfunktion Ψ wirken:

$$p_1 \rightarrow -ih\delta/\delta x,\ p_2 \rightarrow -ih\delta/\delta y,\ p_3 \rightarrow -ih\delta/\delta z \text{ und } E \rightarrow ih\,\delta/\delta t$$

Die Wurzel aus einem Operator macht mathematisch keinen Sinn, deswegen linearisierte Dirac die relativistische Beziehung in folgender Weise:

$$E\Psi = (\alpha_1 p_2 + \alpha_2 p_2 + \alpha_3 p_3 + \alpha_4 m_0 c)\Psi,$$

wobei die α_i 4·4 Matrizen aus Zahlen sein müssen, für die gilt:

$$\alpha_i{}^2 = 1,\ \alpha_j\alpha_i = -\alpha_i\alpha_j,$$

d. h. bei der Multiplikation ist die Reihenfolge nicht vertauschbar. Aus der mathematischen Notwendigkeit von 4 · 4 Matrizen folgt, daß die Wellenfunktion Ψ eine Größe mit vier Komponenten sein muß. Die Schrödinger-Wellengleichung der klassischen Quantenmechanik spaltet sich daher auf in vier getrennte Wellengleichungen, deren physikalische Bedeutung zunächst nicht offensichtlich war.

23 P. A. M. Dirac: The prediction of Antimatter. 1. Crane Lecture, University of Michigan, 1978.

24 Über die Tatsache, daß das magnetische Moment des Protons nicht der Diracschen Theorie entspricht, konnte man sich bald trösten. Im Gegensatz zum Elektron fühlt das Proton auch die Kernkraft, und diese bewirkt eine zusätzliche Magnetisierung, die von der Diracschen Theorie nicht mit erfaßt worden war. Etwas Ähnliches gilt für das Neutron, das als elektrisch ungeladenes Teilchen kein magnetisches Moment besitzen dürfte. Der Einfluß der Kernkraft führt jedoch zu einer Ma-

gnetisierung, die etwa um ⅓ kleiner als diejenige des Protons ist und das umgekehrte Vorzeichen besitzt.
Trotz seiner Winzigkeit ist der Nachweis dieses magnetischen Moments des Protons die Grundlage für die in der medizinischen Diagnostik angewandte Kernspinresonanzmethode.

25 Für die Elektronenkühlung müssen zur Berechnung der Protonen- bzw. Elektronengeschwindigkeit die Beziehungen der Relativitätstheorie benutzt werden (vgl. Anm. 9). Besitzen zwei Teilchensorten (verschiedenes $m_0{}^i$) dieselbe Geschwindigkeit, so hat auch $\sqrt{1-\beta^2}$ denselben Wert. Sollen Protonen (Index p) und Elektronen (Index e) dieselbe Geschwindigkeit besitzen, dann folgt für die kinetische Energie der Elektronen und Protonen das Verhältnis:

$$(E^e / E^p)_{kin} = m_0{}^e / m_0{}^p,$$

wobei $m_0{}^e / m_0{}^p = 0{,}000545$. Für Protonen mit einer Energie von 180 MeV, wie sie in den LEAR-Speicherring eingeschossen werden, genügen Elektronenenergien von 98 keV, die leicht herzustellen sind. Um 3,5-GeV-Protonen zu kühlen, wie sie bei CERN im AA-Speicherring umlaufen, würde man Elektronen von fast 2 MeV mit hoher Energiehomogenität und großen Stromstärken benötigen. Hier ist die stochastische Kühlung wesentlich vorteilhafter.

26 Nicht bloß mit Worten, auch mit Zahlen läßt sich trefflich streiten. Dabei kann man leicht Verwirrung stiften, wenn es sich um sehr große Zahlen bzw. sehr unterschiedliche Größenordnungen handelt, die für einen Laien kaum vorstellbar sind. Wenn man die Anwendung der Antimaterie quantitativ diskutieren und ein Gefühl für die Machbarkeit gewisser Vorstellungen bekommen will, so sind Kenntnisse im Umgang mit Exponentialzahlen und ein Gefühl für verschiedene Größenordnungen unerläßlich.
Die Aussage, daß die winzige Menge von 1 mg Antimaterie eine Explosion erzeugen könne, die 44 Tonnen TNT entspreche, ist sehr eindrucksvoll und im Prinzip richtig. Aber wie realistisch ist es, 1 mg Antimaterie zu erzeugen, zu speichern und zu verwenden?
CERN war bis vor kurzem das einzige Laboratorium, in dem Antiprotonen in einem quasi-industriellen Umfang erzeugt werden. Eine ähnliche Antiprotonen-Quelle im Fermilab in den USA kam kürzlich in Betrieb. Ein Komplex aus mehreren hintereinandergeschalteten Beschleunigern und Speicherringen wird bis zu etwa 4000 Stunden im Jahr für die Antiprotonenerzeugung betrieben. Wenn alles makellos funktioniert, gelingt es, etwa $2 \cdot 10^{14}$ Antiprotonen pro Jahr bei Energien von einigen GeV zu erzeugen. Bei der Herabsetzung der Energie, beim Transfer von einer Maschine zu einer anderen und bei weiteren nötigen Manipulationen treten unweigerlich Verluste auf. Selbst bei Vernachlässigung solcher Verluste errechnet man leicht, daß zur Erzeugung von 1 mg Antiprotonen ($= 6 \cdot 10^{20}$ Antiprotonen) mit den in

absehbarer Zukunft zur Verfügung stehenden Systemen etwa 3 Millionen Jahre benötigt werden.
Interessant ist auch eine Abschätzung der für die Erzeugung von 1 mg Antiprotonen benötigten Energie. Der Energienutzungsgrad bei der Antiprotonenerzeugung beträgt bei den komplizierten Beschleunigeranlagen nur etwa 10^{-8}. Der Energieinhalt von 1 mg Antiprotonen beträgt $2 \cdot 10^{11}$ Joule, was bei dem genannten Wirkungsgrad einen Gesamtenergieaufwand von etwa $2 \cdot 10^{19}$ Joule ergibt. Dies entspricht einer Energie von etwa 1000 GW · Jahre.
Ein großes Kraftwerk besitzt eine Leistung von etwa 1 GW, was bedeutet, daß 1000 Kraftwerke benötigt würden, um 1 mg Antiprotonen in einem Jahr zu erzeugen.

27 Nicht nur die Erzeugung, sondern auch die *Speicherung* von Antimaterie stellt ein enormes Problem dar. Die bei niederen Energien verfügbaren Antiprotonen werden bei CERN in der ringförmigen LEAR-Vakuumkammer in einem Volumen von etwa 10 Litern gespeichert. Dies entspricht einem Partialdruck von etwa 10^{-11} Torr, was einem außerordentlich guten Hochvakuum entspricht. Wollte man Antiprotonen in einem wesentlich kleineren Volumen oder größere Zahlen in vergleichbaren Volumina speichern, dann wird es immer schwieriger, die elektrostatischen Abstoßungskräfte zwischen den Antiprotonen zu überwinden. Man kann sich gegenwärtig keine Methode vorstellen, die es gestatten würde, eine mehrjährige Produktion von Antiprotonen mit einer Masse von 10^{-9} Gramm (entsprechend von $6 \cdot 10^{14}$ Antiprotonen) und einer lächerlichen Explosionskraft von 44 Gramm TNT zu speichern.
Bei anderen Speicherprinzipien sind die Extrapolationen nicht weniger abenteuerlich. Bei CERN gelang es einer Gruppe von Wissenschaftlern der Universitäten von Washington (Seattle) und Mainz und vom Fermilab, in einer raffinierten elektromagnetischen Falle Antiprotonen mit Energien von etwa 3 keV einzufangen. Es wird als ein großer Erfolg angesehen, daß es ihnen gelang, einige 100 Antiprotonen einzufangen, von denen nach 100 Sekunden noch 31 vorhanden waren. Eine Steigerung dieser Zahlen um mehrere Größenordnungen wird in den nächsten Jahren erhofft, und damit ließen sich zum erstenmal interessante Experimente durchführen, z. B. eine Präzisionsbestimmung sowohl der trägen als auch der schweren Masse des Antiprotons. Aber ein Weg, wie man zu Antiprotonenmengen kommen könnte, die Anwendungen erlauben, ist nicht in Sicht.
Ähnliches gilt in verschärftem Maß für einige Spekulationen, Antiprotonen oder Antiwasserstoffe im Innern der Kristallstruktur von Festkörpern zu speichern. Antiprotonen-Blasen in flüssigem Helium oder sogenannte Cooper-Paare von Antiprotonen in Metallen in Analogie zur Supraleitung sind zwar interessante Ideen, aber die Existenz solcher Phänomene ist noch völlig offen.

Es wäre sehr interessant, Antiwasserstoff-Atome herzustellen, an deren prinzipieller Existenz niemand zweifelt. Überlegungen sind an verschiedenen Stellen im Gang, wie man mit Hilfe von LEAR Positronen an Antiprotonen anlagern kann, um dies zu erreichen. Noch konnte beim CERN kein Vorschlag akzeptiert werden, bei dem es gelänge, wenigstens Dutzende von Antiwasserstoffatomen herzustellen. Von da bis zur Ansammlung von 10^{17} oder mehr Antiwasserstoffatomen und ihrer Speicherung durch elektromagnetische Levitation dürften noch viele Generationen hart zu arbeiten haben.

28 Proceedings of the RAND Workshop on Antiproton Science and Technology. World Scientific Publishing Comp., 1988.

29 Die höchsten Luminositäten (vgl. Anm. 19) wurden für Proton-Proton-Stöße bisher im ISR erreicht und betrugen etwa $L = 10^{32}\ cm^{-2}s^{-1}$. Da es schwierig ist, hohe Antiprotonzahlen zu speichern, liegen die Luminositäten von Proton-Antiproton-Collidern wesentlich niedriger. Beim CERN-SPS liegen sie gegenwärtig bei etwa $10^{30}\ cm^{-2}\ s^{-1}$, während bei den ersten Messungen nur etwa $10^{26}\ cm^{-2}\ s^{-1}$ zur Verfügung standen. Eine typische Luminosität wurde mit etwa $4{,}8 \cdot 10^{11}$ Protonen und $6 \cdot 10^{10}$ Antiprotonen/Strahl erzielt.

Für den Stoß von Protonen mit Protonen (oder Antiprotonen) beträgt der Wirkungsquerschnitt σ bei hohen Energien etwa $6 \cdot 10^{-26}\,cm^2$, d. h. er entspricht Teilchen mit dem winzigen Radius von etwas mehr als 10^{-13} cm, d. h. hunderttausendmal kleiner als ein Atom. Die beobachteten Ereignisraten ergeben sich zu etwa

$$L \cdot \sigma = 10^{30}\ cm^{-2}\ s^{-1} \cdot 6 \cdot 10^{-26}\ cm^2 = 10^4\ s^{-1}$$

Während eines Jahres (etwa 10^6 Sekunden Maschinenbetrieb für ein Experiment) erhält man etwa 10 Milliarden Proton-Antiproton-Zusammenstöße. Die meisten dieser Zusammenstöße entsprechen aber uninteressanten Ereignissen und müssen als Untergrund eliminiert werden. Der Wirkungsquerschnitt für die Erzeugung von W- und Z-Teilchen liegt bei etwa $10^{-33}\ cm^2\ s^{-1}$, was die Beobachtung einer Handvoll von W und Z pro Jahr ermöglicht. Man strebt daher bei künftigen Proton-Proton-Collidern Luminositäten von $10^{33}\ cm^{-2}\ s^{-1}$ und mehr an.

30 Ein elektrisch geladenes Teilchen wird identifiziert durch Größe und Vorzeichen der *Ladung* und seine *Masse.*

In einem Magnetfeld B werden bewegte elektrische Ladungen verschiedenen Vorzeichens in entgegengesetzter Richtung abgelenkt. Dabei gilt $mv = eBR$, wobei v die Teilchengeschwindigkeit, e die Ladung und R den Krümmungsradius der Teilchenbahn bezeichnen. Aus der Messung von B und R kann man unmittelbar den Impuls mv bestimmen. Um daraus m zu ermitteln, benötigt man eine unabhängige Messung der Teilchengeschwindigkeit.

Dazu kann man verschiedene Phänomene benützen. Häufig mißt man die Ionisation pro Weglängeneinheit dI/dx, die ein Teilchen beim Durchgang durch ein Gas oder einen Szintillationszähler erzeugt. Diese Größe dI/dx hängt im wesentlichen von der Geschwindigkeit v, aber nicht von der Masse des Teilchens ab. Eine Messung von dI/dx und von R erlaubt daher eine Massenbestimmung, wenn die Geschwindigkeit der Teilchen nicht zu groß ist ($v/c < 1/4$).
Eine andere Methode, die in neuerer Zeit entwickelt wurde, benutzt die Cherenkov-Strahlung. 1958 entdeckten die russischen Physiker P. A. Cherenkov, I. M. Frank und I. E. Tamm, daß schnelle Teilchen beim Durchgang durch Materie eine besondere Lichtstrahlung aussenden. Die Voraussetzung dafür ist, daß sich das Teilchen schneller als mit Lichtgeschwindigkeit im Material bewegt. Dies widerspricht nicht der Relativitätstheorie, da die Lichtgeschwindigkeit in einem Material mit dem Brechungsindex n reduziert wird auf $c = c_0/n$, also geringer ist als die Lichtgeschwindigkeit c_0 im Vakuum. Wenn $n > 1$ gilt, ist $c < c_0$. Um Cherenkov-Strahlung zu erzeugen, muß für die Teilchengeschwindigkeit $v > c$ gelten. In diesem Fall wird, ähnlich wie bei der Bewegung

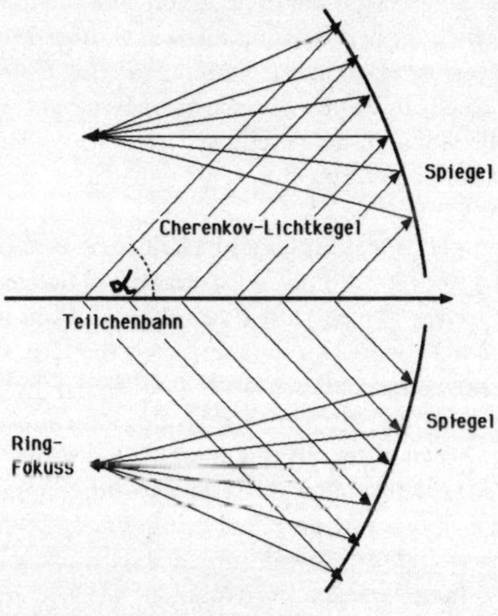

Prinzip des RICH-Zählers (»Ring Image Cherenkov-Zähler«): Die von einem Teilchen kegelförmig ausgesandte Cherenkov-Strahlung wird durch Spiegel zu einem Ring fokussiert. Aus seinem Durchmesser läßt sich die Geschwindigkeit des Teilchens ableiten.

eines Flugzeugs mit Überschallgeschwindigkeit oder eines Schiffes mit »Überwellengeschwindigkeit«, eine Bugwelle erzeugt.
Für die Cherenkov-Strahlung gilt dann:

$$v/c_0 = 1/n \cdot \cos\alpha,$$

wobei α den Winkel bedeutet, unter dem die Cherenkov-Strahlung relativ zur Flugrichtung des Teilchens ausgesandt wird. Die Lichtemission erfolgt dabei in Form eines Kegels, dessen Öffnungswinkel um so größer ist, je schneller das Teilchen fliegt. Mit Hilfe von Spiegeln läßt sich dieser Lichtkegel zu einem Lichtring fokussieren (*Ring Image Cherenkov Counter*, RICH). Solche Zähler werden zur Teilchenidentifikation z. B. in dem LEP-Experiment DELPHI verwendet. Aus dem Durchmesser des Rings läßt sich die Geschwindigkeit v berechnen und kombiniert mit der Messung von R die Teilchenmasse bestimmen.
Einfacher ist es, den Zähler als »Schwellenzähler« zu betreiben. Nimmt die Teilchengeschwindigkeit ab, dann wird das Cherenkov-Licht unter immer kleinerem Winkel ausgesandt, bis schließlich $\alpha = 0$ und $\cos\alpha = 1$ wird. Unterhalb der dazugehörigen Schwellen-Geschwindigkeit $v_s = c_0/n$ wird keine Strahlung ausgesandt (deshalb sieht man Cherenkov-Strahlung im Alltag kaum). Stellt man in einem Zähler fest, ob ein Teilchen Licht erzeugt oder nicht, dann läßt sich daraus eine Grenze für seine Geschwindigkeit bestimmen, was häufig dazu ausreicht, um zwei Teilchensorten zu trennen. Durch Wahl eines geeigneten Stoffes läßt sich die Grenze in weiten Bereichen wählen.
Astronauten beobachten bei geschlossenen Augen Lichtblitze. Es handelt sich um Cherenkov-Strahlung, die von sehr schnellen kosmischen Teilchen im Augapfel erzeugt wird.
Die Geschwindigkeitsbestimmung mit Hilfe der spezifischen Ionisation oder der Cherenkov-Strahlung wird ergänzt durch eine weitere Methode, die *Übergangsstrahlung* (*transition radiation*). Man stellt fest, daß ein geladenes Teilchen beim Durchgang durch die Grenzfläche zwischen zwei Medien mit verschiedenen optischen Eigenschaften (Brechungsindex) eine elektromagnetische Strahlung aussendet. Die Photonenenergie dieser Übergangsstrahlung hängt von der Geschwindigkeit des Teilchens ab und kann daher zu ihrer Messung benutzt werden. Am besten eignen sich dazu Materialien mit geringer Dichte wie Lithium, Bor oder Kunststoff. Da die Strahlung sehr schwach ist, stellt man mehrere hundert dünne Folien hintereinander, wodurch eine (kohärente) Verstärkung erzielt werden kann. Bei relativistischen Teilchen ($\gamma \sim 1$) liegt die Photonenenergie im Röntgenbereich und kann mit dafür geeigneten Detektoren leicht nachgewiesen werden. Da die Photonenenergie der Übergangsstrahlung mit dem $\gamma (= E/m_0c^2)$ der Teilchen ansteigt, ist dieser Effekt insbesondere zur Identifizierung von hochenergetischen Teilchen geeignet und ergänzt damit die Methode der spezifischen Ionisation, die für niedrigere Energien geeignet ist.

31 Nach der Heisenbergschen Unschärferelation $\Delta E \cdot \Delta t = h$ kann man sich eine Energie ΔE für eine Zeit Δt »ausborgen«, ohne den Satz von der Energieerhaltung zu verletzen. Da die Plancksche Konstante $h = 4{,}1 \cdot 10^{-21}$ MeVs beträgt, kann man ein Elektron-Positron-Paar ($\Delta E \approx 1$ MeV) für etwa $4 \cdot 10^{-21}$ Sekunden erzeugen. Für schwerere Teilchen sind die Zeiten entsprechend kürzer. Diese unvorstellbar kurzen Existenzzeiten reichen jedoch aus, um zu meßbaren Effekten zu führen.

32 Ein Protonensynchrotron mit einer in naher Zukunft mit Hilfe von Supraleitern erreichbaren Magnetfeldstärke von 10 Tesla müßte einen Durchmesser von etwa 10^{12} km besitzen, d. h. seine Größe entspräche etwa der Jupiter-Bahn um die Sonne.

33 Die Gravitationskraft zwischen zwei Massen m_1 und m_2 im Abstand r ist gegeben durch

$$K = G_N \cdot m_1 \cdot m_2 / r^2$$

Die Gravitationskonstante G_N, die die Stärke der Massenanziehung bestimmt, ergibt sich experimentell zu

$$G_N = 6{,}68 \cdot 10^{-11}\, Nm^2/kg^2$$

Mit Hilfe von $\hbar$ und c lassen sich daraus andere Größen ableiten. So findet man eine fundamentale Länge

$$L_P \approx (G_N \hbar c)^{1/2} = 2 \cdot 10^{-33}\, cm,$$

die die Größenordnung der Superstring-Längen angibt.
Die Planck-Energie, bei der eine Vereinigung der Schwerkraft mit den anderen drei Kräften erfolgen sollte, erhält man mit

$$E_P = (\hbar c / G_N)^{1/2} \approx 10^{19}\, GeV$$

34 Diese Vorstellung, wie es zu einem mit Materie erfüllten Kosmos kam, ist in ihren Grundzügen wahrscheinlich richtig, jedoch haben neuere Ergebnisse Anlaß zu einigen Modifikationen gegeben. Neuere Entwicklungen des Standardmodells zeigen, daß das Wirken der elektroschwachen Kraft nicht nur zum Auftreten einer Unsymmetrie zwischen Materie und Antimaterie führen kann, sondern daß eine solche, je nach den Gegebenheiten, auch zum Verschwinden gebracht werden kann. Man fand ferner, daß die Materie-Antimaterie-Unsymmetrie nicht unbedingt bei den hohen Temperaturen der Ursuppe entstanden sein muß, sondern sie kann auch erst zur Zeit der Symmetriebrechung der elektroschwachen Kraft (etwa eine Milliardstelsekunde nach dem Urknall) entstanden sein. Wir sehen, daß die Dinge noch sehr im Fluß sind und man diese Erklärungsversuche vorläufig nicht zu wörtlich nehmen darf.

35 Vgl. Anmerkung 36 (dort zitiert auf S. 255).

36 Robert Jungk: Die große Maschine. München (Goldmann Taschenbuch) 1986.

Geschichte der Elementarteilchen

Jahr der Entdeckung	Art und Zahl	Bemerkung
Altertum Mittelalter	4 Erde Luft Feuer Wasser	Naturphilosophie
18/19. Jhdt.	92 chemische Elemente	Periodisches System
1913	1 1 Proton Elektron	Bohr'sches Atommodell
1922	1 Photon	
1931	2 Neutrino (Positron)	Beta-Zerfall Antimaterie
1932	2 Neutron	p,n Bestandteile des Atomkerns
1938	3 Muon	schweres Elektron
1947	3 Pion	
1947-56	14 Κ Φ ΛΣΞ	fremde Teilchen
1961	4 Muon-Neutrino	
1961-65	> 300 Resonanzen ρωη Δ N	"Teilchen-Zoo"
um 1970	3 Quarks (Partonen)	Elektron-, Neutrino-Streuung SU(3)
1974	4 Charm-Quark	J / Ψ -Teilchen.'
1977	6 Tau und Tau-neutrino	
1977	5 Beauty- Quark	Y-Teilchen
1978	9	8 Gluonen
1983	12	W^+ W^- Z^0
? ?	Top -Quark Higgs-Teilchen	

Die Kästen geben die Art und die Summe der bekannten Teilchen der jeweiligen Art an :

Hadronen Quarks Leptonen Feldquanten

Verzeichnis häufig verwendeter Abkürzungen

AA, ACOL: Antiproton-Accumulator bzw. Antiproton-Collector; zwei Speicherringe zum Ansammeln und Kühlen von Antiprotonen bei CERN in Genf.

AdA: Anello d'Accumulazione (italienisch = Speicherring), erster Elektronenspeicherring der Welt mit 0,2 GeV, gebaut im Istituto Nazionale in Frascati bei Rom, in Betrieb genommen Februar 1961.

AGS: Alternating Gradiant Synchrotron; Protonenbeschleuniger für 30 GeV am Brookhaven National Laboratory, Long Island / New York.

BEPC: Beijing Electron Positron Collider; 2,6-GeV-Speicherring am Institut für Hochenergiephysik in Peking.

BEVATRON: 6-GeV-Protonenbeschleuniger in Berkeley / Kalifornien. Er wurde gebaut, um die Antiprotonen zu entdecken.

BNL: Brookhaven National Laboratory; amerikanisches Forschungszentrum auf Long Island / New York. Ein Schwerpunkt seines Forschungsprogramms liegt auf der Hochenergiephysik, aber es wird auch auf anderen Gebieten geforscht, z. B. mit Hilfe der Synchrotronstrahlung.

CEA: Cambridge Electron Accelerator; Anlage in Cambridge / Massachusetts.

CERN: Europäisches Forschungszentrum für Elementarteilchenphysik in Genf.

DESY: Deutsches Elektronen-Synchrotron; nationales Forschungszentrum für Elementarteilchenphysik in Hamburg.
DESY ist die Bezeichnung für das 6-GeV-Elektronensynchrotron, wird heute aber für das Labor als Ganzes benutzt. DESY hat sich in Europa zum zweiten internationalen Forschungszentrum für Elementarteilchenphysik entwickelt.

DORIS: Doppelringsystem; ein Elektron-Positron-Speicherring mit 5 GeV Strahlenergie bei DESY in Hamburg.

DUBNA: Kurzbezeichnung für das Vereinigte Institut für Kernforschung in Dubna, einer kleinen Stadt nordöstlich von Moskau. Dieses Institut ist in gewisser Hinsicht das Analogon zu CERN.

ECFA: European Committee for Future Accelerators; unabhängiges Beratungsgremium, das die europäischen Hochenergiephysiker bei der Meinungsbildung hinsichtlich neuer Beschleunigerprojekte vertritt.

Fermilab, FNAL: Fermi National Accelerator Laboratory; wichtigstes amerikanisches Zentrum für Hochenergiephysik, westlich von Chicago gelegen.

HERA: Hadron-Elektron-Ring-Anlage; einziger Speicherring für die Kollision von Elektronen mit Protonen, im Bau bei DESY in Hamburg.

ICFA: International Committee for Future Accelerators; unabhängiges Beratungsgremium, das die Planung und Nutzung von neuen Hochenergiebeschleunigern weltweit koordiniert.

ISR: Intersecting Storage Ring; einziger bisheriger Proton-Proton-Speicherring. Er wurde bei CERN verwirklicht. 1983 stillgelegt.

KEK: japanisches Zentrum für Hochenergiephysik in der Wissenschaftsstadt Tsukuba nördlich von Tokio.

LEAR: Low Energy Antiproton Ring; ein Speicher- und Kühlring für Antiprotonen bei niederen Energien bei CERN.

LEP: Large Electron-Positron Project; ein Speicherring für Elektron-Positron-Kollisionen mit einer Endenergie von 100 GeV pro Strahl. LEP ist der größte existierende Beschleuniger (Umfang 27 km).

LHC: Large Hadron Collider; ein Proton-Proton-Speicherring mit einer Maximalenergie von 9 TeV, der im LEP-Tunnel installiert werden könnte.

PEP: Positron-Electron Project; Elektron-Positron-Speicherring mit einer Strahlenergie von 18 GeV bei SLAC.

PETRA: Positron-Elektron-Tandem-Ring-Anlage; Elektron-Positron-Speicherring mit einer Maximalenergie pro Strahl von 22 GeV bei DESY in Hamburg.

PS: Proton-Synchrotron mit einer Strahlenergie von 26 GeV bei CERN.

Serpuchov: russische Stadt südlich von Moskau, in deren Nähe sich das Institut für Hochenergiephysik befindet. Dieses wichtigste sowjetische Zentrum für Elementarteilchenphysik wird meist kurz mit dem Städtenamen bezeichnet. In der Nähe von Serpuchov liegt das Wissenschaftsstädtchen Protvino, wie Akademgorodok (bei Novosibirsk) eine Neugründung für die in den betreffenden Instituten arbeitenden Wissenschaftler, Ingenieure und Techniker.

SLAC: Stanford Linear Accelerator Center; Forschungszentrum an der Stanford-Universität bei Palo Alto / Kalifornien. Dort wird der größte Elektronen-Linearbeschleuniger (2 Meilen) betrieben.

SLC: Stanford Linear Collider. Projekt, um Kollisionen der Teilchen von zwei Linearbeschleunigern zu simulieren.

SPEAR: Stanford-Elektron-Positron-Speicherring bei SLAC mit einer Strahlenergie von 4,5 GeV.

SPS: Super-Proton-Synchrotron bei CERN mit einer Strahlenergie von 450 GeV. Es wurde umgebaut, so daß es auch als Proton-Antiproton-Speicherring betrieben werden kann. Damit wurden zum erstenmal auch Schwefelatomkerne auf relativistische Energien beschleunigt.

SSC: Superconducting Super Collider; geplanter amerikanischer Proton-Proton-Speicherring mit einer Strahlenergie von 20 TeV. Er soll in der Nähe von Dallas / Texas gebaut werden. Zur Strahlführung werden supraleitende Magnete verwendet. Mit 83 km Umfang wird dies die größte Anlage ihrer Art in der Welt sein.

TEVATRON: Proton-Beschleuniger und Proton-Antiproton-Speicherring mit einer Strahlenergie von 1 TeV am Fermilab.

TRISTAN: japanischer Elektron-Positron-Speicherring im KEK-Forschungszentrum mit einer Strahlenergie von 30 GeV.

UNK: im Bau befindlicher Protonbeschleuniger mit einer Energie von 3 TeV im sowjetischen Forschungszentrum bei Serpuchov. Er soll später zu einem Proton-Proton-Speicherring ausgebaut werden.

Glossar

Antimaterie: gewissermaßen das »Spiegelbild« der normalen Materie. Beim Zusammentreffen von Materie und Antimaterie vernichten sie sich gegenseitig, wobei Materie vollständig in Energie umgewandelt wird.

Antiteilchen: Zu jedem Teilchen gibt es ein Antiteilchen. Diese sind die Bausteine der Antimaterie. Teilchen und Antiteilchen besitzen die gleiche Masse und den gleichen Spin, während die elektrischen (und andere) Ladungen entgegengesetzte Vorzeichen besitzen. Manche neutrale Teilchen sind mit ihren Antiteilchen identisch, z. B. das Photon. Antiteilchen werden durch einen Querstrich über dem Symbol für das Teilchen gekennzeichnet, $\bar{p}$ für das Antiproton (Ausnahme: e^+ für das Antielektron).

Äther: hypothetisches Medium, das als Träger der elektromagnetischen Erscheinungen dienen sollte und im Raum ein absolutes Bezugssystem darstellte. Die Existenz des Äthers ist experimentell widerlegt.

Atom: von den Chemikern als kleinste Einheit der Materie angesehen. Mit physikalischen Methoden wurde das Atom in Atomkern und Elektronenhülle zerlegt.

Baryon: Bezeichnung für Teilchen, die aus drei Quarks bestehen, z. B. das Proton und das Neutron.

Beschleuniger: Anlage, um geladene Teilchen auf hohe Energien zu bringen. Die Bezeichnung ist manchmal irreführend, da bei Annäherung an die Lichtgeschwindigkeit die Teilchengeschwindigkeit kaum noch anwächst, während ihre Masse zunimmt.

Beta-Zerfall: Zerfall der Atomkerne durch Aussendung eines Elektrons und eines Antineutrinos. Er wird durch die schwache Kraft verursacht und spielt bei der Energieerzeugung in der Sonne eine wichtige Rolle.

Blasenkammer: dient zum Nachweis von Teilchenspuren. Eine Flüssigkeit (meist Wasserstoff) wird durch Expansion eines Kolbens fast zum Sieden gebracht, so daß sich entlang einer Teilchenspur kleine Bläschen bilden. Heute weitgehend abgelöst durch elektronische Nachweisgeräte.

Bosonen: zusammenfassende Bezeichnung für Teilchen mit ganzzahligem Spin (Drall). Dazu gehören die Feldquanten der verschiedenen Kräfte (Photonen, Gluonen und W-, Z-Teilchen mit Spin 1, das Graviton mit Spin 2 und das Higgs-Teilchen mit Spin 0).

Charm: Bezeichnung für eines der Quarks. Alle Teilchen, die ein Charm-Quark enthalten, werden Charm-Teilchen genannt.

Chromodynamik: die Theorie für die starke Kraft, die insbesondere die Wechselwirkung zwischen Quarks und Gluonen beschreibt. Diese Kraft wird durch »Farbladungen« hervorgerufen. Abgekürzt als QCD (Quanten-Chromodynamik).

Collider: aus dem Englischen (deutsch: Speicherring). Ein oder zwei Magnetringe, in denen zwei entgegengesetzt umlaufende Teilchenstrahlen zur frontalen Kollision gebracht werden.

Dipolmagnet: Magnet mit zwei Polschuhen, der ein homogenes Magnetfeld erzeugt. Solche Magnete werden in Beschleunigern dazu benutzt, um die Teilchen auf einer Kreisbahn zu halten.

Drahtkammer: modernes elektronisches Nachweisgerät für Teilchenspuren, das aus vielen Tausenden von Drähten besteht. Ein vorbeifliegendes Teilchen erzeugt auf den Drähten elektrische Impulse, die einem Rechner zugeführt und dort als Spur rekonstruiert werden.

Elektromagnetische Kraft: Zusammenfassung der elektrischen und magnetischen Erscheinungen zu einer Kraft. Sie wird beschrieben durch die Maxwellschen Gleichungen bzw., im atomaren Bereich, durch die Quanten-Elektrodynamik (QED).

Elektron: leichtestes Teilchen der Lepton-Familie. Es ist Bestandteil der Atomhülle und Träger des elektrischen Stromes. Seine Ladung galt lange Zeit als die kleinste mögliche (siehe jedoch Quarks).

Elektronenvolt: in der Teilchenphysik gebräuchliche Energieeinheit (abgekürzt eV). Sie entspricht der Energie, die ein Elektron bei Durchlaufen der Beschleunigungsspannung 1 Volt gewinnt. Da es sich um eine sehr kleine Einheit handelt, werden häufig die Vielfachen 1 MeV (1 Million eV), 1 GeV (1 Milliarde eV) und 1 TeV (1000 GeV) benutzt. Aber erst $2 \cdot 10^{16}$ GeV (eine Zahl mit 17 Stellen) ergeben eine kWh.

Energie: die Fähigkeit, Arbeit zu leisten. Verschiedene Energieformen (kinetische, potentielle, thermische) können ineinander umgewandelt werden, wobei ein Erhaltungssatz gilt. Nach der Relativitätstheorie kann Masse in Energie (und umgekehrt) verwandelt werden.

Energieeinheit: In der Mechanik benutzt man die Einheit 1 Joule = 1 Newton · Meter, in der Wärmelehre 1 cal = 4,18 Joule, in der Elektrizität 1 kWh = 3,6 Millionen Joule. In der Hochenergiephysik ist die Einheit 1 eV bzw. 1 GeV = 1 Milliarde eV = $1{,}6 \times 10^{-10}$ Joule = 4×10^{15} kWh, d. h. 1 GeV ist eine sehr kleine Energieeinheit.

Feinstrukturkonstante: fundamentale (dimensionslose) Größe (Wert 1 / 137,04), die aus der elektrischen Elementarladung abgeleitet ist. Sie charakterisiert die Stärke der elektromagnetischen Kraft.

Fermion: zusammenfassende Bezeichnung für alle Teilchen mit dem Spin (Drall) ½. Sie können nur als Teilchen-Antiteilchen-Paar erzeugt oder vernichtet werden und stellen die Grundbausteine der Materie dar. Die wichtigsten Familien sind die Leptonen und die Quarks.

Flavour: eine Art Ladung, die die einzelnen Quark-Typen unterscheidet. Man spricht entweder von den verschiedenen Familien, die je ein Quark mit der Ladung ⅓ und – ⅔ enthalten, oder man benutzt die Symbole u (up), d (down), s (strange), c (charm), b (bottom) und t (top).

Gluon: Feldquant und damit Träger der Kernkraft. Gluonen besitzen keine elektrische, aber Farbladungen. Ihre Masse ist Null, und sie tragen den Spin 1.

Hadron: aus Quarks zusammengesetztes Teilchen, das daher die Kernkraft fühlt. Sie werden in Baryonen (z. B. Proton, Neutron) und Mesonen (z. B. Pion, Kaon) unterteilt.

Impuls: Maß für die Bewegungsgröße eines Körpers. Er ist durch das Produkt Masse mal Geschwindigkeit gegeben. Bei sehr hohen Geschwindigkeiten hängt die Masse ihrerseits von der Geschwindigkeit ab.

Ionisation: Beim Durchgang eines energetischen geladenen Teilchens durch Materie werden durch Abtrennen von Elektronen aus den Atomhüllen negative und positive (Atomionen) Ladungen erzeugt. Diese werden in den Detektoren zum Nachweis der Teilchen benutzt.

Jet: Quarks und Gluonen treten nicht als freie Teilchen auf, sondern »fragmentieren« in einen Schauer von Teilchen, den man Jet (»Strahl«) nennt.

Kalorimeter: mißverständliche Bezeichnung (da keinerlei Wärmemessung erfolgt) für ein Teilchennachweisgerät, das aus Platten eines Absorbermaterials mit Ionisationsmeßgeräten dazwischen besteht. Die stichprobenartige Messung der Ionisation des in den Absorberplatten entstehenden Teilchenschauers erlaubt eine Bestimmung der Energie des einfallenden Teilchens.

Kavität: metallischer Hohlraum, in dem elektromagnetische Hochfrequenz-Felder erregt werden, die zur Beschleunigung von Teilchen dienen. Dazu muß die Kavität zwei Löcher für den Ein- und Austritt der Teilchen besitzen. Um die Wärmeverluste in den Wänden der Kavität kleinzuhalten, werden sie meist aus gut leitendem Kupfer oder aus supraleitendem Material gefertigt.

Kernkraft (starke): ursprünglich die Kraft, die die Protonen und Neutronen im Atomkern zusammenbindet. Sie ist die stärkste der bekannten Kräfte, besitzt aber eine äußerst kurze Reichweite, so daß sie im Alltagsleben nicht merkbar ist. Sie läßt sich heute als indirekte Wirkung der zwischen den Quarks wirkenden langreichweitigen »starken Kraft« erklären. Beide Bezeichnungen werden oft nicht streng unterschieden.

Leptonen: Teilchen, die nicht der starken Kraft unterliegen und den Spin ½ besitzen. Zu ihnen gehören das Elektron und die vermutlich masselosen Neutrinos. Sie wurden daher als leichte Teilchen (griechisch *leptos*) bezeichnet. Die inzwischen entdeckten Myonen und vor allem das Tau-Teilchen sind aber schwer, so daß der ursprüngliche Name nicht mehr zutrifft.

Lichtgeschwindigkeit: Die Fortpflanzungsgeschwindigkeit des Lichts im Vakuum beträgt etwa 300000 km/sec. Die Relativitätstheorie postuliert, daß dies die höchste Geschwindigkeit ist, mit der sich Körper bewegen und mit der Signale übertragen werden können. Sie stellt daher eine allgemeine Grenzgeschwindigkeit dar.

Linearbeschleuniger: Hintereinanderreihung vieler Beschleunigungsstrecken, an die eine hochfrequente Wechselspannung angelegt wird. Linearbeschleuniger finden Verwendung für schwere Teilchen bei niederen oder mittleren Energien und für Elektronen, da hierbei Verluste durch Synchrotronstrahlung vermieden werden.

Masse: Sie kennzeichnet den Bewegungswiderstand gegenüber äußeren Kräften. Die Relativitätstheorie lehrt, daß sich die Masse eines Körpers mit dem Bewegungszustand ändert. Außerdem ist Masse in Energie und umgekehrt umwandelbar.

Meson: Mesonen bestehen aus einem Quark-Antiquark-Paar und besitzen daher ganzzahligen Spin. Beispiele sind die Pionen, Kaonen, Rho- und Phi-Meson und das J/ψ- und Y-Teilchen.

Myon: ein Lepton, das in allen Eigenschaften mit dem Elektron übereinstimmt, außer daß es eine 207mal schwerere Masse besitzt.

Neutrinos: Man kennt drei verschiedene Sorten, die zu den Leptonen gehören und jeweils Partner von Elektron, Myon und Tau-Teilchen sind. Sie besitzen vermutlich keine oder eine sehr kleine Masse. Da Neutrinos nur der schwachen Kraft unterliegen, durchdringen sie Materie sehr leicht.

Neutronen: Sie bilden zusammen mit den Protonen die Bestandteile der Atomkerne und bestehen ihrerseits aus drei Quarks (1 up, 2 down). Sie sind elektrisch neutral, besitzen aber ein magnetisches Moment. Freie Neutronen sind instabil und zerfallen mit Lebensdauern von etwa einer Viertelstunde. In den Atomkernen gebunden, sind sie jedoch stabil.

Nukleon: gemeinsame Bezeichnung für Proton und Neutron.

Parität: eine Quantenzahl, die die Symmetrie eines Objekts oder Systems gegenüber einer Spiegelung beschreibt. Bei Prozessen, die durch die schwache Kernkraft hervorgerufen werden, bleibt die Parität nicht erhalten (»Sturz der Parität«).

Photon: Feldquant des Lichts und Träger der elektromagnetischen Kraft. Es besitzt den Spin 1 und gehört somit zu den Bosonen.

Plancksche Konstante: die fundamentale Konstante der Quantentheorie. Sie wird mit dem Buchstaben h bezeichnet. Meistens wird aber der Wert $\hbar = h/2\pi$ benutzt, der den Zahlenwert $\hbar = 6{,}582 \times 10^{-22}$ MeV-Sekunden besitzt.

Positron: das Antiteilchen des Elektrons, meist mit dem Symbol e^+ gekennzeichnet.

Proton: gemeinsam mit dem Neutron Bestandteil der Atomkerne. Es ist positiv geladen und besteht aus drei Quarks (2 up, 1 down). Es ist gleichzeitig der leichteste Atomkern, derjenige des Wasserstoffs.

Quadrupolmagnet: Magnet mit vier Polschuhen, der ein stark inhomogenes Feld erzeugt. Es kann zur Fokussierung von Teilchenstrahlen benutzt werden (»Quadrupollinse«).

Quantenchromodynamik (QCD): Quantentheorie der starken Kernkraft. Sie geht davon aus, daß es drei verschiedene Farbladungen gibt. Die Feldquanten und Kraftüberträger sind die Gluonen. Die QCD erklärt im Prinzip, warum die Quarks nicht als freie Teilchen auftreten (»Quark-Einschluß«). (Da die starke Kraft nur im Mikrokosmos eine Rolle spielt, gibt es keine klassische Theorie für sie.)

Quantenelektrodynamik (QED): Quantentheorie der elektromagnetischen Kraft. Sie fordert, daß elektromagnetische Wellen eine körnige Struktur besitzen, sie enthalten Lichtquanten. Ihre Gültigkeit ist experimentell mit größter Präzision bestätigt worden.

Quantenmechanik: Sie gibt Regeln an, wie die Prozesse im atomaren Bereich beschrieben werden müssen. Bei großen Dimensionen geht sie in die klassische Physik über. Ihre wichtigsten Aussagen sind, daß Energiezustände nur bestimmte Werte annehmen können (sie sind gequantelt), daß Ort und Impuls eines Teilchens nicht gleichzeitig mit beliebiger Präzision gemessen werden können (Heisenbergsche Unschärferelation), daß physikalische Gesetze nur statistische Aussagen machen und daß Teilchen und Wellen nur zwei verschiedene Aspekte derselben physikalischen Realität sind (Komplementaritätsprinzip).

Quarks: Bestandteile der Kernteilchen. Man kennt fünf Sorten von Quarks, die mit den Symbolen u, d, s, c, b bezeichnet werden. Die Existenz eines sechsten Quarks (t) wird von der Theorie gefordert, konnte aber noch nicht gefunden werden. Nach der QCD können Quarks niemals als freie Teilchen auftreten. Quarks tragen elektrische Ladungen von ⅓ oder ⅔ der Elementarladung, die daher nicht die kleinste existierende Ladung darstellt.

Relativitätstheorie: die hauptsächlich von Albert Einstein entwickelte Theorie, die bei Vorgängen mit sehr hohen Geschwindigkeiten (nahe Lichtgeschwindigkeit) angewandt werden muß. Die spezielle Relativitätstheorie befaßt sich mit gleichförmig bewegten Systemen, während in der allgemeinen Relativitätstheorie auch beschleunigte Systeme behandelt werden. Sie führt außerdem die Eigenschaften der Gravitation auf die Eigenschaften des Raum-Zeit-Kontinuums zurück.

Ruhemasse: Nach der Relativitätstheorie nimmt die Masse eines Teilchens mit der Geschwindigkeit zu. Seine Masse bei der Geschwindigkeit Null nennt man Ruhemasse. Sie ist für jede Teilchensorte charakteristisch.

Schwache Kraft: eine bei niederen Energien extrem schwache Kraft, die zwischen Leptonen und Quarks wirkt. Sie kann diese Teilchen ineinander umwandeln (z. B. beim radioaktiven Beta-Zerfall). Ihre Feldquanten und Träger sind die W- und Z-Teilchen. Wegen deren großen Massen besitzt die schwache Kraft eine äußerst geringe Reichweite, so daß sie nur im Mikrokosmos merkbar ist. Bei hohen Energien wird ihre Stärke mit derjenigen der elektromagnetischen Kraft vergleichbar.

Schwerkraft: Sie bewirkt die Anziehung zwischen den Massen und ist die bei weitem schwächste der bekannten Kräfte. Man vermutet, daß es Feldquanten gibt, die Gravitonen, die bisher aber nicht nachgewiesen sind.

Speicherring: ringförmige Anordnung von Magneten und einer Vakuumröhre, in der Teilchen lange Zeit umlaufen können. Läßt man gleichzeitig Teilchen und Antiteilchen in entgegengesetzter Richtung umlaufen, dann erhält man eine Kollisionsmaschine (Collider).

Spin: Elementarteilchen benehmen sich wie kleine Kreisel, d. h. sie besitzen einen Drall, der als Spin bezeichnet wird. Die Quantenmechanik läßt für den Spin nur halb- und ganzzahlige Vielfache der Planckschen Konstante zu. Der Spin ist eine wichtige Größe eines Elementarteilchens, da er seine Familienzugehörigkeit bestimmt (Fermionen mit halbzahligem, Bosonen mit ganzzahligem Spin).

Standard-Modell: eine Theorie, um die elektromagnetische und schwache Kraft zu einer einzigen Kraft zusammenzufassen. Manchmal wird auch noch die starke Kraft hinzugefügt, ohne daß dadurch eine echte Vereinigung erzielt würde.

Strahlfokussierung: Um die Teilchen in Beschleunigern beisammenzuhalten und ihren Verlust durch Auftreffen auf die Vakuumkammer zu vermeiden, müssen sie durch spezielle Magnetlinsen fokussiert werden.

Strahlkühlung: Vorrichtungen, um die sehr unterschiedlichen Geschwindigkeiten und Richtungen von Teilchen in einem Strahl zu vereinheitlichen. Es gibt die »stochastische« und die Elektronen-Kühlung.

Strangeness: deutsch: Seltsamkeit, eine Quantenzahl, die angibt, daß ein Teilchen ein seltsames (strange) Quark enthält.

Supraleitung: Bei Temperaturen nahe dem absoluten Nullpunkt (−273 °C) verschwindet der elektrische Widerstand von manchen Metallen (z. B. Quecksilber, Niobium, Blei). Solche Supraleiter werden zum Bau von Magnetspulen für hohe Felder oder für Beschleunigungskavitäten verwendet, da dadurch die Wärmeverluste vermieden werden können.

Symmetrie: Bei Ausführung einer Symmetrieoperation geht ein symmetrischer Körper in sich selbst über (Bild und Spiegelbild). In der Physik werden Symmetrieoperationen auch auf Naturgesetze angewandt, die dabei unverändert bleiben. Es zeigt sich allerdings, daß die Symmetrie von Naturgesetzen häufig in bestimmter Weise verletzt ist (spontane Symmetriebrechung).

Synchrotron: kreisförmiger Beschleuniger, der Teilchen in einem ansteigenden Magnetfeld bis auf höchste Energien bringen kann. Der Name deutet darauf hin, daß die Teilchen synchron mit der beschleunigenden Hochfrequenzspannung umlaufen müssen.

Urknall: Nach der Vorstellung mancher kosmologischer Modelle begann die Entwicklung des Universums mit einer sehr starken Konzentration von Energie, der eine explosionsartige Ausdehnung folgte, die bis heute andauert.

Vakuumpolarisation: Aufgrund der Gesetze der Quantenmechanik können im Vakuum kurzzeitig Teilchen-Antiteilchen-Paare entstehen, die zu experimentell beobachtbaren Effekten führen.

W-Teilchen: elektrisch (positiv oder negativ) geladenes Feldquant der schwachen Kraft. Die W-Teilchen sind etwa 80mal schwerer als ein Proton.

Z-Teilchen: elektrisch neutrales Feldquant der schwachen Kraft. Die Z-Teilchen sind etwa 90mal schwerer als ein Proton.

Gesamtverzeichnis der Abbildungen, Tafeln und Tabellen

Abbildungen *(Seite)*

Tafeln *(nach Seite 224)*

Tabellen *(Seite)*

Literaturhinweise

Aus der umfangreichen Literatur möchte ich hier nur einige Bücher nennen, die auch für Nichtphysiker zugänglich sind.

W. Braunbek und K. Röttel: Forscher an den Wurzeln des Seins. Düsseldorf 1981

H. Fritzsch: Quarks. München 1981

H. Fritzsch: Vom Urknall zum Zerfall. München 1983

H. Fritzsch: Eine Formel verändert die Welt. München 1988

H. Genz: Symmetrie-Bauplan der Natur. München 1987

O. Höfling und P. Waloschek: Die Welt der kleinsten Teilchen. Hamburg 1984

R. Kippenhahn: Licht vom Rande der Welt. Stuttgart 1984

I. Rafelski und B. Müller: Die Struktur des Vakuums. Thun 1985

F. Weber: Der Kosmos tanzt. Basel 1985

Danksagung

Dieses Buch konnte nur mit der Unterstützung zahlreicher Kollegen entstehen: Theoretiker, Experimentalphysiker und Beschleunigerexperten, die Anregungen gegeben haben, Fragen beantworteten und mir schriftliches oder Bildmaterial zur Verfügung stellten. Ihnen allen gilt mein herzlicher Dank.

Die Anregung, ein Buch über Hochenergiephysik und ihre Experimentieranlagen zu schreiben, geht auf Dr. Klaus Piper und Professor Harald Fritzsch zurück.

Dr. Klaus Stadler, Joachim Schörken und Klaus Koop vom Piper Verlag haben zur Verbesserung des Textes und Gestaltung des Buches wesentlich beigetragen.

Schließlich danke ich Frau Helga Schmahl und Frau Beate Schmitt für ihre Geduld bei der Herstellung des Manuskripts und den vielen Änderungen.

Herwig Schopper

Personen- und Sachregister